教育部高等学校材料类专业教学指导委员会规划教材

材 料 科 学 基 础

哈尔滨工业大学　覃耀春　崔忠圻　编著

机 械 工 业 出 版 社

本书围绕结构材料的化学成分、结构与力学性能之间的关系及其变化规律，阐述材料科学的基本概念和基础理论。其主要内容包括固体材料的结构、纯金属和二元合金的结晶、铁碳合金相图、三元相图、金属材料的塑性变形与断裂、形变金属材料的回复与再结晶、固体材料中的扩散、固态相变原理及应用。本书在每章末列出基本概念和习题，并在书末附有部分习题参考答案。

本书可作为高等工科院校材料科学与工程、材料成型及控制工程、焊接技术与工程等专业的专业基础课教材，也可作为相关专业的科研人员和工程技术人员的参考书。

图书在版编目（CIP）数据

材料科学基础/覃耀春，崔忠圻编著. —北京：机械工业出版社，2023.8（2025.2重印）
教育部高等学校材料类专业教学指导委员会规划教材
ISBN 978-7-111-73522-9

Ⅰ.①材… Ⅱ.①覃… ②崔… Ⅲ.①材料科学-高等学校-教材 Ⅳ.①TB3

中国国家版本馆 CIP 数据核字（2023）第 132168 号

机械工业出版社（北京市百万庄大街 22 号 邮政编码 100037）
策划编辑：冯春生 责任编辑：冯春生
责任校对：龚思文 李 婷 封面设计：张 静
责任印制：郜 敏
北京富资园科技发展有限公司印刷
2025 年 2 月第 1 版第 3 次印刷
184mm×260mm·22 印张·543 千字
标准书号：ISBN 978-7-111-73522-9
定价：69.00 元

电话服务 网络服务
客服电话：010-88361066 机 工 官 网：www.cmpbook.com
　　　　　010-88379833 机 工 官 博：weibo.com/cmp1952
　　　　　010-68326294 金 书 网：www.golden-book.com
封底无防伪标均为盗版 机工教育服务网：www.cmpedu.com

前　言

　　本书是以"实施科教兴国战略，强化现代化建设人才支撑"为指导思想，以教育部推进新工科建设为背景，根据哈尔滨工业大学材料类和机械类专业本科人才大类培养方案编写的基础理论教材。

　　近年来，工程陶瓷和工程塑料不断提高的性能使其作为结构材料的应用正在高速发展，但金属材料在结构材料的应用中仍占主要地位，人们对金属材料的研究较为充分，一些基本概念和基础理论也适用于工程陶瓷和工程塑料，因此，本书以金属材料的加工工艺路线为纬线，分别以固体材料结构理论、结晶理论、强化机制、扩散理论、固态相变理论为经线，始终围绕结构材料的化学成分、结构与力学性能之间的关系及其变化规律，深入浅出地阐述材料科学的基本概念和基础理论，并介绍材料科学的应用新成果。

　　本书内容包括固体材料的结构、纯金属的结晶、二元合金的结晶、铁碳合金相图、三元相图、金属材料的塑性变形与断裂、形变金属材料的回复与再结晶、固体材料中的扩散、固态相变原理和固态相变的应用。本书力求循序渐进、深广结合、详略适当、便于教与学，避免过多的数学推导，着重阐明各种现象和规律的物理本质，以新材料研发和新工艺创新为工程实例，注重理论联系实际。本书在每章末列出基本概念和习题，并在书末附有部分习题答案，以期帮助学生加强对基本概念的准确理解，提高学生分析问题和解决问题的能力。本书可作为高等工科院校材料科学与工程、材料成型及控制工程、焊接技术与工程等专业的教材，也可作为相关专业的工程技术人员的参考书。

　　本书适宜的授课学时为 64~80 学时，考虑到各学校学时数和学生个体的差异，可以选择课堂教学内容，也可在课堂教学之外指定部分章节为自学内容，有利于学生自主学习和个性化学习。

　　感谢耿洪滨教授拨冗审稿。感谢崔忠圻教授、李仁顺教授和刘北兴教授多年前的帮助和鼓励，他们的长者风范使我以诚心、信心和责任心完成课程教学的传承和发展。

　　由于本人水平有限，书中难免存在疏漏之处，恳切希望读者不吝赐教。

覃耀春

2022 年 9 月

目 录

Chapter 0

绪 论

材料是国民经济和国家安全的物质基础。例如，没有高温合金的开发利用，就不会有喷气式飞机；没有先进电子材料的创新，就没有计算机和手机的快速迭代。材料科学研究材料的化学成分、结构、制备加工工艺、服役环境与性能之间的关系，对关键材料的制造和新材料的研发具有指导作用，是推动国家科技进步的核心力量。反过来，材料制造领域的巨大成就促进了各类材料逐步集成化、复合化，以及各学科内容的交叉融合。因此，培养通晓材料科学基础理论及材料制造和工程应用基础知识的"新工科"人才，是实现高水平科技自立自强、加快建设材料制造强国的国家需要。

用于机械制造、车辆船舶、航空航天、建筑、化工、能源、医药和电子等工程领域的材料，叫作工程材料。工程材料种类繁多，可从不同角度进行分类。例如，根据其化学组成，可分为金属材料、陶瓷材料和高分子材料；根据其原子排列情况，可分为晶体材料和非晶体材料；根据其使用性能和用途，可分为结构材料和功能材料。

工程材料的性能是指材料在外界作用下表现出来的响应行为，分为使用性能和工艺性能。一般来说，工程材料的性能与材料的形状和尺寸无关。

使用性能是材料在服役条件下表现出来的响应行为，包括力学性能、物理性能和化学性能。力学性能包括材料的弹性模量、强度、硬度、塑性、韧性等，物理性能包括光学、电学、热学、磁学、声学等性能，化学性能包括电化学活性、耐蚀性和抗氧化性等。结构材料是以其力学性能为基础，用来制造各种以承载为主（承受力、能量或传递运动等）的零构件。功能材料是以其物理性能和化学性能为基础，用来制造各种电子元件、能源转换元器件、光导纤维、超导磁体、隔声板等。结构材料和功能材料并不是非此即彼的分类，例如，形状记忆合金、不锈钢、二氧化锆陶瓷材料、聚甲醛塑料等既是结构材料，也是功能材料。

材料科学的研究成果必须经过合理的工艺流程才能批量地制造出工程材料，一些材料的制备与成形几乎同时完成，制备后可直接使用，如金属铸件、陶瓷材料和高分子材料，而大部分金属材料制备后要经过成形、加工成为零构件后才能使用。材料适应实际生产工艺条件的响应行为称为工艺性能，包括熔体流动性或粉体流动性、成形性、可锻性、淬透性、焊接性等。

影响工程材料性能的因素有哪些呢？有内因——化学成分和结构，有外因——制备加工工艺和服役环境。下面分别举例加以说明。

材料的化学成分是组成材料的化学元素种类及其相对量，在一定程度上直接决定材料的某些性能。例如，人们从饮料罐和餐具可以感知金属材料、陶瓷材料和塑料的弹性模量不同；子弹壳用的三七黄铜含有质量分数为 70% 的 Cu、30% 的 Zn，其强度和硬度均大于纯 Cu

和纯 Zn。又如，不同纯度和组成的二氧化硅，可制成玻璃、水晶、耐火材料或光导纤维；用碳将二氧化硅还原后提纯得到高纯硅片，可制作太阳能电池片和半导体芯片。

根据研究尺度的不同，材料的结构分为原子的电子结构、原子的空间排列、微观结构和宏观结构。其中，材料中原子的空间排列（尺度为 0.1~5nm）可利用扫描隧道显微镜或高分辨透射电子显微镜进行观察，微观结构（尺度为 5nm~200μm）是利用电子显微镜（5~200nm）或光学显微镜（200nm~200μm）观察到的材料组成及其形貌，宏观结构（尺度 >200μm）是人们用肉眼或放大倍数 100 以下观察到的材料组成及其形貌。

当化学成分确定后，材料的性能取决于它的结构，也就是说，同一化学成分的材料性能是多变的。以碳材料为例，金刚石结构中的每个原子与相邻的 4 个原子结合形成正四面体，而石墨是六边形层状结构，每个原子连结 3 个原子，不同的结构使二者的性能产生很大的差异。又如，纯铁在 912℃ 以上称为 γ-Fe，是面心立方结构，塑性较好，比体积（单位质量所占体积，量纲为 cm^3/kg）较小；纯铁在 912℃ 以下称为 α-Fe，是体心立方结构，塑性较差，比体积较大。若将 α-Fe 试样打磨、抛光、浸蚀后，在光学显微镜下可观察到晶粒，人们发现晶粒较细小的 α-Fe 试样，其强度和塑性均优于晶粒较粗大的试样。

影响材料性能的外因包括制备工艺、加工工艺和服役环境，它们实际上是通过外力、温度、时间和环境介质等条件改变材料的结构，从而改变材料的性能。

陶瓷材料常用粉末压坯烧结方法制备，塑料常用注射成形、挤出成形和模压成形等方法制备，这两类材料一旦制备出来即基本上确定了其结构。而金属材料常用铸造方法制备，制备出来后还要进行成形（冷成形、热成形或焊接）和热处理，在这些加工过程中金属材料的结构会发生改变。因此，制备和加工工艺对材料的性能会产生重大影响。例如，在外力作用下，15 钢试样经 20%、40% 和 80% 的变形后，抗拉强度分别为 500MPa、680MPa 和 840MPa。又如，两组 45 钢试样加热至 850℃ 保温一定时间后，将其中一组试样空冷，测得抗拉强度为 620MPa，另一组水冷至室温后再加热至 200℃ 保温 2h，测得抗拉强度为 1200MPa。

通常，人们根据零件或元件在地面常温大气条件下的服役条件来权衡并确定所需性能，以选择合适的材料，但一些服役环境，如高温环境（如热作模具和航空发动机工作时、飞船返回舱再入大气层时，以及服务器芯片发热时）、腐蚀环境（如酸雨、盐碱土、化工、海洋，以及生物体内环境）、低温环境（如液氮、液氧、液氦、寒地），以及高能粒子辐射环境对材料的性能提出了新的挑战。

"材料科学基础"是高等工科院校材料科学与工程类相关专业重要的专业基础课程，本书主要阐述结构材料的化学成分、结构、制备加工工艺与力学性能之间的关系及其变化规律，在坚实的应用背景下着重讲述材料科学的基本概念和基础理论。这些基础理论主要包括五部分内容：晶体学基础和晶体缺陷理论、结晶理论、强化机制、扩散理论、固态相变理论。学习目标是建立材料科学知识体系，了解结构材料力学性能变化的基本规律，将来能够在材料设计、制备、加工过程中自如地调控材料的结构，以获得所需性能或者充分发掘材料的性能潜力。

材料科学是应用科学，材料科学基础所述理论只有在工程应用中才能获得生命力。基础理论既是人们认识材料和改造材料的依据，追求材料卓越性能的基础；又是创新制造的依据，人们基于相图设计新材料、基于位错运动理论发明新的材料强化工艺，也可与经典路线反道而行，制造出非晶合金和高熵合金。

材料科学是自然科学，材料科学知识是对已知的试验结论或者现象的归纳和总结。人们通过多次试验、分析试验结论，经归纳、抽象后建立模型、确定原理，因此这些原理是有适用范围的、可修正的和可重建的。因为采用科学归纳法得出的知识不具有必然性和普遍性，人们永远无法获得绝对的真理，只能无限接近于真理。但这并不妨碍人们应用这些知识获得产业化的成果。

科学家精神

Chapter 1

第一章
固体材料的结构

固体材料的化学成分不同，性能也不同。对于同一成分的固体材料，利用不同的成形加工工艺，改变材料的原子尺度结构或微观结构，也可以使其性能发生很大的变化。这就促使人们致力于固体材料微观结构的研究，以寻求提高固体材料性能的途径。

载人航天精神

金属材料、工程陶瓷和工程塑料都是在工程应用中发挥力学性能作用的固体材料。金属材料在固态下通常都是晶体，工程陶瓷的主体是晶体，很多工程塑料中含有晶体。要了解固体材料的微观结构，首先必须了解晶体的结构，其中包括：晶体中的原子是如何相互作用并结合起来的；原子的排列方式和分布规律；各种晶体结构的特点和差异等。

第一节　原子的电子构型和元素的电负性

一、原子的电子构型

固体材料是由原子组成的。孤立的自由原子由原子核和核外电子所组成，原子核中包含电中性的中子和带正电荷的质子，每个质子的正电荷量与一个核外电子所带的负电荷量相等，质子数与核外电子数相等，因此原子呈电中性。原子的直径约为 10^{-10}m 数量级，原子核的直径约为 10^{-15}m 数量级。电子的质量极其微小，约为 9.11×10^{-28}g，电子在原子核外空间高速运动，运动速度约为 10^8m/s，因此，电子具有波粒二象性，电子运动没有固定轨道，电子的精确位置不能确定。人们将电子较大概率出现的区域描绘为电子云。并不是说电子一定会出现在某个点或区域，只是出现在电子云中的概率较大而已，也有可能出现在电子云外。量子力学理论采用三个轨道量子数描述了单个电子任意时刻在原子核外空间某处出现的概率。

（1）主量子数 n　每个 n 值决定一个主层（也称为能层），也决定原子中电子与原子核的平均距离及电子能量。n 取值为正整数，即 $n=1$，2，3，…。n 值越大，离原子核越远。能量低的电子通常在离核较近的区域运动，能量高的电子通常在离核较远的区域运动。

（2）轨道角动量量子数 l　每个主层里的 l 值决定一个亚层（也称为能级），也决定电子云的形状。l 取值为非负整数，即 $l=0$，1，2，…，$n-1$。为便于标注起见，常用小写的英文字母 s、p、d、f、g、h 分别对应于 $l=0$，1，2，3，4，5。不同亚层的电子云形状不同，例如，s 亚层的电子云形状为以原子核为中心的球形，p 亚层的电子云形状为哑铃形……

（3）磁量子数 m_l　每个亚层里的 m_l 值决定一个单独的电子云的伸展方向。对于一个给

定的 l 值，m_l 的取值为从 $-l$ 到 $+l$ 之间的整数（包括 0 在内），即 $m_l = 0$，± 1，± 2，± 3，$\cdots$，$\pm l$，共有 $2l+1$ 个取值，即电子云在核外空间有 $2l+1$ 个伸展方向。例如，$l=0$ 时，m_l 只有一个值，即 $m_l = 0$，s 亚层的电子云呈球形对称分布，没有方向性；当 $l=1$ 时，m_l 可有 -1，0，$+1$ 三个取值，说明 p 亚层的电子云在核外空间有三种取向，即三个分别以 x、y、z 轴为对称轴的伸展方向，呈哑铃形；当 $l=2$ 时，m_l 可有五个取值，即 d 亚层的电子云有五个不同伸展方向，如图 1-1 所示。如果将具有一定形状的电子云的每一个伸展方向所占据的空间称为一个轨道，那么 s、p、d、f 亚层则各自包含 1、3、5、7 个轨道。因此，第 n 主层的轨道数为 n^2。

除了电子绕原子核的运动产生的轨道角动量外，电子还具有另外一种角动量，这种角动量与电子的核外空间运动没有任何关系，而是电子本身内在的固有性质，称为自旋角动量，任何电子都有相同的自旋角动量。不能将自旋理解为电子绕自身某个轴旋转的运动。电子的自旋角动量量子数 $s = 1/2$，电子总是处于两种自旋基本状态之一，可简化地称之为自旋向上态（↑）和自旋向下态（↓）。

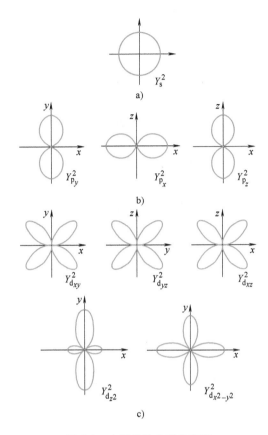

图 1-1 电子云的角度分布图
a）s 亚层 b）p 亚层 c）d 亚层

对于多电子原子，为使核外电子排布的状态能量最低，所有的核外电子都在可能的轨道上运动，并遵循以下三个原则：

（1）泡利不相容原理 在一个原子中不可能有两个电子同时处于完全相同的状态。因此每个轨道至多容纳 2 个电子（一个处于自旋向上态，另一个则处于自旋向下态）。

（2）能量最低原理 原子中的电子总是占据能量最低的轨道。电子的能量由 n 值和 l 值共同决定：l 值相同而 n 值不同，则 $1s < 2s < 3s < 4s$、$2p < 3p < 4p$、$3d < 4d < 5d$，即亚层相同时，n 值越大能量越高；n 值相同而 l 值不同，则在同一主层里，亚层电子的能量按 s、p、d 的次序递增，即 $ns < np < nd < nf$。但 $4s < 3d < 4p$，$5s < 4d < 5p$，并且 $ns < (n-2)f < (n-1)d < np$。因此，原子核外电子排布遵循一定的能级次序，如图 1-2 所示。

（3）洪特规则 在同一亚层，电子尽可能分占各个不同轨道，并且自旋状态相同。另外，

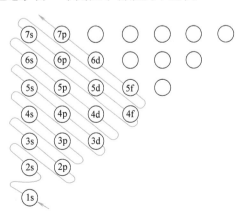

图 1-2 原子核外电子排布的能级次序示意图

当轨道为全满（p^6、d^{10}、f^{14}）、半满（p^3、d^5、f^7）或全空（p^0、d^0、f^0）时，原子的能量最低。

原子核外电子排布可用原子的电子构型表示。以下是一些常见元素的原子的电子构型：

C	$1s^2 2s^2 2p^2$	[He]	$2s^2 2p^2$
N	$1s^2 2s^2 2p^3$	[He]	$2s^2 2p^3$
O	$1s^2 2s^2 2p^4$	[He]	$2s^2 2p^4$
S	$1s^2 2s^2 2p^6 3s^2 3p^4$	[Ne]	$3s^2 3p^4$
Si	$1s^2 2s^2 2p^6 3s^2 3p^2$	[Ne]	$3s^2 3p^2$
Mg	$1s^2 2s^2 2p^6 3s^2$	[Ne]	$3s^2$
Al	$1s^2 2s^2 2p^6 3s^2 3p^1$	[Ne]	$3s^2 3p^1$
Mn	$1s^2 2s^2 2p^6 3s^2 3p^6 3d^5 4s^2$	[Ar]	$3d^5 4s^2$
Fe	$1s^2 2s^2 2p^6 3s^2 3p^6 3d^6 4s^2$	[Ar]	$3d^6 4s^2$
Cu	$1s^2 2s^2 2p^6 3s^2 3p^6 3d^{10} 4s^1$	[Ar]	$3d^{10} 4s^1$
Zn	$1s^2 2s^2 2p^6 3s^2 3p^6 3d^{10} 4s^2$	[Ar]	$3d^{10} 4s^2$
Sn	$1s^2 2s^2 2p^6 3s^2 3p^6 3d^{10} 4s^2 4p^6 4d^{10} 5s^2 5p^2$	[Kr]	$4d^{10} 5s^2 5p^2$

二、元素的电负性和价电子数

原子的电子构型与元素的电负性和价电子数有着密切关系。元素的电负性是原子吸引成键电子能力的相对标度。元素的电负性数值越大，表示其原子吸引成键电子的能力越强；反之，元素的电负性数值越小，其原子吸引成键电子的能力越弱（稀有气体原子除外）。电负性最大的元素是氟。如果记住这一点，那么一切都会变得简单，因为化学元素周期表中元素的电负性总是朝着氟的方向不断增大。

价电子又称为特征电子，是指能决定元素化合价的电子，既可以是化学反应中可以失去的电子，也可以是原子核外电子中能与其他原子相互作用形成化学键的电子。对于元素周期表中的主族元素来说，价电子与最外层电子是同一概念；对于副族元素来说，它的价电子除了最外层电子以外，还包括次外层的部分电子。通常非金属元素的电负性较大，原子的最外层电子数较多，最少 4 个，最多 7 个，易于获得电子而成为负离子。金属元素的电负性较小，原子的最外层电子数较少，一般为 1 或 2 个，最多 3 个，由于这些外层电子与原子核的结合力弱，所以容易脱离原子核的束缚而成为自由电子，此时的原子即变为正离子。过渡族金属元素如钨、钼、钒、铬、锆、钛、铁、钴、镍、锰、铜等，除具有上述金属原子的特点外，还有一个特点：在次外层尚未填满电子的情形下，最外层就先占据了电子。因此，过渡族金属元素的原子不仅容易失去最外层电子，而且还容易失去次外层 1 或 2 个电子，从而出现过渡族金属元素化合价可变的现象。价电子数目不仅决定着原子间结合键的本质，而且对其化学性质和强度等特性也具有重要影响。

第二节　原子间的结合

固体材料是由极其多个原子聚集而成的。两个或两个以上的原子相互靠近时，价电子的电子云就会出现微扰和交叠，使体系能量降低。一方面，电子云形状可能发生变形、杂化和取向改变，使价电子处于能量最低的状态；另一方面，价电子在交叠区域出现的概率更大，使得原子之间产生相互的化学作用或物理作用，从而紧密地相互结合。由于不同元素原子的电子构型不同，使原子间的相互结合方式产生了很大差别。原子间的结合方式和结合力大小称为结合键，结合键可分为主价键和次价键两大类。主价键即化学键，是通过价电子的共享或转移，在相邻原子之间形成的强键，包括金属键、共价键和离子键；次价键即物理键，是由电子的瞬间偶极矩相互作用产生的弱键，包括范德华力和氢键。大部分固体材料的原子间的结合可以兼有几种结合方式，也可以具有两种结合键之间的过渡性质，从而影响着固体材料的结构和性能。

一、金属键

金属原子聚集形成纯金属时，全部或大部分的金属原子将它们的价电子贡献出来，为整个原子集体所公有，形成遍布金属晶体的"电子气"，这些价电子成为"自由电子"，在所有原子核周围按量子力学规律运动。贡献出价电子的原子成为正离子，沉浸在电子气中，并依靠与运动于其间的公有化的自由电子的静电作用而结合起来，这种结合方式称为金属键。金属键没有饱和性和方向性。图 1-3 所示描述金属键的电子气模型认为，在金属晶体中，并非所有原子都成为正离子，而是绝大多数为正离子，少数原子处于中性原子状态。

电子气模型可以解释金属晶体的一些特性。例如，在外加电场作用下，金属中的自由电子能够沿着电场方向做定向运动，形成电流，从而表现出良好的导电性。正离子振动的振幅随温度升高而增大，可阻碍电子通过，使电阻增

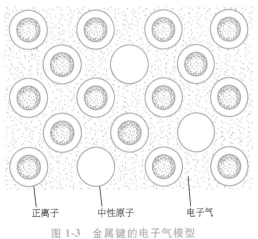

正离子　　　　中性原子　　　　电子气

图 1-3　金属键的电子气模型

大，因而金属具有正的电阻温度系数。自由电子的运动和正离子的振动使金属具有良好的导热性。由于自由电子很容易吸收可见光的能量而被激发到较高的能级，当它们跳回到原来的能级时，会把吸收的可见光能量辐射出来，因此，金属不透明并散发金属光泽。由于金属键没有饱和性和方向性，当金属的两部分发生相对位移时，正离子始终沉浸在电子气中保持着金属键结合，金属在宏观上承受一定的变形而不断裂，表现出较好的延展性。

金属及合金主要以金属键结合，但是会出现金属键与共价键或离子键混合的情况。

二、共价键

当两个相同原子或性质相近的原子接近时，如果各自有一个未成对电子，并且它们的自旋基本状态不同，就会通过共用电子对，形成稳定的电子全满轨道。这种原子间通过共用电子对（或电子云交叠）所形成的强烈的相互作用称为共价键。共价键具有饱和性和方向性。由于泡利不相容原理的限制，一个原子的未成对电子数决定了它所能形成的共价键的数目，这就是共价键的饱和性。共价键形成时氢原子的最外层电子全部参与，而多电子的原子，其最外层参与成键的电子数一般等于 8−最外层电子数。形成共价键时，两个参与成键的原子

总是尽可能沿电子云交叠最多的方向成键，交叠越多，体系的能量降低就越多，形成的共价键越牢固，由此表现出共价键的方向性（除了 s—s 轨道交叠形成的共价键无方向性）。

为解释某些共价键的形成，人们提出了杂化轨道的概念——同一原子中不同类型但能量相近的原子轨道（如 $nsnp$、$nsnpnd$ 或 $(n-1)dnsnp$）混合起来，重新分配能量和调整空间伸展方向，组成数目不变、能量完全相同的新的轨道。原子轨道的杂化只发生在最外层轨道。因为有外来电子参与成键，轨道的杂化可以理解为外来电子的诱导引起轨道的重新组合，使能量平均分配、各原子轨道接收外来电子的成键能力相同。

例如，C 原子的价电子层有 1 个 s 轨道和 3 个 p 轨道，s 轨道为球形电子云，p 轨道是三个相互垂直的哑铃形电子云。在形成甲烷（CH_4）时，C 原子的 4 个原子轨道经过混合平均化，重新分配轨道的能量和调整空间伸展方向，组成了 4 个新的能量相同的杂化轨道 sp^3，有利于 C 原子的 4 个价电子分别与 4 个 H 原子的单电子形成共价键；sp^3 杂化轨道的对称轴呈空间正四面体构型，是空间各向同性的，如图 1-4 所示。4 个 H 原子分别以 1s 轨道与 C 原子的 4 个 sp^3 轨道相互交叠后，就形成了 4 个性质和能量完全相同的 s—sp^3 键，从而形成 CH_4。

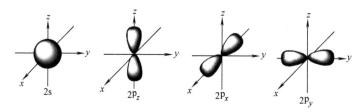

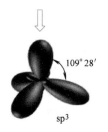

图 1-4　sp^3 杂化示意图

同理，sp^2 杂化是由 1 个 s 轨道和 2 个 p 轨道杂化成 3 个 sp^2 轨道，这 3 个杂化轨道能量相同，是平面各向同性的，对称轴分布在同一个平面内，分别呈 120°，未参与杂化的 p 轨道垂直于该平面；sp 杂化则是 1 个 s 轨道和 1 个 p 轨道，杂化形成 2 个具有相同能量的直线形的 sp 轨道，未参与杂化的另外 2 个 p 轨道分别垂直于该轨道。图 1-5 所示为 sp^2 杂化轨道和 sp 杂化轨道。

电子云在两个原子核之间交叠，意味着电子在两个原子核之间出现的概率增加，犹如一座带负电的桥梁，把带正电的原子核紧密地结合在一起，使体系能量降低。共价键的强弱取决于形成共价键的两个原子轨道相互交叠的程度。

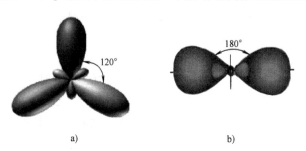

a)　　　　　　　　　　b)

图 1-5　杂化轨道示意图

a）sp^2 杂化轨道　b）sp 杂化轨道

图 1-6 所示为 s 轨道和 p 轨道形成共价键的四种形式。由两个原子轨道沿轨道对称轴方向相互交叠而形成的共价键，称为 σ 键，可简记为"头碰头"。由于 σ 键是沿原子轨道的对称轴方向形成的，电子云交叠程度大，所以，通常 σ 键很牢固，不易断裂，成键原子可绕键轴自由旋转，而且，两个原子间至多只能形成一个 σ 键。杂化轨道只用于形成 σ 键，CH_4 的 $s—sp^3$ 键就是 σ 键。成键原子的未杂化 p 轨道，沿垂直于轨道对称轴的方向进行平行交叠而形成的共价键，称为 π 键，可简记为"肩并肩"。π 键的电子云交叠程度不及 σ 键，稳定性较差。两个原子间至多可以形成两个 π 键。

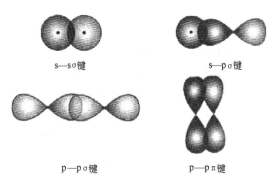

图 1-6　共价键的四种形式

有机化合物中，两个原子间由一对共用电子、两对共用电子或三对共用电子形成的共价键分别称为单键、双键或三键。通常情况下，单键总是 σ 键，双键包含一个 σ 键和一个 π 键，三键包含一个 σ 键和两个 π 键。例如，碳碳单键是两个 C 原子各用一个 sp^3 杂化轨道形成碳碳 σ 键；碳碳双键通常是两个 C 原子各用一个 sp^2 杂化轨道形成一个 σ 键，各用一个未杂化 p 轨道形成一个 π 键，也可能是一个 C 原子用一个 sp^2 杂化轨道与另一个 C 原子 sp 杂化轨道相互交叠形成一个 σ 键，各用一个未杂化 p 轨道形成一个 π 键；碳碳三键是两个 C 原子各用一个 sp 杂化轨道形成一个 σ 键，各用两个未杂化 p 轨道形成两个 π 键。

共价键在 C、Si、Ge、α-Sn、陶瓷（如 SiC、Si_3N_4、BN 等）和高聚物中起重要作用。例如，金刚石是自然界中最硬的材料，完全由碳原子组成。每个碳原子有 4 个价电子，与相邻的 4 个碳原子分别形成 4 个 σ 键，这种完全由共价键结合而成的正四面体结构，使得金刚石具有很高的硬度和熔点，但导电性很弱。

三、离子键

典型的金属原子与典型的非金属原子结合时，金属原子的价电子转移到非金属原子的外层轨道，从而形成金属正离子和非金属负离子，它们的最外层都是 8 个电子的全满轨道。这种带相反电荷的离子之间的静电相互作用称为离子键。离子键的特点是与正离子相邻的是负离子，与负离子相邻的是正离子，无饱和性和方向性。例如，NaCl 晶体中钠原子有 1 个价电子，它很容易将价电子转移而成为带正电的离子，氯原子很容易接受 1 个电子进入价电子轨道而成为带负电的离子。

原子间并不形成"纯粹的"离子键，所有的离子键都或多或少带有共价键的成分。设想 A 原子和 B 原子之间有一对或一对以上的共用电子对，如果 A、B 两元素的电负性相同，则它们对共用电子对的吸引能力相同，那么电子出现在这两个原子附近的概率相等，大致地，电子在平均意义上会出现在两个原子的正中。通常 A 和 B 为同一非金属或亚金属元素的原子，如 H_2、O_2、N_2、金刚石、晶体锗和晶体硅。这种共价键可看作"纯粹的"共价键，称为非极性共价键。如果 A 元素的电负性略大于 B 元素的电负性，则 A 原子对共用电子对的吸引能力略强于 B 原子，那么电子出现在 A 原子附近的概率较大，此时 A 略微地带负电荷，B 略微地带正电荷，这种共价键称为极性共价键，大多数共价键为此类，如聚乙烯、SiC 和 LiI 中的共价键。如果 A 元素的电负性远大于 B 元素的电负性，则共用电子对被完全吸引到 A 原子附近，此时 A 带负电荷，B 带正电荷，两原子间形成了离子键，如 Al_2O_3。因此，离子键和共价键之间没有绝对的界限。即使在典型的离子晶体 NaCl 和 MgO 中，分别只有 94% 和 84% 的离子键成分，说明钠和镁也未曾完全失去对电子的吸引能力。一般认为：如果两种成键元素间的电负性差值大于 1.7，它们之间通常形成离子键；如果两种成键元素间的电负性差值小于 1.7，它们之间通常形成共价键。

大多数盐类、碱类和金属氧化物主要以离子键的方式结合形成离子晶体。离子晶体的熔点和硬度较高，但无延展性，这是因为外力作用下离子之间的相对位置发生变化，使异号离子之间的相间排列变成同号离子的相邻排列，彼此产生强烈排斥，导致晶体容易破碎。离子晶体在常温下不传热不导电，是良好的绝缘体，因为很难产生自由运动的电子；在熔融状态下产生自由离子而导电。典型的离子晶体是无色透明的，这是由于可见光的能量一般不足以激发离子的外层电子而不被吸收。

四、范德华力

在上述三种化学键中，原子的价电子状态在结合成固体时都发生了根本性的变化，而范德华力主要来源于分子或原子中电子的运动，某一瞬间可以相互配合产生一对方向相反的瞬时偶极矩，这一对瞬时偶极矩的相互吸引作用力被称为范德华力。这些偶极矩只是瞬时存在但会不断地重新形成。这种静电吸引力没有方向性和饱和性，比化学键弱得多。一般来说，某物质的范德华力越大，则它的熔点、沸点就越高。对于组成和结构相似的物质，范德华力一般随着相对分子质量的增大而增强。两个原子间的范德华力是自然界最微弱的作用力，但累积后可达到宏观上可以测量感知的大小。范德华力是稀有气体（单原子分子）和高聚物的主要结合方式。

五、氢键

只有一个电子的氢原子与电负性很大的元素（F、O、N 等）原子之间以共价键相结合时，由于共用电子对极大地偏向于吸引电子能力强的原子，氢原子几乎成了不带电子、半径极小的带正电的质子，它会强烈吸引相邻分子中电负性很大、半径较小的原子中的价电子，这种吸引作用力就是氢键。氢键具有方向性和饱和性，比范德华力强。氢键是冰（H_2O）和聚酰胺分子间相互作用的重要组成部分。

高聚物的高分子主链中原子间的化学键是共价键，非共价键结合的原子之间、基团之间和分子之间的相互作用为范德华力或氢键。由于不存在自由电子或离子，高聚物一般不导电，也不以离子形式溶解。由于相对分子质量很大，总的分子间作用力非常大，远大于分子中的共价键。如果使高聚物温度升高，想要去除所有的分子间作用，在此之前共价键已经断开，也就是说，高聚物在达到汽化温度之前早已分解，所以高聚物往往无气态，只有液态和固态。

六、原子间的结合力和结合能

在固体材料中，众多的原子依靠结合键牢固地结合在一起。但是，原子（或离子）的聚集状态如何，即固体材料中原子（或离子）的排列方式如何尚未述及。下面从原子间的结合力与结合能来说明，晶体中的原子（或离子）是规则排列着，并往往趋于紧密地排列的。

为简便起见，首先分析两个原子之间的相互作用情况（即双原子作用模型）。当两个原子相距很远时，它们之间实际上不发生相互作用，但当它们相互逐渐靠近时，其间的作用力就会随之显示出来。分析表明，晶体中两原子之间的相互作用力包括：正离子与周围电子（或负离子）间的吸引力，正离子之间、电子之间或负离子之间的排斥力。吸引力力图使两原子靠近，而排斥力却力图使两原子分开，它们的大小都随原子间距离的变化而变化，如图 1-7 所示。图 1-7 的上半部分为 A、B 两原子间的吸引力和排斥力曲线，两原子间的结合力为吸引力与排斥力的代数和。吸引力是一种长程力，排斥力是一种短程力，当两原子间距离较大时，吸引力大于排斥力，两原子自动靠近。当两原子靠近致使电子云发生交叠时，排斥力便急剧增大，一直到两原子距离为 d_0 时，吸引力与排斥力相等，即原子间结合力为零，好像位于原子间距 d_0 处的原子既不受吸引力，也不受排斥力一样。d_0 即相当于两原子之间的平衡间距，原子既不会自动靠近，也不会自动离开。任何对平衡位置的偏离，都立刻会受到一个力的作用，促使其回到平衡位置。例如，当距离小于 d_0 时，排斥力大于吸引力，原子间要相互排斥；当距离大于 d_0 时，吸引力大于排斥力，两原子要相互吸引。此外，从图上可以看出，在 d_0 点附近，结合力与距离的关系接近直线关系。该段曲线的斜率越大，将原子从平衡位置移开所需的力越大，晶体的弹性模量越大。如果把 B 原子拉开远离其平衡位置，则必须施加外力，以克服原子间的吸引力。当把 B 原子拉至 d_c 位置时，外力达到原子结合力曲线上的最大值，超过 d_c 之后，所需的外力就越来越小。可见，原子间的最大结合力不是出现在平衡位置，而是在 d_c 位置上。这个原子间结合力最大值对应着晶体的理论抗拉强度。晶体种类不同，则原子间的结合力最大值不同，理论抗拉强度也不同。

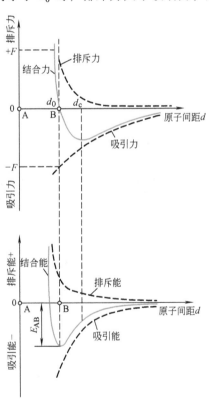

图 1-7　双原子作用模型

图 1-7 所示的下半部分是吸引能和排斥能与原子间距离的关系曲线，结合能是吸引能与排斥能的代数和。当形成原子集团比分散孤立的原子更稳定，即势能更低时，那么，在吸引力的作用下把远处的原子移近所做的功使原子的势能降低，所以吸引能是负值。相反，排斥能是正值。当原子移至平衡距离 d_0 时，其结合能达到最低值，即此时原子的势能最低、最稳定。任何对 d_0 的偏离，都会使原子的势能增加，从而使原子处于不稳定状态，原子就有力图回到低能状态，恢复到平衡距离的倾向。这里的 E_{AB} 称为原子间的结合能。

将上述双原子作用模型加以推广，大量的原子或离子结合成晶体是能量降低的结果，设想将分散的自由原子或自由离子结合成晶体，则结合过程将释放出一定的能量，称为晶体的结合能。晶体结合能以每摩尔物质的结合能表示，取负值，单位为 kJ/mol。离子晶体、共价晶体的结合能约为几千 kJ/mol，金属晶体的结合能约为几百 kJ/mol，分子晶体的结合能约为几十 kJ/mol。一般来说，晶体结合能绝对值越大，则晶体的熔点越高、热膨胀系数越小。

不难理解，当大量的原子结合成晶体时，为使晶体具有最低的能量，以保持其稳定状态，大量的原子之间必须保持一定的平衡距离，这就是晶体中的原子趋于规则排列的重要原因。

如果试图从晶体中把某个原子从平衡位置拿走，就必须对它做功，以克服周围原子对它的作用力。显然，这个要被拿走的原子周围近邻的原子数越多，所需要做的功就越大。由此可见，原子周围最近邻的原子数越多，原子间的结合能（势能）越低。能量最低的状态是最稳定的状态，而任何系统都有自发从高能状态向低能状态转化的趋势。因此，常见金属中的原子总是自发地趋于紧密的排列，以保持最稳定的状态。当晶体原子间主要以离子键或共价键结合时，原子排列达不到金属键结合的紧密状态，这是由于这些结合方式对原子周围的原子数有一定的限制之故。

应当指出，所有的原子（或离子）在各自的平衡位置上并不是固定不动的，而是各自以其平衡位置为中心做微弱的热振动。温度越高，则热振动的振幅越大。

第三节　金属和陶瓷的晶体结构

一、晶体学基础

从双原子作用模型已经了解到，晶体中原子的排列是有规则的，而不是杂乱无章的。人们将这种原子在三维空间呈有规则的周期性排列的固体称为晶体。晶体中原子排列的规律不同，则其性能也不同，因此，必须研究晶体结构，即原子的实际排列情况。为方便起见，首先把晶体当作完美的没有任何缺陷的理想晶体来研究。

（一）晶体的特性

谈到晶体，人们很容易联想到价格昂贵的钻石和晶莹剔透的各种宝石。它们的确是晶体，并且这些天然的晶体往往都具有规则的几何外形。事实上，在人们周围，各种晶体比比皆是，例如，人们吃的食盐，冬天江里结的冰，天上飞舞的雪花，汽车上的各种金属制品。与天然晶体不同的是，金属制品一般都不具有规则的几何外形，但是研究证明，金属制品内部的原子确实呈规则排列。可见，晶体与非晶体的区别不在于外形，而主要在于内部的原子排列情况。在晶体中，原子按一定的规律周期性地重复排列，而所有的非晶体，如玻璃、木材、棉花等，其内部的原子则是散乱分布的，至多有些局部的短程规则排列。

由于晶体中的原子按一定规则重复排列，所以晶体的性能具有区别于非晶体的一些重要特点。首先，晶体具有一定的熔点（熔点就是晶体与非结晶状态的液体平衡共存的临界温度）。在熔点以上，晶体变为液体，处于非结晶状态；在熔点以下，液体又变为晶体，处于结晶状态。从晶体至液体或从液体至晶体的转变是突变的。而非晶体则不然，它从固体至液体，或从液体至固体的转变是逐渐过渡的，没有确定的熔点或凝固点，所以可以把固态非晶体看作过冷状态的液体，它只是在物理性质方面不同于通常的液体而已，玻璃就是一个典型的例子。

晶体的另一个特点是在不同的方向上测量单晶体的性能（如导电性、导热性、热膨胀性、弹性和强度等）时，表现出或大或小的差异，称为各向异性。非晶体在不同方向上的性能则是一样的，不因方向而异，称为各向同性。

由此可见，晶体与非晶体之间存在着本质的差别，但这并不意味着两者之间必然存在着不可逾越的鸿沟。在一定条件下，可以将原子呈不规则排列的非晶体转变为原子呈规则排列的晶体，反之亦然。例如，玻璃经长时间高温加热后能形成晶态玻璃；用特殊的设备，使液态金属以极快的速度冷却下来，可以制出非晶态金属。当然，这些转变的结果，必然使其性能发生极大的变化。

（二）晶体结构与空间点阵

晶体结构是指晶体中的原子或离子在三维空间有规律的周期性的具体排列方式。组成晶体的原子或离子种类不同或者排列规则不同，就可以形成各种各样的晶体结构，也就是说，实际存在的晶体结构可以有很多种。假定晶体中的原子都是固定的刚球，晶体就由这些刚球堆垛而成。图 1-8a 所示即为这种原子堆垛模型。从图中可以看出，原子在各个方向的排列都是很规则的。这种模型的优点是立体感强，很直观；缺点是很难看清原子排列的规律和特点，不便于研究。为了清楚地表明原子在空间排列的规律性，常常将构成晶体的原子（或原子集团、离子对）忽略，而将其抽象为纯粹的几何点，称为阵点。这些阵点可以是原子的中心，也可以是彼此等同的原子集团或离子对的中心，所有阵点的物理环境和几何环境都相同。由这些阵点有规则地周期性重复排列所形成的三维空间阵列称为空间点阵。每个阵点所代表的具体内容包括原子（或原子集团、离子对）的种类、数量及其在空间按一定方式排列的基本结构，称为晶体的结构基元。可以将晶体结构示意性地表示为晶体结构=空间点阵+结构基元。

为了方便起见，常人为地将阵点用直线连接起来形成空间格子，称为晶格（图 1-8b）。它的实质仍是空间点阵，通常不加以区别。

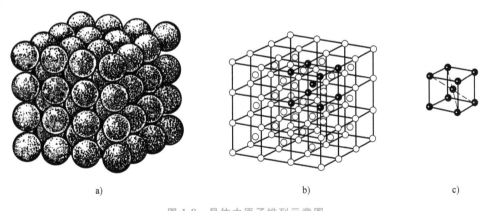

　　　　　a)　　　　　　　　　　　　　　b)　　　　　　　　　　c)

图 1-8　晶体中原子排列示意图

a）原子堆垛模型　b）晶格　c）晶胞

由于晶格中原子排列具有周期性的特点，因此，为简便起见，可从晶格中选取一个能够完全反映晶格特征的最小的几何单元（平行六面体），来分析晶体中原子排列的规律性，这个最小的几何单元称为晶胞（图 1-8c）。晶胞的选取必须能充分反映晶格的周期性和对称性。晶胞的大小和形状常以晶胞的棱边长度 a、b、c 及棱间夹角 α、β、γ 表示，如图 1-9 所示。图中，沿晶胞三条相交于一点的棱边分别设置了三个坐标轴 X、Y、Z。习惯上，以原点的前、右、上方为轴的正方向，反之为负方向。晶胞的棱边长度一般称为晶格常数或点阵常数，在 X、Y、Z 轴上分别以 a、b、c 表示。晶胞的棱间夹角又称为轴间夹角，通常 Y-Z 轴、Z-X 轴和 X-Y 轴之间的夹角分别以 α、β 和 γ 表示。

自然界中的每种晶体都有自己的晶体结构，但若根据晶胞的三个晶格常数和三个轴间夹角的相互关系对所有的晶体结构进行分析，则发现在反映对称性的前提下，它们的空间点阵只有 14 种类型，称为布拉维点阵。若进一步根据空间点阵的基本特点进行归纳整理，又可将 14 种空间点阵归属于 7 个晶系，见表 1-1。

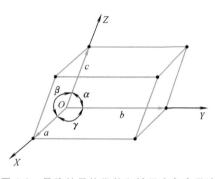

图 1-9　晶胞的晶格常数和轴间夹角表示法

表 1-1　7 个晶系和 14 种空间点阵

晶系和实例	点阵类型			
	简　单	底　心	体　心	面　心
三斜晶系 $a \neq b \neq c$ $\alpha \neq \beta \neq \gamma \neq 90°$ K_2CrO_7				
单斜晶系 $a \neq b \neq c$ $\alpha = \gamma = 90° \neq \beta$ β-S				
正交晶系 $a \neq b \neq c$ $\alpha = \beta = \gamma = 90°$ α-S，Fe_3C				
六方晶系 $a_1 = a_2 = a_3 \neq c$ $\alpha = \beta = 90°$，$\gamma = 120°$ Zn，Cd，Mg				

（续）

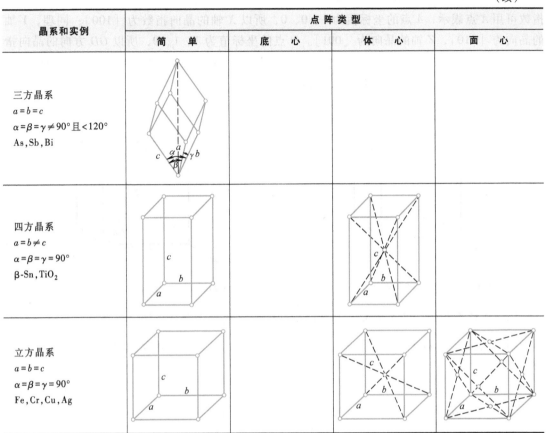

晶系和实例	点阵类型			
	简 单	底 心	体 心	面 心
三方晶系 $a = b = c$ $\alpha = \beta = \gamma \neq 90° 且 < 120°$ As, Sb, Bi				
四方晶系 $a = b \neq c$ $\alpha = \beta = \gamma = 90°$ β-Sn, TiO_2				
立方晶系 $a = b = c$ $\alpha = \beta = \gamma = 90°$ Fe, Cr, Cu, Ag				

（三）晶向指数和晶面指数

在晶体中，任意两个原子之间连线所指的方向称为晶向，由一系列原子所组成的平面称为晶面。为了便于研究和表述不同晶向和晶面的原子排列情况及其在空间的位向，需要有一种统一的表示方法，这就是晶向指数和晶面指数。

1. 晶向指数

晶向指数的确定步骤如下：

1）分别以晶胞的三条棱边为坐标轴 X、Y、Z，以晶格常数作为各坐标轴的单位长度。

2）从坐标轴原点引一有向直线平行于待定晶向。

3）在所引有向直线上任取一点（为分析方便，可取距原点最近的那个原子），求出该点在 X、Y、Z 轴上的坐标值。

4）将三个坐标值按比例化为最小简单整数，依次写入方括号 ［ ］中，即得所求的晶向指数。

通常以 ［uvw］表示晶向指数的普遍形式，若晶向指向坐标为负方向，则坐标值中出现负值，这时在晶向指数的这一数字之上冠以负号。从晶向指数的确定步骤可以看出，晶向指数表示一组相互平行、方向一致的晶向。

现以图 1-10 中 AB 方向的晶向为例说明。通过坐标原点引一平行于待定晶向 AB 的直线 OB'，B' 点的坐标值为 -1、1、0，故其晶向指数为 ［$\bar{1}10$］。

立方晶系中一些常用的晶向指数如图 1-11 所示，现做扼要说明。如 X 轴方向，其晶向指数可用 A 点表示，A 点的坐标值为 1、0、0，所以 X 轴的晶向指数为 [100]；同理，Y 轴的晶向为 [010]，Z 轴的晶向为 [001]。D 点的坐标值为 1、1、0，所以 OD 方向的晶向指数为 [110]。F 点的坐标值为 1、1、1，所以 OF 方向的晶向指数为 [111]。H 点的坐标值为 1、1/2、0，所以 OH 方向的晶向指数为 [210]。

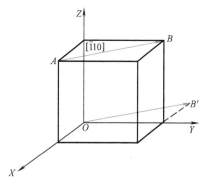

图 1-10　确定晶向指数的示意图

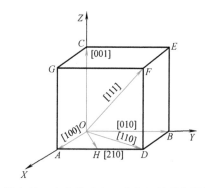

图 1-11　立方晶系中一些常用的晶向指数

同一直线有相反的两个方向，其晶向指数的数字和顺序完全相同，只是符号相反。这相当于用 -1 乘晶向指数中的三个数字，如 [123] 与 $[\bar{1}\bar{2}\bar{3}]$ 方向相反，$[1\bar{2}0]$ 与 $[\bar{1}20]$ 方向相反。

原子排列相同但空间位向不同的所有晶向属于同一晶向族，以 $<uvw>$ 表示。在立方晶系中，[100]、[010]、[001]，以及方向与之相反的 $[\bar{1}00]$、$[0\bar{1}0]$、$[00\bar{1}]$ 共 6 个晶向上的原子排列完全相同，只是空间位向不同，属于同一晶向族，以 $<100>$ 表示。同样地，$<110>$ 晶向族包括 [110]、[101]、[011]、$[\bar{1}10]$、$[\bar{1}01]$、$[0\bar{1}1]$，以及方向与之相反的晶向 $[\bar{1}\bar{1}0]$、$[\bar{1}0\bar{1}]$、$[01\bar{1}]$、$[1\bar{1}0]$、$[10\bar{1}]$、$[01\bar{1}]$ 共 12 个晶向。$<111>$ 晶向族包括 [111]、$[\bar{1}11]$、$[1\bar{1}1]$、$[11\bar{1}]$，以及 $[\bar{1}\bar{1}\bar{1}]$、$[1\bar{1}\bar{1}]$、$[\bar{1}1\bar{1}]$、$[\bar{1}\bar{1}1]$ 共 8 个晶向。

应当指出，对于立方结构的晶体，改变晶向指数的顺序，所表示的晶向上的原子排列情况完全相同，这种方法对于其他结构的晶体不一定适用。

2. 晶面指数

晶面指数的确定步骤如下：

1）分别以晶胞的三条棱边为坐标轴 X、Y、Z，坐标原点 O 应位于待定晶面之外，以免出现零截距。

2）以晶格常数为单位长度，求出待定晶面在各轴上的截距。

3）取各截距的倒数，并化为最小简单整数，依次写在圆括号（）内，即为所求的晶面指数。

晶面指数的一般表示形式为 (hkl)。如果所求晶面在坐标轴上的截距为负值，则在相应的指数上加一负号，如 $(\bar{h}kl)$、$(h\bar{k}l)$ 等。与晶向指数相似，晶面指数并不只表示某一具体晶面，而是表示一组相互平行的晶面。

现以图 1-12 中的晶面为例予以说明。该晶面在 X、Y、Z 坐标轴上的截距分别为 1、

1/2、1/2，取其倒数为 1、2、2，故其晶面指数为（122）。

在某些情况下，晶面可能只与两个或一个坐标轴相交，而与其他坐标轴平行。当晶面与坐标轴平行时，就认为在该轴上的截距为无穷大，其倒数为 0。

图 1-13 所示为立方晶系中的一些晶面。其中，A 晶面在三个坐标轴上的截距分别为 1、∞、∞，其倒数为 1、0、0，故其晶面指数为（100）；B 晶面在坐标轴上的截距为 1、1、∞，其倒数为 1、1、0，晶面指数为（110）；C 晶面在坐标轴上的截距为 1、1、1，其倒数不变，故晶面指数为（111）；D 晶面在坐标轴上的截距为 1、1、1/2，其倒数为 1、1、2，晶面指数为（112）。

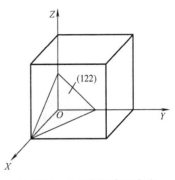

图 1-12　晶面指数表示方法

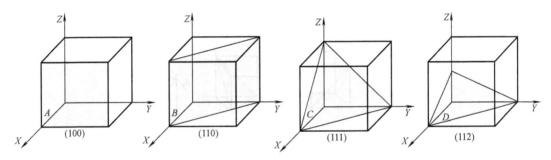

图 1-13　立方晶系的一些晶面

当两个晶面指数的数字和顺序完全相同而符号相反时，则这两个晶面相互平行。它相当于用-1 乘某一晶面指数中的各个数字。例如，（100）晶面平行于（$\overline{1}$00）晶面，（$\overline{1}$11）晶面平行于（$11\overline{1}$）晶面。

在同一种晶体结构中，一些晶面虽然在空间的位向不同，但其原子排列情况完全相同，这些晶面均属于同一晶面族，以 $\{hkl\}$ 表示。例如，在立方晶系中：$\{100\}$ 晶面族包括（100）、（010）、（001）共 3 个晶面；$\{111\}$ 晶面族包括（111）、（$\overline{1}$11）、（$1\overline{1}1$）、（$11\overline{1}$）共 4 个晶面；$\{110\}$ 晶面族包括（110）、（101）、（011）、（$\overline{1}$10）、（$\overline{1}$01）、（$0\overline{1}1$）共 6 个晶面；$\{112\}$ 晶面族包括（112）、（121）、（211）、（$\overline{1}$12）、（$1\overline{1}2$）、（$11\overline{2}$）、（$\overline{1}21$）、（$1\overline{2}1$）、（$12\overline{1}$）、（$\overline{2}11$）、（$2\overline{1}1$）、（$21\overline{1}$）共 12 个晶面。

从上面的例子可以看出，在立方晶系中，$\{hkl\}$ 晶面族所包括的晶面可以用 h、k、l 数字的排列组合方法求出，但这一方法不适用于非立方结构的晶体。图 1-14、图 1-15 和图 1-16 所

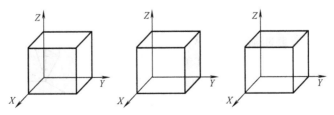

图 1-14　立方晶系的 $\{100\}$ 晶面族

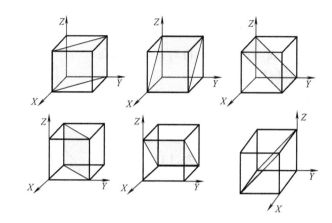

图 1-15　立方晶系的 {110} 晶面族

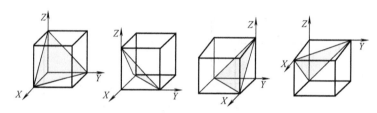

图 1-16　立方晶系的 {111} 晶面族

示分别为立方晶系的 {100}、{110} 和 {111} 晶面族。

此外，在立方结构的晶体中，当一晶向 [uvw] 位于或平行于某一晶面（hkl）时，必须满足以下关系：$hu+kv+lw=0$。当某一晶向与某一晶面垂直时，则其晶向指数和晶面指数必须完全相等，即 $u=h$、$v=k$、$w=l$。例如，[100]⊥（100）、[111]⊥（111）、[110]⊥（110）。

3. 六方晶系的晶面指数和晶向指数

六方晶系的晶面指数和晶向指数同样可以应用上述方法确定，即以 X_1、X_2、Z 为三个坐标轴，X_1 轴与 X_2 轴夹角为 120°，Z 轴分别与 X_1 轴、X_2 轴相互垂直。但这样表示有缺点，如晶胞的六个柱面是等同的，但按上述三轴坐标系，其晶面指数分别为（100）、（010）、（$\bar{1}$10）、（$\bar{1}$00）、（0$\bar{1}$0）、（1$\bar{1}$0）。可见，用这种方法标定晶面指数，同类型晶面的晶面指数不相类同，往往看不出它们之间的等同关系。为克服这一缺点，通常采用四个坐标轴的方法，专用于六方晶系。

根据六方晶系的对称特点，在确定晶面指数时，采用 X_1、X_2、X_3 及 Z 四个坐标轴。其中 X_1、X_2、X_3 三个坐标轴位于同一底面上并互成 120°，其单位长度为底面正六边形的边长，即晶格常数 a；Z 轴垂直于底面，其单位长度为棱线高度，即晶格常数 c，如图 1-17 所示。这样，晶面指数就以（hkil）四个指数来表示，分

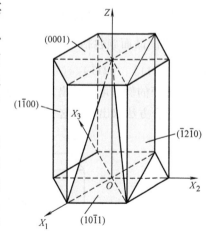

图 1-17　六方晶系的一些晶面指数

别为晶面在 X_1、X_2、X_3 及 Z 轴上的截距的倒数化成的最小简单整数。此时，六个柱面的指数分别为：$(10\bar{1}0)$、$(01\bar{1}0)$、$(\bar{1}100)$、$(\bar{1}010)$、$(0\bar{1}10)$ 和 $(1\bar{1}00)$，其中互不平行的三个晶面可归并为 $\{10\bar{1}0\}$ 晶面族。采用这种标定方法，等同的晶面就可以从指数上反映出来。

根据立体几何学，三维空间中独立的坐标轴不超过三个。而应用上述方法标定的晶面指数形式上是四个，不难看出，前三个指数中只有两个是独立的，它们之间有以下关系：$i = -(h+k)$。因此，如果将晶面指数 $(hkil)$ 转换成三个坐标轴的晶面指数 (hkl)，只需去掉 i 即可。

六方晶系的晶向指数既可以采用三个坐标轴标定，也可以采用四个坐标轴标定。当用三个坐标轴时，其标定方法与立方晶系完全相同。比较方便且准确的方法是用三个坐标轴求出晶向指数 $[UVW]$，然后根据以下关系

$$u = \frac{2}{3}U - \frac{1}{3}V, \quad v = \frac{2}{3}V - \frac{1}{3}U, \quad t = -(u+v), \quad w = W$$

换算成四个坐标轴的晶向指数 $[uvtw]$。

图 1-18 所示为六方晶系的一些晶向指数。X_1 轴的晶向指数为 $[2\bar{1}\bar{1}0]$，X_2 轴为 $[\bar{1}2\bar{1}0]$，X_3 轴为 $[\bar{1}\bar{1}20]$，再加上方向与之相反的晶向 $[\bar{2}110]$、$[1\bar{2}10]$、$[11\bar{2}0]$，它们属于同一晶向族，可用 $<11\bar{2}0>$ 表示。Z 轴的晶向指数为 $[0001]$。

在立方晶系中判断晶向垂直于晶面或平行于晶面的关系式，在六方晶系中仍然适用。例如，$[0001] \perp (0001)$、$[11\bar{2}0] \perp (11\bar{2}0)$，$[11\bar{2}0]$ 晶向位于或平行于 (0001) 晶面。

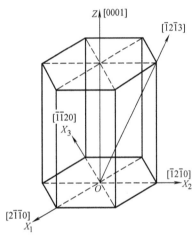

图 1-18 六方晶系的一些晶向指数

（四）晶面间距和晶面夹角

晶体中两个平行的相邻晶面之间的垂直距离称为晶面间距。对于某种晶格常数已知的晶体结构来说，晶面指数确定后，该晶面的空间位向和晶面间距就确定了。因此，常用 d_{hkl} 表示 (hkl) 晶面的晶面间距。图 1-19 所示为简单立方晶体不同晶面的平面图。可见，低指数晶面的面间距较大，高指数晶面的面间距较小。但晶面间距还与晶体类型有关。例如，体心立方晶体和面心立方晶体中，具有最大面间距的晶面分别是 (110) 和 (111)，而不是 (100)。

对于立方晶系的晶体，晶格常数 $a = b = c$，晶面间距的计算较为简单。例如，体心立方晶体的晶面间距 d_{hkl} 与晶格常数 a 之间的关系为：若 $h+k+l =$ 偶数，则

$$d_{hkl} = \frac{a}{\sqrt{h^2 + k^2 + l^2}}$$

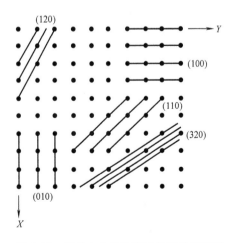

图 1-19 简单立方晶体不同晶面的平面图

否则

$$d_{hkl} = \frac{1}{2} \frac{a}{\sqrt{h^2+k^2+l^2}}$$

面心立方晶体的晶面间距 d_{hkl} 与晶格常数 a 之间的关系为：若 h、k、l 均为奇数，则

$$d_{hkl} = \frac{a}{\sqrt{h^2+k^2+l^2}}$$

否则

$$d_{hkl} = \frac{1}{2} \frac{a}{\sqrt{h^2+k^2+l^2}}$$

可以证明，晶面间距最大的晶面上原子排列最紧密，晶面间距较小的晶面上原子排列较稀疏。

晶面夹角是两晶面之间的夹角。对于某种晶格常数已知的晶体结构来说，两个晶面指数确定后，两个晶面的晶面夹角就确定了。立方晶系晶体的晶面夹角计算较为简单，与晶格常数无关：设晶面 $(h_1k_1l_1)$ 和晶面 $(h_2k_2l_2)$ 的夹角为 ϕ，则

$$\cos\phi = \frac{h_1h_2+k_1k_2+l_1l_2}{\sqrt{(h_1^2+k_1^2+l_1^2)(h_2^2+k_2^2+l_2^2)}}$$

（五）晶带和晶带轴

晶体中凡相交于或平行于某一晶向直线的所有晶面构成一个晶带，该晶向直线称为晶带轴，这些晶面称为共带面。图 1-20 中所有标出晶面指数的晶面都属于晶带轴为 [001] 的晶带。每个晶带至少包含两个或两个以上的共带面，一个晶面可以同时属于若干个不同的晶带。如果晶带轴指数为 [uvw]，任一共带面指数为 (hkl)，则晶带定律为

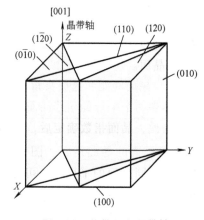

图 1-20 共带面和晶带轴

$$hu+kv+lw = 0$$

根据晶带定律，两个不平行的晶面 $(h_1k_1l_1)$ 和 $(h_2k_2l_2)$ 属于同一晶带，其交线即为该晶带的晶带轴，晶带轴指数 [uvw] 可由下式求出

$$u = k_1l_2-k_2l_1$$
$$v = l_1h_2-l_2h_1$$
$$w = h_1k_2-h_2k_1$$

（六）晶体的各向异性

如前所述，各向异性是晶体区别于非晶体的一个重要特性。

晶体具有各向异性是由于在不同晶向上原子排列的紧密程度不同。原子排列的紧密程度不同，意味着原子之间的距离不同，则原子间的结合力不同，从而使晶体在不同晶向上的物理、化学和力学性能不同，即无论是弹性模量、屈服强度、断裂强度，还是电阻率、磁导率、线胀系数，以及在酸中的溶解速度等方面都表现出明显的差异。例如，具有体心立方晶格的 α-Fe 单晶体，<100>晶向的原子密度（单位长度的原子数）为 $1/a$（a 为晶格常数），

<110>晶向的原子密度为0.7/a，<111>晶向为1.16/a，所以<111>为最大原子密度晶向，其弹性模量E=290GPa，而<100>晶向的E=135GPa，前者是后者的2倍多。同样，沿原子密度最大的晶向的屈服强度、磁导率等性能，也显示出明显的优越性。

在工业用的晶体材料中，通常见不到这种各向异性特征。如上述α-Fe的弹性模量，无论方向如何，其弹性模量E均在210GPa左右。这是因为，一般晶体材料由很多结晶颗粒所组成，这些结晶颗粒称为晶粒。图1-21所示为纯铁的显微组织，晶粒与晶粒之间存在着取向上的差别，如图1-22所示。凡由两个以上晶粒所组成的晶体都称为多晶体，一般晶体材料都是多晶体。由于多晶体中的晶粒取向是任意的，晶粒的各向异性被互相抵消，因此在一般情况下整个晶体不显示各向异性，称为伪各向同性。

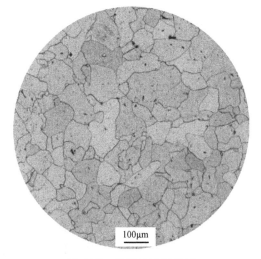

图1-21　纯铁的显微组织

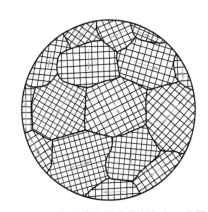

图1-22　多晶体金属中晶粒取向示意图

如果用特殊的加工处理工艺，使组成多晶体的每个晶粒的取向大致相同，那么就将表现出各向异性，这点已在工业生产中得到了应用。

用特殊的工艺可以制备由单个晶粒组成的晶体，即单晶体。少数材料以单晶体形式使用。例如，单晶硅是极其重要的半导体材料，广泛用于制造微电子集成电路、太阳能电池及大功率半导体器件。单晶铜由于伸长率高、电阻率低和极高的信号传输性能，可作为生产集成电路、微型电子器件及高保真音响设备所需的高性能材料。

（七）多晶型性

大部分晶体只有一种晶体结构，但也有少数纯金属（如Fe、Mn、Zr、Ti、Co、Sn）和一些工程陶瓷晶体（如Al_2O_3、ZrO_2、Si_3N_4、BN、SiC）等具有两种或几种晶体结构，即具有多晶型性，这种现象称为同质异晶或同质多象。当外部条件（如温度和压力）改变时，晶体由一种晶体结构向另一种晶体结构的转变称为多晶型转变、同质异晶转变或同质多象转变。例如，纯铁在912℃以下时为体心立方结构，称为α-Fe；在912～1394℃时，具有面心立方结构，称为γ-Fe；而在1394℃又转变为体心立方结构，称为δ-Fe。由于不同的晶体结构具有不同的致密度和原子半径，因而当发生多晶型转变时，将伴有比体积或体积的突变。图1-23所示为纯铁加热时的热膨胀曲线，三种晶体结构的纯铁具有不同的致密度，γ-Fe的致密度最大，纯铁在912℃由α-Fe转变为γ-Fe时体积突然减小，而γ-Fe在1394℃转变为

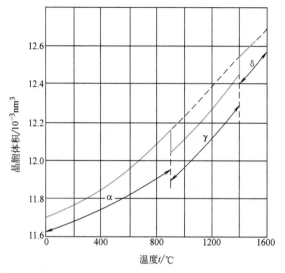

图 1-23　纯铁加热时的热膨胀曲线

δ-Fe 时体积又突然增大，在曲线上出现了明显的转折点。除体积变化外，多晶型转变还会引起其他性能的变化。

二、金属晶体的晶体结构

(一) 三种典型的金属晶体结构

由于金属原子趋向于紧密排列，所以在工业上使用的金属，除了少数具有复杂的晶体结构外，绝大多数都具有比较简单的晶体结构，其中最典型、最常见的金属晶体结构有三种类型，即体心立方（BCC）结构、面心立方（FCC）结构和密排六方（HCP）结构。前两种属于立方晶系，后一种属于六方晶系。

1. 体心立方结构

体心立方结构的晶胞如图 1-24 所示。晶胞的三个棱边长度相等，三个轴间夹角均为 $90°$，构成立方体。除了在晶胞的八个角上各有一个原子外，在立方体的中心还有一个原子。具有体心立方结构的金属有 α-Fe、Cr、V、Nb、Mo、W 等 30 多种。

（1）原子半径　在体心立方晶胞中，代表金属原子的等径刚球沿立方体对角线紧密地接触，如图 1-24a 所示。设晶胞的晶格常数为 a，则立方体对角线的长度为 $\sqrt{3}a$，等于 4 个原子半径，所以体心立方晶胞中的原子半径 $r = \dfrac{\sqrt{3}}{4}a$。

（2）原子数　由于晶格由晶胞沿三维方向堆砌而成，因而晶胞每个角上的原子为相邻的 8 个晶胞所共有，故只有 1/8 个原子属于这个晶胞，晶胞中心的原子完全属于这个晶胞，所以体心立方晶胞中的原子数为 $8 \times \dfrac{1}{8} + 1 = 2$，如图 1-24c 所示。

（3）配位数和致密度　晶胞中原子排列的紧密程度也是反映晶体结构特征的一个重要因素，通常用两个参数来表征：一个是配位数，另一个是致密度。

所谓配位数是指晶体结构中与任一个原子最近邻、等距离的原子数目。显然，配位数越

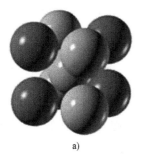
a)

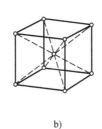
b)

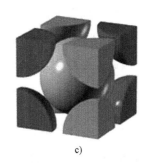
c)

图 1-24　体心立方结构晶胞

a）刚球模型　b）质点模型　c）晶胞原子数

大，则晶体中的原子排列越紧密。在体心立方结构中，以立方体中心的原子来看，与其最近邻、等距离的原子数有 8 个，所以体心立方结构的配位数为 8。

若把原子看作刚性圆球，那么原子之间必然有间隙存在，原子排列的紧密程度可用原子所占体积与晶胞体积之比表示，称为致密度或密集系数，可用下式表示

$$K = \frac{nV_1}{V}$$

式中，K 为晶体的致密度；n 为一个晶胞实际包含的原子数；V_1 为一个原子的体积；V 为晶胞的体积。

体心立方结构的晶胞中包含 2 个原子，晶胞的棱边长度（即晶格常数）为 a，原子半径为 $r = \frac{\sqrt{3}}{4}a$，其致密度为

$$K = \frac{nV_1}{V} = \frac{2 \times \frac{4}{3}\pi r^3}{a^3} = \frac{2 \times \frac{4}{3}\pi \left(\frac{\sqrt{3}}{4}a\right)^3}{a^3} \approx 0.68$$

此值表明，在体心立方结构中，有 68% 的体积被原子占据，其余 32% 为间隙体积。

2. 面心立方结构

面心立方结构的晶胞如图 1-25 所示。在晶胞的八个角上各有一个原子，构成立方体，在立方体六个面的中心各有一个原子。γ-Fe、Cu、Ni、Al、Ag 等约 20 种金属具有这种晶体结构。

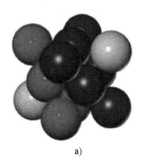
a)

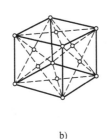
b)

c)

图 1-25　面心立方结构晶胞

a）刚球模型　b）质点模型　c）晶胞原子数

由图 1-25c 可以看出，每个角上的原子为 8 个晶胞所共有，每个晶胞实际占有该原子的 1/8，而位于六个面中心的原子同时为相邻的 2 个晶胞所共有，所以每个晶胞只分到面心原子的 1/2，因此，面心立方晶胞中的原子数为 $\frac{1}{8}\times 8+\frac{1}{2}\times 6=4$。

在面心立方晶胞中，只有沿着晶胞六个面的对角线方向，原子是互相接触的，面对角线的长度为 $\sqrt{2}a$，它与 4 个原子半径的长度相等，所以面心立方晶胞的原子半径 $r=\frac{\sqrt{2}}{4}a$。

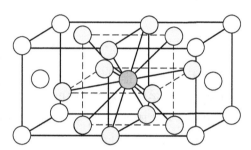

从图 1-26 可以看出，以面中心那个原子为例，与之最邻近的是它周围顶角上的四个原子，这五个原子构成了一个平面，这样的等同平面共有 3 个，3 个面彼此相互垂直，所以与该原子最近邻、等距离的原子共有 4×3 = 12 个。因此面心立方结构的配位数为 12。

图 1-26　面心立方结构的配位数

由于已知面心立方晶胞中的原子数和原子半径，因此可以计算出它的致密度

$$K=\frac{nV_1}{V}=\frac{4\times \frac{4}{3}\pi r^3}{a^3}=\frac{4\times \frac{4}{3}\pi \left(\frac{\sqrt{2}}{4}a\right)^3}{a^3}\approx 0.74$$

此值表明，在面心立方结构中，有 74%的体积被原子占据，其余 26%为间隙体积。

3. 密排六方结构

密排六方结构的晶胞如图 1-27 所示。在晶胞的 12 个角上各有一个原子，构成正六棱柱体，上底面和下底面的中心各有一个原子，晶胞内还有三个原子。具有密排六方结构的金属有 Zn、Mg、Be、α-Ti、α-Co、Cd 等。

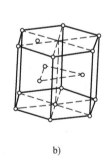
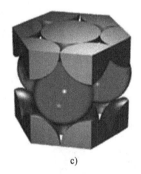

a)　　　　　　　　　　b)　　　　　　　　　　c)

图 1-27　密排六方结构晶胞
a）刚球模型　b）质点模型　c）晶胞原子数

晶胞中的原子数可参照图 1-27c 计算如下：六方柱每个角上的原子均为六个晶胞所共有，上、下底面中心的原子同时为两个晶胞所共有，再加上晶胞内的三个原子，故晶胞中的原子数为 $\frac{1}{6}\times 12+\frac{1}{2}\times 2+3=6$。

密排六方结构的晶格常数有两个：一个是正六边形的边长 a，另一个是上下两底面之间

的垂直距离 c，c 与 a 之比（c/a）称为轴比。在典型的密排六方结构中，原子刚球十分紧密地堆垛排列。以晶胞上底面中心的原子为例，它不仅与周围六个角上的原子相接触，而且与其下面的位于晶胞之内的三个原子以及与其上面相邻晶胞内的三个原子相接触（图 1-28），

故配位数为 12，此时的轴比 $\dfrac{c}{a}=\sqrt{\dfrac{8}{3}}\approx 1.633$。但是，实际的密排六方金属轴比或大或小地偏离这一数值，在 $1.57\sim1.64$ 之间波动。

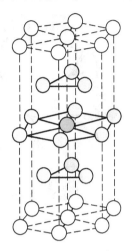

对于典型的密排六方金属，其原子半径为 $a/2$，致密度为

$$K=\frac{nV_1}{V}=\frac{6\times\frac{4}{3}\pi r^3}{\frac{3\sqrt{3}}{2}a^2\sqrt{\frac{8}{3}}a}=\frac{6\times\frac{4}{3}\pi\left(\frac{a}{2}\right)^3}{3\sqrt{2}\,a^3}\approx 0.74$$

密排六方结构的配位数和致密度均与面心立方结构相同，这说明这两种结构中的原子具有相同的排列紧密程度。

图 1-28 密排六方结构的配位数

4. 晶体中的原子堆垛方式及间隙

（1）晶体中的原子堆垛方式 对各类晶体的配位数和致密度进行分析计算的结果表明，配位数以 12 为最大，致密度以 0.74 为最高。因此，面心立方结构和密排六方结构均属于最紧密排列的结构。为什么两者的晶体结构不同却会有相同的密排程度？为回答这一问题，需要了解晶体中的原子堆垛方式。

现仍采用晶体的刚球模型，图 1-29a 所示为在一个平面上原子最紧密排列的情况，原子之间彼此紧密接触。这个原子最紧密排列的平面（密排面），对于密排六方结构而言是其底面 $\{0001\}$，对于面心立方结构而言，则为 $\{111\}$ 晶面。可以把密排面的原子中心连接成六边形网格，该六边形网格又可分为六个等边三角形，而这六个三角形的中心又与原子间的六个空隙中心相重合（图 1-29b）。从图 1-29c 可以看出，这六个空隙中心可分为 b、c 两组，每组分别构成一个等边三角形。为了获得最紧密的排列，第二层密排面（B 层）的每个原子应当正好坐落在下面一层（A 层）密排面的 b 组（或 c 组）空隙中心上方，如图 1-30 所示。关键是第三层密排面，它有两种堆垛方式。第一种是第三层密排面的每个原子中心正好对应第一层（A 层）密排面的原子中心，第四层密排面又与第二层重复，依次类推。因此，密排面的堆垛顺序是 ABABAB…按照这种堆垛方式，即形成密排六方结构，如图 1-31 所示。第二种堆垛方式是第三层密排面（C 层）的每个原子中心不与第一层密排面的原子中心重复，而是位于既是第二层密排面的空隙中心上方，又是第一层密排面的空隙中心上方。之

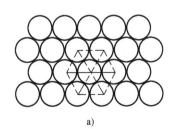

a)

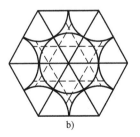

b)

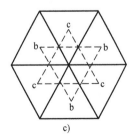

c)

图 1-29 密排面上原子排列示意图

后，第四层密排面的原子中心与第一层的原子中心重复，第五层密排面又与第二层重复，照此类推，密排面的堆垛方式为 ABCABCABC…这就形成了面心立方结构，如图 1-32 所示。可见，这两种晶体结构的堆垛方式虽然不同，但其致密程度显然完全相等。

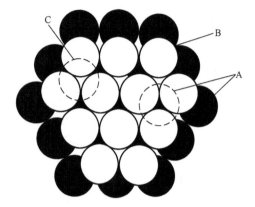

图 1-30　面心立方结构和密排六方结构的原子堆垛方式

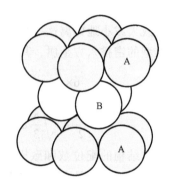

图 1-31　密排六方结构密排面的堆垛方式

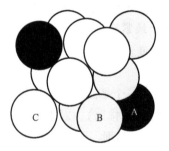

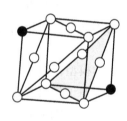

图 1-32　面心立方结构密排面的堆垛方式

在体心立方结构中，除位于体心的原子与位于顶角的八个原子相切外，八个顶角上的原子彼此间并不相互接触。体心立方结构的最高密度面是 {110} 晶面，若将该面取出并向四周扩展，则可画成图 1-33a 所示的形式。可以看出，这层原子面的空隙由四个原子构成，而密排六方结构和面心立方结构密排面的空隙由三个原子所构成，显然，前者的空隙比后者

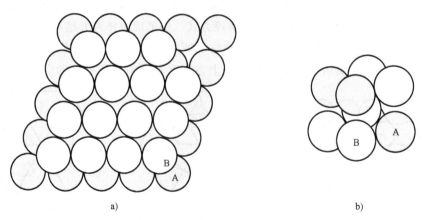

a)

b)

图 1-33　体心立方结构原子的堆垛方式

大，原子排列的紧密程度不如密排面。为了获得较为紧密的排列，第二层原子面（B 层）的每个原子应坐落在第一层（A 层）原子面的空隙中心上方，第三层原子面的原子位于第二层原子面的空隙中心上方，并与第一层原子面的原子中心相重复，依次类推，堆垛方式为 ABABAB…由此形成体心立方结构，如图 1-33b 所示。

（2）晶体结构中的间隙　无论原子以哪种方式进行堆垛，在原子刚球之间都必然存在间隙，这些间隙的大小和数量对金属的性能、形成合金后的晶体结构、原子扩散和固态相变等都有重要的影响。

体心立方结构有两种间隙：一种是八面体间隙，另一种是四面体间隙，如图 1-34 所示。由图可见，八面体间隙由六个原子所围成，四个角上的原子中心至间隙中心的距离较远，为 $\frac{\sqrt{2}}{2}a$，上下顶点的原子中心至间隙中心的距离较近，为 $\frac{1}{2}a$。间隙的棱边长度不全相等，是一个不对称的扁八面体间隙，间隙半径为原子中心至间隙中心的距离减去原子半径：<110>晶向的间隙半径为 $\frac{\sqrt{2}}{2}a - \frac{\sqrt{3}}{4}a = \frac{2\sqrt{2}-\sqrt{3}}{4}a \approx 0.274a$；<001>晶向的间隙半径为 $\frac{1}{2}a - \frac{\sqrt{3}}{4}a = \frac{2-\sqrt{3}}{4}a \approx 0.067a$。八面体间隙中心位于立方体各面的中心及棱边的中点处。四面体间隙由四个原子所围成，棱边长度不全相等，也是不对称间隙。原子中心到间隙中心的距离皆为 $\frac{\sqrt{5}}{4}a$，因此间隙半径为 $\frac{\sqrt{5}}{4}a - \frac{\sqrt{3}}{4}a \approx 0.126a$。立方体的每个面上均有四个四面体间隙位置。

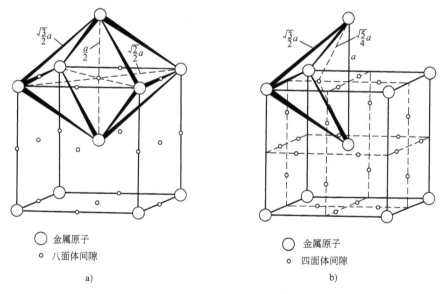

○ 金属原子
∘ 八面体间隙

a)

○ 金属原子
∘ 四面体间隙

b)

图 1-34　体心立方结构的间隙
a）八面体间隙　b）四面体间隙

面心立方结构也存在两种间隙，即八面体间隙和四面体间隙。由于各个棱边长度相等，各个原子中心至间隙中心的距离也相等，所以它们属于正八面体间隙和正四面体间隙。图 1-35 中标出了两种不同间隙在晶胞中的位置。八面体间隙的原子至间隙中心的距离为 $\frac{1}{2}a$，原子半径为$\frac{\sqrt{2}}{4}a$，所以间隙半径为$\frac{1}{2}a-\frac{\sqrt{2}}{4}a=\frac{2-\sqrt{2}}{4}a\approx0.146a$。四面体间隙的原子至间隙中

心的距离为$\frac{\sqrt{3}}{4}a$，所以间隙半径为$\frac{\sqrt{3}}{4}a-\frac{\sqrt{2}}{4}a=\frac{\sqrt{3}-\sqrt{2}}{4}a\approx0.06a$。

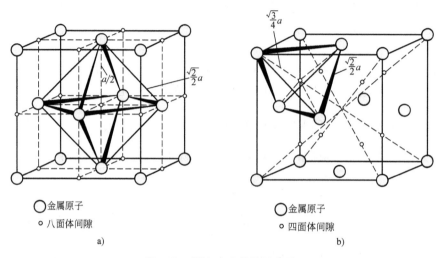

图 1-35　面心立方结构的间隙

a）八面体间隙　b）四面体间隙

　　密排六方结构同样存在正八面体间隙和正四面体间隙，若密排六方结构的原子半径与面心立方结构相等，这两种晶体结构的八面体间隙半径和四面体间隙半径分别相等，只是间隙中心在晶胞中的位置不同，如图 1-36 所示。可见，面心立方结构和密排六方结构的八面体间隙半径均大于四面体间隙半径。

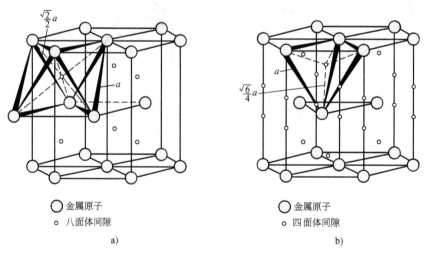

图 1-36　密排六方结构的间隙位置

a）八面体间隙　b）四面体间隙

（二）实际金属的晶体结构

　　在实际应用的金属材料中，总是不可避免地存在着一些原子偏离规则排列的不完整区

域，这就是晶体缺陷。一般说来，金属中这些偏离其规定位置的原子数目很少，即使在最严重的情况下，金属晶体中位置偏离很大的原子数目至多占原子总数的 1/1000。因此，总体看来，其结构还是接近完整的。尽管如此，这些晶体缺陷不但对金属及合金的性能，特别是那些对结构敏感的性能，如强度、塑性、电阻等产生重大的影响，而且还在扩散、相变、塑性变形和再结晶等过程中扮演着重要角色。由此可见，研究晶体的缺陷具有重要的实际意义。

根据晶体缺陷的几何形态特征，可以将它们分为点缺陷、线缺陷和面缺陷三类。其中点缺陷的特征是三个方向上的尺寸都很小，相当于原子的尺寸，如空位、间隙原子等；线缺陷的特征是在两个方向上的尺寸很小，另一个方向上的尺寸相对很大，主要是各种位错；面缺陷的特征是在一个方向上的尺寸很小，另外两个方向上的尺寸相对很大，如晶界、亚晶界等。

1. 点缺陷

常见的点缺陷有三种，即空位、间隙原子和置换原子，如图 1-37 所示。

（1）空位　在任何温度下，金属晶体中的原子都是以其平衡位置为中心不间断地进行着热振动。原子的振幅大小与温度有关，温度越高，振幅越大。在一定的温度下，每个原子的振动能量并不完全相同，在某一瞬间，某些原子的能量可能高些，其振幅就要大些；而另一些原子的能量可能低些，振幅就要小些。对一个原子来说，这一瞬间能量可能高些，另一瞬间可能低些，这种现象叫能量起伏。根据统计规律，在某一温度下的某一瞬间，总有一些原子具有足够高的能量，以克服周围原子对它的约束，脱离原来的平衡位置迁移到别处，于是，在原平衡位置上出现了空结点，这就是空位。

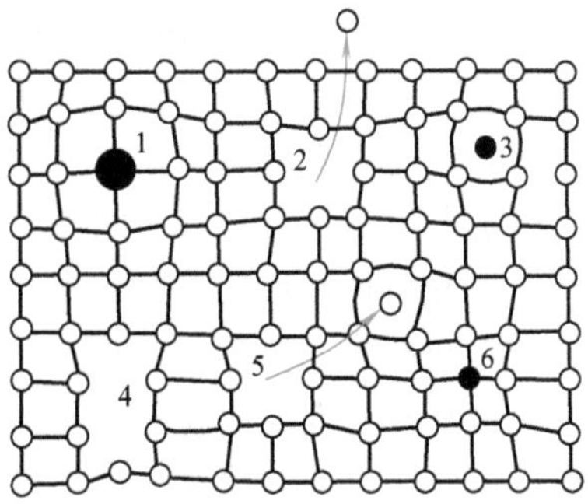

脱离平衡位置的原子大致有三个去处：一是迁移到晶体的表面上，这样所产生的空位叫肖脱基空位（图 1-38a）；二是迁移到晶体结构的间隙中，这样所形成的空位叫弗兰克尔空位（图 1-38b）；三是迁移到其他空位处，这样虽然不产生新的空位，但可使空位变换位置。

空位是一种热平衡缺陷，即在一定温度下，空位有一定的平衡浓度。温度升高，则原子的振动能量提高，振幅增大，从而使脱离其平衡位置往别处迁移的原子数增多，空位浓度增大；温度降低，则空位的浓度随之减小。但是，空位在晶体中的位置不是固定不变的，而是处于运动、消失和形成的不断变化之中（图 1-39）。

图 1-37　晶体中的各种点缺陷

1—大的置换原子　2—肖脱基空位
3—异类间隙原子　4—复合空位
5—弗兰克尔空位　6—小的置换原子

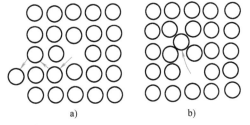

图 1-38　肖脱基空位和弗兰克尔空位

a）肖脱基空位　b）弗兰克尔空位

一方面，周围原子可以与空位换位，使空位移动一个原子间距，如果周围原子不断地与空位换位，就相当于空位在运动；另一方面，空位可迁移至晶体表面或与间隙原子相遇而消失，但在其他位置又会有新的空位形成。

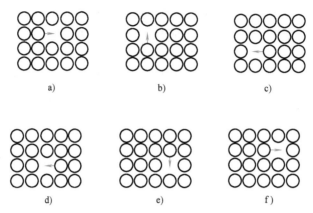

图 1-39　空位的移动

空位的平衡浓度是极小的。例如，当铜的温度接近其熔点时，空位的平衡浓度约为 2×10^{-4} 数量级，大约在 1 万个原子中才出现 2 个空位；在室温下空位的平衡浓度更低，约为 10^{-16} 数量级。形成肖脱基空位所需能量比弗兰克尔空位要小得多，所以在金属晶体中，主要是形成肖脱基空位。尽管空位的浓度很小，在金属晶体的扩散过程中却起着极为重要的作用。此外，还会有两个、三个或多个空位聚在一起，形成复合空位。

由于空位的存在，其周围原子失去了一个近邻原子而使相互间的作用失去平衡，因而它们朝空位方向稍有移动，偏离其平衡位置，于是在空位的周围出现一个涉及几个原子间距范围的弹性变形区，称为晶格畸变。

通过某些处理，如高能粒子辐照、从高温急冷或冷加工，可使晶体中的空位浓度高于平衡浓度而处于过饱和状态，这种过饱和空位是不稳定的，可通过原子的热振动而逐渐消失，空位浓度最终趋于平衡浓度。

（2）间隙原子　处于晶体结构间隙中的原子即为间隙原子。间隙原子可以是自间隙原子，也可以是异类间隙原子。从图 1-38b 可以看出，在形成弗兰克尔空位的同时，形成了一个自间隙原子，硬挤入很小的晶格间隙中后，会产生严重的晶格畸变。异类间隙原子大多是原子半径很小的原子，如钢中的氢、氮、碳、硼等，尽管原子半径很小，但仍比晶体结构中的间隙大得多，所以产生的晶格畸变远比空位严重。

间隙原子也是一种热平衡缺陷，在一定温度下有一平衡浓度，对于异类间隙原子来说，常将这一平衡浓度称为固溶度或溶解度。

（3）置换原子　占据在原来基体原子平衡位置上的异类原子称为置换原子，犹如这些异类原子置换了基体原子一样。由于置换原子的大小与基体原子不可能完全相同，因此其周围邻近原子也将偏离其平衡位置，引起晶格畸变。置换原子在一定温度下也有一个平衡浓度值，称为固溶度或溶解度，通常它比间隙原子的固溶度要大得多。

综上所述，无论是哪类点缺陷，都会产生晶格畸变，并对金属的性能产生影响，如使屈服强度增大、电阻率增大、体积膨胀等。此外，点缺陷的存在，可加速金属晶体中的扩散过程，因此，凡与扩散有关的相变、高温下的塑性变形和断裂、化学热处理等，都与空位和间隙原子的存在和运动有着密切的关系。

2. 线缺陷

晶体中的线缺陷就是各种类型的位错，它是在晶体中某处有一列或若干列原子发生了有规律的错排现象，使长度达几百至几万个原子间距、宽约几个原子间距范围内的原子离开其平衡位置，发生了有规律的错排。虽然位错有多种类型，但其中最简单、最基本的类型有两种：一种是刃型位错，另一种是螺型位错。位错是一种极为重要的晶体缺陷，它对金属的强度、断裂和塑性变形等起着决定性的作用。这里主要介绍位错的基本类型和一些基本概念，关于位错的运动、位错的增殖和交割等内容将在第六章讲述。

（1）刃型位错　刃型位错示意图如图 1-40 所示。设有一简单立方晶体，某一原子面在晶体内部中断，这个原子平面中断处的边缘就是一个刃型位错，犹如用一把锋利的钢刀将晶体上半部分切开，沿切口硬插入一额外半原子面一样，将刃口处的原子列称为刃型位错线。事实上，晶体中的位错并不是由于外加额外半原子面造成的，而是在晶体形成和长大过程中形成的。

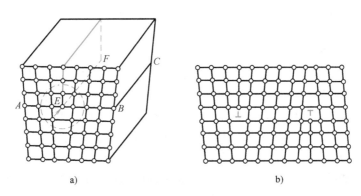

a)

b)

图 1-40　刃型位错示意图

a）立体示意图　b）垂直于位错线的原子平面

刃型位错有正负之分，若额外半原子面位于晶体的上半部，则此处的位错线称为正刃型位错，以符号"⊥"表示。反之，若额外半原子面位于晶体的下半部，则称为负刃型位错，以符号"⊤"表示。实际上这种正负之分并无本质上的区别，只是为了表示两者的相对位置，便于讨论而已。

可以把位错理解为晶体已滑移区和未滑移区的边界。设想在晶体右上角施加一切应力，促使右上部晶体中所有的原子沿着滑移面 ABCD 自右至左移动一个原子间距（图 1-41a），由于此时晶体左上部的原子尚未滑移，于是在晶体内部就出现了已滑移区和未滑移区的边界线 EF，在边界线附近，原子排列的规则性遭到了破坏，其结构恰好是一个正刃型位错。此

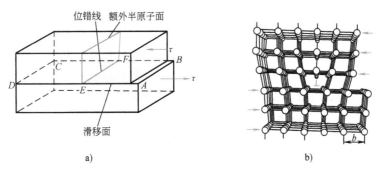

a)

b)

图 1-41　晶体局部滑移造成的刃型位错

边界线 *EF* 就相当于图 1-40 中额外半原子面的边缘，也就是位错线。

从图 1-41b 可以看出，在位错线周围一个有限区域内，原子离开了原来的平衡位置，即产生了晶格畸变，并且额外半原子面左右两边的畸变是对称的。就好像通过额外半原子面对周围原子施加一弹性应力，这些原子就产生一定的弹性应变一样，所以可以把位错线周围的晶格畸变区看成是存在着一个弹性应力场。就正刃型位错而言，晶体滑移面上边的原子显得拥挤，原子间距变小，晶格受到压应力；滑移面下边的原子则显得稀疏，原子间距变大，晶格受到拉应力；而在滑移面上，晶格受到的是切应力。在位错中心，即额外半原子面的边缘处，晶格畸变最大，随着距位错中心距离的增加，畸变程度逐渐减小。通常把晶格畸变程度大于其正常原子间距 1/4 的区域称为位错宽度，其值约为 3~5 个原子间距。位错线的长度很长，一般为数百到数万个原子间距，相比之下，位错宽度显得非常小，所以把位错看成是线缺陷，但事实上，位错是一条具有一定宽度的细长管道。

从上述的刃型位错模型中，可以看出刃型位错具有以下重要特征：

1）刃型位错有一额外半原子面。

2）位错线是一条具有一定宽度的细长晶格畸变管道，其中既有正应变，又有切应变。对于正刃型位错，滑移面之上的晶格受压应力，滑移面之下的晶格受拉应力。

3）位错线与晶体的滑移方向相垂直，位错线运动的方向垂直于位错线。

（2）螺型位错　如图 1-42a 所示，设想在简单立方晶体右端施加一切应力，使右端上下两部分沿滑移面 *ABCD* 发生一个原子间距的相对切变，于是就出现了已滑移区和未滑移区的边界 *BC*，*BC* 就是螺型位错线。从滑移面上下相邻两层晶面上原子排列的情况可以看出（图 1-42b），在 *aa'* 的右侧，晶体的上下两部分相对错动了一个原子间距，但在 *aa'* 和 *BC* 之间，则发现上下两层相邻原子发生了错排和不对齐的现象。这一地带称为过渡地带，此过渡地带的原子被扭曲成了螺旋形。如果从 *a* 开始，按顺时针方向依次连接此过渡地带的各原子，每旋转一周，原子面就沿滑移方向前进一个原子间距，犹如一个右旋螺纹一样（图 1-42c）。由于位错线附近的原子是按螺旋形排列的，所以这种位错称为螺型位错。

根据位错线附近呈螺旋形排列的原子的旋转方向的不同，螺型位错可分为左螺型位错和右螺型位错两种。如果用拇指代表螺旋的前进方向，以其余四指代表螺旋的旋转方向，则凡符合右手定则的称为右螺型位错，符合左手定则的称为左螺型位错。

螺型位错与刃型位错不同，它没有额外半原子面。在晶格畸变的细长管道中，只存在切应变，而无正应变，并且位错线周围的弹性应力场呈轴对称分布。此外，从螺型位错的模型中还可以看出，螺型位错线与晶体滑移方向平行，但位错线前进的方向与位错线相垂直。

综上所述，螺型位错具有以下重要特征：

1）螺型位错没有额外半原子面。

2）螺型位错线是一个具有一定宽度的细长的晶格畸变管道，其中只有切应变，而无正应变。

3）位错线与晶体的滑移方向平行，位错线运动的方向与位错线垂直。

（3）柏氏矢量　从上面介绍的两种基本类型的位错模型得知，在位错线附近的一定区域内，均发生了晶格畸变。位错的类型不同，则位错区域内的原子排列情况与晶格畸变的大小都不相同。人们设想，最好能有一个参量，不但可以表示位错的性质，而且可以表示晶格畸变的大小，从而使人们在研究位错时能够摆脱位错区域内原子排列具体细节的约束，这就

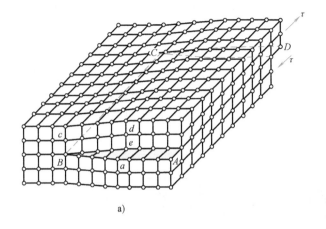

a)

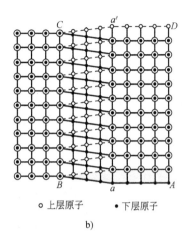

○ 上层原子　　• 下层原子

b)

c)

图 1-42　螺型位错示意图

是所谓的柏氏矢量（Burgers Vector）。现以刃型位错为例，说明柏氏矢量的确定方法（图 1-43）。

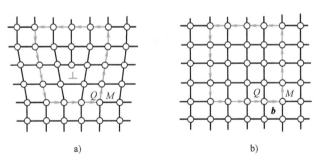

a)　　　　　　　　　　b)

图 1-43　刃型位错柏氏矢量的确定

a）实际晶体的柏氏回路　b）完整晶体的相应回路

1）在实际晶体中（图 1-43a），从距位错一定距离的任一原子 M 出发，以至相邻原子为一步，沿逆时针方向环绕位错线作一闭合回路，称为柏氏回路。

2）在完整晶体中（图 1-43b），以同样的方向和步数作相同的回路，此时的回路没有封闭。

3）由完整晶体的回路终点 Q 到起点 M 引一矢量 b，使该回路闭合，这个矢量 b 即为这条位错线的柏氏矢量。

可见，刃型位错的柏氏矢量与其位错线相垂直，这是刃型位错的重要特征。

螺型位错的柏氏矢量，同样可用柏氏回路求出。与刃型位错一样，也是在含有螺型位错的晶体中作柏氏回路（图1-44a），然后在完整晶体中作相似的回路（图1-44b），前者的回路闭合，后者的回路不闭合，自终点向起点引一矢量 b，使回路闭合，这个矢量就是螺型位错的柏氏矢量。螺型位错的柏氏矢量与其位错线相平行，这是螺型位错的重要特征。

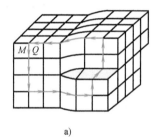 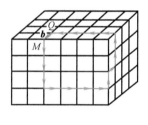

a) b)

图 1-44 螺型位错柏氏矢量的确定

a）实际晶体的柏氏回路 b）完整晶体的相似回路

柏氏矢量是描述位错性质的一个很重要的标志，它集中地反映了位错区域内畸变总量的大小和方向，现将它的一些重要特性归纳如下：

1）一条不分叉位错线的柏氏矢量是固定不变的，它与柏氏回路的大小和回路在位错线上的位置无关，回路沿位错线任意移动或任意扩大，都不会影响柏氏矢量。

2）用柏氏矢量可以判断位错的类型，不需要再去分析晶体中是否存在额外半原子面等原子排列的具体细节。如位错线与柏氏矢量垂直就是刃型位错，位错线与柏氏矢量平行就是螺型位错。

3）用柏氏矢量可以表示位错区域晶格畸变总量的大小。位错周围的所有原子，都不同程度地偏离其平衡位置。位错中心的原子偏移量最大；离位错中心越远的原子，偏离平衡位置的量越小。通过柏氏回路将这些畸变叠加起来，畸变总量的大小即可由柏氏矢量表示。显然，柏氏矢量越大，位错周围的晶格畸变越严重。因此，柏氏矢量是一个反映位错引起的晶格畸变大小的物理量。

4）对于一个位错来说，同时包含位错线及其柏氏矢量的晶面是潜在的滑移面。刃型位错线和与之垂直的柏氏矢量所构成的平面就是该刃型位错唯一的滑移面，它只能在这个面移动。由于螺型位错线与柏氏矢量平行，任一包含位错线的晶面都是潜在的滑移面，螺型位错可以从一个滑移面滑移到另一个滑移面。

5）用柏氏矢量可以表示晶体滑移的大小和方向。位错线是晶体在滑移面上已滑移区和未滑移区的边界线，位错线运动时扫过滑移面，晶体即发生滑移，其滑移量的大小即为柏氏矢量的大小 $|b|$，晶体滑移的方向即为柏氏矢量的方向。

前面所描述的刃型位错线和螺型位错线都是一条直线，这是一种特殊情况。在实际晶体中，位错线一般是弯曲的，具有各种各样的形状。由于一根位错线具有唯一的柏氏矢量，所以当柏氏矢量与位错线既不平行又不垂直而是相交成任意角度时，则位错是刃型和螺型的混合类型，称为混合型位错，它是晶体中较常见的一种位错线。

从图 1-45a 可以看出，晶体的右上角在外力的作用下发生切变时，其滑移面 *ACB* 的上层原子相对于下层原子移动了一段距离（其大小等于 $|\boldsymbol{b}|$）之后，就出现了已滑移区与未滑移区的边界线 $\overset{\frown}{AC}$，这条边界线就是一条位错线。若它的柏氏矢量为 $\boldsymbol{b}$，那么可以看出，位错线上的不同线段与柏氏矢量具有不同的交角，如图 1-45b 所示。位错线在 *A* 点处与柏氏矢量平行，为螺型位错；在 *C* 点处与柏氏矢量垂直，为刃型位错；其余部分与柏氏矢量斜交，为混合型位错，它可以分解为刃型位错分量和螺型位错分量，分别具有刃型位错和螺型位错的特征。图 1-46 给出了混合型位错滑移面上下层原子的排列情况。

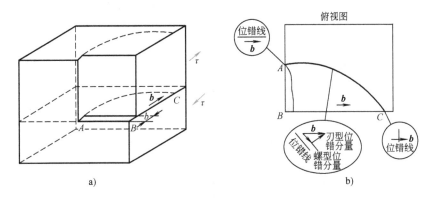

图 1-45　混合型位错

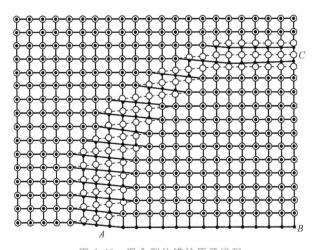

图 1-46　混合型位错的原子排列

（4）位错密度　应用一些物理的和化学的试验方法可以将晶体中的位错显示出来。如用浸蚀法可得到位错浸蚀坑，由于位错附近的能量较高，所以位错在晶体表面露头的地方最容易受到腐蚀，从而产生蚀坑。位错浸蚀坑与位错是一一对应的。此外，用电子显微镜可以直接观察金属薄片中的位错组态及分布，还可以用 X 射线衍射等方法间接地检查位错的存在。

由于位错是已滑移区和未滑移区的边界，所以位错线不能中止在晶体内部，而只能中止在晶体的表面或晶界上。在晶体内部，位错线一定是封闭的，或者自身封闭成一个位错环，或者构成三维位错网络。图 1-47 所示为晶体中的三维位错网络示意图，图 1-48 所示为实际晶体中的位错网络。

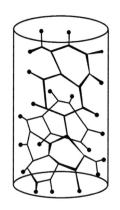

图 1-47　晶体中的三维位错网络示意图

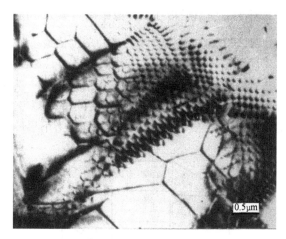

图 1-48　实际晶体中的位错网络

在实际晶体中经常含有大量的位错，通常把单位体积晶体中所包含的位错线的总长度称为位错密度，即

$$\rho = \frac{L}{V}$$

式中，ρ 为位错密度，单位为 m^{-2}；L 为该晶体中位错线的总长度；V 为晶体体积。位错密度的另一个定义是：穿过单位截面面积的位错线数目，单位也是 m^{-2}。一般在经过充分退火的多晶体金属中，位错密度达 $10^{10} \sim 10^{12} m^{-2}$，而经剧烈冷塑性变形的金属，其位错密度高达 $10^{14} \sim 10^{15} m^{-2}$，相当于 $1 cm^3$ 的金属材料中众多位错线的总长可达百万公里。

位错的存在，对金属材料的力学性能、扩散及相变等过程有着重要的影响。如果金属中不含位错，那么它将有极高的强度，目前采用一些特殊方法已能制造出几乎不含位错的结构完整的小晶体——直径约为 $0.05 \sim 2\mu m$、长度为 $0.2 \sim 9mm$ 的晶须，其变形抗力很高。例如，直径为 $1.6\mu m$ 的铁晶须，其抗拉强度竟高达 13400MPa，而工业上应用的退火纯铁，其抗拉强度则低于 300MPa，两者相差 40 多倍。不含位错的晶须，不易塑性变形，因而强度很高；而工业纯铁中含有位错，易于塑性变形，所以强度很低。如果采用冷塑性变形等方法使金属中的位错密度大大提高，则金属的强度也可以随之提高。晶体的强度与位错密度的关系如图 1-49 所示。图中位错密度 ρ_m 处，晶体的抗拉强度最小，相当于退火状态下的晶体强度；经加工变形后，位错密度增加，由于位错之间的相互作用和制约，晶体的强度增加。

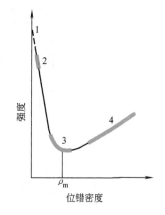

图 1-49　晶体的强度与位错密度的关系

1—理论强度　2—晶须强度　3—未强化的纯金属强度　4—合金化、加工硬化或热处理的合金强度

3. 面缺陷

晶体的面缺陷包括晶体的外表面（表面或自由界面）和内界面两类，其中的内界面又有晶界、亚晶界、孪晶界、堆垛层错和相界等。

（1）**晶体表面**　晶体表面是指金属与真空或气体、液体等外部介质相接触的界面。处于这种界面上的原子，会同时受到晶体内部的自身原子和外部介质原子或分子的作用力。显然，这两个作用力不会平衡，内部原子对界面原子的作用力显著大于外部原子或分子的作用力。这样，表面原子就会偏离其正常平衡位置，并因而牵连到邻近的几层原子，造成表面层的晶格畸变。

由于在表面层产生了晶格畸变，所以其能量就要升高，将这种单位面积上升高的能量称为比表面能，简称表面能，单位为 J/m^2，如纯金属的表面能在 $1.1 \sim 3J/m^2$ 之间。表面能还可用单位长度上的表面张力表示，单位为 N/m。

影响表面能的因素主要有：

1）外部介质的性质。介质不同，则表面能不同。外部介质的原子或分子对晶体界面原子的作用力与晶体内部原子对界面原子的作用力相差越悬殊，则表面能越大，反之则表面能越小。

2）裸露晶面的原子密度。表面能的大小随裸露晶面的不同而异，当裸露的表面是密排晶面时，则表面能最小，非密排晶面的表面能则较大，因此，晶体易于使其密排晶面裸露在表面。

3）晶体表面的曲率。表面能的大小与表面的曲率有关，曲率半径越小，表面的曲率越大，则表面能越大。

此外，表面能的大小还和晶体的性质有关，如晶体本身的结合能高，则表面能大。结合能的大小与晶体的熔点有关，熔点高，则结合能大，因而表面能也往往较大。

（2）**晶界**　多晶体中晶体结构相同但位向不同的晶粒之间的界面称为晶粒间界，或简称晶界。当相邻晶粒的位向差小于 10° 时，称为小角度晶界；位向差大于 10° 时，称为大角度晶界。晶粒的位向差不同，则其晶界的结构和性质也不同。现已查明，小角度晶界基本上由位错构成，大角度晶界的结构却十分复杂，目前尚不十分清楚，而多晶体金属材料中的晶界大都属于大角度晶界。

1）小角度晶界。小角度晶界的一种类型是对称倾侧晶界，如图 1-50 所示，它是由两个晶粒相互倾斜 θ/2 角（θ<10°）所构成的，相当于晶界两侧的晶粒相对于晶界对称地倾斜了 θ/2 角（图 1-51）。由图 1-50 可以看出，对称倾侧晶界由一系列相隔一定距离的刃型位错组成，有时将这一列位错称为"位错墙"。

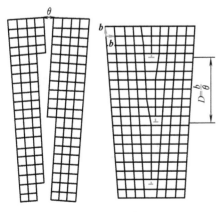

图 1-50　对称倾侧晶界

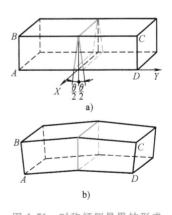

图 1-51　对称倾侧晶界的形成

a）倾侧前　b）倾侧后

小角度晶界的另一种类型是扭转晶界，图 1-52 所示为扭转晶界的形成模型，它是将一个晶体沿中间平面切开（图 1-52a），然后使右半边晶体沿垂直于切面的 Y 轴旋转 θ 角（$\theta<$ 10°），再与左半边晶体会合在一起（图 1-52b），结果使晶体的两部分之间形成了扭转晶界。该晶界上的原子排列如图 1-53 所示，它由互相交叉的螺型位错组成。

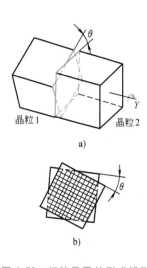

图 1-52　扭转晶界的形成模型
a）晶粒 2 相对于晶粒 1 绕 Y 轴旋转 θ 角
b）晶粒 1、2 之间的螺型位错交叉网络

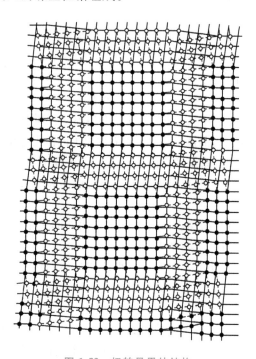

图 1-53　扭转晶界的结构
（● 晶界下面的原子　○ 晶界上面的原子）

小角度晶界的位错结构已由试验证明，如图 1-54 所示为 $PbMoO_4$ 单晶亚晶界上位错腐蚀坑的分布。对称倾侧晶界和扭转晶界是小角度晶界的两种简单形式，大多数小角度晶界一般是刃型位错和螺型位错的组合。

2）大角度晶界。当相邻晶粒间的位向差大于 10°时，晶粒间的界面属于大角度晶界。一般认为，大角度晶界可能接近于图 1-55 所示的模型，即相邻晶粒在邻接处的形状由不规则的台阶组成。界面上既包含不属于任一晶粒的原子 A，也含有同时属于两晶粒的原子 D；既包含有压缩区 B，也包含有扩张区 C。总之，大角度晶界中的原子排列比较紊乱，但也存在一些比较整齐的区域。因此可以把晶界看作原子排列紊乱的区域（简称为坏区）与原子排列较整齐的区域（简称

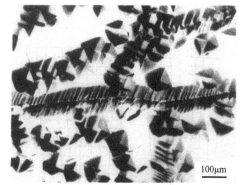

图 1-54　$PbMoO_4$ 单晶亚晶界上的位错腐蚀坑

为好区）交替相间而成。晶界很薄，纯金属中大角度晶界的厚度不超过三个原子间距。

3）晶界特性。由于晶界的结构与晶粒内部有所不同，就使晶界具有一系列不同于晶粒

内部的特性。首先，由于晶界上的原子或多或少地偏离了其平衡位置，因而就会或多或少地具有晶界能，如纯金属的大角度晶界能约为 $0.15\sim1.2J/m^2$。晶界能越高，则晶界越不稳定。因此，高的晶界能有向低的晶界能转化的趋势，可引起晶界的迁移。晶粒长大和晶界的平直化都可减少晶界的总面积，从而降低晶界的总能量。理论和试验结果都表明，大角度晶界的晶界能远高于小角度晶界的晶界能，所以大角度晶界的迁移速率比小角度晶界大。当然，晶界的迁移是原子的扩散过程，只有在比较高的温度下才有可能进行。

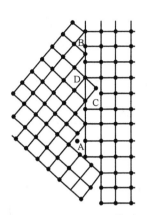

图 1-55　大角度晶界模型

由于晶界能的存在，当金属材料中存在可降低晶界能的异类原子时，这些原子就向晶界偏聚，这种现象称为内吸附。例如，往钢中加入微量的硼（$w_B<0.005\%$），B 原子向晶界偏聚，这对钢的性能有重要影响。相反，凡是提高晶界能的原子，将会在晶粒内部偏聚，这种现象叫作反内吸附。内吸附和反内吸附现象对金属材料的性能和相变过程有着重要的影响。

由于晶界上存在着晶格畸变，因而在室温下对金属材料的塑性变形起着阻碍作用，在宏观上表现为金属材料具有更高的强度和硬度。显然，金属材料的晶粒越细，则强度和硬度越高。因此，对于在室温下使用的金属材料，一般总是希望获得较细小的晶粒。

此外，由于晶界能的存在，使晶界的熔点低于晶粒内部，且易于腐蚀和氧化。晶界上的空位、位错等缺陷较多，因此原子的扩散速度较快，在发生相变时，新相晶核往往首先在晶界形成。

（3）亚晶界　实际晶体中，每个晶粒内的原子排列并不是十分整齐的，往往能够观察到这样的亚结构，由直径为 $10\sim100\mu m$ 的晶块组成，彼此间存在极小的位向差（通常<2°）。这些晶块之间的内界面称为亚晶粒间界，简称亚晶界，如图 1-56 所示。

亚结构和亚晶界的含义是广泛的，它们分别泛指尺寸比晶粒更小的所有细微组织及其分界面。它们可在凝固时形成，可在形变时形成，也可在回复再结晶时形成，还可在固态相变时形成，如形变亚结构和形变退火时（多边形化）形成的亚晶和它们之间的界面均属于此类。亚晶界为小角度晶界，这点已由大量试验结果所证明。

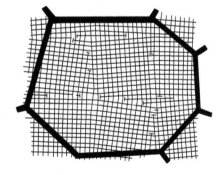

图 1-56　金属晶粒内的结构示意图

（4）堆垛层错　在实际晶体中，晶面堆垛顺序发生局部差错而产生的一种晶体缺陷称为堆垛层错，简称层错，它也是一种面缺陷，通常发生于面心立方金属。完整的面心立方结构是以密排面 {111} 按 ABC ABC ABC 顺序堆垛的，但假设晶体的堆垛顺序为：

A B C A B A B C A B C

相当于抽掉了第二个 C 层，在局部区域出现了密排六方结构的 AB AB 堆垛顺序的特征。晶体中形成堆垛层错时几乎不引起晶格畸变，只是破坏了晶体的周期性和完整性，引起能量升高。通常把产生单位面积层错所需的能量称为层错能，表 1-2 列举了一些金属材料的层错能。金属材料的层错能越小，则层错出现的概率越大。例如，在奥氏体不锈钢和 α 黄铜中，可以观察到大量的层错，而在铝和体心立方金属中则根本观察不到层错。

表 1-2　一些金属材料的层错能　　　　　　　　　　（单位：J/m²）

金属材料	Ni	Al	Cu	Au	Ag	黄铜（$w_{Zn} = 10\%$）	奥氏体不锈钢
层错能	0.24	0.20	0.04	0.03	0.02	0.035	0.013

（5）相界　具有不同晶体结构的两相之间的分界面称为相界。相界的结构有三类，即共格界面、部分共格界面和非共格界面。所谓共格界面是指界面上的原子同时位于两相晶格的结点上，为两种晶格所共有。界面上原子的排列既符合这个相晶粒内的原子排列规律，又符合另一个相晶粒内原子排列的规律。图 1-57a 所示为一种具有完善共格关系的界面，在相界上，两相原子匹配得很好，几乎没有畸变，虽然，这种相界的能量最低，但这种相界很少。一般两相的晶体结构或多或少地存在差异，即相界两侧晶体的原子间距存在差异。因此，在共格界面两侧的晶体必然存在着弹性畸变：原子间距较大的晶体受到压应力，而原子间距较小的晶体受到拉应力（图 1-57b）。共格界面两侧的原子排列相差越大，则维持共格界面而产生的弹性畸变越大。如果原子间距的差异不能通过共格界面所产生的晶格畸变来完全容纳时，可通过形成位错来容纳，其特征是晶体沿界面每隔一定距离即存在一个位错。图 1-57c 所示晶体沿界面每隔一定距离存在一个刃型位错，以容纳"共格"所要求的弹性畸变。这种以位错来保持相界两侧原子匹配的相界称为部分共格界面，也称为半共格界面。界面两侧的晶体以随机取向配合形成的无序的相界称为非共格界面，两相原子在非共格界面上没有匹配关系，如图 1-57d 所示。

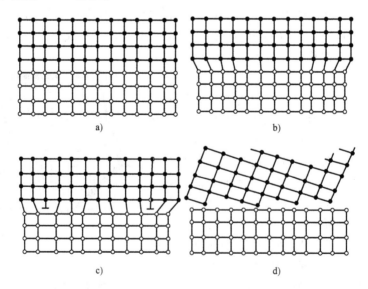

图 1-57　各种相界结构示意图
a）具有完善共格关系的界面　b）具有弹性畸变的共格界面　c）部分共格界面　d）非共格界面

相界的形成会引起系统自由能的升高。相界能（也称界面能）包括两部分的能量：界面附近原子间化学键的数目、强度甚至类型变化而产生的化学作用能和界面两侧晶体晶格常数不同所产生的弹性应变能。对于共格界面，其相界能以弹性应变能为主；而非共格界面的相界能以化学作用能为主。三种相界中，非共格界面的相界能最高，部分共格界面的相界能次之，共格界面的相界能最低；其数值范围分别为 $0.5\sim2.5\mathrm{J/m^2}$、$0.2\sim1\mathrm{J/m^2}$ 和 $0.01\sim0.2\mathrm{J/m^2}$。

（三）合金的相结构

虽然纯金属在工业生产上获得了一定的应用，但由于其强度一般都很低，如工业纯铁的抗拉强度约为 200MPa，而工业纯铝的抗拉强度还不到 100MPa，显然都不适合作为结构材料。因此，目前应用的金属材料绝大多数是合金。所谓合金，是指两种或两种以上的金属，或金属与非金属，经熔炼或烧结而成的具有金属特性的物质。例如，应用最广泛的碳钢和铸铁是由铁和碳组成的合金，黄铜是由铜和锌组成的合金等。

要了解合金的性能比纯金属性能优良的原因，首先应了解各合金组元相互作用可形成哪些固相，以及这些固相的晶体结构特点和性能特点。

1. 合金中的相

组成合金最基本的、独立的物质称为组元，或简称为元。一般说来，组元就是组成合金的元素，也可以是稳定的化合物。例如，黄铜的组元是铜和锌，碳钢的组元是铁和碳，确切地说是铁和金属化合物 Fe_3C。由两个组元组成的合金称为二元合金，由三个组元组成的合金称为三元合金，由三个以上组元组成的合金称为多元合金。

由给定的组元可以以不同的比例配制成一系列成分不同的合金，这一系列合金就构成一个合金系统，简称合金系。两个组元组成的为二元系，三个组元组成的为三元系，更多组元组成的为多元系。例如，凡是由铜和锌组成的合金，无论其成分如何，都属于铜锌二元合金系。已知周期表中的元素有 100 多种，除了少数气体元素外，几乎都可以用来配制合金。如果从其中取出 80 种元素配制合金，那么，由 80 种元素中任取两种元素组成的二元系合金就有 3160 种，由 80 种元素中任取三种元素组成的三元系合金就有 82160 种。这些合金除具有更高的力学性能外，有的还可能具有强磁性、耐蚀性等特殊的物理性能和化学性能。

当不同的组元经熔炼铸造或经烧结形成合金时，这些组元间由于物理的和化学的相互作用，则形成具有一定晶体结构和一定成分的固相。相是指合金中结构相同、成分和性能均一，并以界面相互分开的组成部分。如纯金属在固态时为一个相（固相），在熔点以上为另一个相（液相），在熔点时，固相与液相共存，两者之间由界面分开，它们各自的结构不同，所以此时纯金属为固相和液相共存。

合金中除了极少数情形下形成单质（如铸铁中的 C 以石墨形式存在）之外，主要形成两种固相——固溶体和金属化合物。由一种固相组成的合金称为单相合金，由几种不同固相组成的合金称为多相合金。例如，锌的含量 $w_{Zn}=30\%$ 的 Cu-Zn 合金是单相合金，一般称为单相黄铜，它是锌溶入铜中形成的固溶体。而当 $w_{Zn}=40\%$ 时，Cu-Zn 合金则是两相合金，即除了形成固溶体外，铜和锌还形成另外一种新相，称为金属化合物，它的晶体结构与固溶体完全不同，成分与性能也不相同，这两种不同的相由相界分开。

虽然合金的固相种类极为繁多，不同的固相具有不同的晶体结构，但根据固相的晶体结构特点可将其分为固溶体和金属化合物两大类。

2. 固溶体

合金的组元之间以不同比例相互混合后形成的固相，其点阵类型与组成合金的某一组元的相同，这种固相就称为固溶体，这种组元称为溶剂，其他的组元即为溶质。固溶体中溶质组元的含量可在一定范围内改变而仍保持溶剂金属的点阵类型，因此，通常固溶体不能用一个化学式来表示。工业上所使用的合金，绝大部分以固溶体为基体，有的甚至完全由固溶体组成。因此，研究固溶体有很重要的实际意义。

（1）固溶体的分类　根据固溶体的不同特点，可以将其进行分类。

按溶质原子在晶格中所占位置分为置换固溶体和间隙固溶体。置换固溶体是指溶质原子位于溶剂金属晶格的某些结点位置所形成的固溶体，如图 1-58a 所示。间隙固溶体中溶质原子不是占据溶剂晶格的正常结点位置，而是溶入溶剂原子间的一些间隙中，如图 1-58b 所示。

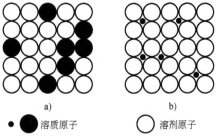

a)　　　　　　　　b)

● ● 溶质原子　　　○ 溶剂原子

图 1-58　固溶体的两种类型

a）置换固溶体　b）间隙固溶体

按固溶度分为有限固溶体和无限固溶体。在一定条件下，溶质组元在固溶体中的含量有一定的限度，超过这个限度就不再溶解了。这一限度称为固溶度，这种固溶体就称为有限固溶体。大部分固溶体都属于这一类。如果溶质组元能以任意比例溶入溶剂金属，则固溶体的固溶度可达 100%，这种固溶体就称为无限固溶体。事实上此时很难区分溶剂与溶质，两者可以互换。通常以含量大于 50% 的组元为溶剂，含量小于 50% 的组元为溶质。图 1-59 所示为无限固溶体的示意图。由此可见，无限固溶体只可能是置换固溶体。能形成无限固溶体的合金系不多，Cu-Ni、Ag-Au、Ti-Zr、Mg-Cd 等合金系可形成无限固溶体。

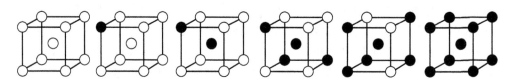

图 1-59　无限置换固溶体中两组元素原子置换示意图

按溶质原子与溶剂原子的相对分布分为无序固溶体和有序固溶体。溶质原子作为置换原子或间隙原子随机地分布于溶剂金属的晶格中，看不出有什么次序性或规律性，这类固溶体称为无序固溶体。当溶质原子按适当比例并按一定顺序和一定方向，围绕着溶剂原子分布时，这种固溶体就称为有序固溶体。应当指出，有的固溶体由于有序化的结果，会引起点阵类型的变化，所以也可以将它看作金属化合物。

（2）置换固溶体　金属元素彼此之间一般都能形成置换固溶体，但固溶度的大小往往相差悬殊。例如，铜与镍可以无限互溶，锌在铜中的固溶度约为 $w_{Zn} \approx 39\%$，而铅在铜中几乎不溶解。大量的实践表明，随着溶质原子的溶入，往往引起合金的性能发生显著变化，因而研究影响固溶度的因素很有实际意义。很多学者做了大量的研究工作，发现不同元素间的原子尺寸、电负性、电子浓度和点阵类型等因素对固溶度均有明显的规律性影响。

1）原子尺寸因素。设 A、B 两组元的原子半径分别为 r_A、r_B，则两组元间的原子尺寸相对大小 $\Delta r = \left| \dfrac{r_A - r_B}{r_A} \right|$。$\Delta r$ 对置换固溶体的固溶度有重要影响。组元间的原子半径越相近，即 Δr 越小，则固溶体的固溶度越大；而当 Δr 越大时，则固溶体的固溶度越小。有利于大量

互溶的原子尺寸条件是 Δr 不大于 15%。例如，在以铁为基的固溶体中，当铁与其他溶质元素的原子半径相对大小 Δr 小于 8% 且两者的点阵类型相同时，才有可能形成无限固溶体，否则，就只能形成有限固溶体。在以铜为基的固溶体中，只有 Δr 小于 10% 时，才可能形成无限固溶体。

原子尺寸因素对固溶度的影响可以做如下定性说明。当溶质原子溶入溶剂晶格后，会引起晶格畸变，即与溶质原子相邻的溶剂原子要偏离其平衡位置，如图 1-60 所示。当溶质原子比溶剂原子半径大时，则溶质原子将挤压它周围的溶剂原子；若溶质原子小于溶剂原子，则其周围的溶剂原子将向溶质原子靠拢。不难理解，形成这样的状态必然引起能量的升高，这种升高的能量称为晶格畸变能。组元间的原子半径相差越大，晶格畸变能越高，晶格便越不稳定。同样，当溶质原子溶入越多时，则单位体积的晶格畸变能也越高，直至溶剂晶格不能

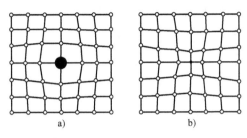

图 1-60　固溶体中大、小溶质原子
所引起的点阵畸变示意图
a）大　b）小

再维持时，便达到了固溶体的固溶度极限。如此时再继续加入溶质原子，溶质原子将不再溶入固溶体中，只能形成其他新相。

2）电负性因素。若两元素在元素周期表中的位置相距越远，电负性差值越大，则越不利于形成固溶体，而易于形成金属化合物。若两元素间的电负性差值越小，则形成的置换固溶体的固溶度越大。

3）电子浓度因素。在研究以 I B 族金属为基的合金（即铜基、银基和金基）时，发现这样一个规律：在尺寸因素比较有利的情况下，溶质元素的原子价越高，则其在一价金属 Cu、Ag、Au 中的固溶度越小。例如，二价的锌在铜中的最大固溶度（以物质的量分数表示）为 $x_{Zn} = 38\%$，三价的镓为 $x_{Ga} = 20\%$，四价的锗为 $x_{Ge} = 12\%$，五价的砷为 $x_{As} = 7\%$。以上数值表明，溶质元素的原子价与固溶体的固溶度之间有一定的关系。进一步的分析表明，溶质原子价的影响实质上是由合金的电子浓度决定的。合金的电子浓度是指合金晶体结构中的价电子总数与原子总数之比，即 e/a。如果合金中溶质原子的物质的量分数为 $x\%$，溶剂原子和溶质原子的价电子数分别为 V_A、V_B，合金的电子浓度可用下式表示：

$$e/a = \frac{V_A(100-x) + V_B x}{100} \tag{1-1}$$

根据式（1-1）可以计算出，溶质元素在一价铜中的固溶度达到最大值时所对应的电子浓度值约为 1.4。由此说明，溶质在溶剂中的固溶度受电子浓度的控制，固溶体的电子浓度有一极限值，超过此极限值，固溶体就不稳定，而要形成另外的新相。

4）点阵类型因素。溶质与溶剂的点阵类型相同，是置换固溶体形成无限固溶体的必要条件。只有点阵类型相同，溶质原子才有可能连续不断地置换溶剂晶格中的原子，一直到溶剂原子完全被溶质原子置换完为止。如果组元的点阵类型不同，则组元间的固溶度只能是有限的，只能形成有限固溶体。即使点阵类型相同的组元间不能形成无限固溶体，其固溶度也将大于点阵类型不同的组元间的固溶度。

综上所述，原子尺寸因素、电负性因素、电子浓度因素和点阵类型因素是影响固溶体固

溶度大小的四个主要因素。当以上四个因素都有利时，所形成的固溶体的固溶度就可能较大，甚至形成无限固溶体。但上述的四个条件只是形成无限固溶体的必要条件，还不是充分条件，无限固溶体的形成规律还有待于进一步研究。一般情况下，各元素间大多只能形成有限固溶体。固溶体的固溶度除与以上因素有关外，还与温度有关，温度越高，固溶度越大。因此，对于在高温下已达到饱和的有限固溶体，当其冷却至低温时，其固溶度的降低将使固溶体发生分解而析出其他相。

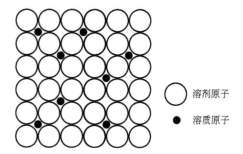

溶剂原子

溶质原子

图 1-61　间隙固溶体的结构示意图

（3）间隙固溶体　一些原子半径很小的溶质原子溶入到溶剂中时，不是占据溶剂晶格的正常结点位置，而是填入到溶剂晶格的间隙中，形成间隙固溶体，其结构如图 1-61 所示。形成间隙固溶体的溶质元素，都是一些原子半径小于 0.1nm 的非金属元素，如氢（0.046nm）、氧（0.061nm）、氮（0.071nm）、碳（0.077nm）、硼（0.097nm），而溶剂元素则都是过渡族元素。试验证明，只有当溶质与溶剂的原子半径比值 $r_{溶质}/r_{溶剂} < 0.59$ 时，才有可能形成间隙固溶体。

间隙固溶体的固溶度与溶质原子的大小及溶剂的点阵类型有关。当溶质原子（间隙原子）溶入溶剂后，将使溶剂的晶格常数增大，并使晶格发生畸变（图 1-62），溶入的溶质原子越多，引起的晶格畸变越大，当畸变量达到一定数值后，溶剂晶格将变得不稳定。当溶质原子较小时，它所引起的晶格畸变也较小，因此就可以溶入更多的溶质原子，固溶度也较大。例如，面心立方晶格的最大间隙是八面体间隙，所以溶质原子都位于八面体间隙中。体心立方晶格的致密度虽然比面心立方晶格的低，但因它的间隙数量多，每个间隙半径都比面心立方晶格的小，所以它的固溶度要比面心立方晶格的小。

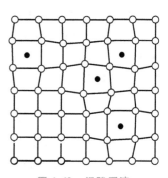

图 1-62　间隙固溶体中的晶格畸变

C、N 与铁形成的间隙固溶体是钢中的重要合金相。在面心立方的 γ-Fe 中，C、N 原子位于间隙较大的八面体间隙中。在体心立方的 α-Fe 中，虽然四面体间隙比八面体间隙大，但是 C、N 原子仍位于八面体间隙中。这是因为体心立方晶格的八面体间隙是不对称的，在 <001> 方向间隙半径比较小，而在 <110> 方向间隙半径较大，所以当 C（或 N）原子填入八面体间隙时受到 <001> 方向两个原子的压力较大，而受到 <110> 方向四个原子的压力则较小。总体来说，C、N 原子溶入八面体间隙所受到的阻力比溶入四面体间隙的小，所以它们易溶入八面体间隙中。由于八面体间隙本身不对称，所以 C、N 原子溶入后所引起的晶格畸变也是不对称的。由于溶剂晶格中的间隙位置是有一定限度的，所以间隙固溶体只能是有限固溶体。

（4）固溶体的结构　虽然固溶体仍保持着溶剂组元的点阵类型，但与纯金属相比，结构还是发生了变化，有的变化还相当大，主要表现在以下几个方面。

1）晶格畸变。由于溶质与溶剂的原子大小不同，因而在形成固溶体时，必然在溶质原子附近的局部范围内造成晶格畸变，并因此而形成一弹性应力场。晶格畸变的大小可由晶格常数的变化所反映。对置换固溶体来说，当溶质原子比溶剂原子大时，晶格常数增大；反之，当溶质原子比溶剂原子小时，则晶格常数减小。形成间隙固溶体时，晶格常数总是随着溶质原子的溶入而增大。工业上常见的以铝、铜、铁为基的固溶体，其晶格常数的变化如图 1-63 所示。

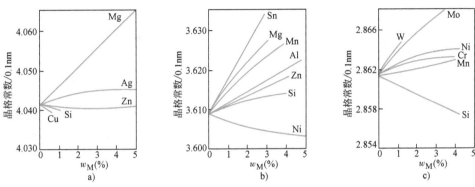

图 1-63　各元素溶入铝、铜、铁中形成置换固溶体时晶格常数的变化（M 表示金属元素）

a）Al　b）Cu　c）Fe

2）偏聚与有序。长期以来，人们认为溶质原子在固溶体中的分布是统计的、均匀的和无序的，如图 1-64a 所示。但经 X 射线精细研究表明，溶质原子在固溶体中的分布，总是在一定程度上偏离完全无序状态，存在着分布的不均匀性，当同种原子间的结合力大于异种原子间的结合力时，溶质原子倾向于成群地聚集在一起，形成许多偏聚区（图 1-64b）；反之，当异种原子间的结合力较大时，则溶质原子的近邻皆为溶剂原子，溶质原子倾向于按一定的规则呈有序分布，这种有序分布通常只在短距离小范围内存在，称为短程有序（图 1-64c）。

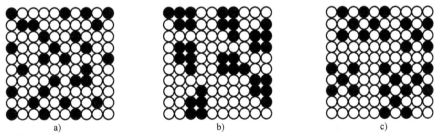

图 1-64　固溶体中溶质原子分布情况示意图

a）无序分布　b）偏聚分布　c）短程有序分布

3）有序固溶体。具有短程有序的固溶体，当低于某一温度时，可能使溶质和溶剂原子在整个晶体中都按一定的顺序排列起来，即由短程有序转变为长程有序，这样的固溶体称为有序固溶体，或称为超结构。有序固溶体有确定的化学成分，可用化学式来表示，可见于 Cu-Au、Cu-Zn、Fe-Al 和 Fe-Si 等合金中。例如，在 Cu-Au 合金中，当两组元的原子数之比（即 Cu：Au）等于 1：1（CuAu）或 3：1（Cu_3Au）时，在缓慢冷却条件下，两种元素的原子在固溶体中将由无序排列转变为有序排列，Cu、Au 原子在晶格中均占有确定的位置，如图 1-65 所示。对于 CuAu 来说，铜原子和金原子按层排列于（001）晶面上，一层晶面上全部是铜原子，相邻的一层全部是金原子。由于铜原子较小，故使原来的面心立方晶格略变形为 $c/a = 0.93$ 的四方晶格。对于 Cu_3Au 来说，金原子位于晶胞的顶角上，铜原子则占据面心位置。

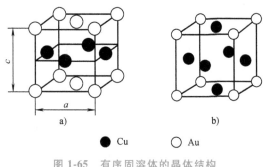

图 1-65 有序固溶体的晶体结构
a) CuAu b) Cu_3Au

当有序固溶体加热至某一临界温度时，将转变为无序固溶体，而在缓慢冷却至这一温度时，又可转变为有序固溶体。这一转变过程称为有序化，发生有序化的临界温度称为固溶体的有序化温度。

由于溶质和溶剂原子在晶格中占据着确定的位置，因而发生有序化转变时有时会引起晶格类型的改变。严格说来，有序固溶体实质上是介于固溶体和化合物之间的一种相，但更接近于金属化合物。当无序固溶体转变为有序固溶体时，性能发生突变：硬度及脆性显著增加，而塑性和电阻率则明显降低。

（5）固溶体的性能　随着固溶体中溶质浓度的增加，固溶体合金的强度、硬度提高，而塑性、韧性有所下降，这种现象称为固溶强化。溶质原子与溶剂原子的尺寸差别越大，所引起的晶格畸变也越大，强化效果则越好。由于间隙原子造成的晶格畸变比置换原子的大，所以其强化效果也较好。一般说来，固溶体合金的硬度、屈服强度和抗拉强度等总是比组成它的纯金属的平均值高；在塑性、韧性方面，如断后伸长率、断面收缩率和冲击吸收能量等，固溶体合金要比组成它的两个纯金属的平均值低，但比一般的金属化合物要高得多。因此，综合起来看，固溶体合金具有比纯金属和金属化合物更为优越的综合力学性能，也因此，各种金属材料总是以固溶体为基体相。

在物理性能方面，随着溶质原子含量的增加，固溶体合金的电阻率升高，电阻温度系数下降。因此工业上应用的精密电阻和电热材料等，都广泛应用固溶体合金。此外，Fe-Si、Fe-Ni 的固溶体合金可用作磁性材料。

近年来，高熵合金吸引了广泛关注，它是将五种或五种以上的金属元素以等原子比或近等原子比进行合金化制备而成，如 AlCoCrFeNi 系高熵合金，这突破了传统合金以一种或两种金属元素为主的成分设计理念。经熔炼铸造或粉末冶金后，高的原子排列混合熵使合金形成具有面心立方、体心立方或密排六方等简单晶体结构的固溶体，合金中的所有原子既是溶剂原子又是溶质原子，产生极大的晶格畸变，因而，高熵合金可获得优异的综合力学性能、磁学性能、抗辐照性能，以及耐蚀性。

3. 金属化合物

合金组元间相互作用，除可形成固溶体外，当超过固溶体的固溶度极限时，还可形成金属化合物，又称为中间相。金属化合物的点阵类型及性能往往不同于任一组元，一般可以用分子式来大致表示其组成。金属化合物的原子间结合方式取决于元素的电负性差值，是金属键与离子键或共价键相混合的方式，因此它具有一定的金属性质，所以称为金属化合物。碳钢中的 Fe_3C、黄铜中的 CuZn、铝合金中的 $CuAl_2$ 等都是金属化合物。

由于结合键和晶体结构的多样性，使金属化合物具有许多特殊的物理化学性能，其中已有不少正在开发应用，作为新的功能材料和耐热材料，对现代科学技术的进步起着重要的推动作用。例如，GaAs 是重要的半导体材料，已用于发光二极管和太阳能电池；Nb_3Sn 和 MgB_2 具有高的超导临界温度，已成为实用超导材料；$LaNi_5$ 基合金可作为镍氢电池的负极材料；$Nd_2Fe_{14}B$ 是烧结钕铁硼永磁材料的晶体相；Ni_3Al 基金属化合物是镍基单晶高温合金的主要强化相；$MoSi_2$ 可制造在 1800℃ 下使用的电加热元件和涂层。

由于金属化合物一般均具有较高的熔点、硬度和脆性，当合金中出现金属化合物时，合金的强度、硬度、耐磨性及耐热性就会提高（但塑性和韧性有所降低），因此，金属化合物是工业应用最广泛的结构材料和工具材料中不可缺少的合金相。

金属化合物的种类很多，下面主要介绍三种：符合元素化合价规律的正常价化合物、晶体结构取决于电子浓度的电子化合物、小尺寸原子与过渡族金属之间形成的间隙相和间隙化合物。

（1）正常价化合物 正常价化合物通常是由金属元素与周期表中ⅣA、ⅤA、ⅥA族元素组成的，例如 MgS、MnS、Mg_2Si、Mg_2Sn、Mg_2Pb 等。其中，MnS 是钢铁材料中常见的夹杂物，Mg_2Si 则是铝合金中常见的强化相。

正常价化合物由电负性相差较大的元素形成，根据电负性差值的大小，原子间结合键的类型分别以离子键、共价键或金属键为主。正常价化合物具有严格的化合比，成分固定不变，可用化学式表示。这类化合物一般具有较高的硬度，脆性较大。

（2）电子化合物 电子化合物是由ⅠB族或过渡族金属元素与ⅡB、ⅢA、ⅣA族金属元素形成的金属化合物，它不符合元素化合价规律，而是按照一定电子浓度的比值形成的化合物，电子浓度不同，所形成的化合物的晶体结构也不同。例如，电子浓度为 3/2 时，具有体心立方结构；电子浓度为 21/13 时，为复杂立方结构；电子浓度为 7/4 时，则为密排六方结构。表 1-3 列出了一些常见的电子化合物及其结构类型。

表 1-3 常见的电子化合物及其结构类型

电子浓度	$\dfrac{3}{2}\left(\dfrac{21}{14}\right)$	$\dfrac{21}{13}$	$\dfrac{7}{4}\left(\dfrac{21}{12}\right)$
结构类型	体心立方结构（β 相）	复杂立方结构（γ 相）	密排六方结构（ε 相）
电子化合物	CuZn	Cu_5Zn_8	$CuZn_3$
	Cu_3Al	Cu_9Al_4	Cu_5Al_3
	Cu_5Si	$Cu_{31}Si_8$	Cu_3Si
	Cu_5Sn	$Cu_{31}Sn_8$	Cu_3Sn
	AgZn	Ag_5Zn_8	$AgZn_3$
	AuCd	Au_5Cd_8	$AuCd_3$
	FeAl	Fe_5Zn_{21}	Ag_5Al_3
	CoAl	Co_5Zn_{21}	Au_3Sn
	NiAl	Ni_5Be_{21}	Au_5Al_3

电子化合物虽然可以用化学式表示，但其成分可以在一定的范围内变化，因此可以把它看作以化合物为基的固溶体。电子化合物的原子间结合键以金属键为主，通常是有色合金的重要强化相，具有很高的熔点和硬度，但脆性大。

（3）间隙相和间隙化合物 间隙相和间隙化合物主要受组元的原子尺寸因素控制，通常是由过渡族金属与原子半径很小的非金属元素 H、N、C、B 组成。根据非金属元素（以

X 表示）与金属元素（以 M 表示）原子半径的比值，可将其分为两类：当 $r_X/r_M < 0.59$ 时，形成具有简单晶体结构的化合物，称为间隙相；当 $r_X/r_M > 0.59$ 时，则形成具有复杂晶体结构的化合物，称为间隙化合物。由于氢和氮的原子半径较小，所以过渡族金属的氢化物和氮化物都是间隙相。硼的原子半径最大，所以过渡族金属的硼化物都是间隙化合物。碳的原子半径也比较大，但比硼的小，所以一部分碳化物是间隙相，另一部分则为间隙化合物。间隙相和间隙化合物中的原子间结合键为金属键与共价键相混合。

1）间隙相。间隙相都具有简单的晶体结构，如面心立方、体心立方、密排六方或简单六方等，金属原子位于晶格的正常结点上，非金属原子则位于晶格的间隙位置。间隙相的化学成分可以用简单的分子式表示：M_4X、M_2X、MX、MX_2，但是它们的成分可以在一定的范围内变动，这是由于间隙相的晶格中的间隙未被填满，即某些本应为非金属原子占据的位置出现空位，相当于以间隙相为基的固溶体，这种以缺位方式形成的固溶体称为缺位固溶体。

间隙相不但可以溶解组元元素，还可以溶解其他间隙相，有些具有相同结构的间隙相甚至可以形成无限固溶体，如 TiC-ZrC、TiC-VC、TiC-NbC、TiC-TaC、ZrC-NbC、ZrC-TaC、VC-NbC、VC-TaC 等。

应当指出，间隙相与间隙固溶体之间有本质的区别，间隙相是一种化合物，它具有与其组元完全不同的晶体结构，而间隙固溶体则仍保持着溶剂组元的晶格类型。钢中常见的间隙相见表 1-4。

表 1-4 钢中常见的间隙相

间隙相的化学式	钢中的间隙相	结 构 类 型
M_4X	Fe_4N、Mn_4N	面心立方
M_2X	Ti_2H、Zr_2H、Fe_2N、Cr_2N、V_2N、Mn_2C、W_2C、Mo_2C	密排六方
MX	TaC、TiC、ZrC、VC、ZrN、VN、TiN、CrN、ZrH、TiH	面心立方
	TaH、NbH	体心立方
	WC、MoN	简单六方
MX_2	TiH_2、ThH_2、ZnH_2	面心立方

间隙相具有极高的熔点和硬度（表 1-5），具有明显的金属特性，如具有金属光泽和良好的导电性。它们是硬质合金的重要相组成，用硬质合金制作的高速切削刀具、拉丝模及各种冲模已得到了广泛的应用。间隙相还是合金工具钢和高温金属陶瓷的重要组成相。此外，用渗入或涂层的方法使钢的表面形成含有间隙相的薄层，可以显著增加钢的表面硬度和耐磨性，延长零件的使用寿命。

表 1-5 钢中常见碳化物的熔点及硬度

类型	间 隙 相								间隙化合物	
	NbC	W_2C	WC	Mo_2C	TaC	TiC	ZrC	VC	$Cr_{23}C_6$	Fe_3C
熔点/℃	3770±125	3130	2867	2960±50	4150±140	3410	3805	3023	1577	1227
硬度　HV	2050	—	1730	1480	1550	2850	2840	2010	1650	≈800

2）间隙化合物。间隙化合物一般具有复杂的晶体结构，Cr、Mn、Fe 的碳化物均属于此类。它的种类很多，在合金钢中经常遇到的有 M_3C（如 Fe_3C、Mn_3C）、M_7C_3（如 Cr_7C_3）、$M_{23}C_6$（如 $Cr_{23}C_6$）和 M_6C（如 Fe_3W_3C、Fe_4W_2C）等。其中的 Fe_3C 是钢铁材料中的一种基本组成相，称为渗碳体。Fe_3C 中的铁原子可以被其他金属原子（如 Mn、Cr、Mo、W 等）置换，形成以间隙化合物为基的固溶体，如 $(Fe,Mn)_3C$、$(Fe,Cr)_3C$ 等，称为合金渗碳体。其他的间隙化合物中金属原子也可以被其他金属元素置换。

间隙化合物也具有很高的熔点和硬度，但与间隙相相比，它们的熔点和硬度要低些，而且加热时也较易分解。这类化合物是碳钢及合金钢中的重要组成相。钢中常见碳化物的熔点及硬度见表 1-5。

三、离子晶体的晶体结构

离子晶体是离子化合物结晶形成的晶体，或者说是由正、负离子或离子集团按一定比例通过离子键结合形成的晶体。与金属晶体相比，离子晶体的晶体结构种类很多，造就其性能（尤其是物理性能和化学性能）的多样性。例如，很多金属氧化物（如 ZnO、TiO_2、MnO_2、Fe_3O_4、V_2O_5 等）可作为各种化工用催化剂或催化剂载体，MgO 是耐火镁砖的主要晶相，Al_2O_3 可制成透明陶瓷，$BaTiO_3$ 是应用最广泛的电子陶瓷，$LiFePO_4$ 是安全的锂电池正极材料。表 1-6 所示为离子晶体的几种典型晶体结构，其中 A、B 和 Y 表示不同元素的正离子，X 表示负离子。

表 1-6 离子晶体的几种典型晶体结构

化学式类型	AX		AX_2	A_2X_3	ABX_3	ABO_4	AB_2O_4	$ABYO_4$
晶体结构类型	氯化钠型	闪锌矿型	金红石型	刚玉型	钙钛矿型	钨酸钙型	尖晶石型	橄榄石型
实例	NaCl、MgO	立方 ZnS、ZnO	TiO_2、β-MnO_2	α-Al_2O_3、Cr_2O_3	$CaTiO_3$、$BaTiO_3$	$CaWO_4$、$PbMoO_4$	$MgAl_2O_4$、Fe_3O_4	Mg_2SiO_4、$LiFePO_4$

由于离子键没有方向性和饱和性，在描述离子晶体的晶体结构时，可将离子晶体近似看成是电荷在球面均匀分布的刚性球按能量最低原理堆垛而成的；异号离子可以从任何方向相互靠拢并结合；离子半径大的负离子趋于紧密排列，离子半径小的正离子填充在负离子堆垛形成的间隙中。负离子排列的规律不同，得到的间隙必不相同，常见的间隙有四面体间隙和八面体间隙。正离子根据离子半径的大小，在尽可能与更多负离子接触的前提下，占据部分或全部的间隙。这是由于同号离子不接触、异号离子相互接触，可降低晶体体系能量，使晶体稳定存在。

离子晶体的晶体结构取决于离子的组成和数量关系、离子半径的大小关系和离子间的极化作用。这使得离子晶体容易产生同质异晶现象。

离子晶体中一对相邻接触的正、负离子中心的距离（平衡距离）为正、负离子半径之和。利用 X 射线衍射法可以精确测定离子晶体的正、负离子间距，Goldschmidt、Pauling、Shannon 等人分别对大量晶体的正、负离子间距及核外电子排布进行了比较分析和计算之后，确定了很多元素的离子半径。

离子配位数是在离子晶体中，每个离子周围所接触到的异号离子的个数。一般地，离子晶体中正离子配位数取决于正、负离子的相对大小，即离子的半径比 r_+/r_-。正离子可能有 4、6、8 等配位数。由简单的几何关系可导出离子半径比规则：半径比 r_+/r_- 在 0.225 ~ 0.414 之间的晶体，正离子配位数为 4，如 ZnS（闪锌矿-面心立方点阵或纤锌矿-六方晶系）；半径比 r_+/r_- 在 0.414 ~ 0.732 之间的，正离子配位数为 6，如 NaCl（面心立方点阵）、TiO_2（简单四方点阵）或 $\alpha\text{-}Al_2O_3$（简单三方点阵）；半径比 r_+/r_- 在 0.732 ~ 1.0 之间的，正离子配位数为 8，如 CsCl（简单立方点阵）或 CaF_2（面心立方点阵）。半径比 r_+/r_- 接近 0.414 时，正离子配位数可能为 4，也可能为 6，如 GeO_2。正离子周围的负离子越多，即配位数越大，能量越低，体系越稳定。

如果离子晶体的组成为 AX 型，晶体中正、负离子的数目相等，则正、负离子的配位数相同；晶体中正、负离子的数目不等，则正、负离子的配位数不同，配位数之比等于晶体化学式中离子数的反比。例如，TiO_2 晶体中 Ti^{4+} 的配位数为 6，O^{2-} 的配位数为 3；$\alpha\text{-}Al_2O_3$ 晶体中 Al^{3+} 的配位数为 6，O^{2-} 的配位数为 4。

离子半径比是影响晶体结构的几何因素，并不决定离子晶体的晶体结构。例如，CdS 的离子半径比为 0.516，其晶体结构为六方 ZnS 型或立方 ZnS 型结构，而不是 NaCl 型结构。这是受到离子极化作用影响的结果。

下面介绍三种离子晶体的晶体结构——NaCl 型、闪锌矿型和刚玉型结构。

1. NaCl 型晶体结构

NaCl 晶体结构的空间点阵类型为面心立方点阵，结构基元是由一个 Na^+ 和一个 Cl^- 组成的正负离子对。NaCl 晶体结构如图 1-66 所示，Na^+ 全部占据由 Cl^- 组成的面心立方结构的正八面体间隙。晶胞离子数为 8，即每个晶胞内含有 4 个 Na^+ 和 4 个 Cl^-。Na^+ 与 Cl^- 的半径比为 0.525，Na^+ 和 Cl^- 的配位数均为 6。具有 NaCl 型结构的离子晶体有氧化物 MgO、CaO、BaO、MnO、NiO、CoO 等，氮化物 TiN、ZrN、CrN 和碳化物 TiC、VC 等金属化合物也具有 NaCl 型结构。

2. 闪锌矿型晶体结构

闪锌矿型晶体结构又称立方 ZnS 型晶体结构，是离子键与共价键混合的晶体结构，空间点阵类型为面心立方点阵。立方 ZnS 晶体结构如图 1-67 所示，S^{2-} 占据面心立方结构的结点位置，Zn^{2+} 占据四个不相邻的四面体间隙位置。晶胞离子数为 8，即每个晶胞中含 Zn^{2+} 和 S^{2-} 各 4 个。Zn^{2+} 与 S^{2-} 的半径比为 0.414，Zn^{2+} 和 S^{2-} 的配位数均为 4。具有闪锌矿型结构的离子晶体还有 CdS、BeO 等。

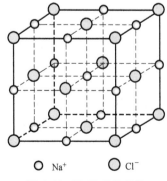

○ Na^+　● Cl^-

图 1-66　NaCl 晶体结构

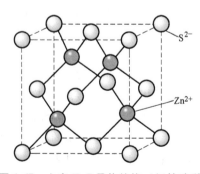

S^{2-}

Zn^{2+}

图 1-67　立方 ZnS 晶体结构（闪锌矿型）

3. 刚玉型晶体结构

刚玉即 $\alpha\text{-}Al_2O_3$，其晶体结构的空间点阵类型为简单三方点阵。$\alpha\text{-}Al_2O_3$ 晶体结构如图 1-68 所示，可看成 O^{2-} 近似做密排六方排列，其密排面的堆垛次序为 ABABAB…，在相邻两层密排面之间插入一层 Al^{3+}。由于化合物成分（或电中性）的要求，Al^{3+} 只占据 2/3 的八面体间隙，其余 1/3 的间隙是空着的，因此，根据鲍林规则，在同层或层间 Al^{3+} 之间的距离应保持最远，也就是说，不同 Al^{3+} 层内空着的间隙位置是不同的。晶胞离子数为 10，即每个晶胞中含 4 个 Al^{3+} 和 6 个 O^{2-}。Al^{3+} 与 O^{2-} 的半径比为 0.419，Al^{3+} 和 O^{2-} 的配位数之比为 3：2。具有刚玉型结构的晶体还有 Cr_2O_3、V_2O_3、$\alpha\text{-}Fe_2O_3$ 等。

四、共价晶体的晶体结构

共价晶体是相邻原子直接通过共价键结合形成的晶体，具有极高的熔点和硬度，延展性很差，这是由于共价键具有方向性，外力作用下原子发生错位即断裂。共价晶体是良好的电绝缘体或半导体，因为参与成键的电子束缚于原子之间而不能自由运动。但多数共价晶体的成键电子在外界条件（光、热）作用下，可挣脱束缚留下带正电的空位（空穴）而成为自由电子。

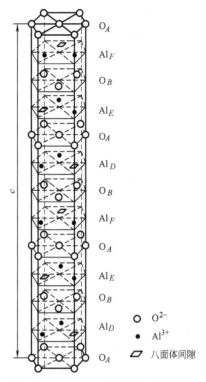

图 1-68　$\alpha\text{-}Al_2O_3$ 晶体结构（刚玉型）

共价晶体包括单质晶体（金刚石、Si、Ge、$\alpha\text{-}Sn$）和化合物晶体（立方 BN、AlN、GaAs、InSb、$\beta\text{-}SiC$、SiO_2、Si_3N_4 等）。这些化合物晶体除了共价键，还含有部分离子键。共价晶体中配位数的大小取决于原子的电子构型，即取决于共价键的数目和方向性。由于共价键具有饱和性和方向性，因此原子的配位数偏低，一般不大于 4。例如，Si 晶体中 Si 原子的配位数是 4；SiO_2 晶体中硅原子的配位数是 4，氧原子的配位数是 2。

共价晶体中的单质晶体，其晶体结构都是金刚石型结构，空间点阵类型为面心立方点阵。金刚石结构是每个碳原子通过 sp^3 杂化轨道与相邻的 4 个 C 原子形成共价键，可以看作四个碳原子分布于正四面体的顶点，一个碳原子在正四面体的中心。金刚石的结构基元是 2 个 C 原子，晶胞原子数为 8，致密度约为 0.34。

共价晶体中的化合物晶体，其晶体结构大多数是闪锌矿型结构，与金刚石型结构很相似。例如，$\beta\text{-}SiC$ 中的 Si 原子和 C 原子都通过 sp^3 杂化轨道与相邻的异类原子形成共价键，晶胞原子数为 8，每个晶胞内有 4 个 Si 原子和 4 个 C 原子，如图 1-69 所示。

工程陶瓷的微观结构由晶体相、非晶相（也称玻璃相）和气相（孔隙中的气体）组成。其中的晶体相

图 1-69　SiC 晶体结构

是离子晶体或共价晶体，与金属晶体类似的点缺陷、线缺陷和面缺陷都会存在于实际的晶体中。与金属晶体相比，离子晶体和共价晶体中的位错密度很小，但位错的存在可对半导体晶体的电学性能产生极大影响；点缺陷对于这两类晶体的颜色、光学性质和导电性有重要影响。例如，立方 ZnS 有良好的热稳定性，可以实现高效、稳定的电致发光，是良好的发光材料。在 ZnS 中掺杂一定的离子（Mn^{2+}、Cu^{2+}、Ag^+ 或 Cl^-），可以提高 ZnS 的发光效率或者改变 ZnS 的发光性能，掺杂后的新材料在平板显示器和生物标记器件上有应用前景。

第四节　高聚物的微观结构

高聚物是很多由原子以化学键结合而成的长链状大分子（可类比于直径约 1mm，长约 50m 的长链），通过分子间作用力（范德华力或氢键）组成的高分子量化合物。它的性质取决于化学结构、平均分子量和分子量分布、链的形状和柔性，以及结合力的大小。高聚物的微观结构分为高分子链结构和高分子聚集态结构，其中高分子链结构是指单个高分子链的结构和形态，分为近程结构和远程结构。

一、高分子链的近程结构

高分子链的近程结构属于化学结构，是指高分子链中由化学键（主要是共价键）所连结的原子或基团在空间的几何排列，包括高分子链的化学组成、立体构型、支化和交联，以及共聚物的序列结构等。要改变高分子链的近程结构必须发生化学键的破坏和重组。

（一）高分子链的化学组成

高聚物是由多种原子以重复的结构单元通过化学键结合的高分子链组成的。高分子链上化学组成和结构可重复的单元称为链节或重复结构单元，链节的重复次数称为聚合度。链节与材料本质结构有关，无论是在什么形态下，链节是不会改变的，除非材料已经分解或者发生了其他化学反应。

图 1-70 所示为单个高分子链的典型结构示意图，图中的粗线部分所示的主链含有的链节数最多，附在主链上的分支称为支链或侧基。通常将与主链化学结构相同或相似、具有不少于 1 个链节的分支称为支链，主链两侧不同于主链的基团称为侧基。主链或支链末端的基团称为端基。

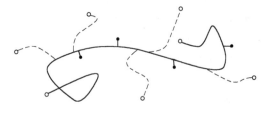

——— 主链　----- 支链　○ 端基　•— 侧基

图 1-70　单个高分子链的典型结构

根据组成主链的原子类型不同，可将高聚物主要分成以下三类：碳链高聚物、杂链高聚物和元素有机高聚物。主链全部由 C 原子组成的高聚物称为碳链高聚物，如聚乙烯、聚氯乙烯、聚苯乙烯、聚四氟乙烯、聚丙烯，这类高聚物不溶于水，可塑性强，易于加工，但易燃；主链除含 C 外，还有 O、N、S、P 等两种或以上的原子，称为杂链高聚物，如聚甲醛、聚酯、聚氨酯、聚醚、聚酰胺，是大多数塑料和合成纤维的基本组分，杂链高聚物强度高，但易在水、醇或酸中分解，导致聚合度降低；元素有机高聚物的主链不含 C 原子，而是由 Si、B、Al 等原子和 O 原子构成，侧基是由 C、H 原子组成的有机基团，如有机硅树脂、有机硅橡胶，这类高聚物具有良好的热稳定性和抗酸抗碱性能，但强度较低。

一些高聚物的名称、符号和结构式见表 1-7。

表 1-7　一些高聚物的名称、符号和结构式

名称	符号	结构式	名称	符号	结构式
聚乙烯	PE	$-[CH_2-CH_2]_n-$	聚对苯二甲酸乙二酯	PET	$-[C(=O)-C_6H_4-C(=O)-O-(CH_2)_2-O]_n-$
聚丙烯	PP	$-[CH_2-CH(CH_3)]_n-$	聚对苯二甲酸丁二酯	PBT	$-[C(=O)-C_6H_4-C(=O)-O-(CH_2)_4]_n-$
聚苯乙烯	PS	$-[CH_2-CH(C_6H_5)]_n-$	聚酰胺-66	PA66	$HOOC-[(CH_2)_4-C(=O)-N(H)-(CH_2)_6]_n-NH_2$
聚氯乙烯	PVC	$-[CH_2-CHCl]_n-$	聚酰亚胺	PI	（聚酰亚胺结构式）
聚四氟乙烯	PTFE	$-[CF_2-CF_2]_n-$	聚碳酸酯	PC	$-[O-C_6H_4-C(CH_3)_2-C_6H_4-O-C(=O)]_n-$
聚丁二烯	PB	$-[CH_2-CH=CH-CH_2]_n-$	聚砜	PSF/PSU	$-[O-C_6H_4-C(CH_3)_2-C_6H_4-O-C_6H_4-S(O_2)-C_6H_4]_n-$
聚氯丁二烯（氯丁橡胶）	PCP(CR)	$-[CH_2-CCl=CH-CH_2]_n-$	聚苯醚	PPO	（二甲基苯氧基结构式）
聚甲醛	POM	$-[CH_2-O]_n-$	聚二甲基硅氧烷（有机硅橡胶）	PDMS(SIR)	$-[Si(CH_3)_2-O]_n-$

高聚物的密度远小于金属和陶瓷，这是因为高聚物的组成元素 C、H、O 的原子量都很小，并且当这些原子组成基团和高分子链时，彼此之间存在较大的间距。显然，高分子链之间的间距越大，则高聚物的密度越小。高聚物的密度主要取决于主链组成、支化程度和支链的长短。支链的存在不利于高分子链的紧密堆砌，即使主链组成相同，支化程度越小或支链越短，则高聚物的密度越大，硬度、强度越高，韧性越小。

根据高聚物主链或侧基上带的基团的性质，还可将高聚物分成极性高聚物和非极性高聚

物。大多数带有酰胺基团、腈基、酯基、卤素原子等的高聚物都具有极性，而聚烯烃类（如聚乙烯、聚丙烯和聚苯乙烯等）分子链上没有极性基团，因此这些高聚物也没有极性。但极性基团的位置和数量会影响高聚物的极性。例如，聚氯乙烯是极性高聚物，而聚四氟乙烯含有四个位置平衡的极性的卤素原子，所以聚四氟乙烯是非极性高聚物。一般地，极性高聚物易溶于极性溶剂，非极性高聚物易溶于非极性溶剂。极性高聚物的极性基团在制备聚合物基复合材料时有利于与增强体之间的界面结合，非极性高聚物则具有极好的电绝缘性、耐酸耐碱性。

高分子链的侧基是决定高聚物性质的重要因素，例如，聚丙烯、聚苯乙烯和聚氯乙烯的主链都是碳碳单键构成的，但不同的侧基使以上三种高聚物具有不同的性质。此外，高分子链的端基对高聚物的热稳定性影响很大，端基—CH_3、—OCH_3较为稳定，而端基—OH、—COOH、—NH_2不稳定，可反应生成复杂结构，因此，为提高聚对苯二甲酸乙二酯（PET）、聚碳酸酯（PC）和聚甲醛（POM）等高聚物的热稳定性或控制分子量，需要对其进行封端处理。

需要指出的是，同一种高聚物的各个分子链所含的链节数并不相同，所以高聚物实质上是由大量链节结构相同而聚合度不同的化合物组成的混合物，其聚合度与分子量都是平均值。聚合度数量级为$10^3 \sim 10^5$，分子量高达$10^4 \sim 10^7$，因此在物理、化学和力学性能上与低分子化合物有很大差异。高聚物的分子量或聚合度只有达到一定数值后，才能具有足够的强度，并且窄的分子量分布有利于获得稳定的使用性能和加工性能。但分子量或聚合度的增加会增加高聚物的加工难度。

（二）高分子链的立体构型

链节为—CH_2—CHR—型（R表示取代基）的高分子链，由于—CHR—中C原子两端键接的H原子与取代基R不同，每一个链节有两种立体异构体，它们在高分子链中有三种键接方式：高分子链全部由一种立体异构体键接而成，称为全同立构；由两种立体异构体交替键接而成，称为间同立构；两种立体异构体完全无规键接而成，称为无规立构。图1-71所示为高分子链的三种立体构型。假如把主链上的碳原子排列在平面上成为锯齿状，则全同立

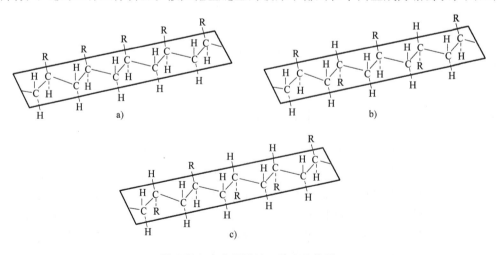

图1-71 高分子链的三种立体构型
a）全同立构 b）间同立构 c）无规立构

构的高分子链中的 R 基全都位于平面的同一侧，间同立构的高分子链中的 R 基交替排列在平面的两侧，无规立构的高分子链中的 R 基随机排列在平面两侧。

高分子链中这种化学组成和分子量相同，但链结构不同的现象称为同分异构现象。它是高聚物种类和性能繁多的重要原因。例如，全同立构的聚苯乙烯结构比较规整，能结晶，熔点为 240℃；间同立构的聚苯乙烯可作为工程塑料的主要原料；而无规立构的聚苯乙烯结构不规整，不能结晶，软化温度为 80℃。又如，全同立构的聚丙烯结构比较规整，容易结晶，既可以纺丝做成纤维，也可以制成塑料；而无规立构的聚丙烯不能结晶，是一种橡胶状的弹性体。

（三）高分子链的支化与交联

一般地，高分子链以线型为主，如图 1-72a 所示，大多数热塑性树脂均属于此类。其具有受热软化、冷却硬化的性能，而且不起化学反应，无论加热和冷却重复进行多少次，均能保持这种性能。这种热塑性树脂有：聚乙烯（PE）、聚氯乙烯（PVC）、聚苯乙烯（PS）、聚酰胺（PA）、聚甲醛（POM）、聚苯硫醚（PPS）、聚碳酸酯（PC）、聚苯醚（PPO）、聚砜（PSF/PSU）等。热塑性树脂的成型加工简便，具有较高的力学性能，但耐热性和刚性较差。

线型高聚物在合成或辐照过程中，可能发生高分子链的支化和交联，如图 1-72b、c 所示，分别形成支化高聚物和交联高聚物，这两类高聚物具有不同于线型高聚物的化学性质和物理性能。支化高聚物的化学性质与线型高聚物形似，分子间只有次价键作用（氢键或范德华力）；能在适当的溶剂中溶胀并溶解，受热熔化呈可流动态，一般情况下不会分解而可反复熔化，有一定的弹性和塑性。但支化对物理性能的影响有时相当显著。例如，低密度聚乙烯（LDPE）的链结构是每 1000 个碳链原子中含有 20~30 个支链，具有 2~3 个链节的短支链破坏了高分子链的规整性，使其密度和结晶倾向降低。而高密度聚乙烯（HDPE）是线型高聚物，易于结晶，其密度、熔点和硬度均高于 LDPE。

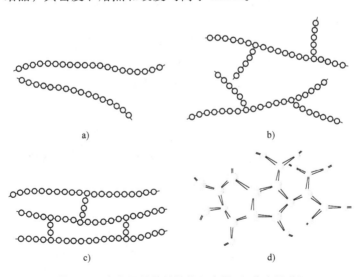

a)   b)

c)   d)

图 1-72　高分子链的链结构示意图（〇代表链节）

a）线型　b）支化　c）交联　d）三维网状

高分子链之间通过与支链、侧基或碳—碳的化学键结合，可交联成二维平面网状结构或三维立体网状结构（图 1-72d），即形成交联高聚物。它是不能溶解和熔融的，只有当交联较少时能在溶剂中溶胀。硫化橡胶、固化后的热固性树脂和交联聚乙烯都是交联高聚物。热固性树脂加热（固化）后发生交联，逐渐硬化成型，再受热既不软化，也不溶不熔。热固性树脂的耐热性好，受热不易变形，但不易成型加工。这类树脂有聚氨酯（PU）、酚醛树脂（PF）、环氧树脂（EP）、不饱和聚酯（UP），以及硅醚树脂等。

聚乙烯（PE）交联技术是提高其材料性能的重要手段之一。交联改性可使 PE 的性能得到大幅度的改善，不仅能显著提高 PE 的力学性能、耐环境应力开裂性能、耐化学药品腐蚀性能、抗蠕变性和电性能等综合性能，而且能非常明显地提高其耐温等级，可使 PE 的耐热温度从 70℃ 提高到 100℃，从而大大拓宽了 PE 的应用领域。表 1-8 所示为三种聚乙烯的物理性能。

表 1-8　三种聚乙烯的物理性能

PE 种类	高分子链的几何形状	密度/（g/cm³）	结晶度（%）	线胀系数/（10^{-5}/℃）	熔点/℃	热变形温度/℃	抗拉强度/MPa
低密度聚乙烯	支化	0.91~0.93	45~65	16~24	105~115	38~50	7~20
高密度聚乙烯	线型	0.94~0.97	65~85	11~16	125~137	60~80	20~40
交联聚乙烯（交联度>60%）	交联	0.93~0.95	—	17~20	—	85~100	10~100

（四）共聚物的序列结构

加成聚合反应是获得高聚物的途径之一，带有不饱和键的低分子化合物经加成聚合反应后合成高聚物，这类低分子化合物称为单体。由一种单体聚合而成的聚合物，称为均聚物。例如，聚乙烯的单体为 $CH_2{=\!=}CH_2$，聚苯乙烯的单体是苯乙烯，聚四氟乙烯的单体是四氟乙烯。它们都是均聚物。

为改善高聚物的使用性能或成型性能，往往采取几种单体进行共聚合的合成方法，使合成产物兼具几种均聚物的优点。由两种或两种以上单体共同参加的聚合反应所形成的高聚物，称为共聚物，所含不同的结构单元之间形成共价键。根据共聚合的单体种类，共聚物分为二元共聚物、三元共聚物和多元共聚物。由两种单体单元生成的二元共聚物，按其单体单元在共聚物分子链中的排列方式不同，可分为无规共聚物、交替共聚物、嵌段共聚物和接枝共聚物等基本类型，如图 1-73 所示。

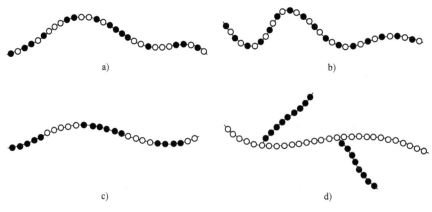

图 1-73　二元共聚物的基本类型（●和○分别代表两种单体单元）
a）无规共聚物　b）交替共聚物　c）嵌段共聚物　d）接枝共聚物

由于不同单体单元的存在改变了结构单元之间的相互作用，也改变了高分子链之间的相互作用，共聚物的性能与每种单体的均聚物有较大差异。

例如，根据组分配比和共聚反应条件的不同，丁二烯与苯乙烯共聚反应可得丁苯橡胶 SBR（无规共聚物）、热塑性弹性体 SBS（苯乙烯-丁二烯-苯乙烯嵌段共聚物）和橡胶增韧聚苯乙烯树脂 HIPS（接枝共聚物）。聚丁二烯 PB 在常温下是一种橡胶，聚苯乙烯 PS 是一种热塑性树脂，二者不能混溶，形成的嵌段共聚物或接枝共聚物是两相体系。有趣的是，丁苯橡胶 SBR 和热塑性弹性体 SBS 的组成都是以丁二烯为主。丁苯橡胶 SBR 具有良好的综合性能，使用范围仅次于天然橡胶。SBS 弹性体兼具橡胶和塑料的特性，是因为常温下 PB 相形成连续的橡胶相，PS 相作为起物理交联作用的"硬"段赋予了 SBS 弹性体良好的力学性能，并可通过注塑或挤塑加工成型。需要说明的是，SBS 链的两头是以"硬"段 PS 封端的，如图 1-74 所示。若是以"软"段 PB 封端，此时称 BSB，则难以约束"软"段的塑性流动，在外力作用下很快断裂，无法形成热塑性弹性体。HIPS 树脂称为高抗冲聚苯乙烯，合成时在 PS 中加入质量分数为 $6\%\sim 8\%$ 的 PB，可获得连续的聚苯乙烯相 PS 和分散的橡胶相 PB 构成的两相体系，PB 相可有效吸收冲击能量，提高 HIPS 的韧性和冲击强度。

又如，热塑性树脂 ABS 是丙烯腈、丁二烯和苯乙烯的三元接枝共聚物，兼有三种组分的特性。其中丙烯腈组分使共聚物耐化学腐蚀性良好、抗拉强度和硬度较高；丁二烯组分使共聚物具有很高的韧性和低温回弹性；苯乙烯组分使共聚物的熔融流动性好，有利于成型加工及保证成品的表面光洁。这三种组分的配比不同或每种组分的分子结构不同，ABS 树脂的性能会随之变化。因此，ABS 树脂可用于制作综合性能优良、用途广泛的热塑性塑料，并且是目前 3D 打印常用的原料。

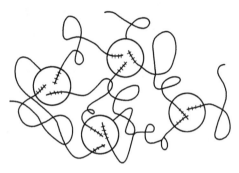

++++ 聚苯乙烯相　　—— 聚丁二烯相

图 1-74　热塑性弹性体 SBS 结构示意图

嵌段共聚物的自组装是目前研究的热点之一。嵌段共聚物结构高度规整，相同嵌段之间相互作用，不同嵌段之间以共价键结合但热力学不相容。通过调节共聚物组成和嵌段性质、与其他添加剂共混或施加一定的外场条件（如外加力场、电磁场、溶剂等），嵌段共聚物可自发形成形态多样的有序的微相分离结构，在制备结构稳定可控的功能纳米材料方面有着广阔的应用前景。

二、高分子链的远程结构

高分子链的远程结构属于物理结构，是指单个高分子链的形态和尺寸，包括高分子链在各种环境中所采取的构象、尺寸和高分子链的柔顺性。

C—C、C—O、C—N 等单键（σ 键）的电子云分布是轴对称的，以此单键结合的两个原子可以绕轴相对旋转而不影响其电子云的分布，称为内旋转。例如，当碳链上不带有任何其他原子或基团时，C—C 键的内旋转应该是完全自由的，同时保持键角 $109°28'$ 不变。如图 1-75 所示，如果将高分子链中第一个 C—C 键（σ_1 键）固定在 Z 轴上，则第二个 C—C 键（σ_2 键）只要保持键角不变，就有很多位置可供选择。也就是说，由 σ_1 键的内旋转

（相当于自转）带动 σ_2 键跟着旋转（相当于公转），σ_2 键的轨迹形成一个圆锥体的侧面，则第三个 C 原子 C_3 可以出现在圆锥体的底面圆周的任何位置。如果将 σ_1 键和 σ_2 键的位置固定，由 σ_2 键的内旋转（相当于自转）带动 σ_3 键绕着 σ_2 键旋转（相当于公转），σ_3 键的旋转轨迹形成以 C_3 为顶点的圆锥体的侧面，第四个 C 原子 C_4 可以出现在该圆锥体底面圆周的任何一个位置。事实上，σ_1 键和 σ_2 键同时内旋转，σ_2 键和 σ_3 键同时公转，所以 C_4 活动的余地就更大了。

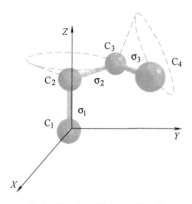

图 1-75　高分子链中 C—C
单键的内旋转示意图

　　一个高分子链中有很多单键，每个单键都能进行内旋转，很容易想象，高分子链在空间的形态可以有穷多个。高分子链由于单键内旋转而形成的空间形态称为高分子链的构象。分子热运动使其构象每时每刻不断地发生变化，因此，高分子链的构象是统计性的，呈伸直构象（图 1-76a）的概率是极小的，呈蜷曲构象（图 1-76b）的概率极大。内旋转越自由，蜷曲的概率越大。这种无规则的蜷曲的高分子链的构象称为无规线团。

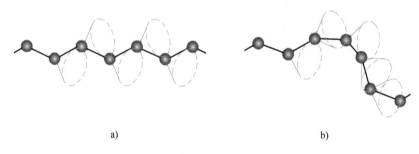

a)　　　　　　　　　　　　　　　b)

图 1-76　高分子链的构象示意图
a) 伸直构象　b) 蜷曲构象

　　实际上，C—C 单键的内旋转不可能完全自由。因为 C 键总要带有其他的原子或基团，当这些原子或基团相互接近时，原子的价电子云之间会产生排斥力，使之不能接近。这样单键的内旋转受到阻碍，需要消耗一定的能量，以克服内旋转所受到的阻力，因此内旋转总是不完全自由的。

　　在单键的内旋转受阻时，高分子链中能够自由旋转的单元长度称作链段。当高分子链中某一个链节的单键发生内旋转时，与这两个原子相连的原子或基团在空间的位置发生变化，会影响到距它较近的链节，使它们随之一起运动，而这些受到相互影响的链节的集合体就是链段，也是能独立运动的最小单元。其组成随机，可以由几个、几十或者上百个链节组成，分子量大小不等。链段运动使高分子链具有数目庞大的构象，从而产生柔顺性。

　　高分子链通过单键内旋转进而通过链段运动改变其构象的性质，称为柔顺性或柔性。它分为静态柔顺性和动态柔顺性。静态柔顺性是指高分子链处于热力学平衡状态时的蜷曲程度，动态柔顺性是高分子链从一种平衡态构象转变成另一种平衡态构象的难易程度。构象转变不涉及化学键的破坏，在外力、温度或介质（溶剂）作用下很容易发生。构象转变越容易，转变速率越快，则高分子链的动态柔顺性越好。链段长度可表征高分子链的柔顺性。链段短（链段中的链节数少），则柔顺性较好；链段长（链段中的链节数多），则柔顺性较差。

受高分子链结构制约的内旋转是产生柔顺性的根本原因，因此主链结构、侧基、分子间作用力类型、支化和交联对高聚物的柔顺性有显著的影响。例如，按内旋转能力 Si—O 单键>C—N 单键>C—O 单键>C—C 单键，单键内旋转越容易，则高分子链的柔顺性越好。芳杂环不能内旋转，主链中含有芳杂环结构的高分子链的柔顺性较差，在高温下也不能发生链段运动。因此聚二甲基硅氧烷（PDMS）的柔顺性非常好，是一种很好的合成橡胶。用作工程塑料的聚苯醚（PPO）主链含芳环，可以耐高温，有 C—O 单键，保证一定的柔顺性，可注塑成型，但加工时仍应避免由残余应力产生的开裂。

三、高分子聚集态结构

高分子聚集态结构属于物理结构，是指很多高分子链之间的排列和堆砌结构，包括晶态结构、非晶态结构和取向态结构等。它取决于高分子链结构和高聚物的成型加工条件。高聚物按高分子聚集态结构分为非晶态高聚物和部分结晶高聚物，高分子聚集态结构模型如图1-77 所示。非晶态高聚物和部分结晶高聚物的非晶体区都存在非晶态结构，非晶态结构是指高分子链的排列是完全无序的，不同的高分子链之间任意贯穿、彼此缠结，呈无规线团状。部分结晶高聚物中非晶体区和晶体区共存并互相穿插，晶体区的高分子链平行排列、紧密堆砌并形成三维有序的晶态结构，分别属于 6 个晶系（不出现立方晶系），结构基元是链节。晶体区在通常情况下是无规取向的，一根分子链可以同时穿过几个晶体区和非晶体区。

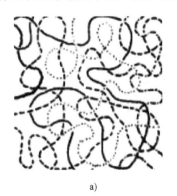
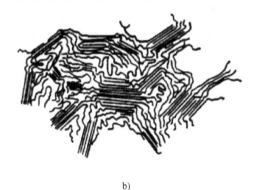

a)　　　　　　　　　　　　　　　　b)

图 1-77　高分子聚集态结构模型
a）非晶态高聚物　b）部分结晶高聚物

在高聚物晶体区中既存在与金属晶体类似的缺陷——空位、间隙原子或原子团和各种位错，也存在因高聚物的结构特点而产生的缺陷，例如端基、游离的原子或原子团，两个相邻晶体区之间松散的非晶体区可看成是内界面缺陷。

为了衡量晶体区在高聚物中的含量，人们提出结晶度的概念，通常以晶体区所占质量百分数或体积百分数来表示。部分结晶高聚物的结晶度最大能达到 95%（如聚乙烯），但通常在 40%~75% 之间，因此，部分结晶高聚物难以形成 100% 晶体，总是存在非晶体区。

结晶度对高聚物的力学性能和成型加工性能有重大影响。通常情况下，非晶态高聚物是透明的，而部分结晶高聚物呈乳白色、不透明。与非晶态高聚物相比，部分结晶高聚物具有固定的熔点，良好的耐热性、耐溶剂性和耐化学腐蚀性，密度、硬度和强度较高，弹性、塑性和韧性较差。

部分结晶高聚物有聚甲醛（POM）、聚四氟乙烯（PTFE）、聚偏氟乙烯（PVDF）、聚苯硫醚（PPS）、热塑性聚酯（如 PET、PBT）、聚酰胺（PA）、聚酰亚胺（PI）、聚醚醚酮（PEEK）等；非晶态高聚物有聚氯乙烯（PVC）、聚碳酸酯（PC）、聚苯醚（PPO）、聚醚酰亚胺（PEI）、丙烯腈-丁二烯-苯乙烯共聚物（ABS）、聚砜（PSF）等。它们都是工程塑料的主要原料。

四、高聚物的三种力学状态

如果取一个线型非晶态高聚物试样，在连续的温度变化过程始终对它施加一恒定的外力，观察试样发生的形变与温度的关系，会得到图 1-78 所示的曲线，称为形变-温度曲线。当温度较低时，试样在外力作用下只发生很小的形变，且形变量与外力大小呈正比，即符合胡克定律。当外力去除后形变可立即消除，这种形变称为普弹形变，此时试样处于玻璃态。温度升高到一定范围时，试样的形变显著增加，并在随后的温度区间达到一相对稳定的形变，去除外力后试样会逐渐恢复原状。试样在这种状态下柔软而富有弹性，即处于高弹态。温度继续升高，形变量逐渐增加，去除外力后试样不会恢复原状，试样完全变成黏性的流体，处于黏流态。

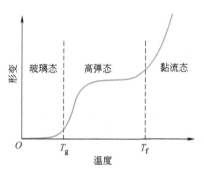

图 1-78　非晶态高聚物的形变-温度曲线

根据试样的形变随温度变化的特征，可以把非晶态高聚物按不同的温度区间划分为三种力学状态——玻璃态（$T<T_g$）、高弹态（$T_g<T<T_f$）和黏流态（$T>T_f$）。玻璃态与高弹态之间的转变温度称为玻璃化温度，用 T_g 表示；高弹态与黏流态之间的转变温度称为黏流温度，用 T_f 表示。严格地说，T_g 和 T_f 都是一个温度范围。

非晶态高聚物随温度变化出现三种力学状态，是高分子链处于不同运动状态的宏观表现。处于玻璃态时，由于温度较低（大多数非晶态高聚物在 200K 以下都处于玻璃态），分子运动的能量很低，不足以激发链段的运动，或者说链段处于被冻结的状态，只有侧基、支链和小链节等的运动，因此，高分子链不能实现从一种构象到另一种构象的转变。随着温度升高，分子运动的能量逐渐增加，高分子链通过主链中单键的内旋转和链段运动不断地改变构象，体现了高分子链的柔顺性，但整个高分子链的运动仍不可能。例如，试样受到拉伸力时，高分子链可以从蜷曲状态变成伸展状态，宏观上表现为只需很小的外力就可以产生很大的拉伸形变，一旦外力去除，高分子链又通过单键的内旋转和链段运动回复到原来的蜷曲状态，宏观上表现为弹性回缩。温度继续升高时，链段和整个高分子链都能运动，在外力作用下，各个高分子链之间的相对滑动（实际上是各个链段分段运动的结果）宏观表现为黏性流动，是不可逆的形变，外力去除后不能消除。

支化的非晶态高聚物有着类似的力学状态，但交联的非晶态聚合物由于高分子链之间有化学键结合，不能发生相对滑动，因此不出现黏流态。交联度小的有玻璃态和高弹态，交联度大的链段运动困难，始终处于玻璃态。

部分结晶高聚物材料弹性模量较高，宏观上看不出明显的玻璃化转变，在其晶体区熔点

T_m 以下温度处于玻璃态。当加热至熔点 T_m 以上时，若高聚物的相对分子质量较小，$T_f < T_m$，则直接转变为黏流态；若高聚物的相对分子质量很大，$T_f > T_m$，则该高聚物在晶体区融化后呈现高弹态；温度继续升高到 T_f 以上后处于黏流态。

在室温下处于黏流态的高聚物称为流动性树脂，有的可做黏合剂；室温下处于高弹态的高聚物称为橡胶，耐寒且耐热的橡胶的玻璃化温度 T_g 较低，黏流温度 T_f 较高，使得橡胶能在较宽的温度范围使用；室温下处于玻璃态的高聚物称为固体树脂，可作为制备塑料和合成纤维的原料。一般来说，晶体区熔点 T_m 和玻璃化温度 T_g 分别是部分结晶塑料和非晶态塑料使用的上限温度；黏流温度 T_f 是塑料成型加工的重要参数，如果固体树脂受热时不能完全处于黏流态，就无法进行成型加工。

总而言之，高聚物的微观结构分为高分子链结构和高分子聚集态结构，具有如下特点：

1）高聚物是由很大数目（$10^3 \sim 10^5$）的结构单元组成的。每一结构单元相当于一个小分子，这些结构单元可以是一种（形成均聚物），也可以是几种（形成共聚物）；它们以共价键相结合，形成线型高分子链、支化高分子链或网状高分子链。

2）高分子链结构呈现不均一性。即使是相同条件下的聚合反应产物，各个分子链的分子量、单体单元的键合顺序、空间构型的规整性、支化度、交联度，以及共聚物的组成和序列结构都存在或多或少的差异。

3）一般高分子链的主链都有一定的内旋转自由度，可以使主链蜷曲从而具有柔顺性，并且由于分子的热运动，高分子链的构象是瞬息万变的。

4）高分子聚集态结构主要取决于高分子链结构和形成条件，直接决定了高聚物的成型加工性能和使用性能。其中，晶态结构具有两个特点：一是晶体结构不完整，即晶体内含有比小分子晶体更多的晶体缺陷；二是晶体结晶程度不完全，即总有一部分结晶而另一部分不结晶，因此存在结晶度的概念。

要将合成树脂制造成工程塑料，往往还要添加填充剂、稳定剂、增塑剂、润滑剂和着色剂等助剂，才能获得性能良好的工程塑料。工程塑料通常是热塑性塑料，密度很小、比强度高，电绝缘性能和化学稳定性优异、减振消声性能好，成型加工成本低；但耐热性较差，一般用于150℃以下，少数可在200℃以下使用；热膨胀系数是金属的 $3 \sim 10$ 倍，影响尺寸稳定性；会在光、热、高能辐照、氧、水、化学介质或微生物的作用下发生降解或交联，导致老化；载荷作用下会缓慢产生黏性流动或变形，即蠕变现象。

基本概念

原子的电子构型；元素的电负性；价电子；金属键；离子键；共价键；范德华力；氢键；晶体；晶体结构；晶粒；晶胞；晶格/空间点阵；晶格常数/点阵常数；晶向指数；晶面指数；晶向族；晶面族；晶面间距；晶面夹角；晶带；晶带轴；共带面；晶带定律；单晶体的各向异性；晶体的多晶型性；配位数；致密度；八面体间隙；四面体间隙；晶体缺陷；晶格畸变；空位；间隙原子；置换原子；刃型位错；螺型位错；位错密度；堆垛层错；晶界；相界；合金中的相；固溶体；置换固溶体；电子浓度；有限固溶体；无限固溶体；无序固溶体；有序固溶体；金属化合物/中间相；正常价化合物；电子化合物；间隙固溶体；间隙相；间隙化合物；离子配位数；高分子链结构；高分子聚集态结构

习　题

1-1　金属钨是熔点最高的纯金属，钛是比强度（强度与密度之比）最高的纯金属，它们都是过渡族金属。试解释过渡族金属高熔点、高硬度、高强度的原因。

1-2　密排六方结构是 14 种空间点阵之一吗？为什么？

1-3　证明理想密排六方结构中的轴比 $c/a = 1.633$。

1-4　作图表示出立方晶系（123）、（$0\,1\,\bar{2}$）、（421）等晶面和 [$\bar{1}02$]、[$\bar{2}11$]、[346] 等晶向。

1-5　立方晶系的 {111} 晶面构成一个八面体，试作图画出该八面体，并注明各晶面的晶面指数。

1-6　写出立方晶系<112>晶向族的所有晶向指数，并作图示出 [$11\bar{2}$]、[$1\bar{2}1$] 和 [$\bar{2}11$] 晶向。

1-7　某晶体的原子位于四方晶格的结点上，其晶格常数 $a=b\neq c$，$c=\dfrac{2}{3}a$。今有一晶面在 X、Y、Z 坐标轴上的截距分别为 5 个原子间距、2 个原子间距和 3 个原子间距，求该晶面的晶面指数。

1-8　已知体心立方晶格的晶格常数为 a，试求出（100）、（110）、（111）晶面的面间距大小，并指出面间距最大的晶面。

1-9　已知面心立方晶格的晶格常数为 a，试求出（100）、（110）、（111）晶面的晶面间距，并指出面间距最大的晶面。

1-10　试从面心立方晶格中绘出体心四方晶胞，并求出它的晶格常数。

1-11　体心立方晶体的（$\bar{1}10$）、（002）、（$1\bar{1}2$）和（$\bar{1}12$）晶面是属于同一晶带吗？如果是，请求出晶带轴。

1-12　设原子半径为 R，试证明面心立方结构的八面体间隙半径 $r=0.414R$，四面体间隙半径 $r=0.225R$；体心立方结构的八面体间隙半径：<100>晶向的 $r=0.155R$，<110>晶向的 $r=0.633R$；四面体间隙半径 $r=0.291R$。

1-13　a）设有一刚球模型，球的直径不变，当由面心立方晶格转变为体心立方晶格时，试计算其体积膨胀率。b）经 X 射线测定，在 912℃时 γ-Fe 的晶格常数为 0.3633nm，α-Fe 的晶格常数为 0.2892nm，当由 γ-Fe 转变为 α-Fe 时，试求其体积膨胀率，并与 a）相比较，说明其差别的原因。

1-14　已知铁和铜在室温下的晶格常数分别为 0.286nm 和 0.3607nm，求 1cm³ 中铁和铜的原子数。

1-15　一个位错环能否各部分都是螺型位错或各部分都是刃型位错，试说明之。

1-16　在一个简单立方的二维晶体中，画出一个正刃型位错和一个负刃型位错，并完成以下问题：

1）用柏氏回路求出正负刃型位错的柏氏矢量。

2）若将正负刃型位错反向，其柏氏矢量是否也随之改变？

3）具体写出该柏氏矢量的方向和大小。

1-17　试计算体心立方晶格 {100}、{110}、{111} 等晶面的原子密度和<100>、<110>、<111>等晶向的原子密度，并指出其最密晶面和最密晶向。（提示：晶面的原子密度为单位面积上的原子数，晶向的原子密度为单位长度上的原子数。）

1-18　当晶体为面心立方晶格时，重复回答题 1-17 所提出的问题。

1-19　有一正方形位错线，其柏氏矢量及位错线的方向如图 1-79 所示。试指出图中各段位错线的性质，并指出刃型位错额外串排原子面所处的位置。

1-20　Cu-Zn 合金形成固溶体时最多能溶入 38%Zn（摩尔分数），那么 Cu-Sn 合金形成固溶体时最多能溶入多少 Sn？Sn 溶入 Cu-10%Zn（摩尔分数）合金中形成固溶体的最大固溶度是多少？

1-21　MgO 晶体的熔点高达 2800℃，Mg^{2+} 的半径为 0.072nm，O^{2-} 的半径为 0.140nm，试求 MgO 晶体的致密度和密度。

1-22　说明工程塑料的线胀系数远大于金属材料和工程陶瓷的原因。

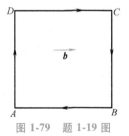

图 1-79　题 1-19 图

第二章
纯金属的结晶

如何得到晶体材料呢？物质可由气相转变为固相，由液相转变为固相，以及由固相转变为固相，晶体就是在一定条件下通过物相转变形成的。例如，在自然界，地表下的岩石在高温高压环境中经历漫长时间结晶成各种宝石，海水晒干留下氯化钠晶体，雪花是由水蒸气冷却形成的晶体，火山口附近常常由火山喷气直接生成硫晶体。又如，在晶体材料的制备过程中，通过多晶型转变、固溶体分解，以及非晶态固体结晶都可获得晶体；在溶液中通过化学反应可生成难溶的晶体，溶质在溶液中过饱和时可析出晶体；熔融的液体凝固后可得到晶体；气相沉积后可得到晶体。下面以金属材料为例，说明熔融的金属液体（金属熔体）凝固得到晶体的条件和基本规律。

温度降低时熔体转变为固体的过程称为凝固，由于金属熔体凝固后得到的金属固体通常是晶体，所以将金属熔体的凝固称为结晶。大部分的金属材料是通过熔炼后铸造得到铸锭、连铸坯或铸件的，都经历结晶过程；进行熔焊时，焊缝金属也发生结晶过程。金属材料结晶后形成的各种固相的形态、大小、数量和分布，将直接影响材料的工艺性能和使用性能。对于铸件和焊接件来说，结晶过程基本上决定了它的使用性能和使用寿命；对于尚需进一步加工的铸锭或连铸坯来说，结晶过程既直接影响其轧制和锻压工艺性能，也不同程度地影响其制成品的使用性能。因此，研究和控制金属材料的结晶过程，是提高其力学性能和工艺性能的一个重要手段。

新中国第一
块粗铜锭

此外，结晶时液相向固相的转变是一个相变过程，掌握结晶过程的基本规律将为研究其他相变奠定基础。纯金属和合金的结晶，两者既有联系又有区别，显然，合金的结晶要复杂些。为了便于研究问题，首先介绍纯金属的结晶。

第一节　纯金属结晶的现象

结晶过程是一个十分复杂的过程，尤其是金属不透明，它的结晶过程不能直接观察，这给研究带来了困难。为了揭示金属结晶的基本规律，这里先从结晶的宏观现象入手，进而再去研究结晶过程的微观本质。

一、金属结晶的宏观现象

利用图 2-1 所示的试验装置，先将金属放入坩埚中加热熔化成液态，即金属熔体，然后插入热电偶以测量温度，让金属熔体缓慢而均匀地冷却，并用 X-Y 记录仪将冷却过程中的

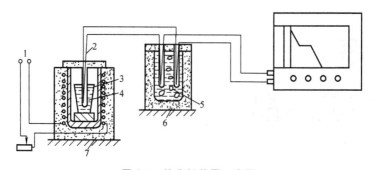

图 2-1　热分析装置示意图

1—电源　2—热电偶　3—坩埚　4—金属　5—冰水（0℃）　6—恒温器　7—电炉

温度与时间记录下来，便获得了图 2-2 所示的冷却曲线。这一试验方法称为热分析法，冷却曲线又称热分析曲线。从热分析曲线可以看出结晶过程的两个十分重要的宏观特征。

（一）过冷现象

从图 2-2 可以看出，金属熔体在结晶之前，温度连续下降，当金属熔体冷却到理论结晶温度 T_m（熔点）时，并未开始结晶，而是需要继续冷却到 T_m 之下某一温度 T_n，金属熔体才开始结晶。金属的理论结晶温度 T_m 与实际结晶温度 T_n 之差，称为过冷度，以 ΔT 表示，$\Delta T = T_m - T_n$。过冷度越大，则实际结晶温度越低。

过冷度随金属的本性和纯度的不同，以及冷却速度的差异可以在很大的范围内变化。金属不同，过冷度的大小也不同；金属的纯度越高，则过冷度越大。当以上两因素确定之后，过冷度的大小主要取决于冷却速度，冷却速度

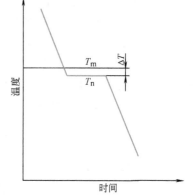

图 2-2　纯金属结晶时的冷却曲线示意图

越大，则过冷度越大，即实际结晶温度越低。反之，冷却速度越慢，则过冷度越小，实际结晶温度越接近理论结晶温度。但是，无论冷却速度多么缓慢，也不可能在理论结晶温度进行结晶，即对于一定的金属来说，过冷度有一最小值，若过冷度小于这个值，结晶过程就不能进行。

（二）结晶潜热

1mol 物质从一个相转变为另一个相时，伴随着放出或吸收的热量称为相变潜热。金属熔化时从固相转变为液相要吸收热量，而结晶时从液相转变为固相则放出热量，前者称为熔化潜热，后者称为结晶潜热，它可从图 2-2 冷却曲线上反映出来。当金属熔体的温度降至实际结晶温度 T_n 时，由于结晶潜热的释放，补偿了散失到周围环境的热量，所以在冷却曲线上出现了平台，平台延续的时间就是结晶过程所用的时间，结晶过程结束，结晶潜热释放完毕，冷却曲线便又继续下降。冷却曲线上的第一个转折点，对应着结晶过程的开始，第二个转折点则对应着结晶过程的结束。

在结晶过程中，如果释放的结晶潜热大于向周围环境散失的热量，温度将会回升，甚至发生已经结晶的局部区域的重熔现象。因此，结晶潜热的释放和散失，是影响结晶过程的一个重要因素，应当予以重视。

二、金属结晶的微观过程

结晶过程是怎样进行的？它的微观过程怎样？为了搞清这一问题，20 世纪 20 年代，人们首先研究了透明的易于观察的有机物的结晶过程。后来发现，无论是非金属还是金属，在结晶时均遵循着相同的规律，即结晶过程是形核与长大的过程。结晶时首先在液体中形成具有某一临界尺寸的晶核，然后这些晶核不断凝聚液体中的原子而继续长大。形核过程与长大过程既紧密联系又相互区别。图 2-3 示意性地表示了金属熔体的结晶过程，图 2-4 为氯化铵形核和长大过程的照片。当金属熔体过冷至理论结晶温度以下的实际结晶温度时，晶核并未立即出生，而是经一定时间后才开始出现第一批晶核。结晶开始前的这段停留时间称为孕

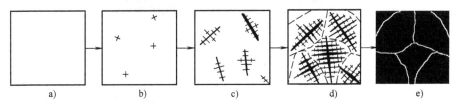

图 2-3　金属熔体的结晶过程示意图

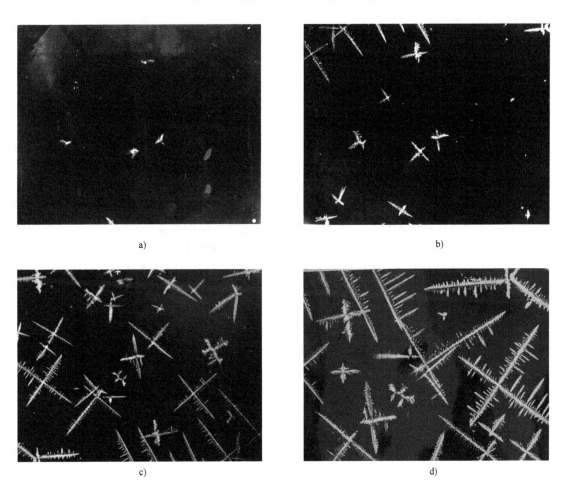

a)

b)

c)

d)

图 2-4　氯化铵的形核与长大过程

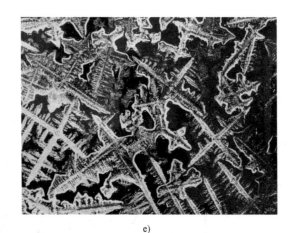

e)

图 2-4 氯化铵的形核与长大过程（续）

育期。随着时间的推移，已形成的晶核不断长大，与此同时，金属熔体中又产生第二批晶核。依次类推，原有的晶核不断长大，同时又不断产生新的第三批、第四批晶核……就这样金属熔体中不断形核，不断长大，使金属熔体越来越少，直到各个晶体相互接触，金属熔体耗尽，结晶过程便告结束。由一个晶核长成的晶体，就是一个晶粒。由于各个晶核是随机形成的，其位向各不相同，所以各晶粒的位向也不相同，这样就形成一块多晶体金属。如果在结晶过程中只有一个晶核形成并长大，那么就形成一块单晶体金属。

因此，对于一个晶粒来说，结晶过程严格地分为形核和长大两个阶段，但对于金属熔体而言，结晶过程是通过形核与长大两个过程同时交错地进行的。

第二节　金属结晶的热力学条件

为什么金属熔体在理论结晶温度不能结晶，而必须在一定的过冷条件下才能进行呢？这是由热力学条件决定的。热力学第二定律指出：在等温等压条件下，物质系统总是自发地从自由能较高的状态向自由能较低的状态转变。这就说明，对于结晶过程而言，结晶能否发生，取决于固相的自由能是否低于液相的自由能。如果液相的自由能高于固相的自由能，那么液相将自发地转变为固相，即金属发生结晶，从而使系统的自由能降低，处于更为稳定的状态。金属液相和固相的自由能之差，就是促使这种转变的驱动力。

热力学指出，金属的状态不同，则其自由能也不同。状态的吉布斯自由能定义为：

$$G = H - TS \tag{2-1}$$

式中，H 为焓；S 为熵；T 为热力学温度。而且

$$G = U + pV - TS \tag{2-2}$$

式中，U 为内能；p 为压力；V 为体积。G 的全微分为：

$$dG = dU + pdV + Vdp - TdS - SdT \tag{2-3}$$

根据热力学第一定律

$$dU = TdS - pdV \tag{2-4}$$

将式（2-4）代入式（2-3）得到：

$$dG = Vdp - SdT \tag{2-5}$$

由于结晶一般在等压条件下进行，即 $\mathrm{d}p=0$，所以式（2-5）可以写为：

$$\mathrm{d}G=-S\mathrm{d}T$$

或

$$\frac{\mathrm{d}G}{\mathrm{d}T}=-S \tag{2-6}$$

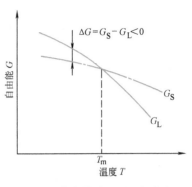

图 2-5　纯金属液、固两相自由能随温度变化示意图

　　熵的物理意义是表征系统中原子排列混乱程度的参数。温度升高，原子的活动能力提高，因而原子排列的混乱程度增加，即熵值增加，系统的自由能也就随着温度的升高而降低。图 2-5 所示为纯金属液、固两相自由能随温度变化的示意图，由图可见，液相和固相的自由能都随着温度的升高而降低。由于液相原子排列的混乱程度比固相的大，即 $S_L>S_S$，也就是液相自由能曲线的斜率比固相的大，所以液相自由能降低得更快些。既然两条曲线的斜率不同，因而两条曲线必然在某一温度相交，此时的液、固两相自由能相等，即 $G_L=G_S$，它表示两相可以同时共存，具有同样的稳定性，既不熔化，也不结晶，处于热力学平衡状态，这一温度就是理论结晶温度 T_m。从图 2-5 还可以看出，只有当温度低于 T_m 时，固相的自由能才低于液相的自由能，液相可以自发地转变为固相；如果温度高于 T_m，液相的自由能低于固相的自由能，固相将熔化成液相。由此可见，金属熔体要结晶，实际结晶温度必须低于理论结晶温度 T_m，此时，固相的自由能低于液相的自由能，两相自由能之差构成了金属结晶的驱动力。

　　现在分析当液相向固相转变时，单位体积自由能的变化 ΔG_V 与过冷度 ΔT 的关系。

　　由于 $\Delta G_V=G_S-G_L$，由式（2-1）可知：

$$\Delta G_V=H_S-TS_S-(H_L-TS_L)=H_S-H_L-T(S_S-S_L)=-(H_L-H_S)-T\Delta S$$

式中，$H_L-H_S=\Delta H_f$ 为熔化潜热，且 $\Delta H_f>0$。因此

$$\Delta G_V=-\Delta H_f-T\Delta S \tag{2-7}$$

当结晶温度 $T=T_m$ 时，$\Delta G_V=0$，即 $\Delta H_f=-T_m\Delta S$。此时

$$\Delta S=-\frac{\Delta H_f}{T_m} \tag{2-8}$$

当结晶温度 $T<T_m$ 时，由于 ΔS 的变化很小，可视为常数。将式（2-8）代入式（2-7），得到

$$\Delta G_V=-\Delta H_f+T\frac{\Delta H_f}{T_m}=-\Delta H_f\left(\frac{T_m-T}{T_m}\right)=-\Delta H_f\frac{\Delta T}{T_m} \tag{2-9}$$

　　可见，要获得结晶过程所必需的驱动力，一定要使实际结晶温度低于理论结晶温度，这样才能满足结晶的热力学条件。过冷度越大，固、液两相自由能的差值越大，即相变驱动力越大，结晶速度便越快。这就是金属结晶时必须过冷的根本原因。

第三节　金属结晶的结构条件

　　金属结晶是晶核形成和长大的过程，晶核是由晶胚生成的。那么，晶胚是什么呢？它是怎样成为晶核的？这些问题都涉及金属熔体的结构条件。因此，了解金属熔体的结构，对于深入理解结晶时的形核和长大过程十分重要。

实验结果表明，金属熔体的结构与金属晶体接近。例如，金属熔化时体积增加不大（3%~5%），说明原子间保持一定的键合。X射线衍射结果显示，金属熔体原子排列较为紧密，微小区域内存在与金属晶体类似的规律性排列的结构，结构中的近邻原子数略少于金属晶体结构中的配位数。

因此可以勾画出熔体结构的示意图，如图2-6所示。在熔体的微小范围内，存在着紧密接触、规则排列的原子集团，称为短程有序，但在大范围内原子是无序分布的。而在晶体中大范围内的原子都是有序排列的，称为长程有序。

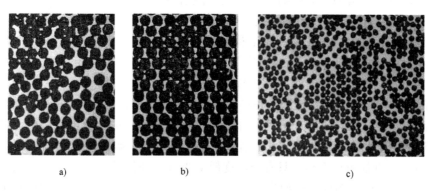

图 2-6　熔体、晶体和熔体中的相起伏示意图
a）熔体　b）晶体　c）熔体中的相起伏

熔体中短程有序的原子集团并不是固定不动、一成不变的，而是不断地变化着。由于原子的热运动及原子间较弱的结合，熔体中的原子很容易改变其位置，使得短程有序的原子集团只能维持瞬间。前一瞬间属于一个短程有序原子集团的原子，下一瞬间可能属于另一个短程有序原子集团。短程有序的原子集团仿佛是熔体中极微小的晶体，处于瞬间出现、瞬间消失、此起彼伏、时聚时散的状态之中。这种不断变化的短程有序原子集团称为结构起伏或相起伏。

熔体中每一瞬间都会出现大量的不同尺寸的相起伏。在一定的温度下，不同尺寸的相起伏出现的概率不同，尺寸大的和尺寸小的相起伏出现的概率都很小，如图2-7所示。熔体温度越低，则尺寸大的相起伏出现的概率越大。根据结晶的热力学条件，只有在过冷熔体中出现的尺寸较大的相起伏（约几百个原子的原子集团）才有可能在结晶时成为晶核，这些相起伏就是晶核的"胚芽"，称为晶胚。

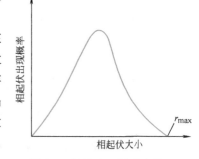

图 2-7　熔体中不同尺寸的相起伏出现的概率

总之，熔体结构的一个重要特点是存在相起伏，只有过冷熔体中尺寸较大的相起伏才能称为晶胚，不是所有的晶胚都可以成为晶核。晶胚要成为晶核，必须满足一定的条件，这就是形核规律首先需要讨论的问题。

第四节　晶核的形成

在过冷熔体中形成固态晶核时，有两种形核方式：一种是均质形核，又称自发形核；另一种是非均质形核，又称非自发形核。若液相中各个区域出现新相晶核的概率都是相同的，这种形核方式即为均质形核；反之，新相优先出现于液相中的某些区域则称为非均质形核。前者是指熔体绝对纯净，无任何杂质，也不和型壁接触，只是依靠熔体的能量变化，由晶胚直接生核的过程。显然这是一种理想情况，在实际熔体中，总是或多或少地含有某些固体杂质，因此晶胚常常依附于这些固体杂质颗粒（包括型壁）上形成晶核，所以实际金属的结晶主要按非均质形核方式进行。为了便于讨论，首先研究均质形核，由此得出的基本规律不但对研究非均质形核有指导作用，而且是研究固态相变的基础。

一、均质形核

（一）形核时的能量变化

在过冷熔体中并不是所有的晶胚都可以转变成为晶核，只有那些尺寸等于或大于某一临界尺寸的晶胚才能稳定地存在，并能自发地长大。这种等于或大于临界尺寸的晶胚即为晶核。为什么过冷熔体形核要求晶核具有一定的临界尺寸，这需要从形核时的能量变化进行分析。

在一定的过冷度条件下，固相的自由能低于液相的自由能，当在此过冷熔体中出现晶胚时，一方面原子从液相转变为固相将使系统的自由能降低，它是结晶的驱动力；另一方面，由于晶胚构成新的表面，固液界面间产生界面能，从而使系统的自由能升高，它是结晶的阻力。若晶胚的体积为 V，表面积为 S，固、液两相单位体积自由能差为 ΔG_V，单位面积界面能为 σ，则系统自由能的总变化为

$$\Delta G = V\Delta G_V + S\sigma \qquad (2\text{-}10)$$

式（2-10）右端的第一项是熔体中出现晶胚时所引起的体积自由能的变化，如果是过冷熔体，则 ΔG_V 为负值，否则为正值。第二项是熔体中出现晶胚时所引起的界面能变化，这一项总是正值。显然，第一项的绝对值越大，越有利于结晶；第二项的绝对值越小，也越有利于结晶。为了计算上的方便，假设过冷熔体中出现一个半径为 r 的球状晶胚，它所引起的自由能变化为

$$\Delta G = \frac{4}{3}\pi r^3 \Delta G_V + 4\pi r^2 \sigma \qquad (2\text{-}11)$$

由式（2-11）可知，体积自由能的变化与晶胚半径的立方成正比，而界面能的变化与半径的平方成正比。总的自由能是体积自由能和界面能的代数和，它与晶胚半径的变化关系如图 2-8 所示，它是由式（2-11）中第一项和第二项两条曲线叠加而成的。由于第一项即体积自由能随 r 的立方而减小，而第二项即界面能随 r 的平方而增加，所以当 r 增大时，体积自由能的减小比界面能的增加更快。但在开始时，界面能项占优势，当 r 增加到某一临界尺寸后，体积自由能的减小将占优势。于是在 ΔG 与 r 的关系曲线上出现了一个极大值 ΔG^*，与之相对应的 r 值为 r^*。由图可知，当 $r<r^*$ 时，随着晶胚尺寸 r 的增大，系统

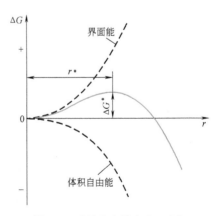

图 2-8　系统自由能变化 ΔG 与晶胚半径 r 的关系曲线

的自由能增加，显然这个过程不能自发进行，这种晶胚不能成为稳定的晶核，而是瞬时形成，又瞬时消失。但当 $r>r^*$ 时，则晶胚尺寸的增大伴随着系统自由能的降低，这一过程可以自发进行，这种晶胚可以自发地长大，不再消失。当 $r=r^*$ 时，这种晶胚既可能消失，也可能长大成为稳定的晶核，因此把半径为 r^* 的晶胚称为临界晶核，r^* 称为临界晶核半径。

对式（2-11）进行求导并令其等于零，就可以求出临界晶核半径 r^*

$$r^* = -\frac{2\sigma}{\Delta G_V} \tag{2-12}$$

由式（2-12）可知，无论是设法增大 ΔG_V 的绝对值，还是减小 σ，均可使临界晶核半径减小。

将式（2-9）代入式（2-12）可得

$$r^* = \frac{2\sigma T_m}{\Delta H_f \Delta T} \tag{2-13}$$

纯金属以均质形核方式结晶时能达到的过冷度 ΔT 大约为 $0.2T_m$（T_m 用热力学温度表示），可根据纯金属的热力学参数，利用式（2-13）计算出临界晶核半径。例如，纯铜均质形核的过冷度 ΔT 为 236K，可计算出球形临界晶核半径 $r^* = 1.25$nm，这个尺寸的晶核包含约 690 个铜原子。式（2-13）表明临界晶核半径 r^* 与过冷度 ΔT 成反比，过冷度 ΔT 越大，则临界晶核半径 r^* 越小，形核越容易。

当 $r=r^*$ 时，ΔG 的极大值为 ΔG^*。现将式（2-12）代入式（2-11），求得

$$\begin{aligned}
\Delta G^* &= \frac{4}{3}\pi\left(-\frac{2\sigma}{\Delta G_V}\right)^3 \Delta G_V + 4\pi\left(-\frac{2\sigma}{\Delta G_V}\right)^2 \sigma \\
&= \frac{1}{3}\times\left[4\pi\left(\frac{2\sigma}{\Delta G_V}\right)^2 \sigma\right] \\
&= \frac{1}{3}\times 4\pi r^{*2}\sigma = \frac{1}{3}S^*\sigma
\end{aligned} \tag{2-14}$$

式中，$S^* = 4\pi r^{*2}$ 为临界晶核的表面积。

由式（2-14）可见，形成临界晶核时系统自由能的变化为正值，且恰好等于临界晶核固液界面能的 1/3。这表明，形成临界晶核时，体积自由能的下降只抵消了界面能的 2/3，还有 1/3 的界面能没有抵消，需要进一步降低能量，以抵消这 1/3 的界面能。因此，将 ΔG^* 称为晶核形成能，也称为形核激活能或形核功。晶核形成能是过冷熔体中形成稳定晶核必须克服的能垒。

如何进一步降低能量以克服晶核形成能呢？降低能量可以通过能量起伏来实现。在过冷熔体中不但存在结构起伏，而且存在能量起伏。在一定温度下，系统有相应的自由能值，这指的是宏观平均能量。实际上系统中各个微观区域的自由能并不相同——在某一瞬时，有的微观区域的能量低些，有的微观区域的能量高些；在不同的瞬时，同一微观区域的能量可低些可高些。也就是说各微观区域的能量处于此起彼伏、变化不定的状态。这种每个微观区域的实际能量暂时偏离系统能量平均值而出现瞬时涨落的现象，称为能量起伏。结构起伏和能量起伏的作用使能量或高或低的原子随机地附着或脱附于尚未稳定的临界晶核。在至少一个高能原子附着于临界晶核上，并释放出数值上略大于 ΔG^* 的能量的瞬时，系统的能量降低使得临界晶核成为稳定的晶核，可以自发地长大，此时结晶开始。

可见，过冷熔体中的结构起伏和能量起伏是形核的基础，任何一个晶核都是这两种起伏共同作用的产物。结构起伏和能量起伏的本质都是过冷熔体中原子的热运动，说明形核完全是由热运动驱动的。这是过冷熔体需要经过孕育期才开始结晶的原因。

晶核形成能的大小也与过冷度有关，将式（2-13）代入式（2-14）中，可得

$$\Delta G^* = \frac{1}{3} 4\pi r^{*2} \sigma = \frac{4}{3}\pi \left(\frac{2\sigma T_m}{\Delta H_f \Delta T}\right)^2 \sigma = \frac{16\pi \sigma^3 T_m^2}{3\Delta H_f^2} \cdot \frac{1}{\Delta T^2} \tag{2-15}$$

表明晶核形成能 ΔG^* 与过冷度 ΔT 的平方成反比。过冷度 ΔT 增加，则晶核形成能 ΔG^* 显著降低，晶核容易形成。

（二）形核率

形核率是指在单位时间单位体积熔体中形成的晶核数目，以 $\dot{N}$ 表示，单位为 $cm^{-3} \cdot s^{-1}$。形核率对于实际生产十分重要，形核率高意味着单位体积内的晶核数目多，结晶结束后可以获得细小晶粒的金属材料。这种金属材料不但强度高，塑性、韧性也好。

形核率受两个方面因素的控制：一方面是随着过冷度的增加，临界晶核半径和晶核形成能都随之减小，结果使晶核易于形成，形核率增加；另一方面，无论是临界晶核的形成，还是临界晶核的长大，都必须伴随着液相原子向晶核的扩散迁移，没有液相原子向晶核的迁移，临界晶核就不可能形成，即使形成了也不可能长大成为稳定晶核。但是增加熔体的过冷度，就势必降低原子的扩散能力，给形核造成困难，使形核率减少。这一对相互矛盾的因素决定了形核率的大小。因此形核率可用下式表示

$$\dot{N} = N_1 N_2 \tag{2-16}$$

式中，N_1 为受晶核形成能影响的形核率因子；N_2 为受原子扩散能力影响的形核率因子；形核率 $\dot{N}$ 则是以上两者的综合。图 2-9 所示为 N_1、N_2 和 $\dot{N}$ 与温度关系的示意图。

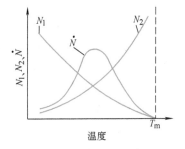

图 2-9　形核率与温度的关系

由于 N_1 主要受晶核形成能的控制，而晶核形成能与过冷度的平方成反比，即过冷度越大，则晶核形成能越小，因而形核率增加，故 N_1 随过冷度的增加，即温度的降低而增大。N_2 主要取决于原子的扩散能力，温度越高（过冷度越小），则原子的扩散能力越大，因而 N_2 越大。在由两者综合而成的形核率 $\dot{N}$ 的曲线上出现了极大值。从该曲线可以看出，开始时形核率随过冷度的增加而增大，当超过极大值之后，形核率又随过冷度的增加而减小。当过冷度非常大时，形核率接近于零。这是因为温度较高、过冷度较小时，原子有足够高的扩散能量，此时的形核率主要受晶核形成能的影响，过冷度增加，晶核形成能减少，晶核易于形成，因而形核率增大；但当过冷度很大（超过极大值）时，原子的扩散能力转而起主导作用，所以尽管随着过冷度的增加，晶核形成能进一步减少，但原子扩散越来越困难，形核率反而明显降低。

与陶瓷熔体和高聚物熔体相比，金属熔体黏度较小，流动性好，其均质形核的形核率与过冷度的关系如图 2-10 所示，说明在达到一定的过冷度之前，金属熔体中基本不形核；当冷却至过冷度约为 $0.2T_m$ 时，形核率显著增加，相应的过冷度 ΔT^* 称为临界过冷度或有效

过冷度。根据理论计算结果，纯铜在临界过冷度下的均质形核率约为 $460\mathrm{cm}^{-3}\cdot\mathrm{s}^{-1}$，大约相当于 $1\mathrm{mm}^3$ 的过冷熔体中每 2s 形成 1 个晶核。由于金属的晶体结构简单，从液相到固相的原子重构比较容易实现，结晶倾向强烈，形核率达到图 2-9 中的极大值之前，结晶过程就已完成了。

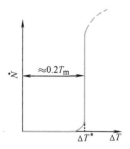

图 2-10 纯金属结晶的形核率与过冷度的关系

如果能使金属熔体急速降温（冷却速度大约为 $10^5 \sim 10^8\mathrm{K/s}$），获得极大过冷度，以至没有形核（即形核率为零）就降温到原子扩散难以进行的温度，得到的金属固体则保留了熔体的无序结构，即原子短程有序排列，长程无序分布。这种非晶态金属通常都是合金，称为非晶合金，又称为金属玻璃。独特的原子排列结构使非晶合金具有优异的性能，如高硬度、高抗压强度、高弹性极限和优良的耐蚀性，从而成为电子、电力等领域的高性能新材料。

二、非均质形核

理论和试验均已证明，均质形核需要很大的过冷度。例如，纯铝结晶时的过冷度为 130℃，而纯铁的过冷度则高达 295℃。如果相变只能通过均质形核实现，那么人们周围的物质世界就要改变样子。例如，雨云中只有少数蒸汽压较高的才能凝为雨滴，降雨量将大大减少，而且无法实现人工降雨。又如，铸锭需在很大的过冷度下凝固，会造成成分偏析严重，热应力大，在冷却过程中甚至可能开裂。事实上，在空气中悬浮着大量的尘埃，能有效地促进雨云中雨滴的形成。在熔体中通常存在一些微小的固体杂质颗粒，并且熔体还与铸型内壁（型壁）接触，于是晶核可优先依附于这些现成的固体表面上形成，这种形核方式就是非均质形核，或称为非自发形核，它将使形核的过冷度大大降低，一般不超过 20℃。

（一）临界晶核半径和晶核形成能

均质形核的阻力是晶胚与液相之间的界面能，对于非均质形核，当晶胚依附于过冷熔体中存在的固体颗粒表面上形核时，就有可能使总的界面能减小，从而使形核可在较小的过冷度下进行。在固体颗粒表面上形成的晶胚可能有各种形状，为便于计算，设晶胚为球缺形，球半径为 r_{het}，如图 2-11 所示。θ 表示晶胚与固体颗粒基底的接触角（或称润湿角），$\sigma_{\alpha\mathrm{L}}$ 表示晶胚与液相之间的界面能，$\sigma_{\alpha\mathrm{B}}$ 表示晶胚与基底之间的界面能，σ_{LB} 表示液相与基底之间的界面能。界面能在数值上可以用表面张力的数值表示。当晶胚稳定存在时，三种表面张力在交点处达到平衡，即

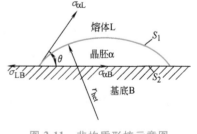

图 2-11 非均质形核示意图

$$\sigma_{\mathrm{LB}} = \sigma_{\alpha\mathrm{B}} + \sigma_{\alpha\mathrm{L}}\cos\theta \qquad (2\text{-}17)$$

根据初等几何，可以求出晶胚与熔体的接触面积 S_1、晶胚与基底的接触面积 S_2 和晶胚的体积 V，即

$$S_1 = 2\pi r_{\mathrm{het}}^2(1-\cos\theta)$$

$$S_2 = \pi r_{\mathrm{het}}^2 \sin^2\theta$$

$$V = \frac{1}{3}\pi r_{het}^3 (2 - 3\cos\theta + \cos^3\theta)$$

在基底 B 上形成晶胚时总的自由能变化 ΔG_{het} 应为

$$\Delta G_{het} = V\Delta G_V + \Delta G_S \tag{2-18}$$

总的界面能 ΔG_S 由三部分组成：一是晶胚球冠面上的界面能 $\sigma_{\alpha L}S_1$；二是晶胚底面上的界面能 $\sigma_{\alpha B}S_2$；三是已经消失的原来基底表面上的界面能 $\sigma_{LB}S_2$。于是

$$\Delta G_S = \sigma_{\alpha L}S_1 + \sigma_{\alpha B}S_2 - \sigma_{LB}S_2 = \sigma_{\alpha L}S_1 + (\sigma_{\alpha B} - \sigma_{LB})S_2 \tag{2-19}$$

将各有关项代入式（2-18），可得

$$\Delta G_{het} = \frac{1}{3}\pi r_{het}^3 (2 - 3\cos\theta + \cos^3\theta)\Delta G_V + 2\pi r_{het}^2 (1 - \cos\theta)\sigma_{\alpha L} + \pi r_{het}^2 \sin^2\theta(\sigma_{\alpha B} - \sigma_{LB})$$

将式（2-17）和公式 $\sin^2\theta = 1 - \cos^2\theta$ 代入上式，并整理后，即得

$$\Delta G_{het} = \left(\frac{4}{3}\pi r_{het}^3 \Delta G_V + 4\pi r_{het}^2 \sigma_{\alpha L}\right)\left(\frac{2 - 3\cos\theta + \cos^3\theta}{4}\right) \tag{2-20}$$

按照均质形核求临界晶核半径和晶核形成能的方法，即可求出非均质形核的临界晶核半径 r_{het}^* 和晶核形成能 ΔG_{het}^*。

$$r_{het}^* = -\frac{2\sigma_{\alpha L}}{\Delta G_V} = \frac{2\sigma_{\alpha L}T_m}{\Delta H_f \Delta T} \tag{2-21}$$

$$\Delta G_{het}^* = \frac{1}{3}(4\pi r_{het}^{*2})\sigma_{\alpha L}\left(\frac{2 - 3\cos\theta + \cos^3\theta}{4}\right) \tag{2-22}$$

将式（2-21）和式（2-22）分别与均质形核的式（2-13）和式（2-14）相比较，可以看出，尽管非均质形核时临界晶核半径的表达式与均质形核是相同的，但是当 θ 介于 0~180° 之间时（图 2-12b），则 ΔG_{het}^* 恒小于 ΔG^*，这是由于球半径相同的条件下，非均质形核时临界晶核的球缺体积小于均质形核时临界晶核体积，形成临界晶核所需原子数远小于均质形核；并且熔体过冷相同的条件下，θ 越小，则 ΔG_{het}^* 越小，非均质形核越容易。当 $\theta = 0°$（完全润湿）时，$\Delta G_{het}^* = 0$，不需要晶核形成能，说明过冷熔体中的固体颗粒就是现成的晶核，可以在固体颗粒上直接结晶长大，这是一种极端情况（图 2-12a）。当 $\theta = 180°$ 时，临界晶核为球体，$\Delta G_{het}^* = \Delta G^*$，非均质形核与均质形核所需的晶核形成能相同，这是另一种极端情况（图 2-12c）。

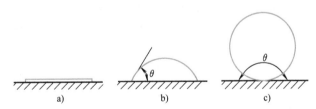

图 2-12　不同润湿角的晶胚形状

（二）形核率

非均质形核的形核率与均质形核的相似，但除了受过冷和温度的影响外，还受固体杂质颗粒的结构、数量、形貌及其他一些物理因素的影响。

1. 过冷度的影响

由于非均质形核所需的晶核形成能很小，因此在较小的过冷度条件下，当均质形核还微

不足道时，非均质形核就明显开始了。图 2-13 所示为非均质形核与均质形核的形核率随过冷度变化的比较示意图。从两者的对比可知，当非均质形核的形核率相当可观时，均质形核的形核率还几乎是零，并在过冷度约为 $0.02T_m$ 时，非均质形核具有最大的形核率，这只相当于均质形核达到最大形核率时，所需过冷度（$0.2T_m$）的 $1/10$。由于非均质形核取决于固体颗粒的存在，因此其形核率可能具有极大值，并在大的过冷度下中止。这是因为在非均质形核时，晶胚在颗粒基底上的分布，逐渐使那些有利于新晶核形成的表面减少。当可被利用的形核表面全部被晶核所覆盖时，非均质形核也就中止了。

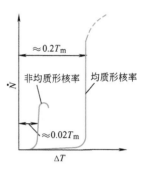

图 2-13　非均质形核与均质形核的形核率随过冷度变化的比较

2. 固体颗粒结构的影响

非均质形核的晶核形成能与接触角 θ 有关，θ 角越小，晶核形成能越小，形核率越高。那么，影响 θ 角的因素是什么呢？

由式（2-17）可知，θ 角的大小取决于熔体、晶胚及固体颗粒基底三者之间界面能的相对大小，即

$$\cos\theta = \frac{\sigma_{LB} - \sigma_{\alpha B}}{\sigma_{\alpha L}}$$

当熔体确定之后，$\sigma_{\alpha L}$ 便固定不变，那么 θ 角便只取决于 $\sigma_{LB} - \sigma_{\alpha B}$。为了获得较小的 θ 角，应使 $\cos\theta$ 趋近于 1。只有当 $\sigma_{\alpha B}$ 越小时，$\sigma_{\alpha L}$ 便越接近于 σ_{LB}，$\cos\theta$ 才能越接近于 1。也就是说，固体颗粒与晶胚的界面能越小，它对形核的催化效应就越高。很明显，$\sigma_{\alpha B}$ 取决于晶胚（晶体）与固体颗粒的结构（原子排列的几何形状、原子的大小、原子间的距离等）上的相似程度。两个相互接触的晶面结构越近似，它们之间的界面能就越小，即使只在接触面的某一个方向上的原子排列配合得比较好，也会使界面能降低一些。这样的条件（结构相似、尺寸相当）称为点阵匹配原理，凡满足这个条件的界面，就可能对形核起到催化作用，成为良好的形核剂。

在铸造生产中，往往在浇注前加入形核剂增加非均质形核的形核率，以达到细化晶粒的目的。例如，锆能促进镁的非均质形核，这是因为两者都具有密排六方结构。镁的晶格常数为 $a = 0.32022\text{nm}$、$c = 0.51991\text{nm}$，锆的晶格常数为 $a = 0.3223\text{nm}$、$c = 0.5123\text{nm}$，两者的大小很相近。而且锆的熔点（1855℃）远高于镁的熔点 659℃。所以，在液态镁中加入很少量的锆，就可大大提高镁的形核率。

又如，铁能促进铜的非均质形核，这是因为，在铜的结晶温度 1083℃ 以下，γ-Fe 和 Cu 都具有面心立方结构，而且晶格常数相近：γ-Fe 的 $a \approx 0.3652\text{nm}$，Cu 的 $a \approx 0.3688\text{nm}$。所以在液态铜中加入少量的铁，就能促进铜的非均质形核。

再如，纯铝及铝合金中加入钛，可形成 $TiAl_3$，它与铝的结构类型不同：铝为面心立方结构，晶格常数 $a = 0.405\text{nm}$；$TiAl_3$ 为四方结构，晶格常数 $a = b = 0.543\text{nm}$，$c = 0.859\text{nm}$。不过当 $(0\ 0\ 1)_{TiAl_3} // (0\ 0\ 1)_{Al}$ 时，Al 的晶格只要旋转 45°，即 $[1\ 0\ 0]_{TiAl_3} // [1\ 1\ 0]_{Al}$ 时，即可与 $TiAl_3$ 较好对应（图 2-14），从而有效地细化铝的晶粒组织。

3. 固体颗粒形貌的影响

固体颗粒表面的形状各种各样，有的呈凸曲面，有的呈凹曲面，还有的为深孔，这些基

底表面产生不同的形核率。例如，有三个不同形
状的固体颗粒，如图 2-15 所示，形成三个晶核，
它们具有相同的曲率半径 r 和相同的 θ 角，但三
个晶核的体积却不一样。凹面上形成的晶核体积
最小（图 2-15a），平面上次之（图 2-15b），凸
面上最大（图 2-15c）。由此可见，在曲率半径、
接触角相同的情况下，晶核体积随界面曲率的不
同而改变。凹曲面的形核效能最高，因为较小体
积的晶胚便可达到临界晶核半径，平面居中，凸
曲面的效能最低。因此，对于相同的固体颗粒，
若其表面曲率不同，它的催化作用也不同，在凹
曲面上形核所需过冷度比在平面、凸面上形核所

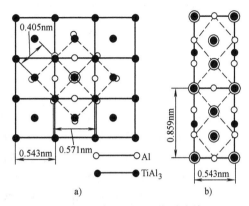

图 2-14　Al 与 TiAl₃ 晶格对应情况

需过冷度都要小。型壁上的深孔或裂纹是属于凹曲面情况，在结晶时，这些地方有可能成为
促进形核的有效界面。

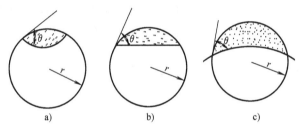

图 2-15　不同形状的固体颗粒表面形核的晶核体积

4. 过热度的影响

过热度是指熔体温度与金属熔点之差。熔体的过热度对非均质形核有很大的影响。当过
热度较大时，有些颗粒的表面状态改变了，如颗粒内微裂纹及小孔减少，凹曲面变为平面，
使非均质形核的核心数目减少。当过热度很大时，将使固体颗粒全部熔化，这就使非均质形
核转变为均质形核，形核率大大降低。

5. 其他影响因素

非均质形核的形核率除受以上因素影响外，还受其他一系列物理因素的影响，例如，在
金属熔体凝固过程中进行振动或搅动，一方面可使正在长大的晶体碎裂成几个结晶核心，另
一方面又可使受振动的熔体中的晶核提前形成。用振动或搅动提高形核率的方法，已被生产
实际所证明。

综上所述，金属熔体的结晶形核有以下要点：

1）金属熔体的结晶必须在过冷的熔体中进行，金属熔体的过冷度必须大于临界过冷
度，晶胚尺寸必须大于临界晶核半径。前者提供形核的驱动力，后者是形核的热力学条件所
要求的。

2）临界晶核半径的大小与晶核的界面能成正比，与过冷度成反比。过冷度越大，则临
界晶核半径越小，形核率越大，但是形核率有一极大值。如果界面能越大，形核所需的过冷
度也应越大。凡是能降低界面能的办法都能促进形核。

3）形核既需要结构起伏，也需要能量起伏，两者皆是熔体本身存在的自然现象。

4）晶核的形成过程是原子的扩散迁移过程，因此结晶必须在一定的温度下进行。

5）在工业生产中，金属熔体的结晶总是以非均质形核方式进行。

第五节　晶　体　长　大

当金属熔体中出现第一批略大于临界晶核半径的晶核后，熔体的结晶过程就开始了。结晶过程的进行，固然依赖于新晶核连续不断地产生，但更依赖于已有晶核的进一步长大。对每一个单个晶体（晶粒）来说，稳定的晶核形成之后，马上就进入了长大阶段。晶体的长大从宏观上来看，是晶体的界面向液相中逐步推移的过程；从微观上看，则是依靠原子逐个由液相中扩散到晶体表面上，并按晶体点阵规律要求，逐个占据适当的位置而与晶体稳定牢靠地结合起来的过程。由此可见，晶体长大的条件是：第一要求液相能继续不断地向晶体扩散供应原子，这就要求液相有足够高的温度，以使原子具有足够的扩散能力；第二要求晶体表面能够不断而牢靠地接纳这些原子，晶体表面接纳这些原子的位置多少及难易程度与晶体的表面结构有关，并应符合结晶过程的热力学条件，这就意味着晶体长大时的体积自由能的降低应大于晶体界面能的增加，因此，晶体的长大必须在过冷的熔体中进行，只不过它所需要的过冷度远比形核时小得多而已。一般说来，原子的扩散迁移并不怎么困难，因而，决定晶体长大方式和长大速度的主要因素是固液界面结构和界面前沿液相中的温度梯度。这两者的结合，就决定了晶体长大后的形态。由于晶体的形态与结晶后的组织有关，因此对于晶体的形态及其影响因素应予以重视。

一、固液界面的微观结构

研究生长着的晶体的界面状况，可以将其微观结构分为两类，即光滑界面和粗糙界面。

（一）光滑界面

图 2-16a 属于光滑界面。从原子尺度看，界面是光滑平整的，液、固两相被截然分开（图 2-16a 下图）。界面上的固相原子都位于固相晶体结构所规定的位置，形成平整的原子平面，通常为固相的密排晶面。在光学显微镜下，光滑界面由曲折的若干小平面组成，所以又称为小平面界面，如图 2-16a 上图所示。

（二）粗糙界面

图 2-16b 属于粗糙界面。从原子尺度观察时，这种界面高低不平，并存在着几个原子间距厚度的过渡层。在过渡层中，液相与固相的原子犬牙交错地分布着（图 2-16b 下图）。由于过渡层很薄，在光学显微镜下，这类界面是平直的，又称为非小平面界面（图 2-16b 上图）。

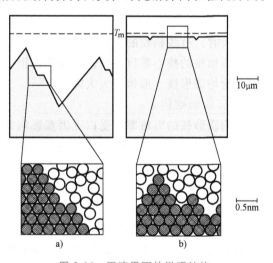

图 2-16　固液界面的微观结构

a）光滑界面　b）粗糙界面

除了少数透明的有机物之外，大多数材料（包括金属材料）是不透明的，因此不能用直接观察的方法确定界面的性质。那么，如何判断材料界面的微观结构类型呢？杰克逊（K. A. Jackson）对此进行了深入的研究。当晶体与熔体处于平衡状态时，从宏观上看，其界面是静止的。但是从原子尺度看，晶体与熔体的界面并不是静止的，每一时刻都有大量的固相原子离开界面进入液相，同时又有大量液相原子进入固相晶格上的原子位置，与固相连接起来，只不过两者的速率相等。设界面上可能具有的原子位置数为 N，其中 N_A 个位置被固相原子所占据，那么界面上被固相原子占据位置的比例为 $x = N_A/N$，被液相原子占据的位置比例则为 $1-x$。如果界面上有近 50% 的位置被固相原子所占据，即 $x \approx 50\%$（或 $1-x \approx 50\%$），这样的界面即为粗糙界面（图 2-16b）。如果界面上有近于 0% 或 100% 的位置被晶体原子所占据，则这样的界面称为光滑界面（图 2-16a）。

界面的平衡结构应当是界面能最低的结构，当在光滑界面上任意添加原子时，其界面自由能的变化 ΔG_S 可以用下式表示

$$\frac{\Delta G_S}{NkT_m} = \alpha x(1-x) + x\ln x + (1-x)\ln(1-x)$$

式中，k 为玻耳兹曼常数；T_m 为熔点；α 为杰克逊因子。

α 是一个重要的参量，它取决于材料的种类和晶体在液相中生长系统的热力学性质。取不同的 α 值，作 $\Delta G_S/(NkT_m)$ 与 x 的关系曲线，如图 2-17 所示。由此图可得出如下结论：

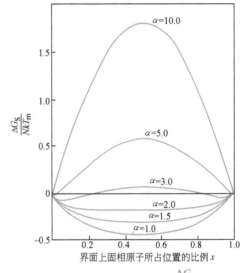

图 2-17　取不同的 α 值时，$\dfrac{\Delta G_S}{NkT_m}$ 与 x 的关系曲线图

1）当 $\alpha \leqslant 2$ 时，在 $x = 0.5$ 处，界面能处于最小值，即相当于相界面上的一半位置被固相原子所占据，这样的界面即对应于粗糙界面。

2）当 $\alpha \geqslant 5$ 时，在 x 靠近 0 处或 1 处，界面能最小，即相当于界面上的原子位置有极少量或极大量被固相原子所占据，这样的界面对应于光滑界面。

从熔体中生长的晶体，大多数金属晶体（纯金属或合金）和少数有机化合物晶体（如己烷 C_6H_{14}、四溴化碳 CBr_4）的杰克逊因子 $\alpha \leqslant 2$，其固液界面为粗糙界面；大多数有机化合物晶体、半导体晶体、离子晶体和金属化合物晶体的 $\alpha > 5$，其固液界面为光滑界面；准金属（如 Sb、As、Ge、Si）和氢化物晶体的 $\alpha = 2 \sim 5$，其固液界面类型与界面的取向有关。

二、晶体长大机制

界面的微观结构不同，则其接纳液相中迁移过来的原子能力也不同，因此在晶体长大时将有不同的机制。

（一）二维晶核长大机制

当固液界面为光滑界面时，液相原子单个扩散迁移到界面上是很难形成稳定状态的，这是由于它所带来的界面能的增加，远大于其体积自由能的降低。在这种情况下，晶体的长大只能依靠所谓的二维晶核方式，即依靠液相中的结构起伏和能量起伏，使一定大小的原子集团降落到光滑界面上，形成具有一个原子厚度并且有一定宽度的平面原子集团，如图 2-18

所示。这个原子集团带来的体积自由能的降低必须大于其界面能的增加，它才能在光滑界面上形成稳定状态。它类似于润湿角 $\theta = 0°$ 时的非均质形核，形成了一个大于临界半径的晶核。这种晶核即为二维晶核，它的形成需要较大的过冷度。二维晶核形成后，它的四周就出现了台阶，后迁移来的液相原子一个个填充到这些台阶处，这样所增加的界面能较小。直到整个界面铺满一层原子后，便又变成了光滑界面，而后又需要新的二维晶核的形成，否则成长即告中断。晶体以这种方式长大时，其长大速度十分缓慢（单位时间内晶核长大的线速度称为长大速度，用 G 表示，单位为 cm/s）。

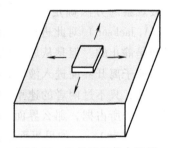

图 2-18　二维晶核长大机制

（二）螺型位错长大机制

在通常情况下，具有光滑界面的晶体，其长大速度比按二维晶核长大方式快得多。这是由于在晶体长大时，可能形成种种缺陷，这些缺陷所造成的界面台阶使原子容易向上堆砌，因而长大速度大为加快。

图 2-19 所示为光滑界面出现螺型位错露头时的晶体长大过程。螺型位错在晶体表面露头处，即在晶体表面形成台阶，这样，液相原子一个个地堆砌到这些台阶处，新增加的界面能很小，完全可以被体积自由能的降低所补偿。每铺一排原子，台阶即向前移动一个原子间距，所以，台阶各处沿着晶体表面向前移动的线速度相等。但由于台阶的起始点不动，所以台阶各处相对于起始点移动的角速度不等。离起始

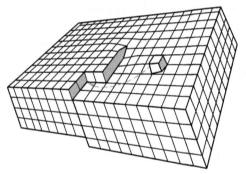

图 2-19　螺型位错露头

点越近，角速度越大；离起始点越远，则角速度越小。于是随着原子的铺展，台阶先是发生弯曲，而后即以起始点为中心回旋起来，如图 2-20 所示。这种台阶永远不会消失，所以这个过程也就一直进行下去。台阶每横扫界面一次，晶体就增厚一个原子间距，但由于中心回旋的速度快，中心必将凸出起来，形成螺钉状的晶体。螺旋上升的晶面称为"生长蜷线"。图 2-21 是螺旋长大的 SiC 晶体，是用光学显微镜观察的结果。

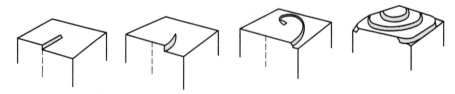

图 2-20　螺型位错露头处生长蜷线的形成

（三）连续长大机制

在光滑界面上，不同位置接纳液相原子的能力也不同，在台阶处，液相原子与晶体接合得比较牢固，因而在晶体的长大过程中，台阶起着十分重要的作用。然而光滑界面上的台阶不能自发地产生，只能通过二维晶核产生，这意味着光滑界面上长大的不连续性（当晶体生长了一层以后，必须通过重新形成二维晶核才能产生新的台阶）以及晶体缺陷（如螺型

位错）在光滑界面长大中的重要作用，这些缺陷提供了永远没有穷尽的台阶。

但是在粗糙界面上，几乎有一半应按晶体规律而排列的原子位置正虚位以待，从液相中扩散来的原子很容易填入这些位置，与晶体连接起来，如图2-16b所示。由于这些位置接纳原子的能力是等效的，在粗糙界面上的所有位置都是生长位置，所以液相原子可以连续地向界面添加，界面的性质永远不会改变，从而使界面迅速地向液相推移。晶体缺陷在粗糙界面的生长过程中不起明显作用，这种长大方式称为连续长大或均匀长大。它的长大速度很快，大部分金属晶体均以这种方式长大。

图2-21　螺旋长大的SiC晶体

三、固液界面前沿液相的温度梯度

除了固液界面的微观结构对晶体长大有重大影响外，固液界面前沿液相的温度梯度也是影响晶体长大的一个重要因素。它可分为正温度梯度和负温度梯度两种。

（一）正温度梯度

正温度梯度是指液相的温度随至界面距离的增加而提高的温度分布状况。例如，铸造时向铸型浇注金属熔体，一般来说熔体是过热的，靠近型壁的熔体冷却最快，结晶最早发生，结晶潜热通过结晶形成的固相传导散出，而越接近铸型中心区域的液相温度越高，这种温度分布状况即为正温度梯度，如图2-22a所示，其固液界面前沿液相中的过冷度随至界面距离的增加而减小。

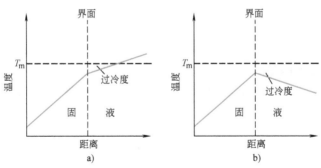

图2-22　两种温度分布方式

a）正温度梯度　b）负温度梯度

（二）负温度梯度

负温度梯度是指液相的温度随至界面距离的增加而降低的温度分布状况，如图2-22b所示，也就是说，过冷度随至界面距离的增加而增大。此时所产生的结晶潜热主要通过尚未结晶的过冷液相散失。

缓慢冷却条件下，过冷熔体内部温度分布较均匀，结晶潜热使固液界面的温度升高，并通过过冷液相以传导和对流的方式散出，过冷度随至界面距离的增加而增大，远离固液界面的液相过冷度最大，于是在固液界面前沿的液相中建立起负的温度梯度。此外，实际金属总是或多或少地含有某些杂质，这样，在界面前沿的液相中就会出现随至界面距离的增加而过冷度增大的现象，这种现象即为成分过冷，这将在下一章详细介绍。

四、晶体生长的界面形态

晶体的形态问题是一个十分复杂而未能彻底解决的问题。自然界中存在的各式各样美丽的雪晶，就体现了形态的复杂性。晶体的形态不仅与其长大机制有关（螺型位错在界面的露头处所形成的生长螺线令人信服地证明了这一点），而且与界面的微观结构、界面前沿的温度分布及生长动力学规律等很多因素有关。鉴于问题的复杂性，下面仅就固液界面的微观结构和界面前沿液相温度分布的几种典型情况加以叙述。

（一）在正温度梯度下生长的界面形态

在这种条件下，结晶潜热只能通过已结晶的固相和型壁散失，相界面向液相中的推移速度受其散热速率的控制。根据界面微观结构的不同，晶体形态有两种类型。

1. 光滑界面的情况

对于具有光滑界面的晶体来说，其显微界面为某一晶体学小平面，它们与散热方向成不同的角度分布着，与熔点 T_m 等温面成一定角度。但从宏观来看，仍为平行于 T_m 等温面的平直面，如图 2-23a 所示。这种情况有利于形成具有规则形状的晶体，现以简单立方晶体为例进行说明。

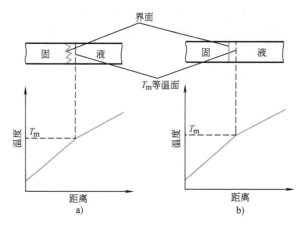

图 2-23 在正温度梯度下，纯金属凝固时的两种界面形态
a）光滑界面 b）粗糙界面

在讨论形核问题时曾经假定，形成一个球形晶核时，其界面上各处的界面能相同。但实际上晶体的界面由许多晶体学小平面组成，晶面不同，则原子密度不同，从而导致其具有不同的界面能。研究结果表明，原子密度大的晶面长大速度较小；原子密度小的晶面长大速度较大，但长大速度较大的晶面易于被长大速度较小的晶面所制约。这个关系可示意地用图 2-24 来说明。图中实线八边形代表简单立方晶体从 τ_1 开始生长，依次经历 τ_2、τ_3、τ_4 等不同时间时的截面，箭头表示长大速度。简单立方晶体的 {100} 晶面原子密度大，{110} 晶面原子密度小，因此 [100]、[001] 等方向的长大速度小，[101] 方向长大速度大，{110} 晶面将逐渐缩小而消失，最后晶体的界面将完全变为 {100} 晶面，显然这是一个必

然的结果。所以，以光滑界面结晶的晶体，如 Sb、Si 及合金中的某些金属化合物，若无其他因素干扰，大多可以成长为以密排晶面为表面的晶体，具有规则的几何外形。

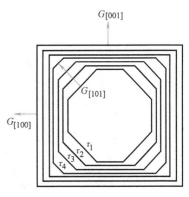

图 2-24　晶体形状与各界面长大速度 G 的关系

2. 粗糙界面的情况

具有粗糙界面结构的晶体，在正温度梯度下长大时，其界面为平行于熔点 T_m 等温面的平直界面，它与散热方向垂直，如图 2-23b 所示。一般说来，这种晶体成长时所需的过冷度很小，界面温度与熔点 T_m 十分接近，所以晶体长大时界面只能随着液体的冷却而均匀一致地向液相推移，如果一旦局部偶有凸出，那么它便进入低于临界过冷度甚至高于熔点 T_m 的温度区域，长大立刻减慢下来，甚至被熔化掉，所以固液界面始终近似地保持平面。这种长大方式称为平面长大方式。

（二）在负温度梯度下生长的界面形态

具有粗糙界面的晶体在负温度梯度下生长时，由于界面前沿液相中的过冷度较大，如果界面的某一局部发展较快而偶有凸出，则它将伸入到过冷度更大的液相中，从而更加有利于此凸出尖端向液相中的生长（图 2-25）。虽然此凸出尖端在横向也将生长，但结晶潜热的散失提高了该尖端周围液体的温度，而在尖端的前方，潜热的散失要容易得多，因而其横向长大速度远比朝前方的长大速度小，故此凸出尖端很快长成一个细长的晶体，称为主干。如果刚开始形成的晶核为多面体晶体，那么这些光滑的小平面界面在负温度梯度下是不稳定的，在多面体晶体的尖端或棱角处，很快长出细长的主干。这些主干即为一次晶轴或一次晶枝。在主干形成的同时，主干与周围过冷液相的界面也是不稳定的，主干上同样会出现很多凸出尖端，它们长大成为新的晶枝，称为二次晶轴或二次晶枝。对一定的晶体来说，二次晶轴与一次晶轴具有确定的角度，如在立方晶系中，两者是相互垂直的。二次晶枝发展到一定程度后，又在它上面长出三次晶枝，如此不断地枝上生枝，同时各次枝晶又在不断地伸长和壮大，由此而形成如树枝状的骨架，故称为树枝晶，简称枝晶，每一个枝晶长成为一个晶粒（图 2-26a）。当所有的枝晶都严密合缝地对接起来，并且液相也消失时，就分不出树枝状了，只能看到各个晶粒的边界（图 2-26b）。如果金属不纯，则在枝与枝之间最后凝固的地方留存杂质，其树枝状轮廓仍然可见。如若在结晶过程中间，在形成了一部分金属晶体之后，立即把剩余的熔体抽掉，这时就会看到，正在长大着的金属晶体确实呈树枝状。有时在金属锭的表面最后结晶终了时，由于晶枝之间缺乏熔体去

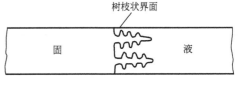

树枝状界面

固　　　　液

一次晶轴

图 2-25　树枝晶生长示意图

填充，结果就留下了树枝状的花纹。图 2-27 所示为在钢锭中所观察到的树枝晶。

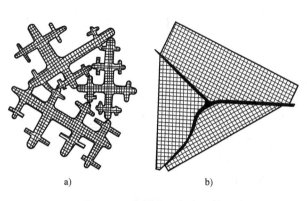

a)　　　　　　　b)

图 2-26　由树枝晶长成晶粒

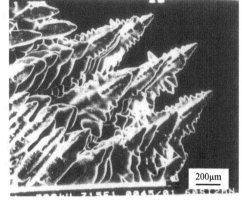

200μm

图 2-27　钢锭中所观察到的树枝晶

不同结构的晶体，其晶轴的位向可能不同，见表 2-1。面心立方结构和体心立方结构的金属，其树枝晶的各次晶轴均沿<100>的方向长大，各次晶轴之间相互垂直。其他不是立方晶系的金属，各次晶轴彼此可能并不垂直。

表 2-1　树枝晶的晶轴位向

金　属	晶格类型	晶轴位向
Ag、Al、Au、Cu、Pb	面心立方	<100>
α-Fe	体心立方	<100>
β-Sn($c/a = 0.5456$)	体心四方	<110>
Mg($c/a = 1.6235$)	密排六方	<$10\bar{1}0$>
Zn($c/a = 1.8563$)	密排六方	<0001>

长大条件不同，则树枝晶的晶轴在各个方向上的发展程度也会不同，如果枝晶在三维空间得以均衡发展，各方向上的一次晶轴近似相等，这时所形成的晶粒称为等轴晶粒。如果枝晶某一个方向上的一次晶轴长得很长，而在其他方向长大时受到阻碍，这样形成的细长晶粒称为柱状晶粒。

树枝状生长是具有粗糙界面物质的最常见的晶体长大方式，一般的金属结晶时，均以树枝状生长方式长大。

具有光滑界面的晶体在负温度梯度下长大时，如果杰克逊因子 α 值不太大，仍有可能长成树枝状晶体，但往往带有小平面的特征，例如，锑出现带有小平面的树枝状晶体即为此例（图 2-28）。但是负温度梯度较小时，仍有可能长成规则的几何外形。对于 α 值很大的晶体来说，即使在较大的负温度梯度下，仍有可能形成规则形状的晶体。

图 2-28　纯锑表面的树枝晶

五、晶体的长大速度

晶体的长大速度主要与其生长机制有关。当界面为光滑界面并以二维晶核机制长大时，其长大速度非常小。当以螺型位错机制长大时，由于界面上的缺陷所能提供的、向界面上添加原子的位置也很有限，故长大速度也较小。大量的研究结果表明，对于具有粗糙界面的大多数金属来说，由于它们是连续长大机制，所以长大速度较以上两者要快得多。具有光滑界面的非金属和具有粗糙界面的金属，它们的长大速度与过冷度的关系如图 2-29 所示。可以看出，当过冷度为零时，非金属与金属的长大速度均为零。非金属的长大速度随过冷度的增大可出现极大值。显然，这也是两个相互矛盾因素共同作用的结果。过冷度小时，固液两相自由能的差值较小，结晶的驱动力小，所以长大速度小；当过冷度很大时，温度过低，原子的

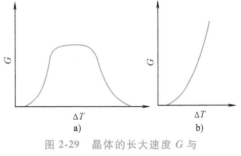

图 2-29　晶体的长大速度 G 与过冷度 ΔT 的关系
a）非金属　b）金属

扩散迁移困难，所以长大速度也小；当过冷度为中间某个数值时，固液两相的自由能差足够大，原子扩散能力也足够大，所以长大速度达到极大值。但对于金属来说，由于结晶温度较高，形核和长大都快，它的过冷能力小，即不等过冷到较低的温度时结晶过程已经结束，所以长大速度与过冷度的关系曲线上一般不出现极大值。

综上所述，晶体长大的要点如下：

1）具有粗糙界面的金属，其长大机制为连续长大，所需过冷度小，长大速度快。

2）具有光滑界面的金属化合物、准金属或非金属等，其长大机制可能有两种方式，其一为二维晶核长大方式，其二为螺型位错长大方式，所需的过冷度较大，它们的长大速度都很慢。

3）晶体生长的界面形态与界面前沿的温度梯度和界面的微观结构有关，在正温度梯度下长大时，光滑界面的一些小晶面互成一定角度，呈锯齿状；粗糙界面的形态为平行于 T_m 等温面的平直界面，呈平面长大方式。在负温度梯度下长大时，一般金属和准金属的界面都呈树枝状，只有那些杰克逊因子 α 值较高的物质仍然保持着光滑界面形态。

六、晶粒大小的控制

晶粒的大小称为晶粒度，通常用晶粒的平均面积或平均直径来表示。

晶粒大小对金属的力学性能有很大影响，在常温下，金属的晶粒越细小，强度和硬度则越高，同时塑性、韧性也越好。表 2-2 列出了晶粒大小对纯铁力学性能的影响。由表可见，细化晶粒对于提高金属材料的常温力学性能作用很大，这种用细化晶粒来提高材料强度的方法称为细晶强化。但是，对于在高温下工作的金属材料，晶粒过于细小性能反而不好，一般希望得到适中的晶粒度。对于制造电机和变压器的硅钢片来说，晶粒反而越粗大越好。因为晶粒越大，其磁滞损耗越小，效应越高。此外，除了钢铁等少数金属材料外，其他大多数金属不能通过热处理改变其晶粒度大小，因此通过控制铸造及焊接时的结晶条件来控制晶粒度的大小，便成为改善力学性能的重要手段。

表 2-2　晶粒大小对纯铁力学性能的影响

晶粒平均直径/mm	抗拉强度/MPa	屈服强度/MPa	断后伸长率(%)
9.7	165	40	28.8
7.0	180	38	30.6
2.5	211	44	39.5
0.20	263	57	48.8
0.16	264	65	50.7
0.10	278	116	50.0

　　金属结晶时，每个晶粒都是由一个晶核长大而成的。晶粒的大小取决于形核率和长大速度的相对大小。形核率越大，则单位体积内的晶核数目越多，每个晶粒的长大余地越小，因而长成的晶粒越细小。同时长大速度越小，则在长大过程中将会形成更多的晶核，因而晶粒也将越细小。反之，形核率越小而长大速度越大，则会得到越粗大的晶粒。因此，晶粒度取决于形核率 $\dot{N}$ 和长大速度 G 之比，比值 $\dot{N}/G$ 越大，晶粒越细小。根据分析计算，单位体积内的晶粒数目 Z_V 为

$$Z_V = 0.9\left(\frac{\dot{N}}{G}\right)^{3/4}$$

单位面积中的晶粒数目 Z_S 为

$$Z_S = 1.1\left(\frac{\dot{N}}{G}\right)^{1/2}$$

　　由此可见，凡能促进形核、抑制长大的因素，都能细化晶粒。相反，凡是抑制形核、促进长大的因素，都使晶粒粗化。根据结晶时的形核和长大规律，为了细化铸锭和焊缝区的晶粒，在工业生产中可以采用以下几种方法。

1. 控制过冷度

　　形核率和长大速度都与过冷度有关，增大结晶时的过冷度，形核率和长大速度均随之增加，但两者的增大速率不同，形核率的增长率大于长大速度的增长率，如图 2-30 所示。在一般金属结晶时的过冷范围内，过冷度越大，则比值 $\dot{N}/G$ 越大，因而晶粒越细小。

　　增加过冷度的方法主要是提高熔体的冷却速度。在铸造生产中，为了提高铸件的冷却速度，可以采用金属型或石墨型代替砂型，增加金属型的厚度，降低金属型的温度，采用蓄热多散热快的金属型、局部加冷铁，以及采用水冷铸型等。熔融金属增材制造工艺，又称 3D 打印金属成形工艺，是逐层构建零件的方法，

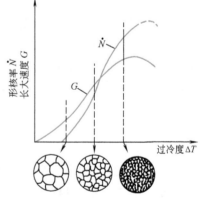

图 2-30　金属结晶时形核率和长大速度与过冷度的关系

特别有利于精细或复杂形状的金属零件成形，能有效地节省材料。它是利用激光束、电子束、电弧或电火花等热源，将金属粉末或金属丝熔融后得到金属熔体的液滴，这些液滴瞬间结晶，犹如打印机机头的热源在一滴一滴地打印零件。显然，熔体的过冷度很大，这非常利

于获得晶粒细小、尺寸精度高、性能媲美锻件的金属零件。

增加过冷度的另一种方法是铸造时降低浇注温度和浇注速度。这样，一方面可使铸型温度不至于升高太快，另一方面由于延长了凝固时间，晶核形成的数目增多，可获得较细小的晶粒。

2. 加入晶粒细化剂

用增加过冷度的方法细化晶粒只对小型或薄壁的铸件有效，而对较大的厚壁铸件就不适用。因为当铸件断面较大时，只是表层冷得快，而心部冷得很慢，因此无法使整个铸件体积内都获得细小而均匀的晶粒。为此，工业上广泛采用加入晶粒细化剂的方法。

加入晶粒细化剂是在浇注前往液态金属中加入形核剂，促进形成大量的非均匀晶核来细化晶粒。例如，在铝合金中加入钛和硼，在钢中加入钛、锆、钒，在铸铁中加入硅铁或硅钙合金就是如此。表 2-3 说明了某些铸造铝合金中加入 B、Zr、Ti 等形核剂后晶粒细化的情况。还有一类晶粒细化剂，它虽不能提供结晶核心，但能起阻止晶粒长大的作用，因此又称其为长大抑制剂。例如，将钠盐加入 Al-Si 合金中，钠能富集于硅晶体的表面，降低硅晶体的长大速度，使合金的组织细化。

表 2-3　铸造铝合金中加入 B、Zr、Ti 等形核剂后晶粒细化的情况

材　料	加入元素	1cm² 面积上的晶粒数	铸模材料
铸造铝合金 ZL104 （$w_{Si} = 10\%$，$w_{Mg} = 0.2\%$，$w_{Mn} = 0.02\%$， $w_{Fe} = 0.5\%$）	不加元素	8～12	砂型
	加元素 $w_B = 0.1\% \sim 0.2\%$	120～150	砂型
	加元素 $w_{Ti} = 0.05\%$，$w_B = 0.05\%$	180～200	砂型
铸造铝合金 ZL301 （$w_{Si} = 0.2\%$，$w_{Mn} = 0.3\%$， $w_{Mg} = 8\% \sim 10\%$，$w_{Fe} = 0.3\%$）	不加元素	8～10	砂型
	加元素 $w_{Zr} = 0.1\% \sim 0.2\%$	130～150	砂型

3. 振动、搅动

对即将凝固的金属进行振动或搅动，一方面是依靠从外面输入能量促使晶核提前形成，另一方面是使生长中的枝晶破碎，使晶核数目增加，这已成为一种有效的细化晶粒的重要手段。

进行振动或搅动的方法很多。例如，用机械的方法使铸型振动，离心铸造时使铸型变速旋转或周期性改变旋转方向，铸造时采用超声波振动装置，连续铸造时进行结晶器电磁搅动，在焊枪上安装电磁线圈等，均可起到细化晶粒的作用。

基本概念

过冷度；晶胚；晶核；均质形核/自发形核；非均质形核/非自发形核；临界晶核半径；晶核形成能/形核激活能/形核功；小平面界面/光滑界面；非小平面界面/粗糙界面；正温度梯度；负温度梯度；形核率；长大速度；晶粒度；树枝晶；等轴晶粒；柱状晶粒

习　题

2-1　如何测得熔体均质形核的临界过冷度呢？一般熔体中总是含有杂质，不符合均质形核的条件。如

果设法把熔体分隔成直径在 $1\mu m$ 以下的小液滴，则每个小液滴含有的杂质极少，会有若干个小液滴内部连 1 个杂质颗粒都没有。观测这些小液滴冷却结晶时体积收缩的温度，可得到熔体均质形核的临界过冷度。

通过小滴法实验测得纯铜均质形核的临界过冷度为 236K。已知纯铜的熔点 T_m 为 1356K，固液界面能 σ 为 $0.18J/m^2$，熔化潜热 $\Delta H_f = 1.658 \times 10^9 J/m^3$，晶格常数 $a = 3.615 \times 10^{-10}m$。试计算纯铜均质形核时的临界晶核半径及其所包含的原子数。

2-2 试证明熔体均质形核时，形成临界球状晶核所需 ΔG^* 与临界晶核体积 V^* 之间的关系式为 $\Delta G^* = -\dfrac{V^*}{2}\Delta G_V$。当非均质形核形成球缺状晶核时，所需 ΔG_{het}^* 与临界晶核体积 V^* 之间的关系如何？

2-3 如果熔体均质形核所形成的晶核是边长为 a 的正方体，试求出 ΔG^* 与临界晶核边长 a^* 之间的关系。为什么在相同过冷度下均质形核时，更易形成球状晶核而不是正方体晶核？

2-4 为什么金属结晶时一定要有过冷？影响过冷度的因素是什么？金属固体熔化时是否会出现过热？请解释原因。

2-5 试比较均质形核与非均质形核的异同点。

2-6 结晶时固液界面前沿液相的温度梯度如何影响晶体生长的界面形态？

2-7 指出下列各题错误之处，并改正。

1）所谓临界晶核，就是系统自由能的减少完全抵消表面自由能增加时的晶胚大小。

2）在金属熔体中，凡是涌现出小于临界晶核半径的晶胚都不能形核；但是只要有足够的能量起伏提供晶核形成能，还是可以形核。

3）无论温度分布如何，常用的纯金属都是以树枝状方式生长。

第三章
二元合金的结晶

纯金属熔体结晶后只能得到单相的固体，合金熔体结晶后，既可获得单相的固溶体，也可获得单相的金属化合物，但更常见的是获得既有固溶体又有金属化合物的多相合金。合金的组元不同，获得的固溶体和金属化合物的类型也不同；即使合金的组元确定后，在同一合金系中，由于合金成分和结晶条件不同，结晶后所获得的各个固相的形态、大小、数量及分布状态也可能不同，从而形成不同的显微组织。

对于合金来说，显微组织是一个与相紧密相关的概念。通常，将用肉眼或放大镜观察到的形貌图像称为宏观组织，用显微镜观察到的微观形貌图像称为显微组织。相是显微组织的基本组成部分。但是，同样的相，当它们的形态、大小、数量及分布不同时，就会呈现不同的显微组织，使合金表现出不同的性能。因此，在工业生产中，控制和改变合金的显微组织具有极为重要的意义。

中国第一块
铂铱 25 合金

为了调控合金结晶后的性能，需要研究合金的化学成分、相结构、显微组织与性能之间的变化规律。合金相图正是研究这些规律的有效工具。相图是表示在平衡条件下合金系中合金的状态与温度、成分间关系的图解，又称为状态图或平衡图。尽管实际生产过程会不同程度地偏离平衡状态，但掌握相图的分析和使用方法，有助于了解合金的显微组织状态、预测合金的性能，并可根据性能要求设计和研制新的合金。合金相图还是生产中制订合金熔炼、铸造、锻造、焊接及热处理工艺的重要依据。

第一节　二元合金相图的建立

一、二元合金相图的表示方法

合金存在的状态通常由合金的成分、温度和压力三个因素确定，合金的化学成分变化时，则合金中的相及相的相对含量也随之发生变化，同样，当温度和压力发生变化时，合金的状态也要发生改变。由于合金的熔炼、加工处理等都是在常压下进行的，所以合金的状态可由合金的成分和温度两个因素确定。对于二元系合金来说，通常用横坐标表示成分，纵坐标表示温度，如图 3-1 所示。横坐标上的任一点均表示一种合金的成分，如 A、B 表示组成合金的两个组元，C 点的成分为 $w_B = 40\%$、

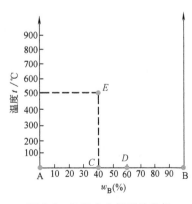

图 3-1　二元合金相图的坐标

$w_A = 60\%$，D 点的成分为 $w_B = 60\%$、$w_A = 40\%$ 等。

在成分和温度坐标平面上的任意一点称为状态点，一个状态点的坐标值表示一个合金或一个相的成分和温度。如图 3-1 中的 E 点表示合金的成分为 $w_A = 40\%$，$w_B = 60\%$，温度为 500℃。

二、二元合金相图的测定方法

建立相图的方法有试验测定和理论计算两种，但目前所用的相图大部分都是根据试验方法建立起来的。通过试验测定相图时，首先要配制一系列成分不同的合金，然后再测定这些合金的相变临界点（温度），如液相向固相转变的临界点（结晶温度）、固态相变临界点，最后把这些点标在温度-成分坐标图上，把各相同意义的点连接成线，这些线就在坐标图中划分出一些区域，这些区域即称为相区，将各相区所存在的相的名称标出，相图的建立工作即告完成。

测定临界点的方法很多，如热分析法、金相法、膨胀法、磁性法、电阻法、X 射线衍射法等。除金相法及 X 射线衍射法外，其他方法都是利用合金的状态发生变化时，将引起合金某些性质的突变来测定其临界点的。下面以 Cu-Ni 合金为例，说明用热分析法测定二元合金相图的过程。

首先配制一系列不同成分的 Cu-Ni 合金，测出从液态到室温的冷却曲线。图 3-2a 给出了纯铜、含镍量 w_{Ni} 分别为 30%、50%、70% 的 Cu-Ni 合金及纯镍的冷却曲线。可见，纯铜和纯镍的冷却曲线都有一水平阶段，表示其结晶的临界点。其他三种合金的冷却曲线都没有水平阶段，但有两次转折，两个转折点所对应的温度代表两个临界点，表明这些合金都是在一个温度范围内进行结晶的，温度较高的临界点是结晶开始的温度，称为上临界点；温度较低的临界点是结晶终了的温度，称为下临界点。结晶开始后，由于放出结晶潜热，致使温度的下降变慢，在冷却

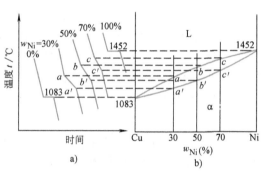

图 3-2　用热分析法建立 Cu-Ni 相图
a）冷却曲线　b）相图

曲线上出现了一个转折点；结晶终了后，不再放出结晶潜热，温度的下降变快，于是又出现了一个转折点。

然后，将上述的临界点标在温度-成分坐标图中，再将两类临界点连接起来，就得到图 3-2b 所示的 Cu-Ni 相图。其中上临界点的连线称为液相线，表示合金结晶的开始温度或加热过程中熔化终了的温度；下临界点的连线称为固相线，表示合金结晶终了的温度或在加热过程中开始熔化的温度。这两条曲线把 Cu-Ni 合金相图分成三个相区：在液相线之上，所有的合金都处于液态，是液相单相区，以 L 表示；在固相线以下，所有的合金都已结晶完毕，处于固态，是固相单相区，经 X 射线衍射分析或金相分析表明，所有的合金都是单相固溶体，以 α 表示；在液相线和固相线之间，合金已开始结晶，但结晶过程尚未结束，是液相和固相的两相共存区，以 α+L 表示。至此，相图的建立工作即告完成。

为了精确地测定相图，应配制较多数目的合金，采用高纯度金属和先进的试验设备，并同时采用几种不同的方法在极慢的冷却速度下进行测定。

三、相律和杠杆定律

（一）相律及其应用

相律是检验、分析和使用相图的重要工具，所测定的相图是否正确，要用相律检验。在研究和使用相图时，也要用到相律。相律是表示在平衡条件下，系统的自由度数、组元数和相数之间的关系，是系统的平衡条件的数学表达式。相律可用下式表示

$$F = C - P + 2 \tag{3-1}$$

式中，F 为平衡系统的自由度数；C 为平衡系统的组元数；P 为平衡系统的相数。相律的含义是：在只受外界温度和压力影响的平衡系统中，它的自由度数等于系统的组元数和相数之差再加上 2。平衡系统的自由度数是指平衡系统的独立可变因素（如温度、压力、相的成分等）的数目。这些因素可在一定范围内任意独立地改变而不会影响到原有的共存相数。当系统的压力为常数时，相律可表达为

$$F = C - P + 1 \tag{3-2}$$

下面讨论应用相律的几个例子。

1. 利用相律确定系统中可能共存的最多平衡相数

例如，对单元系来说，组元数 $C = 1$，由于自由度不可能出现负值，所以当 $F = 0$ 时，同时共存的平衡相数应具有最大值，代入相律公式（3-2），即得

$$P = 1 - 0 + 1 = 2$$

可见，对单元系来说，同时共存的平衡相数不超过 2 个。例如，纯金属结晶时，温度固定不变，自由度为零，同时共存的平衡相为液、固两相。

同样，对二元系来说，组元数 $C = 2$，当 $F = 0$ 时，$P = 2 - 0 + 1 = 3$，说明二元系中同时共存的平衡相数最多为 3 个。

2. 利用相律解释纯金属与二元合金结晶时的一些差别

例如，纯金属结晶时存在液、固两相，其自由度为零，说明纯金属在结晶时只能在恒温下进行。二元合金结晶时，在两相平衡条件下，其自由度 $F = 2 - 2 + 1 = 1$，说明温度和相的成分中只有一个独立可变因素，即在两相区内任意改变温度，则相的成分随之而变；反之亦然。此时，二元合金将在一定温度范围内结晶。如果二元合金出现三相平衡共存，则其自由度 $F = 2 - 3 + 1 = 0$，说明此时的温度不但恒定不变，而且三个相的成分也恒定不变，结晶只能在各个因素完全恒定不变的条件下进行。

（二）杠杆定律

在合金的结晶过程中，随着结晶过程的进行，合金中各个相的成分及它们的相对含量都在不断地发生着变化。为了了解某一具体合金中相的成分及其相对含量，需要应用杠杆定律。在二元系合金中，杠杆定律主要适用于两相区，因为对单相区来说无此必要，而三相区又无法确定，这是由于三相恒温线上的三个相可以以任何比例相平衡。

要确定相的相对含量，首先必须确定相的成分。根据相律可知，当二元系处于两相共存时，其自由度为 1，这说明只有一个独立变量。例如温度变化时，两个平衡相的成分均随温度的变化而改变；当温度恒定时，自由度为零，两个平衡相的成分也随之固定不变。两个相成分点之间的连线（等温线）称为连接线。实际上两个平衡相成分点即为连接线与两条平衡曲线的交点，下面以 Cu-Ni 合金为例进行说明。

如图 3-3 所示，在 Cu-Ni 二元相图中，液相线是表示液相的成分随温度变化的平衡曲线，固相线是表示固相的成分随温度变化的平衡曲线，含 Ni 量为 $C\%$ 的合金 I 在温度 t_1 时处于两相平衡状态，即 $L \rightleftharpoons \alpha$，要确定液相 L 和固相 α 的成分，可通过温度 t_1 作一水平线段 arb，分别与液、固相线相交于 a 和 b，a、b 两点在成分坐标轴上的投影 C_L 和 C_α，即分别表示液、固两相的成分。

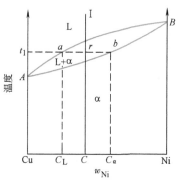

图 3-3　杠杆定律的证明

下面计算液相和固相在温度 t_1 时的相对含量。设合金的总质量为 1，液相的质量为 w_L，固相的质量为 w_α，则有

$$w_L + w_\alpha = 1$$

此外，合金 I 中的含镍量应等于液相中镍的含量与固相中镍的含量之和，即

$$w_L C_L + w_\alpha C_\alpha = 1 \cdot C$$

由以上两式可以得出

$$\frac{w_L}{w_\alpha} = \frac{rb}{ar} \tag{3-3}$$

如果将合金 I 成分 C 的 r 点看作支点，将 w_L、w_α 看作作用于 a 和 b 的力，则按力学的杠杆原理就可得出式（3-3）（图 3-4）。因此将式（3-3）称为杠杆定律，但这只是一种比喻。

式（3-3）也可以换写成下列形式

$$w_L = \frac{rb}{ab} \times 100\%$$

$$w_\alpha = \frac{ar}{ab} \times 100\%$$

这两式可以直接用来求出两相的含量。

值得注意的是，在推导杠杆定律的过程中，并没有涉及 Cu-Ni 相图的性质，而是基于相平衡的一般原理导出的。因而不管怎样的系统，只要满足相平衡的条件，那么在两相共存时，其两相的含量都能用杠杆定律确定。

第二节　匀晶相图及固溶体合金的结晶

两组元不但在液态无限互溶，而且在固态也无限互溶的二元合金系所形成的相图，称为匀晶相图。具有这类相图的二元合金系主要有 Cu-Ni、Ag-Au、Cr-Mo、Cd-Mg、Fe-Ni、Mo-W 等。在这类合金中，结晶时都是从液相结晶出单相的固溶体，这种结晶过程称为匀晶转变。应该指出，几乎所有的二元合金相图都包含有匀晶转变部分，因此掌握这一类相图是学习二元合金相图的基础。现以 Cu-Ni 相图为例进行分析。

一、相图分析

Cu-Ni 二元合金相图如图 3-5 所示。该相图十分简单，只有两条曲线，上面一条是液相线，下面一条是固相线，液相线和固相线把相图分为三个区域，即液相区 L、固相区 α，以及液固两相并存区 L+α。α 相是 Ni 溶于 Cu 中的固溶体。

二、固溶体合金的平衡结晶

平衡结晶是指合金熔体在极缓慢冷却条件下进行结晶的过程。下面以 w_{Ni} = 30% 的 Cu-Ni 合金为例进行分析。

由图 3-5 可以看出，当合金熔体自高温缓慢冷至 t_1 温度时，开始从液相中结晶出 α 固溶体，根据平衡相成分的确定方法，可知液相成分为 L_1，固相成分为 α_1，此时的相平衡关系是 $L_1 \underset{t_1}{\rightleftharpoons} \alpha_1$。运用杠杆定律，可以求出 α_1 的含量为零，说明在温度 t_1 时，结晶刚刚开始，实际固相尚未形成。

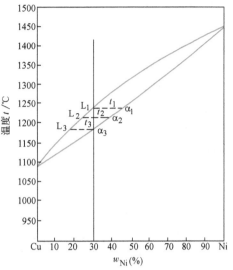

图 3-5 Cu-Ni 相图及典型合金平衡结晶过程分析

当温度缓冷至 t_2 温度时，便有一定数量的 α 固溶体结晶出来，此时的固相成分为 α_2，液相成分为 L_2，合金的相平衡关系是 $L_2 \underset{t_2}{\rightleftharpoons} \alpha_2$。为了达到这种平衡，除了在 t_2 温度直接从液相中结晶出的 α_2 外，原有的 α_1 相也必须改变为与 α_2 相同的成分。与此同时，液相成分也由 L_1 向 L_2 变化。在温度不断下降的过程中，α 相的成分将不断地沿固相线变化，液相成分也将不断地沿液相线变化。同时，α 相的数量不断增多，而液相 L 的数量不断减

少，两相的含量可用杠杆定律求出。当冷却到 t_3 温度时，最后一滴熔体结晶成固溶体，结晶终了，得到了与原合金成分相同的 α 固溶体。图 3-6 示意地说明了该合金平衡结晶时的组织变化过程。

固溶体合金的结晶过程也是一个形核和长大的过程，形核的方式可以是均质形核，也可以是依靠外来质点的非均质形核。和纯金属相

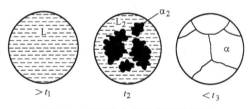

图 3-6 固溶体合金平衡结晶组织变化过程示意图

同，固溶体在形核时，既需要结构起伏，以满足其晶核大小超过一定临界值的要求，又需要能量起伏，以满足形成新相对形核功的要求。此外，由于固溶体合金结晶时所结晶出的固相成分与原液相的成分不同，因此它还需要成分（浓度）起伏。

通常所说的合金熔体成分是指的宏观平均成分，但是，从微观角度来看，由于原子运动的结果，在任一瞬间，液相中总会有某些微小体积可能偏离液相的平均成分，这些微小体积的成分、大小和位置都在不断地变化着，这就是成分起伏。固溶体合金的形核地点便是在那些结构起伏、能量起伏和成分起伏都能满足要求的地方。结晶时过冷度越大，则临界晶核半径越小，形核时所需的能量起伏越小，并且结晶出来的固相成分和原液相成分也越接近，即越容易满足对成分起伏的要求。可见，过冷度越大，则固溶体合金的形核率越大，越容易获得细小的晶粒组织。

和纯金属不同，固溶体合金的结晶有其显著特点，主要表现在以下两个方面。

1. 异分结晶

固溶体合金结晶时所结晶出的固相成分与液相的成分不同，这种结晶出的晶体与母相化学成分不同的结晶称为异分结晶或选择结晶。而纯金属结晶时，所结晶出的晶体与母相的化学成分完全一样，所以称为同分结晶。既然固溶体合金的结晶属于异分结晶，那么在结晶时的溶质原子必然要在液相和固相之间重新分配，这种溶质原子的重新分配程度通常用分配系数表示。溶质平衡分配系数 k_0 定义为：在一定温度下，固液两平衡相中的溶质浓度的比值，即

$$k_0 = C_\alpha / C_L \qquad (3\text{-}4)$$

式中，C_α 和 C_L 为固相和液相的平衡浓度。假定液相线和固相线为直线，则 k_0 为常数，如图 3-7 所示。当液相线和固相线随着溶质浓度的增加而降低时，则 $k_0 < 1$，如图 3-7a 所示；反之，则 $k_0 > 1$，如图 3-7b 所示。

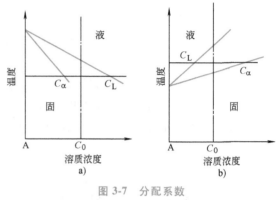

图 3-7　分配系数

a) $k_0 < 1$　b) $k_0 > 1$

显然，当 $k_0 < 1$ 时，k_0 值越小，则液相线和固相线之间的水平距离越大；当 $k_0 > 1$ 时，k_0 值越大，则液相线和固相线之间的水平距离也越大。k_0 值的大小，实际上反映了溶质组元重新分配的强弱程度。

2. 固溶体合金的结晶需要一定的温度范围

固溶体合金的结晶需要在一定的温度范围内进行，在此温度范围内的每一温度下，只能结晶出来一定数量的固相。随着温度的降低，固相的数量增加，同时固相的成分和液相的成分分别沿着固相线和液相线而连续地改变，直至固相线的成分与原合金的成分相同时，才结晶完毕。这就意味着，固溶体合金在结晶时，始终进行着溶质和溶剂原子的扩散，其中不但包括液相和固相内部原子的扩散，而且包括固相与液相通过界面进行的原子相互扩散，这就需要足够长的时间，才得以保证平衡结晶过程的进行。

固溶体合金在结晶时，溶质和溶剂原子必然发生重新分配，而这种重新分配的结果，又导致原子之间的相互扩散。由图 3-8 可知，假如成分为 C_0 的合金在温度 t_1 时开始结晶，按照相平衡关系，此时形成成分为 $k_0 C_1$ 的固溶体晶核。但是由于固相的晶核是在成分为 C_0 的原液相中形成，因此势必要将多余的溶质原子通过固液界面向液相中排出，使界面处的液相成分达到该温度下的平衡成分 C_1，但此时远离固液界面处的液相成分仍保持着原来的成分 C_0，这样，在界面的邻近区域即形成了浓度梯度，如图 3-9a 所示。由于浓度梯度的存在，必然引起液相内溶质原子和溶剂原子的相互扩散，即界面处的溶质原子向远离界面的液相内扩散，而远处液相内的溶剂原子向界面处扩散，结

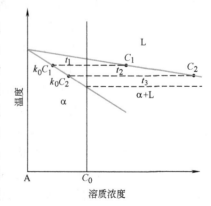

图 3-8　固溶体合金的平衡结晶

果使界面处的溶质原子浓度自 C_1 降至 C_0'，如图 3-9b 所示。但是，在 t_1 温度下，只能存在 $L_{C_1} \rightleftharpoons \alpha_{k_0 C_1}$ 的相平衡，界面处液相成分的任何偏离都将破坏这一相平衡关系，这是不能允许的。为了保持界面处原来的相平衡关系，只有使界面向液相中移动，即晶体长大，通过晶体长大所排出的溶质原子使相界面处的液相浓度恢复到平衡成分 C_1（图 3-9c）。相界面处相平衡关系的重新建立，又造成液相成分的不均匀，出现浓度梯度，这势必又引起原子的扩散，破坏相平衡，最后导致晶体进一步长大，以维持原来的相平衡。如此反复，直到液相成分全部变到 C_1 为止，如图 3-9d 所示。

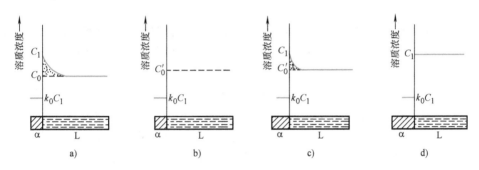

图 3-9 固溶体合金在温度 t_1 时的结晶过程

当温度自 t_1 降至 t_2 时，结晶过程的继续进行，一方面依赖于在温度 t_1 时所形成晶体的继续长大，另一方面是在温度 t_2 时重新形核并长大。在 t_2 时的重新形核和长大过程与 t_1 时相似，只不过此时液相的成分已是 C_1，新的晶核是在 C_1 成分的液相中形成的，且晶核的成分为 $k_0 C_2$，与其相邻的液相成分为 C_2，建立了新的相平衡：$L_{C_2} \rightleftharpoons \alpha_{k_0 C_2}$，远离固液界面的液相成分仍为 C_1。此外，在 t_1 温度时形成的晶体在 t_2 继续长大时，由于在 t_2 时新生长的晶体成分为 $k_0 C_2$，因此又出现了新旧固相间的成分不均匀问题。这样一来，无论在液相内还是在固相内都形成了浓度梯度。于是，不但在液相内存在扩散过程，而且在固相内也存在扩散过程，这就使相界面处液相和固相的浓度都发生了改变，从而破坏了相界面处的相平衡关系。这是不能允许的。为了建立 t_2 温度下的相平衡关系，使相界面处的液相成分仍为 C_2，固相成分仍为 $k_0 C_2$，只有使已结晶的固相进一步长大或由液相内结晶出新的晶体，以排出一部分溶质原子，从而达到相平衡时所需要的溶质浓度。这样的过程需要反复进行，直到液相成分完全变为 C_2，固相成分完全变为 $k_0 C_2$ 时，液相和固相内的相互扩散过程才会停止。

由于原子在液相中扩散较快，因此液相中的成分较快地达到均匀。固相内不断地进行扩散过程，使固溶体的成分和数量逐渐达到平衡状态的要求，在 t_2 温度下的结晶过程完成。上述过程可以用图 3-10 示意地表示。

结晶的进一步进行，有待于进一步降低温度。以此类

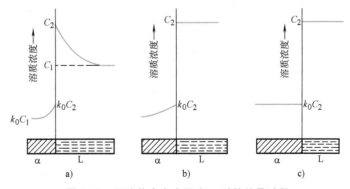

图 3-10 固溶体合金在温度 t_2 时的结晶过程

推，直到温度达到 t_3 时，最后一滴液体结晶成固体后，固溶体的成分完全与合金的成分（C_0）一致，成为均匀的单相固溶体的多晶体组织时，结晶过程即告终了。

综上所述，可以将固溶体的结晶过程概述如下：固溶体晶核的形成（或原晶体的长大），造成相内（液相或固相）的浓度梯度，从而引起相内的扩散过程，这就破坏了相界面处的平衡（造成不平衡），因此，晶体必须长大才能使相界面处重新达到平衡。可见，固溶体晶体的长大过程是平衡→不平衡→平衡→不平衡的辩证发展过程。

三、固溶体合金的非平衡结晶

由上述固溶体合金的结晶过程可知，固溶体合金的结晶过程是与液相及固相内的原子扩散过程密切相关的，只有在极缓慢的冷却条件下，即平衡结晶条件下，才能使每个温度下的扩散过程进行完全，使液相或固相的整体处处均匀一致。然而在实际生产中，合金熔体浇入铸型之后，冷却速度较大，在一定温度下扩散过程尚未进行完全时温度就继续下降了，这样就使液相尤其是固相内保持着一定的浓度梯度，造成各相内成分的不均匀。这种偏离平衡结晶条件的结晶，称为非平衡结晶。非平衡结晶的结果，对合金的组织和性能有很大影响。

在非平衡结晶时，设液相中存在着充分混合条件，即液相的成分可以借助扩散、对流或搅拌等作用完全均匀化，而固相内却来不及进行扩散。显然这是一种极端情况。由图 3-11 可知，成分为 C_0 的合金过冷至 t_1 温度开始结晶，首先析出成分为 α_1 的固相，液相的成分为 L_1，当温度下降至 t_2 时，析出的固相成分为 α_2，它是依附在 α_1 晶体的周围而生长的。如果是平衡结晶，通过扩散，晶体内部由 α_1 成分可以变化至 α_2，但是由于冷却速度快，固相内来不及进行扩散，结果使晶体内外的成分很不均匀。此时整个已结晶的固相成分为 α_1 和 α_2 的平均成分 α_2'。在液相内，由于能充分进行混合，使整个液相的成分时时处处均匀一致，沿液相线变化至

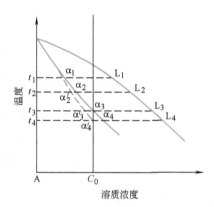

图 3-11 匀晶系合金的非平衡结晶

L_2。当温度继续下降至 t_3 时，结晶出的固相成分为 α_3，同样由于固相内无扩散，使整个结晶固相的实际成分为 α_1、α_2、α_3 的平均值 α_3'，液相的成分沿液相线变至 L_3，此时如果是平衡结晶，t_3 温度已相当于结晶完毕的固相线温度，全部液体应当在此温度下结晶完毕，已结晶的固相成分应为合金成分 C_0。但是由于是非平衡结晶，已结晶固相的平均成分不是 α_3，而是 α_3'，与合金的成分 C_0 不同，仍有一部分液体尚未结晶，一直要到 t_4 温度才能结晶完毕。此时固相的平均成分由 α_3' 变化到 α_4'，与合金原始成分 C_0 一致。

若把每一温度下的固相平均成分点连接起来，就得到图 3-11 粗虚线所示的 $\alpha_1\alpha_2'\alpha_3'\alpha_4'$ 固相平均成分线。但是应当指出，固相平均成分线与固相线的意义不同，固相线的位置与冷却速度无关，位置固定；而固相平均成分线则与冷却速度有关，冷却速度越大，则偏离固相线的程度越大。当冷却速度极为缓慢时，则与固相线重合。

图 3-12 所示为固溶体合金非平衡结晶时的组织变化示意图。由图可见，固溶体合金非平衡结晶使先后从液相中结晶出的固相成分不同，再加上冷却速度较快，不能使成分扩散均匀，结果就使每个晶粒内部的化学成分很不均匀。先结晶的部分含高熔点组元较多，后结晶

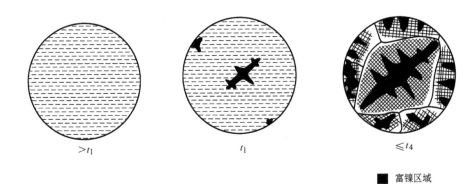

> t_1 t_1 $\leqslant t_4$

■ 富镍区域
□ 富铜区域

图 3-12 固溶体合金非平衡结晶时的组织变化示意图

的部分含低熔点组元较多,在晶粒内部存在着浓度差别,这种在一个晶粒内部化学成分不均匀的现象,称为晶内偏析。由于固溶体晶体通常呈树枝状,使枝干和枝间的化学成分不同,所以又称为枝晶偏析。对存在枝晶偏析的组织进行显微分析,即可对上述分析进行验证。图 3-13a 所示为 Cu-Ni 合金的铸态组织,经浸蚀后枝干和枝间的颜色存在着明显的差别,说明它们的化学成分不同。其中枝干先结晶,含高熔点的镍较多,不易浸蚀,呈亮白色;枝间后结晶,含低熔点的铜较多,易受浸蚀,呈暗黑色。图 3-13b 所示为电子探针测试结果,进一步证实了枝干富镍、枝间富铜这一枝晶偏析现象。

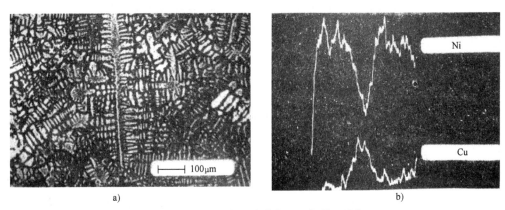

100μm

a)   b)

图 3-13 Cu-Ni 合金的铸态组织与微区分析
a) 铸态组织 b) 微区分析

枝晶偏析的大小与分配系数 k_0 有关,即与液相线和固相线间的水平距离或成分间隔有关。在上面所讨论的情况下,偏析的最大程度为

$$C_0 - C_{\alpha 1} = C_0 - k_0 C_0 = C_0(1 - k_0)$$

当 $k_0 < 1$ 时,k_0 值越小,则偏析越大;当 $k_0 > 1$ 时,k_0 值越大,偏析也越大。

溶质原子的扩散能力对偏析程度也有影响,如果结晶的温度较高,溶质原子扩散能力又大,则偏析程度较小;反之,则偏析程度较大。例如,钢中硅的扩散能力比磷大,所以硅的偏析较小,而磷的偏析较大。

冷却速度对偏析的影响比较复杂,一般说来,冷却速度越大,则枝晶偏析程度越严重。但是冷却速度大,过冷度也大,可以获得较为细小的晶粒,尤其是对于小型铸件,当以极大的速度过冷至很低的温度（如图 3-11 的 t_3 温度）才开始结晶时，反而能够得到成分均匀的铸态组织。

枝晶偏析对合金的性能有很大的影响，严重的枝晶偏析会使合金的力学性能下降，特别是使塑性和韧性显著降低，甚至使合金不容易进行压力加工。枝晶偏析也会使合金的耐蚀性降低。为了消除枝晶偏析，工业生产上广泛应用均匀化退火的方法，即将铸件加热至低于固相线 100~200℃ 的温度，进行较长时间保温，使偏析元素充分扩散，以达到成分均匀化的目的。图 3-14 所示为经均匀化退火后的 Cu-Ni 合金组织，电子探针分析结果表明，其化学成分是均匀的，枝晶偏析已经消除。

 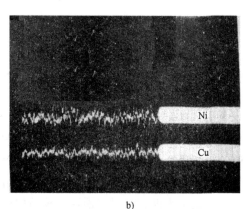

a)   b)

图 3-14   经均匀化退火后的 Cu-Ni 合金组织与微区分析

a）均匀化退火后的组织   b）微区分析

四、区域偏析和区熔提纯

（一）区域偏析

固溶体合金在非平衡结晶时所形成的枝晶偏析，是属于一个晶粒范围内枝干与枝间的微观偏析，除此之外，固溶体合金在非平衡结晶时还往往造成区域偏析，即大范围内化学成分不均匀的现象。下面仍以固相内无扩散，液相借助于扩散、对流或搅拌，化学成分可以充分混合的情况为例，阐述晶体在长大过程中的溶质原子分布情况，说明造成区域偏析的原因。

如图 3-15 所示，假定成分为 C_0、$k_0 < 1$ 的液态合金在圆管内自左端向右端逐渐凝固，固液界面保持平面，界面始终处于局部平衡状态，即界面两侧的浓度符合相应界面温度下相图所给出的平衡浓度。当合金在 t_1 温度开始结晶时，结晶出的固相成分为 $k_0 C_1$，液相成分为 C_1（图 3-15a），晶体长度为 x_1（图 3-15b）。当温度降至 t_2 时，析出的固相成分为 $k_0 C_2$，晶体长大至 x_2 的位置，由于液相成分能够充分混合，所以晶体长大时向液相中排出的溶质原子使液相成分整体而均匀地沿液相线由 C_1 变至 C_2。当温度降至 t_3 时，晶体由 x_2 长大至 x_3，此时晶体的成分为 C_0，即原合金的成分，晶体长大时所排出的溶质原子使液相成分变至 C_0/k_0。由于固相内无扩散，故先后结晶的固相成分依次为 $k_0 C_1 \rightarrow k_0 C_2 \rightarrow C_0$。尽管此时相界面处的固相成分已达到 C_0，但已结晶的固相成分的平均值仍低于合金成分，因此仍保持着较多的液相，在此后的结晶过程中，液相中的溶质原子越来越富集，结晶出来的固相成分也越来越高，以至最后结晶的固相成分往往要比原合金成分高好多倍。从左端开始结晶到右端结晶终了，固相中的成分分布曲线如图 3-16 中的曲线 b 所示。由此可见，对于铸锭或铸件

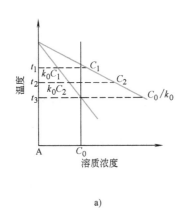

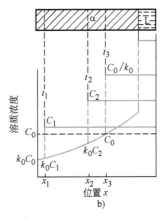

图 3-15　区域偏析形成过程

来说，这就造成大范围内的化学成分不均匀，即区域偏析。

　　上述结晶过程若是平衡结晶，由于结晶过程十分缓慢，无论是在液相还是在固相，溶质原子均可以充分进行混合，虽然刚开始结晶出的固相成分为 $k_0 C_1$，但当结晶至右端时，整个固相的成分都达到了均匀的合金成分 C_0，溶质原子的分布相当于图 3-16 中的水平直线 a。

　　在实际的结晶过程中，液相中的溶质原子不可能时时处处混合得十分均匀，因此上面讨论的是一种极端情况。下面讨论另外一种极端情况，即固相中无扩散，液相中除了扩散之外，没有对流或搅拌，即液相中的溶质原子混合得很差。为了讨论问题方便，仍然假设液态合金于圆管中单向凝固，液固相界面为一平面，界面始终处于局部平衡状态，如图 3-17 所示。成分为 C_0 的液态合金在 t_1 温度开始，结晶出的固相成分为 $k_0 C_1$（图 3-17a），此时将从已结晶的固相向液相排出一部分溶质原子。但是由于液相中无对流或搅拌的作用，不能将这部分溶质原子迅速输送到远处的液体中，于是界面附近的液相中形成了浓度梯度，溶质原子只能借助于浓度梯度的作用向远处的液相中输送。由于扩散速度慢，溶质原子在界面附近有所富集（图 3-17b）。随着温度

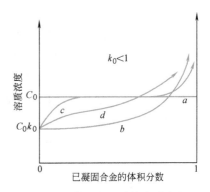

图 3-16　单向结晶时的溶质分布

a—平衡凝固　　b—液相中溶质完全混合
c—液相中溶质只借扩散而混合
d—液相中溶质部分地混合

的不断降低，晶体的不断长大和界面向液相中的逐渐推移，溶质的富集层便越来越厚，浓度梯度越来越大，溶质原子的扩散速度也随着浓度梯度的增加而加快。

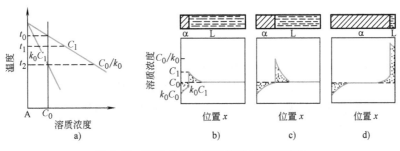

图 3-17　液相中只有扩散的单向结晶过程

当温度达到 t_2 时，相界面处液相的成分达到 C_0/k_0，固相成分达到 C_0，此时从固相中排到界面上的溶质原子数恰好等于扩散离开界面的溶质原子数，即达到了稳定态。此后结晶即在 t_2 温度下进行，固相成分保持原合金成分 C_0，界面处的液相成分保持 C_0/k_0，由于扩散进行得很慢，远离相界面的液相成分仍保持 C_0，如图 3-17c 所示。直至结晶临近终了，最后剩下的少量液相，其浓度又开始升高（图 3-17d）。最后结晶的一小部分晶体浓度往往比合金浓度高出许多。溶质浓度沿整个晶体的分布曲线见图 3-16 中的曲线 c。

实际的非平衡结晶，既不会像第一种情况那样，液相中的成分随时都可以混合均匀，也不会像第二种情况那样，液相中仅仅存在扩散，液相的成分很不均匀。大多数是介于以上两种极端的中间情况，其溶质原子的分布情况如图 3-16 中的曲线 d 所示。在分析铸件或铸锭的结晶时，应当结合凝固的具体条件进行分析。

（二）区熔提纯

区域偏析对合金的性能有很大影响，应当予以避免，但可依据这一原理，用以提纯金属。如从图 3-16 中的曲线 b 可以看出，$k_0<1$ 的合金在定向凝固和加强对流或搅拌的情况下，可以使试棒起始凝固端部的纯度得以提高。设想，将杂质富集的末端切去，然后再熔化，再凝固，金属的纯度就可不断得到提高，但是这种提纯方法步骤颇为繁复。

如果在提纯时不是将金属棒全部熔化，而是将圆棒分小段进行熔化和凝固，也就是使金属棒从一端向另一端顺序地进行局部熔化，则凝固过程也随之顺序地进行（图 3-18）。由于固溶体合金是选择结晶，先结晶的晶体将杂质排入熔化部分的液相中。如此当熔区走过一遍之后，圆棒中的杂质就富集于另一端，重复多次，即可达到目的，这种方法就是区熔提纯。

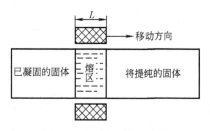

图 3-18 区熔提纯示意图

提纯效果与熔区长度、k_0 的大小及液相搅拌的激烈程度有关。熔区的长度（L）越短，则提纯效果越好。这是由于熔区较长时，会将已经推到另一端的溶质原子重新熔化而又跑向低的一端。通常熔区的长度不大于试样全长的 1/10。k_0 越小，则提纯效果越好；搅拌越激烈，液相的成分越均匀，则结晶出的固相成分越低，提纯效果也越好。为此，最好采用感应加热，熔区内有电磁搅拌，使液相内的溶质浓度易于均匀，这样熔区的前进速度也可大些。如此反复几次，就可将金属棒的纯度大大提高。例如，对于 $k_0=0.1$ 的情况，只需进行五次区熔提纯，就可使金属棒前半部分的杂质含量降低至原来的 1/1000。因此，区熔提纯已广泛应用于制备高纯金属和半导体材料，以生产高性能的电子和光学元器件。

五、成分过冷及其对晶体界面形态和铸锭组织的影响

在讨论纯金属的结晶过程时曾经指出，如果固液界面前沿液相的温度梯度为正，则固液界面呈平面状长大；而当温度梯度为负时，则固液界面呈树枝状长大。在固溶体合金结晶时，即使固液界面前沿液相的温度梯度为正，也经常发现其呈树枝状长大，还有的呈胞状长大。产生这一现象的原因是固溶体合金在非平衡结晶时，溶质组元重新分布，在固液界面前沿液相中形成溶质的浓度梯度，引起平衡结晶温度的变化，从而形成成分过冷。

98

（一）形成成分过冷的条件及其影响因素

为了讨论问题方便起见，设 C_0 成分的固溶体合金为定向凝固，固相中无扩散，液相中只有扩散而无对流或搅拌，分配系数 $k_0<1$，液相线和固相线均为直线，如图 3-19a 所示。合金熔体的固液界面前沿液相的温度分布如图 3-19b 所示，其温度梯度是正值，它只受散热条件的影响，而与液相中的溶质分布情况无关。当 C_0 成分的合金熔体温度降至 t_0 时，结晶出的固相成分为 k_0C_0。由于液相中只有扩散而无对流或搅拌，所以随着温度的降低，在晶体长大的同时，不断排出的溶质便在固液界面前沿液相中富集，形成具有一定溶质浓度梯度的液相边界层，并且界面处的液相成分和固相成分分别沿着液相线和固相线变化。当温度达到 t_2 时，界面处固相的成分为 C_0，液相的成分为 C_0/k_0，液相边界层的浓度梯度达到了稳定态，而远离界面处的液相成分仍为合金成分 C_0。在固液界面处的液相边界层的溶质分布情况如图 3-19c 所示。

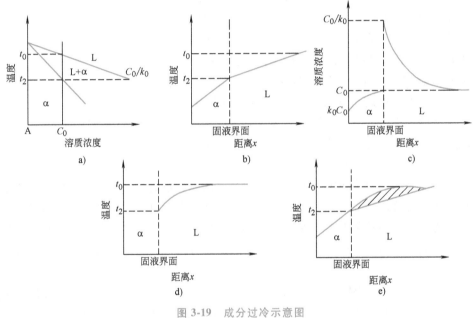

图 3-19 成分过冷示意图

固溶体合金的平衡结晶温度与纯金属不同，纯金属的平衡结晶温度（熔点）是确定不变的，而固溶体合金的平衡结晶温度则随合金成分的不同而变化。当 $k_0<1$ 时，合金的平衡结晶温度随液相中溶质浓度的增加而降低（图 3-19a），这一变化规律由液相线表示。这样一来，由于液相边界层中的溶质浓度随距界面的距离 x 的增加而减小，故边界层的平衡结晶温度也将随距离 x 的增加而上升，如图 3-19d 所示。在 $x=0$ 处，边界层的溶质浓度最高，其值为 C_0/k_0（图 3-19c），相应的平衡结晶温度 t_2 也最低（图 3-19a、d）；随距离 x 增加，溶质浓度不断降低，平衡结晶温度随之升高；当溶质浓度降到合金熔体的原成分 C_0 时，平衡结晶温度升高至相应的 t_0 温度。

如果将图 3-19b 和图 3-19d 叠加在一起，就构成了图 3-19e。由图可见，在固液界面前沿一定范围内的液相，其实际温度低于平衡结晶温度，出现了一个过冷区域，过冷度为平衡结晶温度与实际温度之差，这个过冷度是由于界面前沿液相中的成分差别引起的，所以称为成分过冷。

从图 3-19e 还可以看出，出现成分过冷的极限条件是固液界面前沿液相的实际温度梯度与平衡结晶温度曲线恰好相切。实际温度梯度进一步增大，就不会出现成分过冷；而实际温度梯度减小，则成分过冷区增大。形成成分过冷的这一临界条件可以用以下数学式表达

$$\frac{G}{R} = \frac{mC_0}{D} \cdot \frac{1-k_0}{k_0} \qquad (3\text{-}5)$$

式中，G 为固液界面前沿液相中的实际温度梯度；R 为晶体长大速度（固液界面向液相中的推进速度）；m 为相图上液相线斜率的绝对值；D 为液相中溶质的扩散系数；k_0 为分配系数。

只有 $\dfrac{G}{R} < \dfrac{mC_0}{D} \cdot \dfrac{1-k_0}{k_0}$ 时才会产生成分过冷。对一定的合金系而言，其液相线斜率 m、分配系数 k_0 和液相中溶质原子的扩散系数 D 均为定值，因此，液相中的温度梯度越小，晶体长大速度 R 和合金元素的含量 C_0 越大，则越有利于产生成分过冷。图 3-20 给出了几种不同的温度梯度对成分过冷区的影响，由图可见，温度梯度越平缓，成分过冷区就越大，生产上一般就是通过控制温度梯度的大小来控

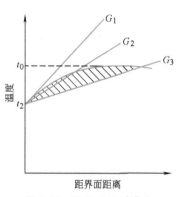

图 3-20　温度梯度对成分过冷区的影响

制成分过冷区的大小的。对于不同的合金系而言，液相线越陡，液相中的 D 值越小，$k_0 < 1$ 时 k_0 值越小，或 $k_0 > 1$ 时 k_0 值越大，则产生成分过冷的倾向越大。

（二）成分过冷对晶体界面形态和铸锭组织的影响

金属的固液界面一般为粗糙界面，因此纯金属的晶体形态主要受界面前沿液相中温度梯度的影响，而对固溶体合金来说，除受温度梯度的影响外，更主要的是受成分过冷的影响。在温度梯度为负时，固溶体与纯金属一样，结晶时晶体易长成树枝状；而在温度梯度为正时，由溶质在固液界面前沿液相中的富集而引起的成分过冷，将对固溶体合金的晶体形态产生很大的影响。

将成分为 C_0 的合金熔体浇入铸型后，只有待型壁温度降至液相的平衡结晶温度 t_0 时才能开始结晶，如图 3-19a 所示。随着晶体的形成，在固液界面前沿液相中形成溶质富集的边界层，从而形成成分过冷区，此时界面处液相的平衡结晶温度降至 t_2（图 3-19e），于是晶体不能继续生长，必须由型壁散热，使界面温度降至 t_2 后晶体才能继续生长。应当指出，界面温度由 t_0 降至 t_2 时，并不改变液相中的温度梯度，因而温度梯度仍为正值，且大小不变。

从图 3-20 可以看出，如果温度梯度为 G_1，则晶体呈平面状长大，长大速度完全由散热条件所控制，最后形成平面状的晶粒界面。如果温度梯度为 G_2，在固液界面前沿存在较小的成分过冷区，于是平滑界面上的偶然凸出部分可伸入过冷区长大，如图 3-21a 所示。由于凸出部分不仅沿原生长方向（纵向）生长，而且在垂直于原生长方向（横向）也在生长，于是不仅

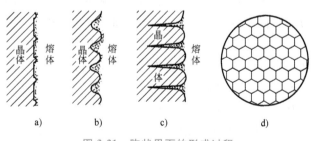

图 3-21　胞状界面的形成过程

要在纵向排出溶质，在横向也要排出，但是由于凸出部分顶端的溶质原子向远离界面的液相中的扩散条件比两侧的好，使得相邻凸出部分之间的沟槽内液相的溶质浓度增加得比顶端快，于是沟槽内液相溶质富集，如图 3-21b 所示。我们知道，液相的平衡结晶温度随着溶质浓度的增加而降低，并且晶体的长大速度与过冷度有关。因此，沟槽内溶质富集的液相的平衡结晶温度较低，过冷度较小，晶体长大速度不如顶部快，因而使沟槽不断加深。在一定条件下，界面最终可达到一稳定形状，此后的晶体长大就是稳定的凹凸不平界面以恒速向液相中推进，如图 3-21c 所示。

这种凹凸不平的界面通常称为胞状界面，具有胞状界面的晶粒组织称为胞状组织或胞状晶，因为它的显微形态很像蜂窝，所以又称为蜂窝组织，它的横截面的典型形态呈规则的六边形，如图 3-21d 所示。应当指出，在一个晶粒内各个胞具有基本相同的结晶学位向，最多只有几分的偏离，胞与胞之间并没有被分离成晶粒，所以，胞状组织是晶粒内的一种亚结构。在胞状组织的交界面上，存在着溶质的富集（$k_0 < 1$）或贫乏（$k_0 > 1$），形成显微偏析，因此在抛光腐蚀后，可显现出胞状组织。

形成胞状组织时成分过冷区域很小，凸出部分约为 0.1～1mm，当成分过冷区进一步增大时，如图 3-20 中的 G_3，则合金的结晶条件与纯金属在负温度梯度下时的结晶条件相似，在界面上的凸出部分可以向液相中凸出相当大的距离，在纵向生长的同时，又从其侧面产生凸出部分的分枝，从而发展成树枝晶。图 3-22 为 Al-Cu 合金在不同的成分过冷度下所形成

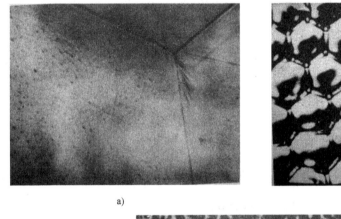
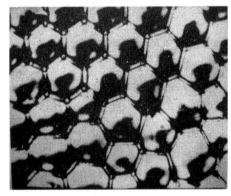

a)　　　　　　　　　　　　　　　　　b)

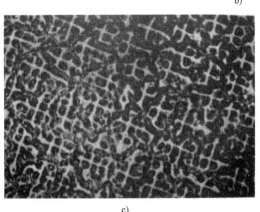

c)

图 3-22　Al-Cu 合金的三种晶粒组织

a）平面晶　b）胞状晶　c）树枝晶

的三种晶粒组织。应当指出，在工业生产中，晶体呈平面状长大所需要的温度梯度很大，一般很难达到。通常铸锭和铸件中的温度梯度均小于 $3 \sim 5℃/cm$，因此固溶体合金凝固后，总是形成树枝晶组织。

第三节 共晶相图及合金的结晶

两组元在液态时无限互溶，在固态时有限互溶，发生共晶转变，形成共晶组织的二元系相图，称为二元共晶相图。Pb-Sn、Pb-Sb、Ag-Cu、Pb-Bi 等合金系的相图都属于共晶相图，在 Fe-C、Al-Mg 等相图中，也包含有共晶部分。下面以 Pb-Sn 相图为例，对共晶相图及合金的结晶进行分析。

一、相图分析

图 3-23 所示为 Pb-Sn 二元共晶相图，图中 AEB 为液相线，$AMENB$ 为固相线，MF 为 Sn 在 Pb 中的溶解度曲线，也叫固溶度曲线，NG 为 Pb 在 Sn 中的溶解度曲线。

相图中有三个单相区，即液相 L 相区、固溶体 α 相区和固溶体 β 相区。α 相是 Sn 溶于 Pb 中的固溶体，β 相是 Pb 溶于 Sn 中的固溶体。各个单相区之间有三个两相区，即 L+α、L+β 和 α+β。在 L+α、L+β 与 α+β 两相区之间的水平线 MEN 表示 α+β+L 三相共存区。

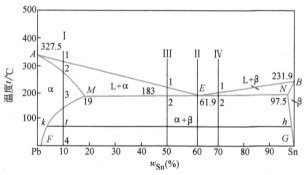

图 3-23 Pb-Sn 合金相图

在三相共存水平线所对应的温度 t_E 下，成分相当于 E 点的液相（L_E）同时结晶出与 M 点相对应的 $α_M$ 和 N 点所对应的 $β_N$ 两个相，形成两个固溶体的混合物。这种转变的反应式是

$$L_E \xrightleftharpoons{t_E} α_M + β_N$$

根据相律可知，在发生三相平衡转变时，自由度等于零（$F=2-3+1=0$），所以这一转变必然在恒温下进行，而且三个相的成分应为恒定值，在相图上的特征是三个单相区与水平线只有一个接触点，其中液体单相区在中间，位于水平线之上，两端是两个固相单相区。这种在一定的温度下，由一定成分的液相同时结晶出成分一定的两个固相的转变过程，称为共晶转变或共晶反应。共晶转变的产物为两个固相的混合物，称为共晶组织。

相图中的 MEN 水平线称为共晶线，E 点称为共晶点，E 点对应的温度称为共晶温度，成分对应于共晶点的合金称为共晶合金，成分位于共晶点以左、M 点以右的合金称为亚共晶合金，成分位于共晶点以右、N 点以左的合金称为过共晶合金。

此外，应当指出，当三相平衡时，其中任意两相之间也必然相互平衡，即 α-L、β-L、α-β 之间也存在着相互平衡关系，ME、EN 和 MN 分别为它们之间的连接线，在这种情况下就可以利用杠杆定律分别计算平衡相的含量。

二、典型合金的平衡结晶及其显微组织

（一）含锡量 $w_{Sn} \leqslant 19\%$ 的合金（合金 I）

现以 $w_{Sn} = 10\%$ 的合金 I 为例进行分析。从图 3-23 可以看出，当合金 I 缓慢冷却到 1 点时，开始从液相中结晶出 α 固溶体。随着温度的降低，α 固溶体的数量不断增多，而液相的数量不断减少，它们的成分分别沿固相线 AM 和液相线 AE 发生变化。合金冷却到 2 点时，结晶完毕，全部结晶成单相 α 固溶体，其成分与原始的液相成分相同。这一过程与匀晶系合金的结晶过程完全相同。

继续冷却时，在 2~3 点温度范围内，α 固溶体不发生变化。当温度下降到 3 点以下时，锡在 α 固溶体中呈过饱和状态，因此，多余的锡就以 β 固溶体的形式从 α 固溶体中析出。随着温度继续降低，α 固溶体的溶解度逐渐减小，因此这一析出过程将不断进行，α 相和 β 相的成分分别沿 MF 线和 NG 线变化，如在 t 温度时，析出的 β 相成分为 h，与成分为 k 的 α 相维持平衡。由固溶体中析出另一个固相的过程称为脱溶过程，也即过饱和固溶体的分解过程，也称为二次结晶。二次结晶析出的相称为次生相或二次相，次生的 β 固溶体以 $β_{II}$ 表示，以区别于从液体中直接结晶出来的 β 固溶体（初晶 β）。$β_{II}$ 优先从 α 相晶界析出，有时也从晶粒内的缺陷部位析出。由于固态下的原子扩散能力小，析出的次生相不易长大，一般都比较细小。

图 3-24 $w_{Sn} = 10\%$ 的 Pb-Sn 合金显微组织

合金结晶结束后形成以 α 相为基体的两相组织。图 3-24 所示为该合金的显微组织。图中黑色基体为 α 相，白色颗粒为 $β_{II}$。$β_{II}$ 分布在 α 相的晶界上，或在 α 相晶粒内部析出。该合金的冷却曲线如图 3-25 所示，图 3-26 所示为其平衡结晶过程示意图。

成分位于 F 和 M 之间的所有合金，平衡结晶过程均与上述合金相似，其显微组织也是由 $α+β_{II}$ 两相所组成的，只是两相的相对含量不同。合金成分越靠近 M 点，$β_{II}$ 的含量越多。两相的含量可用杠杆定律求出。如合金 I 的 α 和 $β_{II}$ 相的含量分别为：

$$w_{β_{II}} = \frac{F4}{FG} \times 100\%$$

$$w_{α} = \frac{4G}{FG} \times 100\%$$

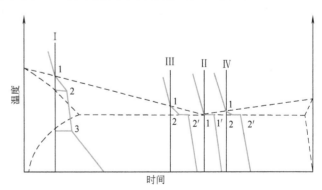

图 3-25 各种典型 Pb-Sn 合金的冷却曲线

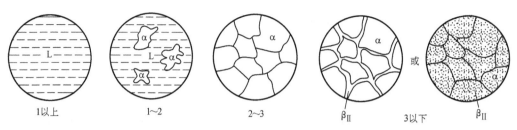

图 3-26　$w_{Sn}=10\%$ 的 Pb-Sn 合金平衡结晶过程

（二）共晶合金（合金Ⅱ）

共晶合金Ⅱ中，含锡量 $w_{Sn}=61.9\%$，其余为铅。当合金Ⅱ缓慢冷却至温度 t_E（183℃）时，发生共晶转变

$$L_E \underset{t_E}{\overset{t_E}{\rightleftharpoons}} \alpha_M + \beta_N$$

这个转变一直在183℃进行，直到液相完全消失为止。这时所得到的组织是 α_M 和 β_N 两个相的混合物，亦即共晶组织。α_M 和 β_N 相的含量可分别用杠杆定律求出

$$w_{\alpha_M} = \frac{EN}{MN} \times 100\% = \frac{97.5-61.9}{97.5-19} \times 100\%$$
$$\approx 45.4\%$$

$$w_{\beta_N} = \frac{ME}{MN} \times 100\% = \frac{61.9-19}{97.5-19} \times 100\%$$
$$\approx 54.6\%$$

继续冷却时，共晶组织中的 α 和 β 相都要发生溶解度的变化，α 相成分沿着 MF 线变化，β 相的成分沿着 NG 线变化，分别析出次生相 β_{II} 和 α_{II}，这些次生相常与共晶组织中的同类相混在一起，在显微镜下难以分辨。

图 3-27 所示为 Pb-Sn 共晶合金的显微组织，α 和 β 呈片层状交替分布，其中黑色的为 α 相，白色的为 β 相。该合金的冷却曲线如图 3-25 所示，图 3-28 所示为该合金平衡结晶过程的示意图。

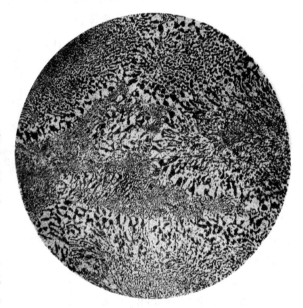

图 3-27　Pb-Sn 共晶合金的显微组织

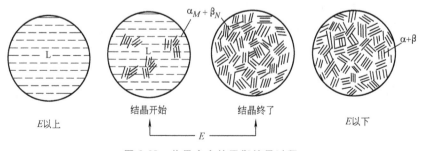

图 3-28　共晶合金的平衡结晶过程

共晶组织是怎样形成的？现以片层状的共晶组织说明如下。

和纯金属及固溶体合金的结晶过程一样，共晶转变同样要经过形核和长大的过程，在形核时两个相中总有一个在先，另一个在后，首先形核的相叫领先相。如果领先相是 α，由于 α 相中的含锡量比液相中的少，多余的锡从晶体中排出，使界面附近的液相中锡量富集。这就给 β 相的形核在成分上创造了条件，而 β 相的形核又要排出多余的铅，使界面前沿的液相中铅量富集，这又给 α 相的形核在成分上创造了条件，于是两相就交替地形核和长大，构成了共晶组织（图 3-29a）。进一步的研究表明，共晶组织中的两个相都不是孤立的，α 片与 α 片、β 片与 β 片分别互相联系，共同构成一个共晶领域，或称为共晶团。这样，两个相就不需要反复形核，很可能是以图 3-29b 所示的"搭桥"方式形成的。

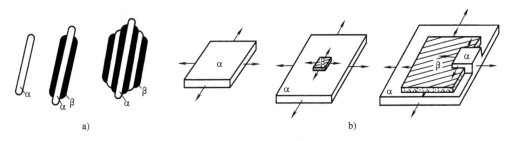

图 3-29　片层状共晶的形核与生长示意图

a）片层状交替形核生长　b）搭桥机构

共晶组织的形态很多，按其中两相的分布形态，可将它们分为片层状、棒状（条状或纤维状）、球状（短棒状）、针片状、螺旋状等，如图 3-30 所示。共晶组织的具体形态受到多种因素的影响。近年来有人提出，共晶组织中两个组成相的本质是其形态的决定性因素。在研究纯金属结晶时已知，晶体的生长形态与固液界面的结构有关。金属的界面为粗糙界面，准金属和非金属为光滑界面。因此，金属-金属型的两相共晶组织大多为片层状或棒状，金属-非金属型的两相共晶组织通常具有复杂的形态，表现为树枝状、针片状或骨骼状等。

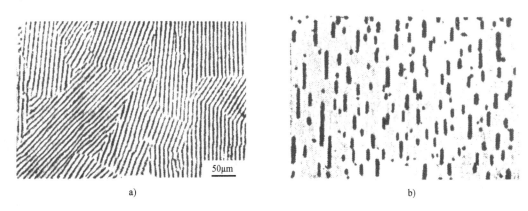

图 3-30　各种形态的共晶组织

a）片层状（Pb-Cu）　b）棒状

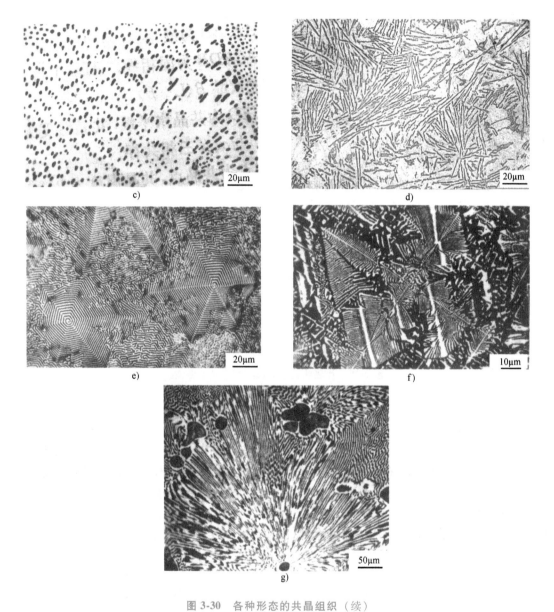

图 3-30　各种形态的共晶组织（续）

c）球状（Cu-Cu$_2$O）　d）针片状（Al-Si）　e）螺旋状（Zu-MgZn）　f）蛛网状　g）放射状（Cu-P）

（三）亚共晶合金（合金Ⅲ）

下面以含锡量 $w_{Sn}=50\%$ 的合金Ⅲ为例，分析亚共晶合金的平衡结晶过程。

当合金Ⅲ缓冷至 1 点时，开始结晶出 α 固溶体。在 1～2 点温度范围内，随着温度的缓慢下降，α 固溶体的数量不断增多，α 相的成分和液相成分分别沿着 AM 和 AE 线变化。这一阶段的转变属于匀晶转变。

当温度降至 2 点时，α 相和剩余液相的成分分别达到 M 点和 E 点，两相的含量分别为

$$w_\alpha = \frac{E2}{ME}\times100\% = \frac{61.9-50}{61.9-19}\times100\% \approx 27.8\%$$

$$w_L = \frac{M2}{ME} \times 100\% = \frac{50-19}{61.9-19} \times 100\% \approx 72.2\%$$

在 t_E 温度时，成分为 E 点的液相便发生共晶转变，即

$$L_E \underset{}{\overset{t_E}{\rightleftharpoons}} \alpha_M + \beta_N$$

这一转变一直进行到剩余液相全部形成共晶
组织为止。共晶转变前形成的 α 固溶体称为
初晶或先共晶相。亚共晶合金在共晶转变刚
刚结束之后的组织是由先共晶 α 相和共晶组
织（α+β）组成的。其中共晶组织的量即为
温度刚到达 t_E 时液相的量。

在 2 点以下继续冷却时，将从 α 相（包
括先共晶 α 相和共晶组织中的 α 相）和 β 相
（共晶组织中的）分别析出次生相 β_{II} 和 α_{II}。
在显微镜下，只有从先共晶 α 相中析出的
β_{II} 可能观察到，共晶组织中析出的 α_{II} 和

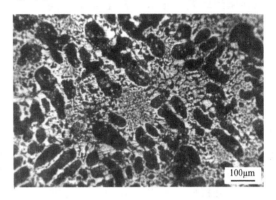

图 3-31　$w_{Sn}=50\%$ 的 Pb-Sn 合金的显微组织

β_{II} 一般难以分辨。图 3-31 所示为合金Ⅲ的显微组织。图中暗黑色树枝状晶部分是先共晶 α
相，之中的白色颗粒是 β_{II}，黑白相间分布的是共晶组织。该合金的冷却曲线如图 3-25 所
示，平衡结晶过程示意图如图 3-32 所示。

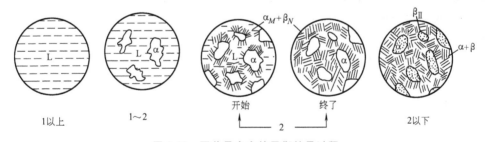

图 3-32　亚共晶合金的平衡结晶过程

关于先共晶相的形态，如果是固溶体，则一般呈树枝状，图 3-31 所示组织中的呈卵形
的先共晶相，实际上是树枝状晶体。若先共
晶相为准金属、非金属或化合物时，则一般
具有较规则的外形。如在 Pb-Sb 二元系合金
中，过共晶合金的先共晶相是锑晶体，它呈
白色的规则片状，如图 3-33 所示。

（四）过共晶合金（合金Ⅳ）

过共晶合金的平衡结晶过程和显微组织
与亚共晶合金相似，所不同的是先共晶相不
是 α，而是 β。图 3-34 所示为 $w_{Sn}=70\%$ 的合
金Ⅳ的显微组织。图中亮白色卵形部分为先
共晶 β 固溶体，其余部分为共晶组织。

图 3-33　过共晶 Pb-Sb 合金的显微组织
（初晶 Sb 呈多边形，余为 Pb-Sb 共晶）

根据图 3-23 所示的相图，综合上述分析可知，虽然 $F \sim G$ 点之间的合金均由 α 和 β 两相所组成，但是由于合金成分和结晶过程的变化，相的大小、数量和分布状况，即合金的显微组织差别很大，甚至完全不同。成分在 $F \sim M$ 点之间的合金组织为 $α + β_{II}$，亚共晶合金组织为 $α + β_{II} +$ 共晶组织（α+β），共晶合金完全为共晶组织（α+β），过共晶合金组织为 $β + α_{II} +$ 共晶组织（α+β）；成分在 $N \sim G$ 点之间的合金组织为 $β + α_{II}$。其中的 α、β、$α_{II}$、$β_{II}$ 及（α+β）在显微组织

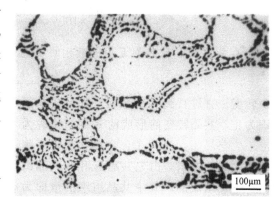

图 3-34 $w_{Sn} = 70\%$ 的 Sn-Pb 合金的显微组织

中均能清楚地区分开，是组成显微组织的独立部分，称为合金的组织组成物。从相的本质看，它们都是由 α 和 β 两相所组成的，所以 α 和 β 两相称为合金的相组成物。

为了分析研究组织的方便，常常把合金平衡结晶后的组织直接填写在合金相图上，如图 3-35 所示。这样，相图上所表示的组织与显微镜下所观察到的显微组织能互相对应，便于了解合金系中任一合金在任一温度下的组织状态，以及该合金在结晶过程中的组织变化。

无论是合金的组织组成物，还是相组成物，它们的相对含量都可以用杠杆定律来计算。例如，含锡量 $w_{Sn} = 30\%$ 的亚共晶合金在 183℃ 共晶转变结束后，先共晶 α 相和共晶组织（α+β）的含量分别为（图 3-35）

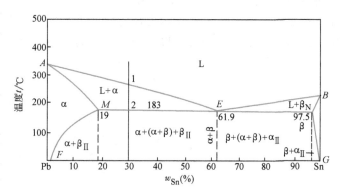

图 3-35 标明组织组成物的 Pb-Sn 合金相图

$$w_α = \frac{2E}{ME} \times 100\% = \frac{61.9 - 30}{61.9 - 19} \times 100 \approx 74.4\%$$

$$w_{(α+β)} = \frac{2M}{ME} \times 100\% = \frac{30 - 19}{61.9 - 19} \times 100\% \approx 25.6\%$$

相组成物 α 和 β 相的含量分别为

$$w_α = \frac{2N}{MN} \times 100\% = \frac{97.5 - 30}{97.5 - 19} \times 100\% \approx 86\%$$

$$w_β = \frac{M2}{MN} \times 100\% = \frac{30 - 19}{97.5 - 19} \times 100\% \approx 14\%$$

三、非平衡结晶及其显微组织

前面讨论了共晶系合金在平衡条件下的结晶过程，但铸件和铸锭的凝固都是非平衡结晶过程，非平衡结晶远比平衡结晶复杂。下面仅定性地讨论非平衡结晶中的一些重要规律。

（一）伪共晶

在平衡结晶条件下，只有共晶成分的合金才能获得完全的共晶组织。但在非平衡结晶条件下，成分在共晶点附近的亚共晶或过共晶合金，也可能得到全部共晶组织，这种非共晶成分的合金所得到的共晶组织称为伪共晶组织。由于伪共晶组织具有较高的力学性能，所以研究它具有一定的实际意义。

从图 3-36 可以看出，在非平衡结晶条件下，由于冷却速度较大，将会产生过冷，当液态合金过冷到两条液相线的延长线所包围的阴影区时，就可得到共晶组织。这是因为这时的合金液体对于 α 相和 β 相都是过饱和的，所以既可以结晶出 α 相，又可以结晶出 β 相，它们同时结晶出来就形成了共晶组织。通常将形成全部共晶组织的成分和温度范围称为伪共晶区，如图中的阴影区所示。当亚共晶合金 I 过冷至 t_1 温度以下进行结晶时就可以得到全部共晶组织。从形式上看，越靠近共晶成分的合金越容易得到伪共晶组织，可是事实并不全如此，

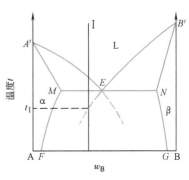

图 3-36 伪共晶示意图

例如，工业上广泛应用的 Al-Si 系合金的伪共晶区就不是液相线的延长线所包围的区域。在合金系中，伪共晶区的形状有两类，如图 3-37 所示。两组成相具有相近熔点时，随温度的降低伪共晶区相对于共晶点近乎对称地扩大，如图 3-37a 所示，属于这一类的为金属-金属型共晶，如 Pb-Sn、Ag-Cu 系等；两组成相熔点相差悬殊、共晶点偏向低熔点相时，伪共晶区偏向高熔点相的一边扩大，如图 3-37b 所示，Al-Si、Fe-C 系等属于这一类。伪共晶区的形状与两组成相的结晶速度差别有关。

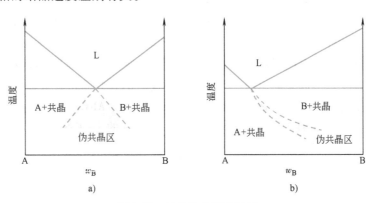

图 3-37 两类伪共晶区相图

伪共晶区在相图中的位置对说明合金中出现的非平衡组织很有帮助。例如，在 Al-Si 合金系中，共晶合金在快冷条件下结晶后会得到亚共晶组织，其原因可以从图 3-38 得到说明。图中的伪共晶区偏向硅的一侧，这样，共晶成分的液相状态点 a 不会过冷到伪共晶区内，只有先结晶出 α 相，向液相中排出溶质原子 Si，当液相的成分达到 b 点时，才能发生共晶转变。其结果好像共晶点向右移动了一样，共晶合金变成了亚共晶合金。实际铸造生产时，向 Al-Si 共晶合金熔体中加入变质剂（如锶盐或钠盐），可得到卵形的初晶 α 固溶体和细小弥散分布的共晶组织（α+Si），如图 3-39 所示，使合金获得良好的综合力学性能。

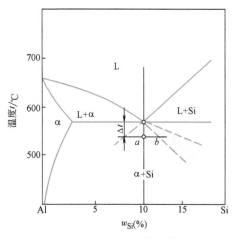

图 3-38 Al-Si 合金系的伪共晶区 | 图 3-39 铸造 Al-Si 共晶合金经变质处理后的显微组织

（二）离异共晶

在先共晶相数量较多而共晶相组织甚少的情况下，有时共晶组织中与先共晶相相同的那一相，会依附于先共晶相上生长，剩下的另一相则单独存在于晶界处，从而使共晶组织的特征消失，这种两相分离的共晶称为离异共晶。离异共晶可以在平衡条件下获得，也可以在非平衡条件下获得。例如，在合金成分偏离共晶点很远的亚共晶（或过共晶）合金中，它的共晶转变是在已存在大量先共晶相的条件下进行的。此时若冷却速度十分缓慢，过冷度很小，那么共晶中的 α 相如果在已有的先共晶 α 上长大，要比重新生核再长大容易得多。这样，α 相易于与先共晶 α 相合为一体，而 β 相则存在于 α 相的晶界处。当合金成分越接近 M 点（或 N 点）时（图 3-40 合金 I），越易发生离异共晶。

此外，M 点以左的合金（合金 II）在平衡冷却时，结晶的组织中不可能存在共晶组织，但是在非平衡结晶条件下，其固相的平均成分线将偏离平衡固相线，如图 3-40 中的虚线所示。于是合金冷却至共晶温度时仍有少量的液相存在，液相成分为共晶成分，这部分剩余液相将会发生共晶转变，形成共晶组织。但是，由于此时的先共晶相数量很多，共晶组织中的 α 相可能依附于先共晶相长大，形成离异共晶。$w_{Cu} = 4\%$ 的 Al-Cu 合金，在铸造条件下，将会出现离异共晶，如图 3-41 所示。在钢中因偏析而形成的 Fe-FeS 共晶，也往往是离异共晶，其中 FeS 分布在晶界上。

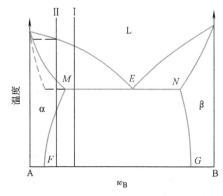

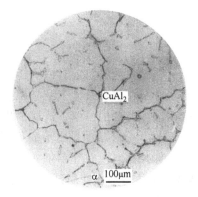

图 3-40 可能产生离异共晶示意图 | 图 3-41 $w_{Cu} = 4\%$ 的 Al-Cu 铸造合金中的离异共晶组织

离异共晶可能会给合金的性能带来不良影响，对于非平衡结晶所出现的这种组织，经略低于共晶温度下的均匀化退火后能转变为平衡组织。

第四节　包晶相图及合金的结晶

两组元在液态相互无限溶解，在固态相互有限溶解，并发生包晶转变的二元合金系相图，称为包晶相图。具有包晶转变的二元合金系有 Pt-Ag、Sn-Sb、Cu-Sn、Cu-Zn 等。下面以 Pt-Ag 合金系为例，对包晶相图及合金的结晶过程进行分析。

一、相图分析

Pt-Ag 二元合金相图如图 3-42 所示。图中 ACB 为液相线，$APDB$ 为固相线，PE 及 DF 分别是银溶于铂中和铂溶于银中的溶解度曲线。

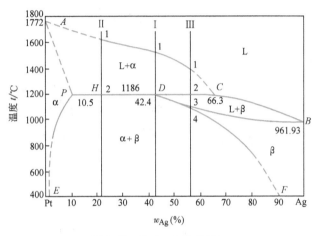

图 3-42　Pt-Ag 合金相图

相图中有三个单相区，即液相 L 相区及固相 α 相区和 β 相区。其中 α 相是银溶于铂中的固溶体，β 相是铂溶于银中的固溶体。单相区之间有三个两相区，即 L+α、L+β 和 α+β。两相区之间存在一条三相（L、α、β）共存水平线，即 PDC 线。

水平线 PDC 是包晶转变线，所有成分在 P 与 C 范围内的合金在此温度都将发生三相平衡的包晶转变，这种转变的反应式为

$$L_C + \alpha_P \underset{}{\overset{t_D}{\rightleftharpoons}} \beta_D$$

这种在一定的温度下，由一定成分的固相与一定成分的液相作用，形成另一个一定成分的固相的转变过程，称为包晶转变或包晶反应。根据相律可知，在包晶转变时，其自由度为零（$F = 2-3+1 = 0$），即三个相的成分不变，且转变在恒温下进行。在相图上，包晶转变区的特征是：反应相是液相和一个固相，其成分点位于水平线的两端，所形成的固相位于水平线中间的下方。

相图中的 D 点称为包晶点，D 点所对应的温度（t_D）称为包晶温度，PDC 线称为包晶线。

二、典型合金的平衡结晶及其显微组织

（一）含银量 $w_{Ag} = 42.4\%$ 的 Pt-Ag 合金（合金 I）

由图 3-42 可以看出，当合金 I 自液态缓慢冷却到与液相线相交的 1 点时，开始从液相中结晶出 α 相。在继续冷却的过程中，α 相的数量不断增多，液相的数量不断减少，α 相和液相的成分分别沿固相线 AP 和液相线 AC 变化。

当温度降低到 t_D（1186℃）时，合金中 α 相的成分达到 P 点，液相的成分达到 C 点，

它们的含量可分别由杠杆定律求出

$$w_L = \frac{PD}{PC} \times 100\% = \frac{42.4 - 10.5}{66.3 - 10.5} \times 100\% \approx 57.17\%$$

$$w_\alpha = \frac{DC}{PC} \times 100\% = \frac{66.3 - 42.4}{66.3 - 10.5} \times 100\% \approx 42.83\%$$

在温度 t_D 时,液相 L 和固相 α 发生包晶转变

$$L_C + \alpha_P \underset{}{\overset{t_D}{\rightleftharpoons}} \beta_D$$

转变结束后,液相和 α 相消失,全部转变为 β 固溶体。

合金继续冷却时,由于 Pt 在 β 相中的溶解度随着温度的降低而沿 DF 线不断减小,将不断地从 β 固溶体中析出次生相 α_{II}。合金的室温组织为 $\beta + \alpha_{II}$,其平衡结晶过程示意图如图 3-43 所示。

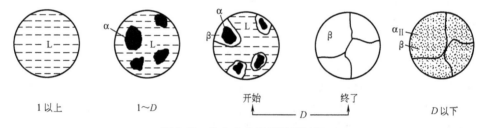

图 3-43 合金 I 的平衡结晶过程

包晶转变是液相 L_C 和固相 α_P 发生作用而生成新相 β 的过程,这种作用应首先发生在 L_C 和 α_P 的相界面上,所以 β 相通常依附在 α 相上生核并长大,将 α 相包围起来,β 相成为 α 相的外壳,故称为包晶转变。但是,这样一来 L 相和 α 相就被 β 相分隔开了,它们之间的进一步作用只有通过 β 相进行原子互相扩散才能进行,即 α 相中的铂原子通过 β 相向液相中扩散,液相中的银原子通过 β 相向 α 相中扩散。这样,β 相将不断地消耗着液相和 α 相而生长,液相和 α 相的数量不断减少。随着时间的延长,β 相越来越厚,扩散距离越来越远,包晶转变也必将越加困难。因此,包晶转变需要花费相当长的时间,直到最后把液相和 α 相全部消耗完毕为止。包晶转变结束后,在平衡组织中已看不出任何包晶转变过程的特征。

(二)含银量 $w_{Ag} = 10.5\% \sim 42.4\%$ 的 Pt-Ag 合金(合金 II)

现以图 3-42 中的合金 II 为例进行分析。当合金缓慢冷却至液相线的 1 点时,开始结晶出初晶 α,随着温度的降低,初晶 α 的数量不断增多,液相的数量不断减少,α 相和液相的成分分别沿着 AP 线和 AC 线变化。在 1~2 点之间属于匀晶转变。

当温度降低至 2 点时,α 相和液相的成分分别为 P 点与 C 点,两者的含量分别为

$$w_L = \frac{PH}{PC} \times 100\%$$

$$w_\alpha = \frac{HC}{PC} \times 100\%$$

在温度为 t_D(2 点)时,成分相当于 P 点的 α 相与 C 点的液相共同作用,发生包晶转变,转变为 β 固溶体,即

$$\mathrm{L}_C + \alpha_P \xrightarrow{\quad t_D \quad} \beta_D$$

与合金Ⅰ相比较，合金Ⅱ在 t_D 温度时的 α 相的相对量较多，因此，包晶转变结束后，除了新形成的 β 相外，还有剩余的 α 相。在 t_D 温度以下，由于 β 和 α 固溶体的溶解度变化，随着温度的降低，将不断地从 β 固溶体中析出 α_{II}，从 α 固溶体中析出 β_{II}，因此该合金的室温组织为 $\alpha + \beta + \alpha_{\mathrm{II}} + \beta_{\mathrm{II}}$。合金Ⅱ的平衡结晶过程示意图如图 3-44 所示。

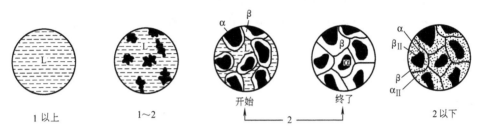

图 3-44　合金Ⅱ的平衡结晶过程

（三）含银量 $w_{\mathrm{Ag}} = 42.4\% \sim 66.3\%$ 的 Pt-Ag 合金（合金Ⅲ）

当合金Ⅲ冷却到与液相线相交的 1 点时，开始结晶出初晶 α 相，在 1~2 点之间，随着温度的降低，α 相数量不断增多，液相数量不断减少，这一阶段的转变属于匀晶转变。当冷却到 t_D 温度时，发生包晶转变，即 $\mathrm{L}_C + \alpha_P \xrightarrow{\quad t_D \quad} \beta_D$。用杠杆定律可以计算出，合金Ⅲ中液相的相对量大于合金Ⅰ中液相的相对量，所以包晶转变结束后，仍有液相存在。

当合金的温度从 2 点继续降低时，剩余的液相继续结晶出 β 固溶体，在 2~3 点之间，合金的转变属于匀晶转变，β 相的成分沿 *DB* 线变化，液相的成分沿 *CB* 线变化。在温度降低到 3 点时，合金Ⅲ全部转变为 β 固溶体。

在 3~4 点之间的温度范围内，合金Ⅲ为单相固溶体，不发生变化。在 4 点以下，将从 β 固溶体中析出 α_{II}。因此，该合金的室温组织为 $\beta + \alpha_{\mathrm{II}}$。合金Ⅲ的平衡结晶过程示意图如图 3-45 所示。

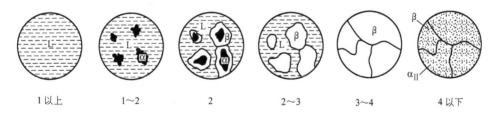

图 3-45　合金Ⅲ的平衡结晶过程

三、非平衡结晶及其显微组织

如上所述，当合金发生包晶转变时，新生成的 β 相依附于已有的 α 相上生核并长大，β 相很快将 α 相包围起来，从而使 α 相和液相被 β 相分隔开。欲继续进行包晶转变，则必须通过 β 相进行原子扩散，液相才能和 α 相继续相互作用形成 β 相。原子在固体中的扩散速度比在液相中低得多，所以包晶转变是一个十分缓慢的过程。在实际生产条件下，由于冷却速度较快，包晶转变将被抑制而不能继续进行，剩余的液体在低于包晶转变温度下，直接转变为 β

相。这样一来，在平衡转变时本来不存在的 α 相就被保留下来，同时 β 相的成分也很不均匀。这种由于包晶转变不能充分进行而产生的化学成分不均匀现象称为包晶偏析。

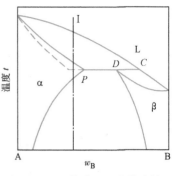

图 3-46　因快冷而可能发生的包晶反应示意图

应当指出，如果包晶转变温度很高（如铁碳合金），原子扩散较快，则包晶转变有可能彻底完成。

和共晶系合金一样，位于 P 点左侧的（图 3-46）在平衡冷却条件下本来不应发生包晶转变的合金，在非平衡条件下，由于固相平均成分线的向下偏移，使最后凝固的液相可能发生包晶反应，形成一些不应出现的 β 相。

包晶转变产生的非平衡组织，可采用长时间的均匀化退火来减少或消除。

四、包晶转变的实际应用

包晶转变有两个显著特点：一是包晶转变的形成相依附在初晶相上形成；二是包晶转变的不完全性。根据这两个特点，在工业上可有下述应用。

（一）在轴承合金中的应用

滑动轴承是一种重要的机器零件。当轴在滑动轴承中运转时，轴和轴承之间必然有强烈的摩擦和磨损。由于轴是机器中非常重要的零件，价格昂贵，更换困难，所以希望轴在工作中所受的磨损最小。为此，希望轴承材料的组织由具有足够塑性和韧性的基体及均匀分布的硬质点组成，这些硬质点一般是金属化合物，所占的体积分数为 5%～50%。软的基体使轴承具有良好的磨合性，不会因受冲击而开裂；硬的质点使轴承具有小的摩擦因数和抗咬合性能。图 3-47 阴影区中的合金有可能满足以上要求，这些合金先结晶出硬的化合物，然后通过包晶反应形成软的固溶体，并把硬的化合物质点包围起来，从而得到在软的基体上分布着硬的化合物质点的组织。在轴运转时，软的基体很快被磨损而凹下去，贮存润滑油，硬的质点比较抗磨便凸起来，支承轴所施加的压力，这样就保证了理想的摩擦条件和极低的摩擦因数。Sn-Sb 系轴承合金就属于此例。

（二）包晶转变的细化晶粒作用

利用包晶转变可以细化晶粒。例如，在铝及铝合金中添加少量的钛，可获得显著的细化晶粒效果。由 Al-Ti 相图（图 3-48）可以看出，当 $w_{Ti}>0.15\%$ 以后，合金首先从液体中析出初晶 $TiAl_3$，然后在 665℃ 发生包晶转变：$L+TiAl_3 \rightleftharpoons \alpha$。α 相依附于 $TiAl_3$ 上形核并长大，

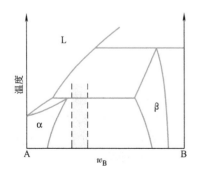

图 3-47　适宜用作轴承合金的成分范围

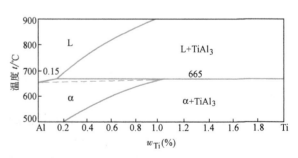

图 3-48　Al-Ti 相图一角

$TiAl_3$ 起促进非均质形核的作用。由于从液体中析出的 $TiAl_3$ 细小而弥散，其非均质形核作用效果很好，细化晶粒作用显著。

第五节　其他类型的二元合金相图

除了匀晶、共晶和包晶三种最基本的二元相图之外，还有其他类型的二元合金相图，现简要介绍如下。

一、组元间形成化合物的相图

在有些二元合金系中，组元间可能形成金属化合物，这些化合物可能是稳定的，也可能是不稳定的。根据化合物的稳定性，形成金属化合物的二元合金相图也有两种不同的类型。

（一）形成稳定化合物的二元相图

稳定化合物是指具有一定熔点，在熔点以下保持其固有结构不发生分解的金属化合物。

Mg-Si 合金相图（图 3-49）就是一种形成稳定化合物的相图。当 w_{Si} = 36.6% 时，Mg 与 Si 形成稳定的化合物 Mg_2Si，它具有一定的熔点，在熔点以下能保持其固有的结构。在相图中，稳定化合物是一条垂线，它表示 Mg_2Si 的单相区。这样，可把 Mg_2Si 看作一个独立组元，把相图分成两个独立部分，Mg-Si 相图则由 Mg-Mg_2Si 和 Mg_2Si-Si 两个共晶相图并列而成，可以分别进行分析。

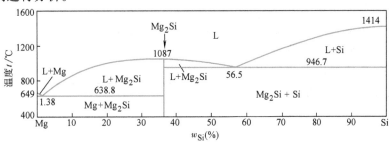

图 3-49　Mg-Si 合金相图

有时，两个组元可以形成多个稳定化合物，这样就可将相图分成更多的简单相图来进行分析。如在 Mg-Cu 相图（图 3-50）中，存在两个稳定化合物 Mg_2Cu 和 $MgCu_2$，其中的 $MgCu_2$ 对组元有一定的溶解度，即形成以化合物为基的固溶体，在相图中就不是一条垂线，而是一个区域了，此时，可以用虚线（垂线）把这一单相区分开，这样就把 Mg-Cu 相图分成了 Mg-Mg_2Cu、Mg_2Cu-$MgCu_2$、$MgCu_2$-Cu 三个简单的

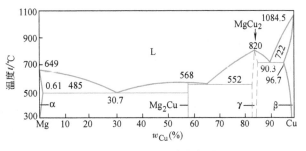

图 3-50　Mg-Cu 合金相图

共晶相图。图中的 γ 相是以 $MgCu_2$ 为基的固溶体。

形成稳定化合物的二元系很多，除了 Mg-Si、Mg-Cu 外，还有 Cu-Th、Cu-Ti、Fe-B、Fe-P、Fe-Zr、Mg-Sn 等。

（二）形成不稳定化合物的二元相图

不稳定化合物是指加热时发生分解的那些金属化合物。

图 3-51 所示为 K-Na 合金相图。从图中可以看出，K-Na 合金在 6.9℃以下形成不稳定的化合物 KNa_2，将其加热至 6.9℃时分解为液体和钠晶体。这个化合物是包晶转变的产物：$L+Na \rightleftharpoons KNa_2$。

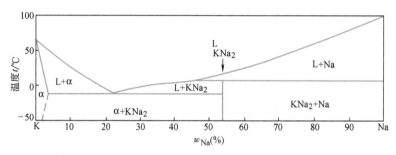

图 3-51　K-Na 合金相图

如果包晶转变形成的不稳定化合物与组元间有一定的溶解度，那么，它在相图上就不再是一条垂线，而是变成一个相区。图 3-52 所示的 Sn-Sb 合金相图就是这种类型的二元合金相图，$β'$（或 $β$）相即为以不稳定化合物为基的固溶体。通过以上两例可以看出，凡是由包晶转变所形成的化合物都是不稳定化合物，不能把不稳定化合物作为独立组元。

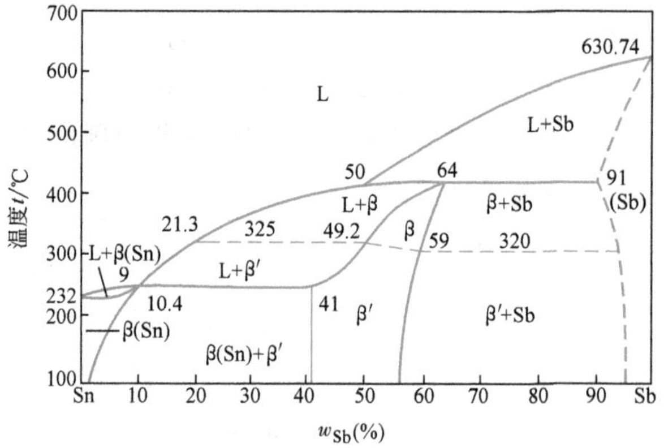

图 3-52　Sn-Sb 合金相图

二、偏晶、熔晶和合晶相图

（一）偏晶相图

某些合金冷却到一定温度时，由一定成分的液相 L_1 分解为一定成分的固相和另一个一定成分的液相 L_2，这种转变称为偏晶转变。

图 3-53 所示为 Cu-Pb 合金相图。在两相区 L_1+L_2 之内是两种不相混合的液相。这两种共存的液相的成分和数量可由杠杆定律确定。在 E 点（温度为 991℃），L_1、L_2 相的成分均为 $w_{Pb} \approx 63\%$，两相的差异消失，变为恒等。而在两相区内，不相混合的两种液相由于密度差在容器中通常分为两层。在 955℃，合金发生偏晶转变

$$L_{36} \rightleftharpoons L_{87} + Cu$$

水平线 *BD* 为偏晶线，*M* 点为偏晶点，955℃为偏晶温度。偏晶转变与共晶转变类似，都是由一个相分解为另外两个相。所不同的只是两个生成相中有一个是液相。图中下面一条水平线为共晶线，因为共晶点（$w_{Pb} = 99.94\%$）和共晶温度（326℃）与纯铅和它的熔点（327.5℃）很接近，在图上难以表示出来。

下面考察具有偏晶成分合金的结晶过程。当温度高于 955℃时，合金为液体 L_1，温度降

至 955℃ 时发生偏晶反应，L_1 分解为 Cu 和 L_2，进一步降低温度时，进入了 $Cu+L_2$ 两相区。由杠杆定律可知，在此两相区内，Cu 的数量比较多，数量较少的 L_2 分散在固相 Cu 之内。当温度下降至 326℃ 时，分散在固相 Cu 中的 L_2 发生共晶反应，形成（Cu+Pb）的共晶组织。但是，由于这类共晶组织分散地存在于 Cu 基体中，当该共晶组织形成时，共晶组织中的 Cu 将依附于四周的 Cu 基上生长，而共晶组织中的 Pb 则存在于 Cu 的晶界上，这就是前面指出的离异共晶现象。

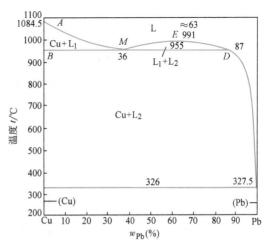

图 3-53　Cu-Pb 合金相图

此外还应指出，Cu 和 Pb 两组元的密度相差较大，在该合金的结晶过程中，先析出的固相 Cu 与含 Pb 较多的液相 L_2 之间的密度差别也较大，因此密度小的 Cu 晶体就有可能上浮至铸锭上部，使凝固后的合金铸锭上部含 Cu 多，下部含 Cu 少，造成重力偏析。冷却过程越缓慢，则越容易产生重力偏析，防止的办法是充分地搅拌和尽快地凝固。

（二）熔晶相图

某些合金冷却到一定温度时，会从一个已经结晶完毕的固相转变为一个液相和另一个固相，这种转变称为熔晶转变。Fe-B 相图中就含有熔晶转变，如图 3-54 所示。在该相图的左上角的 1381℃ 水平线即为熔晶线，熔晶反应式为

$$\delta \Longleftrightarrow \gamma + L$$

此外，Fe-S、Cu-Sb、Cu-Sn 等合金系均存在熔晶转变。

（三）合晶相图

合晶转变是由两个一定成分的液相 L_1 和 L_2 相互作用，形成一个固相的恒温转变。图 3-55 所示为 Na-Zn 相图，557℃ 水平线为合晶线，反应式如下

$$L_1 + L_2 \Longleftrightarrow \beta$$

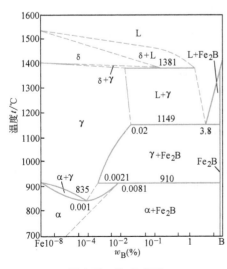

图 3-54　Fe-B 相图

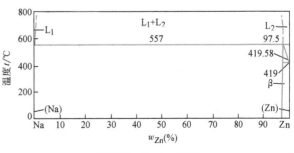

图 3-55　Na-Zn 相图

三、具有固态相变的相图

在有些二元系合金中，当熔体结晶完毕后继续降低温度时，在固态下还会继续发生各种形式的相转变，如前面提到的固溶体的脱溶转变。除此之外，常见的还有共析转变、包析转变、固溶体的多晶型转变、有序-无序转变、磁性转变等，现在分别说明它们在相图上的特征。

（一）共析转变

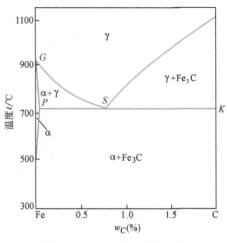

图 3-56 Fe-C 相图的左下角

一定成分的固相，在一定温度下分解为另外两个一定成分固相的转变过程，称为共析转变。在相图上，这种转变与共晶转变相类似，都是由一个相分解为两个相的三相恒温转变，三相成分点在相图上的分布也一样。所不同的只是共析转变的反应相是固相，而不是液相。例如，Fe-C 合金相图（图 3-56）的 PSK 线即共析线，S 点为共析点，成分为 S 点的 γ 固溶体（奥氏体）于 727℃ 分解为成分为 P 点的 α 固溶体（铁素体）和 Fe_3C，形成两个固相混合物的共析组织，其反应式为

$$\gamma_S \underset{}{\overset{727℃}{\rightleftharpoons}} \alpha_P + Fe_3C$$

由于是固相分解，原子扩散比较困难，所以共析组织远比共晶组织细密。共析转变对合金的热处理强化有重大意义，钢铁和钛合金的热处理就是建立在共析转变基础上的。

（二）包析转变

包析转变是两个一定成分的固相在恒温下转变为一个新的一定成分固相的过程。包析转变在相图上的特征与包晶转变相类似，所不同的就是包析转变的两个反应相都是固相，而包晶转变的反应相中有一个液相。例如，Fe-B 系相图（图 3-54）中的 910℃ 水平线即为包析线，其反应式为

$$\gamma + Fe_2B \rightleftharpoons \alpha$$

（三）固溶体的多晶型转变

当合金中的组元具有多晶型转变时，以组元为基的固溶体也常有多晶型转变。例如，Fe-Ti 合金（图 3-57），Fe 与 Ti 在固态下均发生多晶型转变，所以在相图上靠近 Ti 的一边有 β 相（体心立方）$\longrightarrow \alpha$ 相（密排六方）的固溶体多晶型转变，在靠近 Fe 的一边有 α 相（体心立方）$\longrightarrow \gamma$ 相（面心立方）的固溶体多晶型转变。

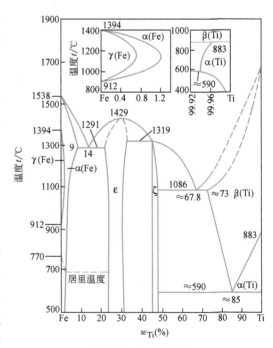

图 3-57 Fe-Ti 相图

（四）有序-无序转变

有些合金系在一定成分和一定温度范围内会发生有序-无序转变。例如，Cu-Zn 相图（图 3-58），Cu 和 Zn 两组元形成的 β 相在高温下为无序固溶体，但在一定温度下会转变为有序固溶体 β′。有序-无序转变在相图中常用虚线或细直线表示。

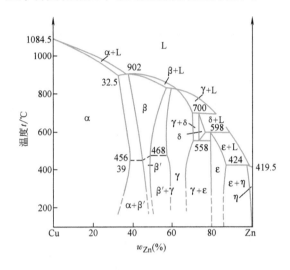

图 3-58 Cu-Zn 相图

（五）磁性转变

合金中的某些相会因温度改变而发生磁性转变，在相图中常用虚线表示。如 Fe-Fe₃C 相图中的 770℃和 230℃的虚线分别表示铁素体和 Fe_3C 的磁性转变温度。

第六节 二元相图的分析和使用

二元相图反映了二元系合金的成分、温度和平衡相之间的关系，根据合金的成分及温度（即状态点在相图中的位置），即可了解该合金存在的平衡相、相的成分及其相对含量。掌握了相的性质及合金的结晶规律，就可以大致判断合金结晶后的组织及性能。因此，合金相图在新材料的研制及制订加工工艺过程中起着重要的指导作用。但是，实际的二元合金相图线条繁多，看起来十分复杂，往往感到难以分析。事实上，任何复杂的相图都是一些基本相图的综合，只要掌握了这些基本相图的特点和转变规律，就能化繁为简，易于分析和使用。

一、相图分析步骤

1）首先看相图中是否存在稳定化合物，如存在，则以稳定化合物为独立组元，把相图分成几个部分进行分析。

2）在分析各相区时先要熟悉单相区中所标的相，然后根据相接触法则辨别其他相区。相接触法则是指在二元相图中，相邻相区的相数相差一个（点接触情况除外），即两个单相区之间必定有一个由这两个相所组成的两相区，两个两相区之间必须以单相区或三相共存水平线隔开。

3）找出三相共存水平线及与其相接触（以点接触）的三个单相区，从这三个单相区与水平线相互配置位置，可以确定三相平衡转变的性质。这是分析复杂相图的关键步骤。表 3-1 列出了各类恒温转变图形，可用以帮助分析二元相图。

表 3-1　二元相图各类恒温转变类型、反应式和相图特征

恒温转变类型		反 应 式	相 图 特 征
分解型	共晶转变	$L \rightleftharpoons \alpha+\beta$	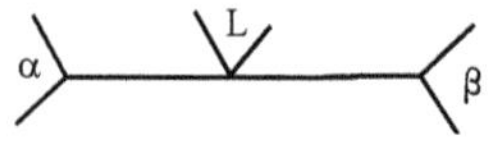
	共析转变	$\gamma \rightleftharpoons \alpha+\beta$	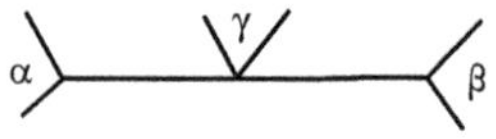
	偏晶转变	$L_1 \rightleftharpoons L_2+\alpha$	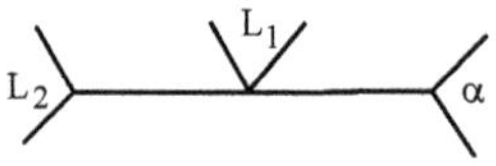
	熔晶转变	$\delta \rightleftharpoons L+\gamma$	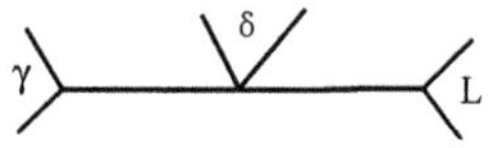
合成型	包晶转变	$L+\beta \rightleftharpoons \alpha$	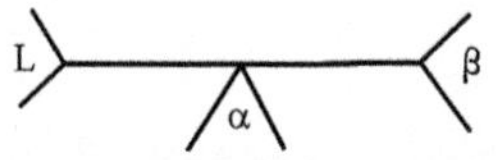
	包析转变	$\gamma+\beta \rightleftharpoons \alpha$	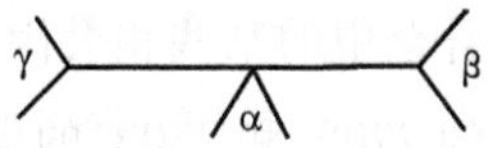
	合晶转变	$L_1+L_2 \rightleftharpoons \alpha$	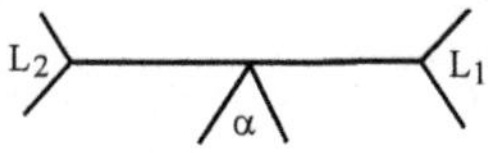

4）利用相图分析典型合金的结晶过程及组织。

掌握了以上规律和相图分析方法，就可以对各种相图进行分析。现以 Cu-Sn 相图为例进行分析。

图 3-59 为 Cu-Sn 合金相图。可以看出，图中只有不稳定化合物，不存在稳定化合物。α 相是锡溶于铜中的固溶体，具有面心立方结构，塑性良好。β 相是电子化合物 Cu_5Sn，γ 相是电子化合物 Cu_3Sn，δ 相是电子化合物 $Cu_{41}Sn_{11}$，ε 相是电子化合物 Cu_3Sn，ζ 相是电子化合物 $Cu_{10}Sn_3$，η 相和 η' 相是电子化合物 Cu_6Sn_5。

图中共有 11 条水平线，表示存在下述恒温反应：

I　包晶反应：$L+\alpha \rightleftharpoons \beta$

II　包晶反应：$L+\beta \rightleftharpoons \gamma$

III　包晶反应：$L+\varepsilon \rightleftharpoons \eta$

IV　共析反应：$\beta \rightleftharpoons \alpha+\gamma$

V　共析反应：$\gamma \rightleftharpoons \alpha+\delta$

VI　共析反应：$\delta \rightleftharpoons \alpha+\varepsilon$

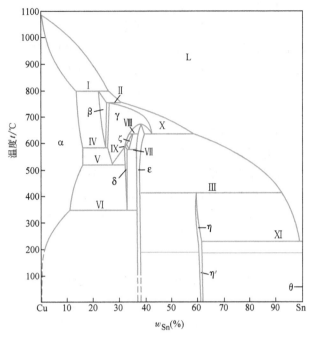

图 3-59 Cu-Sn 相图

Ⅶ　共析反应：$\zeta \rightleftharpoons \delta + \varepsilon$

Ⅷ　包析反应：$\gamma + \varepsilon \rightleftharpoons \zeta$

Ⅸ　包析反应：$\gamma + \zeta \rightleftharpoons \delta$

Ⅹ　熔晶反应：$\gamma \rightleftharpoons \varepsilon + L$

Ⅺ　共晶反应：$L \rightleftharpoons \eta + \theta$

二、应用相图时应注意的问题

1. 相图反映的是在平衡条件下相的平衡，而不是组织的平衡

相图只能给出合金在平衡条件下存在的相、相的成分及其相对量，并不能表示相的形状、大小和分布等，即不能给出合金的组织状态。例如，固溶体合金的晶粒大小及形态，共晶系合金的先共晶相及共晶的形态及分布等，而这些主要取决于相的特性及其形成条件。因而在使用相图分析实际问题时，既要注意合金中存在的相、相的成分及相对含量，还要注意相的特性和结晶条件对组织的影响，了解合金的成分、相的结构、组织与性能之间的变化关系，并考虑在生产实际条件下如何加以控制。

2. 相图给出的是平衡状态时的情况

相图只表示平衡状态的情况，而平衡状态只有在非常缓慢加热和冷却，或者在给定温度长期保温的情况下才能达到。在生产实际条件下很少能够达到平衡状态，当冷却速度较快时，相的相对含量及组织会发生很大变化，甚至于将高温相保留到室温来，或者出现一些新的亚稳相。如前所述的非平衡结晶时产生的枝晶偏析、区域偏析，共晶相图的固溶体合金可能出现部分共晶组织，亚（或过）共晶合金可能获得全部共晶组织（伪共晶），包晶反应可能不完全。因此，在应用相图时，不但要掌握合金在平衡条件下的相变过程，而且要掌握在非平衡条件下的相变过程及组织变化规律，否则，以相图上的平衡观点来分析合金在非平衡条件下的组织，并以此制订合金的热加工工艺，就往往会产生错误，甚至造成废品。例如，共晶相图中的固溶体合金，若按平衡条件分析，结晶后应为单相固溶体，但当冷却速度较快时，会出现部分共晶组织，若还按平衡结晶条件将此铸件加热到略高于共晶温度，则其共晶部分就会熔化，造成废品，因此，在制订热加工工艺时，必须予以注意。

3. 二元相图只反映二元系合金相的平衡关系

二元相图只反映了二元系合金相的平衡关系，实际生产中所使用的合金不只限于两个组元，往往含有或有意加入其他元素，此时必须考虑其他元素对相图的影响，尤其是当其他元素含量较高时，相图中的平衡关系会发生重大变化，甚至完全不能适用。此外，在查阅相图资料时，也要注意数据的准确性，因为原材料的纯度、测定方法的正确性和灵敏度，以及合金是否达到平衡状态等，都会影响临界点的位置、平衡相的成分，甚至相区的位置和形状等。

三、根据相图判断合金的性能

由相图可以看出在一定温度下合金的成分与其组成相之间的关系，而组成相的本质及其相对含量又与合金的力学性能和物理性能密切相关。此外，相图还反映了不同合金的结晶特点，所以相图与合金的铸造性能也有一定的联系。因此，在相图、合金成分与合金性能之间存在着一定的联系，当熟悉了这些规律之后，便可以利用相图大致判断不同合金的性能，作为选用和配制合金的参考。

（一）根据相图判断合金的力学性能和物理性能

图 3-60 表示了匀晶系合金、共晶系合金和包晶系合金的成分与力学性能和物理性能之间的关系。对于匀晶系合金而言，合金的强度和硬度均随溶质组元含量的增加而提高。若 A、B 两组元的强度大致相同，则合金的最高强度应是 $w_B = 50\%$ 的地方，若 B 组元的强度明

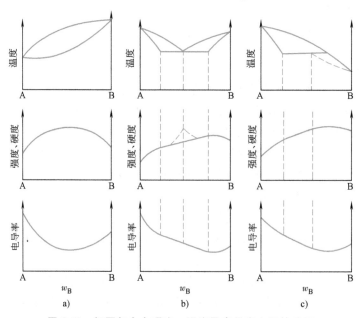

图 3-60　相图与合金硬度、强度及电导率之间的关系
a）匀晶系合金　b）共晶系合金　c）包晶系合金

显高于 A 组元，则其强度的最大值稍偏向 B 组元一侧。合金塑性的变化规律正好与上述相反，固溶体的塑性随着溶质组元含量的增加而降低。这正是固溶强化的现象。固溶强化是提高合金强度的主要途径之一，在工业生产中获得了广泛应用。

固溶体合金的电导率与成分的变化关系呈曲线变化。这是由于随着溶质组元含量的增加，晶格畸变增大，增大了合金中自由电子的阻力。同理可以推测，热导率的变化关系与电导率相同，随着溶质组元含量的增加，热导率逐渐降低。因此工业上常采用含镍量为 $w_{Ni} = 50\%$ 的 Cu-Ni 合金作为制造加热元件、测量仪表及可变电阻器的材料。

共晶相图和包晶相图的端部均为固溶体，其成分与性能间的关系已如上述。相图的中间部分为两相混合物，在平衡状态下，当两相的大小和分布都比较均匀时，合金的性能大致是两相性能的算术平均值。例如，合金的硬度 HBW 为

$$HBW = HBW_{\alpha}\varphi_{\alpha} + HBW_{\beta}\varphi_{\beta}$$

式中，HBW_{α}、HBW_{β} 分别为 α 相和 β 相的硬度；φ_{α}、φ_{β} 分别为 α 相和 β 相的体积分数。因此，合金的力学性能和物理性能与成分的关系呈直线变化。但是应当指出，当共晶组织十分细密，且在非平衡结晶出现伪共晶时，其强度和硬度将偏离直线关系而出现峰值，如图 3-60b 中虚线所示。

（二）根据相图判断合金的铸造性能

合金的铸造性能主要表现为流动性（即熔体本身的流动能力，它决定了合金的充型能力）、缩孔及热裂倾向等。对于固溶体合金而言，这些性能主要取决于合金相图上液相线与固相线之间的水平距离与垂直距离，即结晶的成分间隔与温度间隔。

相图上的成分间隔与温度间隔越大，则合金熔体的流动性越差，因此固溶体合金的流动性不如纯金属高，如图 3-61 所示。这是由于具有宽的成分间隔和温度间隔时，固液界面前沿的液相中很容易产生宽的成分过冷区，使整个熔体都可以成核，并呈枝晶向四周均匀生长，形成较宽的液固两相混合区，这些多枝的晶体阻碍了熔体的流动，这种结晶方式称为"糊状凝固"，如图 3-62a 所示。结晶的温度间隔越大，则给树枝晶的长大提供了更多的时

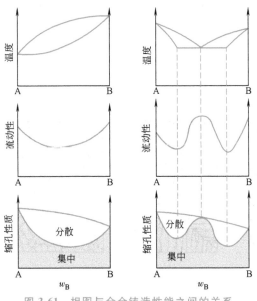

图 3-61 相图与合金铸造性能之间的关系

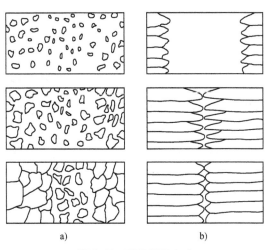

图 3-62 两种凝固方式

a）糊状凝固 b）壳状凝固

间，使枝晶彼此错综交叉，更加降低了熔体的流动性。若合金具有较窄的成分间隔和温度间隔，则固液界面前沿液相中不易产生宽的成分过冷区，结晶自铸件表面开始后循序向心部推进，难以在液相中生核，使固液之间的界面分明，已结晶固相表面也比较光滑，对熔体的流动阻力小，这种结晶方式称为"壳状凝固"或"逐层凝固"，如图 3-62b 所示。

当糊状凝固时，枝晶越发达，则熔体被枝晶分隔得越严重，这些被分割开的枝晶间的熔体，在凝固收缩时，由于得不到熔体的补充，将形成较多的分散缩孔，而集中缩孔较小。如果结晶温度间隔很大，合金晶粒间存在一定量液相的状态会保持较长时间，合金的强度很低，在已结晶的固相不均匀收缩应力的作用下，有可能引起铸件内部裂纹，称为热裂。凡是具有糊状凝固的合金，如球墨铸铁、铝合金、镁合金及锡青铜等铸件，不但致密性较差，而且缩松（分散缩孔）严重，热裂倾向也较大。相反，具有壳状凝固的合金，如灰铸铁、低碳合金钢、铝青铜等，不但流动性好，熔体易于补缩，铸件中分散缩孔很少，在结晶的最后部分形成集中缩孔，而且铸件的致密性较好，热裂倾向也很小。

对于共晶系合金来说，共晶成分的合金熔点低，并且是恒温凝固，故熔体的流动性好，凝固后容易形成集中缩孔，而分散缩孔（缩松）少，热裂倾向也小。因此，铸造合金宜选择接近共晶成分的合金。

第七节　铸锭的宏观组织与缺陷

在实际生产中，合金熔体是在铸型、铸锭模或连铸结晶器中凝固的，前者得到铸件，后者得到铸锭或连铸坯。虽然它们的结晶过程均遵循结晶的普遍规律，铸态组织无本质区别，但是由于冷却条件的复杂性，给铸态组织带来很多特点。铸态组织包括晶粒的大小、形状和取向，合金元素和杂质的分布，以及铸锭中的缺陷（成分偏析、缩孔……）等。对铸件来说，铸态组织直接影响它的力学性能和使用寿命；对铸锭和连铸坯来说，铸态组织不但影响它的压力加工性能，而且还影响压力加工后产品的组织及性能。因此，应该了解铸锭的宏观组织及其形成规律，并设法改善铸锭的宏观组织。

一、铸锭三晶区的形成

铸锭的宏观组织通常由三个晶区所组成，即外表层的细晶区、中间的柱状晶区和心部的等轴晶区，如图 3-63 所示。根据浇注条件的不同，铸锭中晶区的数目及其相对占比可以改变。

（一）表层细晶区

当高温的合金熔体倒入铸锭模后，结晶首先从铸锭模的内壁开始。这是由于温度较低的模壁有强烈的吸热和散热作用，使靠近模壁的一薄层熔体产生极大的过冷度，加上模壁可以作为非均质形核的基底，

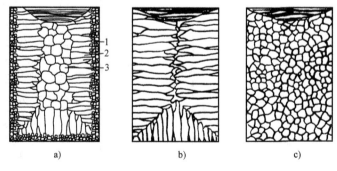

图 3-63　铸锭组织示意图
1—细晶区　2—柱状晶区　3—等轴晶区

因此在此薄层熔体中立即产生大量的晶核，并同时向各个方向长大。由于晶核数目很多，故邻近的晶粒很快彼此相遇，不能继续长大，于是在靠近模壁处形成一层细小的等轴晶粒区，又称为激冷区。

表层细晶区的形核数目取决于下列因素：模壁的形核能力及其所能达到的过冷度，后者主要依赖于铸锭模的表面温度和热传导能力以及浇注温度等因素。如果铸锭模的表面温度低、热传导能力好，以及浇注温度较低，就可获得较大的过冷度，从而使形核率增加、细晶区的厚度增加。相反，如果浇注温度高、铸锭模的散热能力小，可使其温度很快升高，就会减少晶核数目，细晶区的厚度也将减小。

细晶区的晶粒十分细小，组织致密，力学性能很好。但由于细晶区的厚度一般都很薄，有的只有几个毫米厚，因此没有太大的实际意义。

（二）柱状晶区

柱状晶区由垂直于模壁的粗大柱状晶所构成。在表层细晶区形成的同时，一方面模壁的温度由于被熔体加热而迅速升高，另一方面由于熔体凝固后的收缩，使细晶区和模壁脱离，形成一空气层，给熔体的继续散热造成困难。此外，细晶区的形成还释放出了大量的结晶潜热，也使模壁的温度升高。上述种种原因，均使熔体冷却减慢，温度梯度变得平缓，开始形成柱状晶区。这是因为：①尽管在结晶前沿液相中有一定的过冷度，但这一过冷度很小，不足以生成新的晶核，但有利于细晶区内靠近液相的某些小晶粒的继续长大，而离细晶区稍远处的熔体尚处于过热之中，无法另行形核，因此结晶主要靠晶粒的继续长大来进行；②垂直模壁方向的散热最快，因而晶粒沿其相反方向择尤长大成柱状晶。晶粒的长大速度是各向异性的，一次晶轴方向长大速度最快，但是由于散热条件的影响，因此只有那些一次晶轴垂直于模壁的晶粒长大速度最快，迅速地并排优先长入熔体中，这些晶粒侧面受到彼此的限制而不能侧向长大，从而形成了柱状晶区，如图 3-64 所示。由于各柱状晶的位向都是一次晶轴方向，例如，立方晶系各个柱状晶的一次晶轴都是<100>方向，柱状晶在性能上显示出各向异性。

由此可见，柱状晶区形成的外因是散热的方向性，内因是晶体生长的各向异性。如果已结晶的固相导热性好，散热速度很快，始终能保持定向散热，并且在柱状晶前沿的熔体中没有新形成的晶粒阻挡，那么柱状晶就可以一直长大到铸锭中心，直到与其他柱状晶相遇而止，这种铸锭组织称为穿晶组织，如图 3-65 所示。

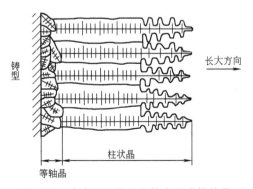

图 3-64　由表层细晶区晶粒发展成柱状晶

图 3-65　穿晶组织

在柱状晶区中，晶粒间的界面比较平直，缩孔、气泡很小，所以组织比较致密。但当沿不同方向生长的两组柱状晶相遇时，会形成柱晶间界。柱晶间界是杂质、气泡、缩孔较富集的区域，因而是铸锭的脆弱结合面，简称弱面。例如，在方形铸锭中的对角线处就很容易形成弱面，当压力加工时，易于沿这些弱面形成裂纹或开裂。此外，柱状晶区的性能有方向性，塑性较好的合金，即使全部为柱状晶组织，也能顺利通过热轧而不至于开裂；而塑性较差的合金，如钢铁和镍合金等，则应力求避免形成发达的柱状晶区，否则往往因热轧开裂而产生废品。

（三）中心等轴晶区

随着柱状晶的长大，柱状晶的分枝由于远离铸锭模的模壁，散热困难，可发生局部重熔而脱落，在熔体的对流作用下被带到铸锭模中部，在稍有过冷的熔体中，这些游离的枝晶可作为晶核直接长大。另一方面，经过散热，铸锭模中部的熔体温度全部冷却至熔点以下，并且随着柱状晶的长大，固液界面前沿的液相中形成成分过冷区，在较大的成分过冷条件下，数量众多的晶核可分别依附于固体杂质颗粒或形核剂的表面几乎同时形成。

由于此时散热已经没有方向性，晶核在熔体中各个方向的长大速度几乎相等，所以长成等轴晶。当这些等轴晶长大到与柱状晶相遇、全部熔体凝固完毕后，即形成铸锭中的中心等轴晶区。

与柱状晶相比，等轴晶的各个晶粒在长大时彼此交叉，各晶枝间的搭接牢固，裂纹不易扩展；不存在明显的弱面；各晶粒的取向各不相同，其性能也没有方向性。这是等轴晶的优点。其缺点是等轴晶的树枝状晶体比较发达，分枝较多，因此显微缩孔较多，组织不够致密。但显微缩孔一般均未氧化，因此铸锭经热压力加工之后，一般均可焊合，对性能影响不大。所以一般的铸锭，尤其是铸件，都要求得到发达的等轴晶组织。

二、铸锭宏观组织的控制

在一般情况下，铸锭的宏观组织有三个晶区，当然这并不是说，所有铸锭的宏观组织均由三个晶区组成。由于凝固条件的复杂性，铸锭在某些条件下只有柱状晶区（图3-63b）或只有等轴晶区（图3-63c），即使有三个晶区，不同铸锭中各晶区所占的比例往往不同。由于不同的晶区具有不同的性能，因此必须设法控制结晶条件，使性能好的晶区所占比例尽可能大，而使不希望的晶区所占比例尽量减少以至完全消失。例如，柱状晶的特点是组织致密，性能具有方向性，缺点是存在弱面，而这一缺点可以通过改变铸型结构（如将断面的直角连接改为圆弧连接）来解决，因此塑性好的铝合金、铜合金的铸锭都希望得到尽可能多的致密的柱状晶。影响柱状晶生长的因素主要有以下几点。

1. 铸锭模的冷却能力

铸锭模及刚结晶的固体的导热能力越大，越有利于柱状晶的生成。生产上经常采用导热性好的铸锭模材料、增大铸锭模的厚度及降低铸锭模温度等，以增大柱状晶区。但是对于较小尺寸的铸件，如果铸型的冷却能力很大，以致使整个铸件都在很大的过冷度下结晶，这时不但不能得到较大的柱状晶区，反而会促进等轴晶区的发展。

2. 浇注温度与浇注速度

由图3-66可以看出，柱状晶的长度随浇注温度的提高而增加。当浇注温度达到一定值时，可以获得完全的柱状晶区。这是由于浇注温度或者浇注速度的提高，均将使熔体的温度梯度增大，因而有利于柱状晶区的发展。

3. 熔化温度

熔化温度越高，熔体的过热度越大，非金属夹杂物熔化得越多，非均质形核数目越少，从而减少了柱状晶前沿熔体中形核的可能性，有利于柱状晶区的发展。

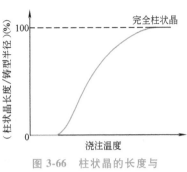

图 3-66　柱状晶的长度与
浇注温度的关系

通过单向散热使整个铸件获得全部柱状晶的技术称为定向凝固技术，已应用于工业生产中。例如，磁性铁合金的最大磁导率方向是<001>方向，而柱状晶的一次晶轴正好是这一方向，所以可利用定向凝固技术来制备磁性铁合金。又如，喷气发动机的涡轮叶片最大负荷方向是纵向，具有等轴晶组织的涡轮叶片容易沿横向晶界失效，利用定向凝固技术生产的涡轮叶片，可使柱状晶的一次晶轴方向与最大负荷方向保持一致，从而提高涡轮叶片在高温下对塑性变形和断裂的抗力。为了得到更好的高温力学性能，还可利用保持小过冷度的单晶制备技术获得单晶叶片，避免高温下由晶界弱化造成的强度降低，并且其晶面和晶向可控制为最佳性能取向。

对于钢铁材料和大部分合金来说，一般都希望得到尽可能多的细小等轴晶。可以通过提高合金熔体形核率、限制柱状晶生长和减小与成分过冷相关的 G/R 值的工艺方法来实现。但铸锭、连铸坯和铸件的品质除了与等轴晶比例有关，还与其结晶过程产生的缺陷有关。

三、铸锭缺陷

铸锭、连铸坯和铸件中不可避免地存在一些缺陷，常见的缺陷有成分偏析、缩孔、气孔和夹杂物等。

（一）成分偏析

成分偏析是合金在结晶时产生的化学成分不均匀的现象，涉及合金组元和杂质元素的偏析。根据偏析分布的尺度范围，成分偏析可分为微观偏析（几微米～几百微米）和宏观偏析（几厘米～几米）。

1. 微观偏析

微观偏析又称为显微偏析，包括晶内偏析和晶界偏析。晶内偏析是晶粒内化学成分不均匀的现象，分为枝晶偏析和胞状偏析。枝晶偏析是树枝晶的"枝干"和"枝间"之间化学成分不均匀，胞状偏析是胞状晶的"胞"与"沟槽"之间的化学成分不均匀，其成因前文已详述。

晶界偏析是晶界与晶内化学成分不均匀的现象。一方面，由于晶界能的存在而产生的晶界内吸附和反内吸附现象，溶质原子或杂质原子自发地向晶界偏聚或向晶内偏聚，可以使系统能量降低，从而造成晶界偏析；另一方面，合金结晶是各晶粒不断相向生长直到相互接触并形成晶界的过程，结晶时所排出的溶质原子（$k_0<1$）和杂质原子在固液界面前沿富集，最后凝固形成的晶界就含有较多的溶质元素（$k_0<1$）和杂质元素，从而造成晶界偏析。

微观偏析使得合金的性能不均匀，严重时显著降低合金的塑性、韧性和耐蚀性。实际生产中采用长时间均匀化退火的方法来减轻或消除微观偏析。晶粒细小有利于均匀化退火的效果，但如果晶界上存在稳定化合物，如氮化物、硫化物和碳化物，均匀化退火则很难将之消除。

2. 宏观偏析

宏观偏析又称为区域偏析，包括正偏析、反偏析和重力偏析。

（1）正偏析　合金铸锭的低熔点组元浓度从先结晶的外层到后结晶的内层逐渐增大、高熔点组元浓度则逐渐减小，这种区域偏析称为正偏析。

讨论匀晶相图时曾经谈到，在非平衡结晶时，$k_0 < 1$ 的固溶体合金的先结晶区域溶质浓度低于后结晶区域，形成区域偏析。$k_0 > 1$ 的固溶体合金形成区域偏析的情况则相反。共晶相图和包晶相图中都含有匀晶转变，因此在结晶时也可能形成区域偏析。

铸锭结晶时，固液界面由模壁向模腔中心移动，铸锭先结晶的外层与后结晶的内层溶质浓度不同，形成区域偏析。例如，$k_0 < 1$ 的合金在非平衡结晶过程中，溶质原子在固相中基本不扩散，则先结晶的固相溶质浓度低于平均成分，后结晶的固相溶质浓度高于平均成分。如果结晶速度较慢，熔体内的溶质原子可以通过对流扩散到远离结晶前沿的区域，熔体的浓度逐渐提高，结晶结束后，铸锭内外层溶质浓度差别较大，即正偏析严重；如果结晶速度较快，液相内不存在对流，原子扩散不充分，则正偏析较小。

正偏析一般难以完全避免，通过压力加工和热处理也难以完全改善，它的存在使铸锭性能不均匀，因此在浇注时应采取适当的控制措施。

（2）反偏析　与正偏析相反，反偏析是合金铸锭的低熔点组元浓度从先结晶的外层到后结晶的内层逐渐减小形成的区域偏析。

反偏析形成的原因大致是，某些 $k_0 < 1$ 的合金柱状晶沿其树枝主干方向长大过快，容易孤立地向熔体纵深延伸，当其横向长大时，一方面造成柱状晶之间的溶质原子富集，另一方面由于已凝固部分的收缩，在柱状晶之间形成空隙而产生负压；加上温度降低使液体中的气体析出而形成压强，柱状晶之间富集溶质的熔体沿着柱状晶之间的"渠道"压至铸锭外层，形成反偏析。通常相图上液相线和固相线间隔大、凝固时收缩较大的铝、镁、铜等合金容易产生反偏析。如锡青铜铸件表面出现的"锡汗"就是比较典型的反偏析，它使铸件的切削加工性能变差。

（3）重力偏析　重力偏析是由固相与液相之间密度的差别引起的一种区域偏析。对亚共晶或过共晶合金来说，如果先共晶相与液相之间的密度相差较大，则在缓慢冷却条件下结晶时，先共晶相便会在熔体中上浮或下沉，从而导致结晶后铸件上下部分的化学成分不一致，产生重力偏析。例如，Pb-Sb 轴承合金在凝固过程中，先共晶相锑的密度小于液相，因而锑晶体上浮，形成重力偏析。铸铁中石墨漂浮也是一种重力偏析。

重力偏析与合金组元的密度差、相图的结晶成分间隔及温度间隔等因素有关。合金组元间的密度差越大，相图的结晶成分间隔越大，则初晶与剩余液相的密度差也越大；相图的结晶温度间隔越大，冷却速度越小，则初晶在熔体中有更多的时间上浮或下沉，合金的重力偏析也越严重。

防止或减轻重力偏析的方法有两种：一是增大冷却速度，使先共晶相来不及上浮或下沉；二是加入第三种元素，结晶时先析出与液相密度相近的新相，构成阻挡先共晶相上浮或下沉的骨架。例如，在 Pb-Sb 合金中加入少量的 Cu 和 Sn，使其先形成 Cu_3Sn 化合物，阻止锑晶体上浮。另外，热对流、搅拌也可以避免显著的重力偏析。

在生产中，有时可利用重力偏析除去合金中的杂质或提纯贵金属。

（二）缩孔

铸锭在冷却和凝固过程中，由于合金的液态收缩和凝固收缩，使原来填满铸锭模的熔体凝固后就不再填满，此时如果没有熔体继续补充，就会出现收缩孔洞，称为缩孔。

铸锭中存在缩孔，会使铸锭中有效承载面积减小，导致应力集中，可能成为裂纹源；并且会降低铸锭的气密性，特别是承受压应力的铸件，容易发生渗漏而报废。缩孔的出现是不可避免的，人们只能通过改变结晶时的冷却条件和铸锭的形状来控制其出现的部位和分布状况。缩孔分为集中缩孔和分散缩孔（缩松）两类。

1. 集中缩孔

图 3-67 为集中缩孔形成过程示意图。当合金熔体浇入铸锭模后，与模壁先接触的一层熔体先结晶，中心部分的液体后结晶，先结晶部分的体积收缩可以由尚未结晶的熔体来补充，而最后结晶部分的体积收缩则得不到补充，因此，整个铸锭结晶时的体积收缩都集中到最后结晶的部分，于是便形成了集中缩孔。缩孔的另一种形式叫二次缩孔或中心线缩孔，如图 3-68 所示。由于铸锭上部已先基本凝固，而下部仍处于液体状态，当其凝固收缩时得不到熔体的及时补充，因此在下部形成缩孔。

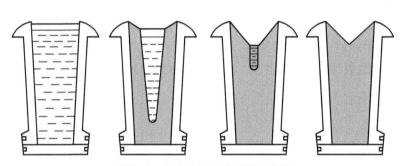

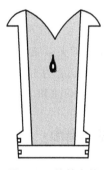

图 3-67 集中缩孔形成过程示意图　　　　图 3-68 铸锭中的二次缩孔示意图

集中缩孔和二次缩孔都破坏了铸锭的完整性，并使其附近含有较多的杂质，在后续的轧制过程中随铸锭整体的延伸而伸长，不能焊合而成为废品，所以必须在铸锭时予以切除。如果铸型设计得不当，浇注工艺掌握得不好，则缩孔长度可能增大，甚至贯穿铸锭中心，严重影响铸锭质量。如果只切除了明显的集中缩孔，未切除暗藏的二次缩孔，将给产品留下隐患，造成事故。

为了缩短缩孔的长度，使铸锭的收缩尽可能地提高到顶部，从而减少切头率，提高铸锭的利用率，通常采用的方法是：①加快底部的冷却速度，如在铸锭模底部安放冷铁，使凝固尽可能地自下而上进行，从而使缩孔大大减小；②在铸锭模顶部加保温冒口，使铸锭模上部的熔体最后凝固，收缩时可得到熔体的补充，把缩孔集中到顶部的保温冒口中。

2. 分散缩孔（缩松）

大多数合金结晶时以树枝晶方式长大。在柱状晶尤其是粗大的中心等轴晶形成过程中，由于树枝晶的充分发展及各晶枝间相互穿插和相互封锁作用，使一部分熔体被孤立分隔于各晶枝之间，凝固收缩时得不到熔体的补充，结晶结束后，便在这些区域形成许多分散的形状不规则的缩孔，称为缩松。在一般情况下，缩松处没有杂质，表面也未被氧化，在压力加工时可以焊合。

（三）气孔（气泡）

在熔体中总会或多或少地溶有一些气体，主要是氢气、氧气和氮气，而气体在固体中的溶解度往往比在液体中小得多。当合金结晶时，气体将以分子状态逐渐富集于固液界面前沿的熔体中，形成气泡。这些气泡长大到一定程度后便可能上浮，若浮出表面，即逸散到周围环境中；如果气泡来不及上浮，或者铸锭表面已经凝固，则气泡将保留在铸锭内部，形成气孔。

气孔对铸锭造成的危害与缩孔类似。在生产中可采取措施减小熔体的吸气量或对熔体进行除气处理。铸锭内部的气孔在压力加工时一般都可以焊合，而靠近铸锭表层的皮下气孔，则可能由于表皮破裂而被氧化，在压力加工时不能焊合，故在压力加工前必须车去，否则易在表面形成裂纹。

（四）夹杂物

铸锭中的夹杂物可根据来源分为两类：一类为外来夹杂物，如在浇注过程中混入的耐火材料 Al_2O_3 或脱氧产物钙铝硅酸盐；另一类为内生夹杂物，主要是熔体在冷却过程中发生化学反应的产物，如金属氧化物和金属硫化物。夹杂物的性质（如塑性或脆性）、形态、分布、尺寸及数量不同，对材料性能的影响也不同。一般来说，这些夹杂物，尤其是尺寸大于 $50\mu m$ 的夹杂物，破坏了铸锭组织的连续性和均匀性，铸锭在后续加工或服役过程中易在夹杂物附近产生应力集中，可导致裂纹的形成和扩展。夹杂物偏聚可导致金属材料在腐蚀介质中发生点蚀和应力腐蚀开裂。

基本概念

相；相律；显微组织；相组成物；组织组成物；同分结晶；异分结晶/选择结晶；成分过冷；二元共晶转变；二元包晶转变；伪共晶组织；离异共晶；包晶偏析；稳定化合物；二元共析转变；铸锭三晶区；显微偏析/微观偏析；区域偏析/宏观偏析

习　题

3-1　在正温度梯度下，为什么纯金属结晶时不能呈树枝状生长，而固溶体合金却可以？

3-2　何谓合金相图？利用相图可直接获知任何条件下合金的显微组织吗？

3-3　有两个形状、尺寸均相同的 Cu-Ni 合金铸件，其中一个铸件的 $w_{Ni}=90\%$，另一个铸件的 $w_{Ni}=50\%$，铸后自然冷却。凝固后哪一个铸件的枝晶偏析严重？为什么？提出消除枝晶偏析的措施。

3-4　何谓成分过冷？成分过冷对固溶体结晶时晶体长大方式和铸锭组织有何影响？

3-5　共晶点和共晶线有什么关系？共晶组织一般是什么形态？如何形成？

3-6　铋（熔点为 271.5℃）和锑（熔点为 630.7℃）在液态和固态时均能彼此无限互溶，$w_{Bi}=50\%$ 的合金在 520℃ 时开始凝固出成分为 $w_{Sb}=87\%$ 的固相。$w_{Bi}=80\%$ 的合金在 400℃ 时开始凝固出成分为 $w_{Sb}=64\%$ 的固相。根据上述条件，要求：

1）绘出 Bi-Sb 相图，并标出各线和各相区的名称。

2）从相图上确定 $w_{Sb}=40\%$ 合金的开始结晶和结晶终了温度，并求出它在 400℃ 时的平衡相成分及其含量。

3-7　根据下列实验数据绘出概略的二元共晶相图：组元 A 的熔点为 1000℃，组元 B 的熔点为 700℃；$w_B = 25\%$ 的合金在 500℃ 结晶完毕，并由 $73\frac{1}{3}\%$ 的先共晶 α 相与 $26\frac{2}{3}\%$ 的（α+β）共晶体所组成；$w_B = 50\%$ 的合金在 500℃ 结晶完毕后，则由 40% 的先共晶 α 相与 60% 的（α+β）共晶体组成，而此合金中的 α 相总量为 50%。

3-8　组元 A 的熔点为 1000℃，组元 B 的熔点为 700℃，在 800℃ 时存在包晶反应 $\alpha(w_B = 5\%)$ + $L(w_B = 50\%) \rightleftharpoons \beta(w_B = 30\%)$；在 600℃ 时存在共晶反应 $L(w_B = 80\%) \rightleftharpoons \beta(w_B = 60\%) + \gamma(w_B = 95\%)$；在 400℃ 时发生共析反应 $\beta(w_B = 50\%) \rightleftharpoons \alpha(w_B = 2\%) + \gamma(w_B = 97\%)$。根据这些数据画出相图。

3-9　在 C-D 二元系中，D 组元比 C 组元有较高的熔点，C 在 D 中没有固溶度。该合金系存在下述恒温反应：

1）$L(w_D = 30\%) + D \xrightarrow{700℃} \beta(w_D = 40\%)$；

2）$L(w_D = 5\%) + \beta(w_D = 25\%) \xrightarrow{500℃} \alpha(w_D = 10\%)$；

3）$\beta(w_D = 45\%) + D \xrightarrow{600℃} \gamma(w_D = 70\%)$；

4）$\beta(w_D = 30\%) \xrightarrow{400℃} \alpha(w_D = 5\%) + \gamma(w_D = 50\%)$。

根据以上数据，绘出概略的二元相图。

3-10　由实验获得 A-B 二元系的液相线和各等温反应的成分范围（图 3-69）。在不违背相律的条件下，试将此相图绘完，并填写其中各相区的相名称（自己假设名称），写出各等温反应式。

3-11　试指出图 3-70 中的错误之处，说明理由，并加以改正。

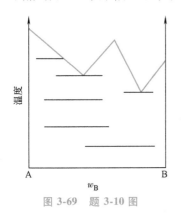

图 3-69　题 3-10 图

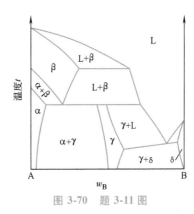

图 3-70　题 3-11 图

3-12　假定需要用 $w_{Zn} = 30\%$ 的 Cu-Zn 合金和 $w_{Sn} = 10\%$ 的 Cu-Sn 合金制造尺寸、形状相同的铸件，参照 Cu-Zn 和 Cu-Sn 二元合金相图，回答下述问题：

1）哪种合金熔体的流动性较好？

2）哪种合金铸件形成缩松的倾向较大？哪种合金铸件的热裂倾向较大？哪种合金铸件的枝晶偏析倾向较大？

3）试分析 $w_{Sn} = 10\%$ 的 Cu-Sn 合金非平衡结晶条件下的室温显微组织。

4）为何工业用变形锡青铜的 $w_{Sn} < 7\%$？

3-13　简述铸锭三晶区形成的原因及每个晶区的性能特点。

3-14　为了得到发达的柱状晶区，应该采取什么措施？为了得到发达的等轴晶区，应该采取什么措施？请解释基本原理。

Chapter 4

第四章
铁碳合金相图

碳钢和铸铁都是铁碳合金，是使用最广泛的金属材料。铁碳相图是研究铁碳合金的重要工具，了解与掌握铁碳相图，对于钢铁材料的研究和使用，各种热加工工艺的制订以及工艺废品产生原因的分析等方面都有很重要的指导意义。

铁碳合金中的碳有两种存在形式：渗碳体 Fe_3C 和石墨。在通常情况下，碳以 Fe_3C 形式存在，即铁碳合金按 $Fe-Fe_3C$ 系转变。但是 Fe_3C 是一个亚稳相，在一定条件下可以分解为铁（实际上是以铁为基的固溶体）和石墨，所以石墨是碳存在的更稳定状态。这样一来，铁碳相图就存在 $Fe-Fe_3C$ 和 Fe-石墨两种形式。下面先研究 $Fe-Fe_3C$ 相图。

中国创造：
鲲龙 AG600

第一节　铁碳合金的组元及基本相

一、纯铁

铁是元素周期表上的第 26 个元素，相对原子质量为 55.85，属于过渡族元素。在一个大气压[⊖]下，它于 1538℃ 熔化，2738℃ 汽化。在 20℃ 时的密度为 $7.87g/cm^3$。

（一）铁的多晶型转变

如前所述，铁具有多晶型性，图 4-1 所示为纯铁的冷却曲线及晶体结构变化。由图可以看出，纯铁在 1538℃ 结晶为 δ-Fe，X 射线结构分析表明，它具有体心立方结构。当温度继续冷却至 1394℃ 时，δ-Fe 转变为面心立方结构的 γ-Fe，通常把 δ-Fe ⇌ γ-Fe 的转变称为 A_4 转变，转变的平衡临界点称为 A_4 温度。当温度继续降至 912℃ 时，面心立方结构的 γ-Fe 又转变为体心立方结构的 α-Fe，把 γ-Fe ⇌ α-Fe 的转变称为 A_3 转变，转变的平衡临界点称为 A_3 温度。在 912℃ 以下，

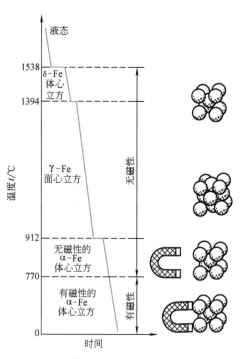

图 4-1　纯铁的冷却曲线及晶体结构变化

⊖　一个大气压 1atm = 101325Pa。

铁的结构不再发生变化。可见，铁具有三种晶体结构，即δ-Fe、γ-Fe和α-Fe。纯铁在凝固后的冷却过程中，经两次多晶型转变后晶粒得到细化，如图4-2所示。铁的多晶型转变具有重要的实际意义，它是钢的合金化和热处理的基础。

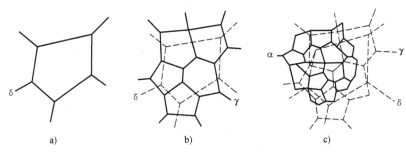

图 4-2　纯铁结晶后的组织

a）初生的δ-Fe晶粒　b）γ-Fe晶粒　c）室温组织——α-Fe晶粒

应当指出，α-Fe在770℃还将发生磁性转变，即由高温的顺磁性转变为低温的铁磁性状态。通常把这种磁性转变称为 A_2 转变，把磁性转变温度称为铁的居里点。在发生磁性转变时铁的晶体结构不变。

（二）铁素体与奥氏体

铁素体（Ferrite）是碳溶于α-Fe中的间隙固溶体，为体心立方结构，常用符号F或α表示。奥氏体是（Austenite）碳溶于γ-Fe中的间隙固溶体，为面心立方结构，常用符号A或γ表示。铁素体和奥氏体是铁碳相图中两个十分重要的基本相。

由于α-Fe的八面体间隙半径为0.0186nm，小于γ-Fe的八面体间隙半径0.0535nm，且碳原子半径为0.077nm，铁素体的溶碳量比奥氏体小得多。根据测定，奥氏体的最大溶碳量 $w_C = 2.11\%$（于1148℃），而铁素体的最大溶碳量仅为 $w_C = 0.0218\%$（于727℃），在室温下铁素体的溶碳能力就更低了，w_C 一般在0.0008%以下。

碳溶于体心立方结构δ-Fe中的间隙固溶体，称为δ铁素体，以δ表示。其最大溶解度在1495℃时 $w_C = 0.09\%$。

铁素体的性能与纯铁基本相同，居里点也是770℃；奥氏体的塑性很好，但它具有顺磁性。

（三）纯铁的性能与应用

工业纯铁的含铁量一般为 $w_{Fe} = 99.8\% \sim 99.9\%$，含有 $w = 0.1\% \sim 0.2\%$ 的杂质，其中主要是碳。纯铁的力学性能因其纯度和晶粒大小的不同而差别很大，其大致范围如下：

抗拉强度 R_m	176~274MPa
屈服强度 $R_{p0.2}$	98~166MPa
断后伸长率 A	30%~50%
断面收缩率 Z	70%~80%
冲击韧度 a_K	160~200J/cm²
硬度	50~80HBW

纯铁的塑性和韧性很好，但其强度很低，很少用作结构材料。纯铁的主要用途是利用它所具有的铁磁性。工业上炼制的电工纯铁和工程纯铁具有高的磁导率，可用于要求软磁性的场合，如各种仪器仪表的铁心等。

二、渗碳体

渗碳体（Cementite）是铁与碳形成的间隙化合物 Fe_3C，含碳量 w_C 为 6.69%，用符号 C_m 表示，也是铁碳相图中的重要基本相。

渗碳体属于正交晶系，晶体结构十分复杂，三个晶格常数分别为 $a = 0.452nm$，$b = 0.509nm$，$c = 0.674nm$。图 4-3 所示为渗碳体的晶体结构，晶胞中含有 12 个铁原子和 4 个碳原子，符合 $Fe : C = 3 : 1$ 的关系。

渗碳体具有很高的硬度，约为 800HBW，但塑性很差，断后伸长率接近于零。渗碳体于低温下具有一定的铁磁性，但是在 230℃ 以上，这种铁磁性就消失了，所以 230℃ 是渗碳体的磁性转变温度，称为 A_0 转变。根据理论计算，渗碳体的熔点为 1227℃。

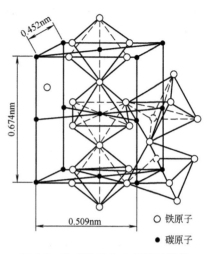

○ 铁原子
● 碳原子

图 4-3　渗碳体晶胞中的原子配置

第二节　$Fe-Fe_3C$ 相图分析

一、相图中各点、线、区的意义

图 4-4 所示为 $Fe-Fe_3C$ 相图，图中各特性点的温度、碳浓度及意义见表 4-1。各特性点

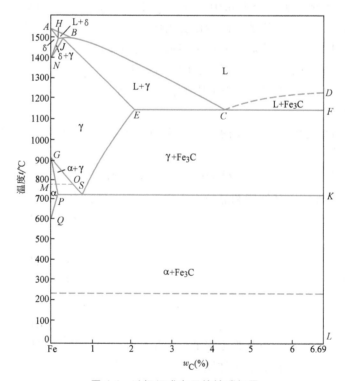

图 4-4　以相组成表示的铁碳相图

的符号是国际通用的，不能随意更换。

表 4-1　铁碳合金相图中的特性点

符号	温度/℃	w_C(%)	说　　明	符号	温度/℃	w_C(%)	说　　明
A	1538	0	纯铁的熔点	J	1495	0.17	包晶点
B	1495	0.53	包晶转变时液态合金的成分	K	727	6.69	渗碳体的成分
C	1148	4.30	共晶点	M	770	0	纯铁的磁性转变点
D	1227	6.69	渗碳体的熔点	N	1394	0	$\gamma\text{-Fe} \rightleftharpoons \delta\text{-Fe}$ 的转变温度
E	1148	2.11	碳在 γ-Fe 中的最大溶解度	O	770	≈0.5	$w_C \approx 0.5\%$合金的磁性转变点
F	1148	6.69	渗碳体的成分	P	727	0.0218	碳在 α-Fe 中的最大溶解度
G	912	0	$\alpha\text{-Fe} \rightleftharpoons \gamma\text{-Fe}$ 转变温度（A_3）	S	727	0.77	共析点（A_1）
H	1495	0.09	碳在 δ-Fe 中的最大溶解度	Q	600	0.0057	600℃时碳在 α-Fe 中的溶解度

相图的液相线是 *ABCD*，固相线是 *AHJECF*，相图中有五个单相区：

ABCD 以上——液相区（L）

AHNA——δ 铁素体区（δ）

NJESGN——奥氏体区（γ 或 A）

GPQG——铁素体区（α 或 F）

DFKL——渗碳体区（Fe₃C 或 C_m）

相图中有七个两相区，它们分别存在于相邻两个单相区之间。这些两相区分别是：L+δ、L+γ、L+Fe₃C、δ+γ、α+γ、γ+Fe₃C 及 α+Fe₃C。

此外，相图上有两条磁性转变线：*MO* 为铁素体的磁性转变线，230℃虚线为渗碳体的磁性转变线。

铁碳相图上有三条三相共存水平线，即 *HJB*——包晶转变线；*ECF*——共晶转变线；*PSK*——共析转变线。事实上，Fe-Fe₃C 相图即由包晶转变、共晶转变和共析转变三部分连接而成。下面对这三部分进行分析。

二、三个恒温恒成分转变

（一）包晶转变

在 1495℃的恒温下，$w_C = 0.53\%$的液相与 $w_C = 0.09\%$ 的 δ 铁素体发生包晶反应，形成 $w_C = 0.17\%$ 的奥氏体，其反应式为

$$L_B + \delta_H \underset{}{\overset{1495℃}{\rightleftharpoons}} \gamma_J$$

进行包晶反应时，奥氏体沿 δ 相与液相的界面形核，并向 δ 相和液相两个方向长大。包晶反应终了时，δ 相与液相同时耗尽，变为单相奥氏体。含碳量 w_C 在 0.09%～0.17%之间的合金，由于 δ 铁素体的量较多，当包晶反应结束后，液相耗尽，仍残留一部分 δ 铁素体。这部分 δ 相在随后的冷却过程中，通过多晶型转变而变成奥氏体。含碳量 w_C 在 0.17%～0.53%之间的合金，由于反应前的 δ 相较少，液相较多，所以在包晶反应结束后，仍残留一定量的液相，这部分液相在随后冷却过程中结晶成奥氏体。

$w_C < 0.09\%$的合金，在按匀晶转变结晶为 δ 固溶体之后，继续冷却时将在 *NH* 与 *NJ* 线之间发生固溶体的多晶型转变，变为单相奥氏体。含碳量 w_C 在 0.53%～2.11%之间的合金，

按匀晶转变凝固后，显微组织也是单相奥氏体。

总之，含碳量 $w_C < 2.11\%$ 的合金在冷却过程中，都可在一定的温度区间内得到单相的奥氏体组织。

应当指出，对于铁碳合金来说，由于包晶反应温度高，碳原子的扩散较快，所以包晶偏析并不严重。但对于高合金钢来说，合金元素的扩散较慢，就可能造成严重的包晶偏析。

（二）共晶转变

Fe-Fe$_3$C 相图上的共晶转变是在 1148℃ 的恒温下，由 $w_C = 4.3\%$ 的液相转变为 $w_C = 2.11\%$ 的奥氏体和渗碳体组成的混合物，其反应式为

$$L_C \xrightarrow{1148℃} \gamma_E + Fe_3C$$

共晶转变所形成的共晶组织是奥氏体和渗碳体的混合物，称为莱氏体（Ledeburite），以符号 Ld 表示。凡是含碳量 w_C 在 2.11%~6.69% 范围内的合金，都要进行共晶转变。

（三）共析转变

Fe-Fe$_3$C 相图上的共析转变是在 727℃ 恒温下，由 $w_C = 0.77\%$ 的奥氏体转变为 $w_C = 0.0218\%$ 的铁素体和渗碳体组成的混合物，其反应式为

$$\gamma_S \xrightarrow{727℃} \alpha_P + Fe_3C$$

共析转变的产物即共析组织，称为珠光体（Pearlite），用符号 P 表示。共析转变的水平线 PSK，称为共析线或共析温度，常用符号 A_1 表示。凡是含碳量 $w_C > 0.0218\%$ 的铁碳合金都将发生共析转变。

三、三条重要的特性曲线

（一）GS 线

GS 线又称为 A_3 线，它是在冷却过程中由奥氏体析出铁素体的开始线，或者说在加热过程中铁素体溶入奥氏体的终了线。事实上，GS 线是由 G 点（A_3 点）演变而来，随着含碳量的增加，奥氏体向铁素体的多晶型转变温度逐渐下降，使得 A_3 点变成了 A_3 线。

（二）ES 线

ES 线是碳在奥氏体中的溶解度曲线。当温度低于此曲线时，就要从奥氏体中析出次生渗碳体，通常称为二次渗碳体，用 Fe$_3$C$_{II}$ 表示，因此该曲线又是二次渗碳体的开始析出线。ES 线也称为 A_{cm} 线。

由铁碳相图可以看出，E 点表示奥氏体的最大溶碳量，即奥氏体的溶碳量在 1148℃ 时为 $w_C = 2.11\%$，其摩尔比相当于 9.1%。这表明，此时铁与碳的摩尔比差不多是 10:1，相当于 2.5 个奥氏体晶胞中才有一个碳原子。

（三）PQ 线

PQ 线是碳在铁素体中的溶解度曲线。铁素体中的最大溶碳量，于 727℃ 时达到最大值 $w_C = 0.0218\%$。随着温度的降低，铁素体中的溶碳量逐渐减少，在 300℃ 以下，溶碳量 w_C 小于 0.001%。因此，当铁素体从 727℃ 冷却下来时，要从铁素体中析出渗碳体，称为三次渗碳体，用 Fe$_3$C$_{III}$ 表示。

第三节　铁碳合金平衡结晶过程及其显微组织

铁碳合金的显微组织是熔体结晶及固态相变的综合结果，研究铁碳合金的平衡结晶过程，目的在于分析合金的显微组织形成，以考虑其对性能的影响。为了讨论方便起见，先将铁碳合金进行分类。通常按有无共晶转变将其分为碳钢和铸铁两大类，即 $w_C<2.11\%$ 的为碳钢，$w_C>2.11\%$ 的为铸铁。$w_C<0.0218\%$ 的为工业纯铁。按 Fe-Fe$_3$C 系结晶的铸铁，碳以 Fe$_3$C 形式存在，断口呈亮白色，称为白口铸铁。

根据组织特征，将铁碳合金按含碳量划分为七种类型：

（1）工业纯铁　$w_C<0.0218\%$。

（2）共析钢　$w_C=0.77\%$。

（3）亚共析钢　$w_C=0.0218\%\sim0.77\%$。

（4）过共析钢　$w_C=0.77\%\sim2.11\%$。

（5）共晶白口铸铁　$w_C=4.3\%$。

（6）亚共晶白口铸铁　$w_C=2.11\%\sim4.3\%$。

（7）过共晶白口铸铁　$w_C=4.30\%\sim6.69\%$。

现从每种类型中选择一种合金来分析其平衡结晶过程和显微组织。所选取的合金成分在相图上的位置如图 4-5 所示。

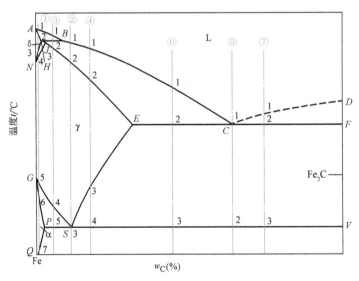

图 4-5　典型铁碳合金冷却时的组织转变过程分析

一、工业纯铁

图 4-6 所示为合金①（即 $w_C=0.01\%$ 的工业纯铁）的平衡结晶过程示意图。合金熔体在 1~2 点温度区间内，按匀晶转变结晶出 δ 固溶体，δ 固溶体冷却至 3 点时，开始发生固溶体的多晶型转变 δ→γ。奥氏体的晶核通常优先在 δ 相的晶界上形成并长大。这一转变在 4 点结束，合金全部呈单相奥氏体。奥氏体冷却到 5 点时又发生多晶型转变 γ→α，同样，铁素

体也是在奥氏体晶界上优先形核，然后长大。当温度达到 6 点时，奥氏体全部转变为铁素体。铁素体冷却到 7 点时，碳在铁素体中的溶解量达到饱和，因此，当将铁素体冷却到 7 点以下时，渗碳体将从铁素体中析出，这种从铁素体中析出的渗碳体即为三次渗碳体。在缓慢冷却条件下，这种渗碳体常沿铁素体晶界呈片状析出。工业纯铁的室温组织如图 4-7 所示。

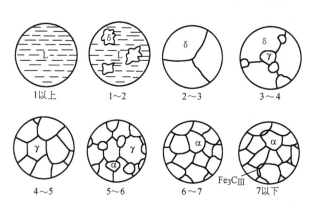

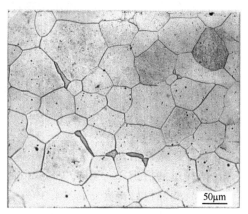

图 4-6　$w_C = 0.01\%$ 的工业纯铁平衡结晶过程示意图　　　　图 4-7　工业纯铁的室温组织

在室温下，三次渗碳体含量最大的是 $w_C = 0.0218\%$ 的铁碳合金，其含量可用杠杆定律求出，即

$$w_{Fe_3C_{III}} = \frac{0.0218}{6.69} \times 100\% \approx 0.33\%$$

二、共析钢

共析钢含碳量 $w_C = 0.77\%$ 即图 4-5 中的合金②，其平衡结晶过程示意图如图 4-8 所示。

在 1~2 点温度区间，合金按匀晶转变结晶出奥氏体。奥氏体冷却到 3 点（727℃），在恒温下发生共析转变：$\gamma_{0.77} \rightleftharpoons \alpha_P + Fe_3C$，转变产物为珠光体。经共析转变形成的珠光体是片层状的，其中的铁素体和渗碳体的含量可以分别用杠杆定律进行计算，即

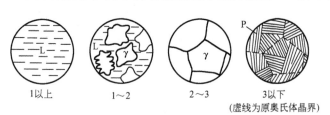

图 4-8　$w_C = 0.77\%$ 的碳钢平衡结晶过程示意图

$$w_F = \frac{SK}{PK} = \frac{6.69 - 0.77}{6.69 - 0.0218} \times 100\% \approx 88.7\%$$

$$w_{Fe_3C} = 100\% - w_F \approx 11.3\%$$

渗碳体与铁素体含量的比值为 $w_{Fe_3C}/w_F \approx 1/8$。这就是说，如果忽略铁素体和渗碳体比体积上的微小差别，铁素体的体积是渗碳体的 8 倍。在金相显微镜下观察时，珠光体组织中较厚的片是共析铁素体，较薄的片是共析渗碳体。在腐蚀金相试样时，被腐蚀的是铁素体和渗碳体的相界面，但在一般金相显微镜下观察时，由于放大倍数不足，渗碳体两侧的界面有时分辨不清，看起来合成了一条线。

图 4-9 所示为不同放大倍数下的珠光体组织照片。珠光体组织中片层排列方向相同的领域称为一个珠光体领域或珠光体团。相邻珠光体团的取向不同。在显微镜下，不同的珠光体团的片层粗细不同，这是由于它们的取向不同所致。

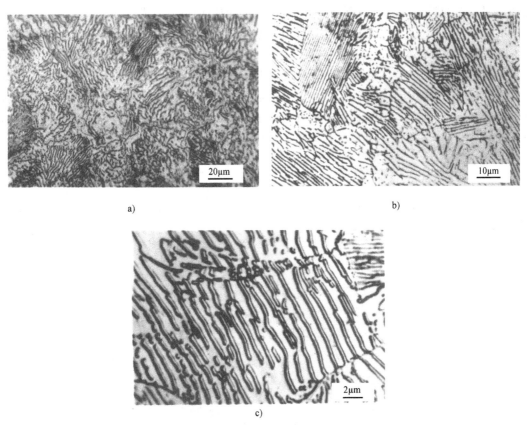

图 4-9　不同放大倍数下的珠光体

珠光体中的渗碳体称为共析渗碳体。在随后的冷却过程中，铁素体中的含碳量沿 PQ 线变化，于是从珠光体的铁素体相中析出三次渗碳体。在缓慢冷却条件下，三次渗碳体在铁素体与渗碳体的相界上形成，与共析渗碳体连结在一起，在显微镜下难以分辨，同时其数量也很少，对珠光体的组织和性能没有明显影响。

三、亚共析钢

现以 $w_C = 0.40\%$ 的碳钢为例进行分析，其在相图上的位置见图 4-5 中的合金③，平衡结晶过程示意图如图 4-10 所示。在结晶过程中，冷却至 1~2 温度区间，合金按匀晶转变结晶出 δ 铁素体。当冷却到 2 点时，δ 固溶体的含碳量 $w_C = 0.09\%$，液相的含碳量 $w_C = 0.53\%$，此时的温度为

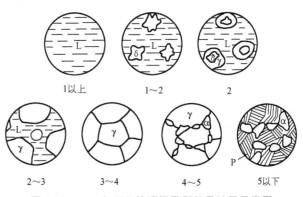

图 4-10　$w_C = 0.40\%$ 的碳钢平衡结晶过程示意图

1495℃，于是液相和δ铁素体在恒温下发生包晶转变：$L_B + \delta_H \rightleftharpoons \gamma_J$，形成奥氏体。但由于钢中含碳量$w_C$（0.40%）大于0.17%，所以包晶转变终了后，仍有液相存在，这些剩余的液相在2~3点之间继续结晶成奥氏体，此时液相的成分沿BC线变化，奥氏体的成分则沿JE线变化。温度降到3点，合金全部由$w_C = 0.40\%$的奥氏体所组成。

单相的奥氏体冷却到4点时，在晶界上开始析出铁素体。随着温度的降低，铁素体的数量不断增多，此时铁素体的成分沿GP线变化，而奥氏体的成分则沿GS线变化。当温度降至5点与共析线（727℃）相遇时，奥氏体的成分达到了S点，即含碳量达到$w_C = 0.77\%$，于恒温下发生共析转变：$\gamma_S \rightleftharpoons \alpha_P + Fe_3C$，形成珠光体。在5点以下，先共析铁素体和珠光体中的铁素体都将析出三次渗碳体，但其数量很少，一般可忽略不计。因此，该钢在室温下的显微组织由先共析铁素体和珠光体所组成（图4-11b）。

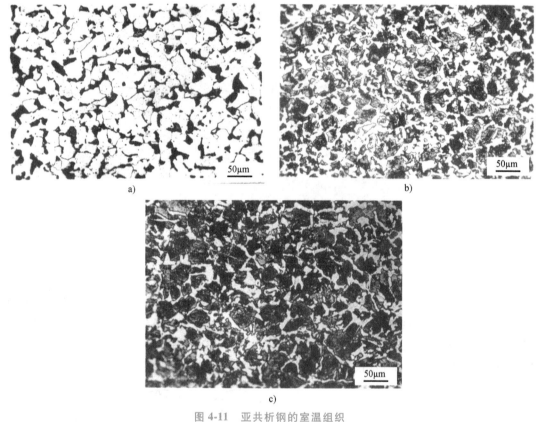

a)

b)

c)

图 4-11 亚共析钢的室温组织

a) $w_C = 0.20\%$ b) $w_C = 0.40\%$ c) $w_C = 0.60\%$

亚共析钢的室温组织均由铁素体和珠光体组成。钢中含碳量越高，则显微组织中的珠光体量越多。图4-11所示分别为$w_C = 0.20\%$、$w_C = 0.40\%$和$w_C = 0.60\%$的亚共析钢的显微组织。由于放大倍数较小，不能清晰地观察到珠光体的片层特征，观察到的只是灰黑一片。

共析转变刚刚结束时，利用杠杆定律可以分别计算出钢中的组织组成物——先共析铁素体和珠光体的含量

$$w_\alpha = \frac{0.77 - 0.40}{0.77 - 0.0218} \times 100\% \approx 49.5\%$$

$$w_P = 1 - 49.5\% \approx 50.5\%$$

同样，也可以算出相组成物的含量

$$w_\alpha = \frac{6.69 - 0.40}{6.69 - 0.0218} \times 100\% \approx 94.3\%$$

$$w_{Fe_3C} = 1 - 94.3\% \approx 5.7\%$$

根据亚共析钢的平衡组织，也可近似地估计其含碳量：$w_C \approx P \times 0.8\%$，其中 P 为珠光体在显微组织中所占面积的百分比，0.8%是珠光体含碳量 0.77% 的近似值。

应当指出，含碳量接近 P 点的亚共析钢（低碳钢），在铁素体的晶界处常出现一些游离的渗碳体。这种游离的渗碳体既包括三次渗碳体，也包括珠光体离异的渗碳体，即在共析转变时，珠光体中的铁素体依附在已经存在的先共析铁素体上生长，最后把渗碳体留在晶界处。当继续冷却时，从铁素体中析出的三次渗碳体又会再附加在离异的共析渗碳体之上。渗碳体在晶界上的分布，将引起晶界脆性，使低碳钢的工艺性能（主要是冲压性能）恶化，也使钢的综合力学性能降低。渗碳体的这种晶界分布状况应设法避免。

四、过共析钢

以 $w_C = 1.2\%$ 的过共析钢为例，其在铁碳相图上的位置见图 4-5 中的合金④，平衡结晶过程示意图如图 4-12 所示。合金在 1~2 点按匀晶转变为单相奥氏体。当冷却至 3 点与 ES 线相遇时，开始从奥氏体中析出二次渗碳体，直到 4 点为止。这种先共析渗碳体一般沿着奥氏体晶界呈网状分布。由于渗碳体的析出，奥氏体中的含碳量沿 ES 线变化，当温度降至 4 点时（727℃），奥氏体的含碳量正好达到 $w_C = 0.77\%$，在恒温下发生共析转变，形成珠光体。因此，过共析钢的室温平衡组织为珠光体和二次渗碳体，如图 4-13 所示。

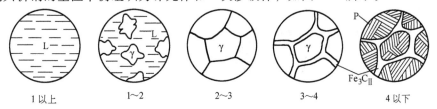

| 1 以上 | 1~2 | 2~3 | 3~4 | 4 以下 |

图 4-12　$w_C = 1.2\%$ 的碳钢平衡结晶过程示意图

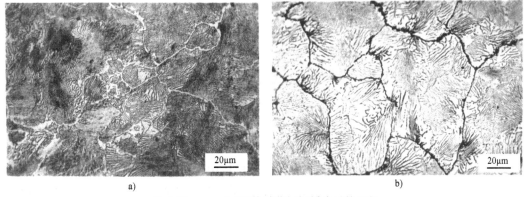

a)　　　　　　　　　　　　　　　　　b)

图 4-13　$w_C = 1.2\%$ 的过共析钢缓冷后的组织

a）硝酸酒精浸蚀，白色网状相为二次渗碳体，暗黑色为珠光体

b）苦味酸钠浸蚀，黑色为二次渗碳体，浅白色为珠光体

在过共析钢中，二次渗碳体的数量随钢中含碳量的增加而增加，当含碳量较多时，除沿奥氏体晶界呈网状分布外，还在晶内呈针状分布。当含碳量 w_C 达到 2.11% 时，二次渗碳体的数量达到最大值，其含量可用杠杆定律算出

$$w_{Fe_3C_{II}} = \frac{2.11-0.77}{6.69-0.77} \times 100\% \approx 22.6\%$$

五、共晶白口铸铁

共晶白口铸铁中含碳量 $w_C = 4.3\%$，如图 4-5 中的合金⑤，其平衡结晶过程示意图如图 4-14 所示。合金熔体冷却到 1 点（1148℃）时，在恒温下发生共晶转变：$L_C \rightleftharpoons \gamma_E + Fe_3C$，形成莱氏体（Ld）。在莱氏体中，共晶渗碳体是连续分布的相，共晶奥氏体呈颗粒状分布在渗碳体的基底上。由于渗碳体很脆，所以莱氏体是塑性很差的组织。当冷却至 1 点以下时，碳在奥氏体中的溶解度不断下降，因此从奥氏体中不断析出二次渗碳体，但由于它依附在共晶渗碳体上析出并长大，所以以难以分辨。当温度降至 2 点（727℃）时，奥氏体的含碳量 w_C 降至 0.77%，在恒温下发生共析转变，即奥氏体转变为珠光体。最后室温下的组织是珠光体分布在共晶渗碳体的基体上。室温莱氏体保持了在高温下共晶转变后所形成的莱氏体的形态特征，但组成相发生了改变。因此，常将室温莱氏体称为低温莱氏体，用符号 Ld′ 表示，其显微组织如图 4-15 所示。

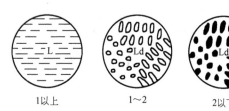

图 4-14　$w_C = 4.3\%$ 的白口铸铁
平衡结晶过程示意图

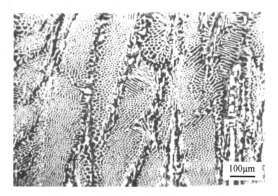

图 4-15　共晶白口铸铁的室温组织

六、亚共晶白口铸铁

亚共晶白口铸铁的平衡结晶过程比较复杂，现以 $w_C = 3.0\%$ 的合金⑥（图 4-5）为例进行分析。在结晶过程中，在 1~2 点之间按匀晶转变结晶出初晶（或先共晶）奥氏体，奥氏体的成分沿 JE 线变化，而液相的成分沿 BC 线变化，当温度降至 2 点时，液相成分达到共晶点 C，于恒温（1148℃）下发生共晶转变，即 $L_C \rightleftharpoons \gamma_E + Fe_3C$，形成莱氏体。当温度冷却至 2~3 点温度区间时，从初晶奥氏体和共晶奥氏体中都析出二次渗碳体。随着二次渗碳体的析出，奥氏体的成分沿着 ES 线不断降低，当温度到达 3 点（727℃）时，奥氏体的成分也到达了 S 点，于恒温下发生共析转变，所有的奥氏体均转变为珠光体。图 4-16 所示为其平衡结晶过程示意图。图 4-17 所示为该合金的显微组织 P+Fe_3C_{II}+Ld′，图中大块黑色部

分是由初晶奥氏体转变成的珠光体，由初晶奥氏体析出的二次渗碳体分布在其周围，与共晶渗碳体连成一片。

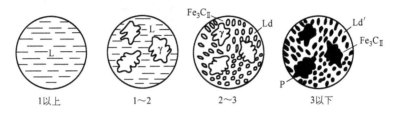

图 4-16　$w_C = 3.0\%$ 的白口铸铁平衡结晶过程示意图

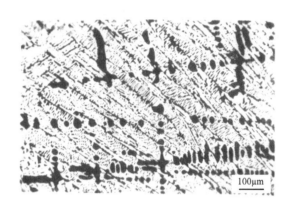

图 4-17　亚共晶白口铸铁的室温组织

根据杠杆定律计算，该铸铁的组织组成物中，初晶奥氏体的含量为

$$w_\gamma = \frac{4.3 - 3.0}{4.3 - 2.11} \times 100\% \approx 59.4\%$$

莱氏体的含量为

$$w_{Ld} = \frac{3.0 - 2.11}{4.3 - 2.11} \times 100\% \approx 40.6\%$$

从初晶奥氏体中析出二次渗碳体的含量为

$$w_{Fe_3C_{II}} = \frac{2.11 - 0.77}{6.69 - 0.77} \times 59.4\% \approx 13.4\%$$

七、过共晶白口铸铁

以 $w_C = 5.0\%$ 的过共晶白口铸铁为例，其在相图中的位置见图 4-5 合金⑦，平衡结晶过程的示意图如图 4-18 所示。在结晶过程中，该合金在 1~2 温度区间从液体中结晶出粗大的先共晶渗碳体，称为一次渗碳体，用 Fe_3C_I 表示。随着一次渗碳体量的增多，液相成分沿着 DC 线变化。当温度降至 2 点时，液相成分达到 $w_C = 4.3\%$，于恒温下发生共晶转变，形成莱氏体。在继续冷却过程中，共晶奥氏体先析出二次渗碳体，然后于 727℃ 恒温下发生共析转变，形成珠光体。因此，过共晶白口铸铁室温下的组织为一次渗碳体和低温莱氏体。其显微组织如图 4-19 所示。

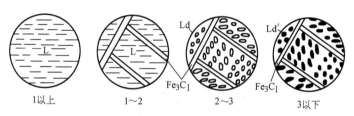

图 4-18　$w_C = 5.0\%$ 的过共晶白口铸铁平衡结晶过程示意图

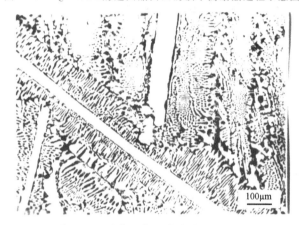

图 4-19　过共晶白口铸铁的室温组织

第四节　含碳量对铁碳合金平衡组织和性能的影响

一、对平衡组织的影响

根据上一节对各类铁碳合金平衡结晶过程的分析，可将 Fe-Fe₃C 相图中的相区按组织组成物加以标注，如图 4-20 所示。

根据运用杠杆定律进行计算的结果，可将铁碳合金的成分与平衡结晶后的组织组成物及相组成物之间的定量关系总结如图 4-21 所示。从相组成的角度来看，铁碳合金在室温下的平衡组织皆由铁素体和渗碳体两相所组成。当含碳量为零时，合金全部由铁素体所组成，随着含碳量的增加，铁素体的含量呈直线下降，直到 $w_C = 6.69\%$ 时降低到零。与此相反，渗碳体的含量则由零增至 100%。含碳量的变化还引起组织

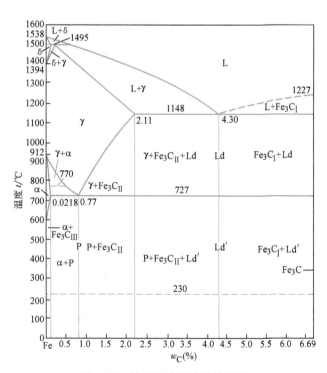

图 4-20　按组织分区的铁碳相图

的变化，显然，这是由于成分的变化引起不同性质的结晶过程，使得相发生变化造成的。从图 4-20 和图 4-21 可以看出，随着含碳量的增加，铁碳合金的组织变化顺序为：

$$F \rightarrow F+P \rightarrow P \rightarrow P+Fe_3C_{II} \rightarrow P+Fe_3C_{II}+Ld' \rightarrow Ld' \rightarrow Ld'+Fe_3C_I$$

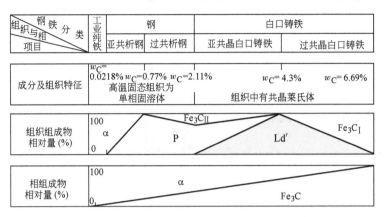

图 4-21　铁碳合金的成分与组织的关系

可见，同一种组成相，由于生成条件的不同，虽然相的本质未变，但其形态可以有很大的差异。例如，从奥氏体中析出的铁素体一般呈块状，而经共析反应生成的珠光体中的铁素体（共析铁素体），由于与渗碳体相互制约，呈交替片层状。又如渗碳体，由于生成条件的不同，使其形态变得十分复杂，铁碳合金的上述组织变化主要是由它引起的。当含碳量很低时（$w_C<0.0218\%$），三次渗碳体从铁素体中析出，沿晶界呈小片状分布。共析渗碳体是经共析反应生成的，与铁素体呈交替片层状。而从奥氏体中析出的二次渗碳体，则以网络状分布于奥氏体的晶界。共晶渗碳体是与共晶奥氏体同时形成的，在莱氏体中为连续的基体，比较粗大，有时呈鱼骨状。一次渗碳体是从液体中直接形成的，呈规则的长条状。由此可见，成分的变化，不仅引起相的相对含量的变化，而且引起组织的变化，对铁碳合金的性能产生很大影响。

二、对力学性能的影响

铁素体是软韧相，渗碳体是硬脆相。珠光体由铁素体和渗碳体组成，渗碳体以细片状分散地分布在铁素体基体上，起到了强化作用。因此珠光体有较高的强度和硬度，但塑性较差。珠光体内的层片越细，则强度越高。在平衡结晶条件下，珠光体的力学性能大体是：

抗拉强度 R_m	1000MPa
屈服强度 $R_{p0.2}$	600MPa
断后伸长率 A	10%
断面收缩率 Z	12%~15%
硬度	241HBW

图 4-22 所示反映了含碳量对退火碳钢力学性能的影响。由图可以看出，在亚共析钢中，随着含碳量的增加，珠光体逐渐增多，强度、硬度升高，而塑性、韧性下降。当含碳量 w_C

达到 0.77% 时，其性能就是珠光体的性能。在过共析钢中，含碳量 w_C 在接近 1% 时其抗拉强度达到最高值，含碳量继续增加，抗拉强度下降。这是由于脆性的二次渗碳体在含碳量 w_C 高于 1% 时，于晶界形成连续的网络，使钢的脆性大大增加。因此在用拉伸试验测定其强度时，会在脆性的二次渗碳体处出现早期裂纹，并发展至断裂，使抗拉强度下降。

在白口铸铁中，由于含有大量渗碳体，故脆性很大，抗拉强度很低。

渗碳体的硬度很高，且极脆，不能使合金的塑性提高，合金的塑性变形主要由铁素体来提供。因此，合金中含碳量增加而使铁素体减少时，铁碳合金的塑性不断降低。当显微组织中出现以渗碳体为基体的低温莱氏体时，塑性降低到接近于零值。

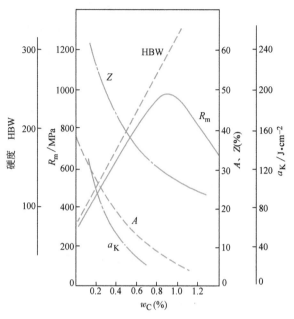

图 4-22　含碳量对平衡状态下碳钢力学性能的影响

冲击韧度对组织十分敏感。含碳量增加时，脆性的渗碳体增多，当出现网状的二次渗碳体时，韧性急剧下降。总的来看，韧性比塑性下降的趋势要大。

硬度是对组织组成物或组成相的形态不十分敏感的性能，它的大小主要取决于组成相的数量和硬度。因此，随着含碳量的增加，高硬度的渗碳体增多，低硬度的铁素体减少，铁碳合金的硬度呈直线升高。

为了保证工业上使用的铁碳合金具有适当的塑性和韧性，合金中渗碳体相的数量不应过多。对碳素钢及普通低中合金钢而言，其含碳量 w_C 一般不超过 1.3%。

三、对工艺性能的影响

（一）切削加工性

金属材料的切削加工性问题，是一个十分复杂的问题，一般可从允许的切削速度、切削力、表面粗糙度等几个方面进行评价，材料的化学成分、硬度、韧性、导热性，以及金属的组织结构和加工硬化程度等对其均有影响。

钢的含碳量对切削加工性有一定的影响。低碳钢中的铁素体较多，塑性韧性好，切削加工时产生的切削热较大，容易粘刀，而且切屑不易折断，影响表面粗糙度，因此切削加工性不好。高碳钢中渗碳体多，硬度较高，严重磨损刀具，切削性能也差。中碳钢中的铁素体与渗碳体的比例适当，硬度和塑性也比较适中，其切削加工性较好。一般认为，钢的硬度大致为 250HBW 时，切削加工性较好。

钢的导热性对其切削加工性具有很大的意义。具有奥氏体组织的钢导热性低，切削热很少为工件所吸收，而基本上集聚在切削刃附近，因而使刀具的切削刃变热，缩短了刀具寿命。因此，尽管奥氏体钢的硬度不高，但切削加工性不好。

钢的晶粒尺寸并不显著影响硬度，但粗晶粒钢的韧性较差，切屑易断，因而切削加工性较好。

珠光体的渗碳体形态同样影响切削加工性，亚共析钢的组织是铁素体+片状珠光体，具有较好的切削加工性，若过共析钢的组织为片状珠光体+二次渗碳体，则其切削加工性很差，若其组织是由粒状珠光体组成的，则可改善钢的切削加工性。

（二）可锻性

金属材料的可锻性是指金属材料在压力加工时，能改变形状而不产生裂纹的性能。

钢的可锻性首先与含碳量有关。低碳钢的可锻性较好，随着含碳的增加，可锻性逐渐变差。

奥氏体具有良好的塑性，易于塑性变形，钢加热到高温可获得单相奥氏体组织，具有良好的可锻性。因此钢材的始轧或始锻温度一般选在固相线以下 100~200℃ 范围内。终锻温度不能过低，以免钢材因温度过低而使塑性变差，导致产生裂纹。但终锻温度也不能太高，以免奥氏体晶粒粗大。亚共析钢终锻温度控制在略高于 GS 线，以避免变形时出现大量铁素体，形成带状组织而使韧性降低；过共析钢终锻温度控制在略高于 PSK 线，以利于打碎呈网状析出的二次渗碳体。

白口铸铁无论在低温或高温，其组织都是以硬而脆的渗碳体为基体，可锻性很差。

（三）铸造性

金属材料的铸造性，包括金属材料的流动性、收缩性和偏析倾向等。

1. 流动性

流动性决定了合金熔体充满铸型的能力。流动性受很多因素的影响，其中最主要的是化学成分和浇注温度的影响。

在化学成分中，碳对流动性的影响最大。随着含碳量的增加，钢的结晶温度间隔增大，流动性应该变差。但是，随着含碳量的增加，液相线温度降低，因而，当浇注温度相同时，含碳量高的钢，其钢液温度与液相线温度之差较大，即过热度较大，对钢液的流动性有利。所以钢液的流动性随含碳量的增加而提高。浇注温度越高，流动性越好。当浇注温度一定时，过热度越大，流动性越好。

铸铁因其液相线温度比钢低，其流动性总是比钢好。亚共晶铸铁随含碳的增加，结晶温度间隔缩小，流动性也随之提高。共晶铸铁的结晶温度最低，同时又是在恒温下凝固，流动性最好。过共晶铸铁随着含碳量的增加，其流动性变差。

2. 收缩性

铸造合金从浇注温度至室温的冷却过程中，其体积和线尺寸减小的现象称为收缩性。收缩是铸造合金本身的物理性质，是铸件产生许多缺陷，如缩孔、缩松、残余内应力、变形和裂纹的基本原因。

金属材料从浇注温度冷却到室温要经历三个互相联系的收缩阶段：

（1）液态收缩　从浇注温度到开始凝固（液相线温度）这一温度范围内的收缩称为液态收缩。

（2）凝固收缩　从凝固开始到凝固终止（固相线温度）这一温度范围内的收缩称为凝固收缩。

（3）固态收缩 从凝固终止至冷却到室温这一温度范围内的收缩称为固态收缩。

液态收缩和凝固收缩表现为合金体积的缩小，其收缩量用体积分数表示，称为体收缩，它们是铸件产生缩孔、缩松缺陷的基本原因。合金的固态收缩虽然也是体积变化，但它只引起铸件外部尺寸的变化，其收缩量通常用长度百分数表示，称为线收缩，它是铸件产生内应力、变形和裂纹等缺陷的基本原因。

影响碳钢收缩性的主要因素是化学成分和浇注温度等。对于化学成分一定的钢，浇注温度越高，则液态收缩越大；当浇注温度一定时，随着含碳量的增加，钢液温度与液相线温度之差增加，体积收缩增大。同样，含碳量增加，其凝固温度范围变宽，凝固收缩增大。含碳量对碳钢的体积收缩率的影响见表 4-2。由表可见，随着含碳量的增加，钢的体收缩不断增大。与此相反，钢的固态收缩则是随着含碳量的增加，其固态收缩不断减小，尤其是共析转变前的线收缩减少得更为显著。

表 4-2 含碳量对碳钢体积收缩率的影响

w_C(%)	0.10	0.35	0.75	1.00
钢的体积收缩率（%）（自 1600℃冷却到 20℃）	10.7	11.8	12.9	14.0

3. 枝晶偏析

固相线和液相线的水平距离和垂直距离越大，枝晶偏析越严重。铸铁的成分越靠近共晶点，偏析越小；相反，越远离共晶点，则枝晶偏析越严重。

第五节 钢中的杂质元素和钢锭的宏观组织

一、钢中的杂质元素及其影响

在钢的冶炼过程中，不可能除尽所有的杂质，所以实际使用的碳钢中除碳以外，还含有少量的锰、硅、硫、磷、氮、氢、氧等元素，它们的存在，会影响钢的质量和性能。

（一）锰和硅的影响

锰和硅是炼钢过程中必须加入的脱氧剂，用以去除溶于钢液中的氧。它还可把钢液中的 FeO 还原成铁，并形成 MnO 和 SiO_2。锰除了具有脱氧作用外，还有除硫作用，即与钢液中的硫结合成 MnS，从而在相当大程度上消除硫在钢中的有害影响。这些反应产物大部分进入炉渣，小部分残留于钢中，成为非金属夹杂物。

脱氧剂中的锰和硅总会有一部分溶于钢液中，冷至室温后即溶于铁素体中，提高铁素体的强度。此外，锰还可以溶入渗碳体中，形成 $(Fe,Mn)_3C$。

锰对碳钢的力学性能有良好的影响，它能提高钢的强度和硬度，当含锰量不高（w_{Mn} < 0.8%）时，可以稍微提高或不降低钢的塑性和韧性。锰提高强度的原因是它溶入铁素体而引起的固溶强化，并使钢材在轧后冷却时得到层片较细、强度较高的珠光体，在同样含锰量和同样冷却条件下珠光体的相对量增加。

碳钢中的含硅量 w_{Si} 一般小于 0.5%，它也是钢中的有益元素，在沸腾钢中的含量很低，而镇静钢的含量较高。硅溶于铁素体后有很强的固溶强化作用，显著提高了钢的强度和硬度，但含量较高时，将使钢的塑性和韧性下降。

（二）硫的影响

硫是钢中的有害元素，它是在炼钢时由矿石和燃料带到钢中来的杂质。从 Fe-S 相图（图 4-23）可以看出，硫只能溶于钢液中，在固态铁中几乎不能溶解，而是以 FeS 夹杂的形式存在于固态钢中。

硫的最大危害是引起钢在热加工时开裂，这种现象称为热脆。造成热脆的原因是 FeS 的严重偏析。即使钢中的含硫量不算高，也会出现（Fe+FeS）共晶。钢在凝固时，共晶组织中的铁依附在先共晶相——铁晶体上生长，最后把 FeS 留在晶界处，形成离异共晶。（Fe+FeS）共晶的熔化温度很低（989℃），而热加工的温度一般为 1150~1250℃，这时位于晶界上的（Fe+FeS）共晶已处于熔融状态，从而导致热加工时开裂。如果钢液中含氧量也高，还会形成熔点更低（940℃）的 Fe+FeO+FeS 三相共晶，其危害性更大。

防止热脆的方法是往钢中加入适当的锰。由于锰与硫的化学亲和力大于铁与硫的化学亲和力，所以在含锰的钢中，硫便与锰形成 MnS，避免了 FeS 的形成。MnS 的熔点为 1620℃，高于热加工温度，并在高温下具有一定的塑性，故不会产生热脆。在一般工业用钢中，含锰量常为含硫量的 5~10 倍。

此外，含硫量高时，还会使钢铸件在铸造应力作用下产生热裂纹，同样，也会使焊接件在焊缝处产生热裂纹。在焊接时产生的 SO_2 气体，还使焊缝产生气孔和缩松。

硫能提高钢的切削加工性。在易切削钢（$w_C \leq 0.45\%$）的熔炼过程中，除了加入 Si 和 Mn 外，还适当地加入一定量的 S 和 P，这使得易切削钢的切屑易于脆断，加工表面质量好，切削加工时可采用较高的切削速度和较大的切削深度。因此易切削钢主要用于大批量生产受力较小而对表面粗糙度和尺寸精度要求严格的零件。

（三）磷的影响

一般说来，磷是有害的杂质元素，它是由矿石和生铁等炼钢原料带入的。从 Fe-P 相图（图 4-24）可以看出，无论是在高温，还是在低温，磷在铁中具有较大的溶解度，所以钢中的磷一般都固溶于铁中。磷具有很

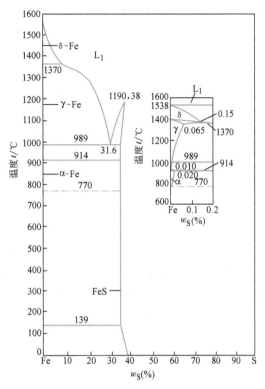

图 4-23　Fe-S 相图

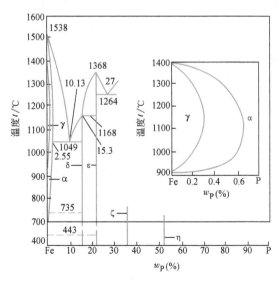

图 4-24　Fe-P 相图

强的固溶强化作用，它使钢的强度、硬度显著提高，但剧烈地降低了钢的韧性，尤其是低温韧性，称为冷脆。磷的有害影响主要就在于此。

此外，磷还具有严重的偏析倾向，并且它在 γ-Fe 和 α-Fe 中的扩散速度很小，很难用热处理的方法消除。

在一定条件下磷也有一定的益处。由于它降低了铁素体的韧性，可以用来提高钢的切削加工性。磷与铜共存时，可以显著提高钢的耐大气腐蚀能力。

（四）氮的影响

一般认为钢中的氮是有害元素。N 元素会显著降低钢材的塑性、韧性、焊接性和切削加工性，增加冷脆倾向；N 与钢中 Ti、Al 等元素形成带棱角的脆性夹杂物，不利于钢的冷、热变形加工；N 含量过高时会导致钢锭的宏观组织形成缩松甚至气孔。

例如，含 N 的低碳钢经冷加工塑性变形后或加热到接近 727℃ 后快速冷却，随着时间延长，可能发生应变时效或淬火时效（详见第九章第五节之"低碳钢的时效"），钢材的塑性和韧性降低，脆性转折温度提高，承载时可能突然断裂。又如，高碳铬轴承钢中的 TiN 或 Ti(C,N) 是有棱角的硬而脆的夹杂物，在热加工过程中不发生形变，轴承钢承受循环交变的多轴应力时，TiN 或 Ti(C,N) 夹杂物的棱角处易引起应力集中，加速疲劳裂纹源的形成和疲劳裂纹的扩展，从而显著减少钢材的疲劳寿命。

对于某些含 B 或含 V 的合金钢，将 N 作为合金元素添加，如果能在显微组织中弥散均匀地析出细小的氮化物，产生第二相强化作用，将有利于提高钢材的强度和硬度。

（五）氢的影响

钢中的氢是由锈蚀含水的炉料或从含有水蒸气的炉气中吸入的。此外，在含氢的还原性气氛中加热钢材、酸洗及电镀等，氢均可被钢件吸收，并通过扩散进入钢中位错、晶界、相界等处。

氢对钢的危害是很大的。一是引起氢脆，即在低于钢材强度极限的应力作用下，经一定时间后，在无任何预兆的情况下突然断裂，往往造成灾难性的后果。钢的强度越高，对氢脆的敏感性往往越大。二是导致钢材内部产生大量细微裂纹缺陷——白点，在钢材纵断面上呈光滑的银白色的斑点，在酸洗后的横断面上则呈较多的发丝状裂纹，如图 4-25 所示。白点使钢材的断后伸长率显著下降，尤其是断面收缩率和冲击韧度降低得更多，有时可接近于零值。因此存在白点的钢是不能使用的。这种缺陷主要发生在合金钢中。

a)

b)

图 4-25　钢中白点

a）横向低倍　b）纵向断口

（六）氧及其他非金属夹杂物的影响

氧在钢中的溶解度非常小，几乎全部以氧化物夹杂的形式存在于钢中，如 FeO、Al_2O_3、

SiO_2、MnO、CaO、MgO 等，钢液中总含氧量在一定程度上反映了钢中氧化物夹杂的含量。除此之外，钢中往往还存在硫化铁（FeS）、硫化锰（MnS）、硅酸盐、氮化物及磷化物等。这些非金属夹杂物破坏了钢的基体连续性，在静载荷或动载荷的作用下，往往成为裂纹的起点。它们的性质、大小、形状、数量及分布状态不同程度地影响着钢的各种性能，尤其是对钢的塑性、韧性、疲劳强度和耐蚀性等危害很大。因此，对非金属夹杂物应严加控制。

二、钢锭的宏观组织及其缺陷

钢在冶炼后，除少数直接铸成铸件外，绝大部分都要先铸成钢锭或连铸钢坯，然后轧成各种钢材，如板、棒、管、带材等。用于制造工具和某些机器零件时需要进行热处理，但更多的情况是在热轧状态下直接使用。可见，钢锭和连铸钢坯的宏观组织与缺陷，不但直接影响其热加工性能，而且对热变形后钢的性能有显著影响。连铸钢坯与钢锭的宏观组织特征无本质区别，都是钢的质量的重要标志。

根据钢中的含氧量和凝固时放出一氧化碳的程度，可将钢锭分为镇静钢、沸腾钢和半镇静钢三类。下面简单介绍镇静钢和沸腾钢两类钢锭的宏观组织。

（一）镇静钢

钢液在浇注前用锰铁、硅铁和铝进行充分脱氧，使所含氧的质量分数不超过 0.01%（一般常在 0.002% ~ 0.003%），以至钢液在凝固时不析出一氧化碳，得到成分比较均匀、组织比较致密的钢锭，这种钢称为镇静钢。

图 4-26 所示为镇静钢锭纵剖面的宏观组织示意图。由图可以看出，镇静钢锭的宏观组织与纯金属铸锭基本相同，也是由表面细晶区、柱状晶区和中心等轴晶区组成的。所不同的是，在镇静钢锭的下部还有一个由等轴晶粒组成的致密的沉积锥体，这是镇静钢的组织特点。

外表面的激冷层是由细小的等轴晶粒组成的，它的厚度与钢液的浇注温度有关，浇注温度越高，则激冷层越薄。激冷层的厚度通常为 5~15mm。

在激冷层形成的同时，型壁温度迅速升高，冷却速度变慢，固液界面上的过冷度大大减小，新晶核的形成变得困难，只有那些一次轴垂直于型壁的晶体才能得以优先生长，这就形成了柱状晶区。尽管此时在液相中仍是正温度梯度，但对于钢来说，由于在固液界面前沿的液相中存在着成分过冷区，所以柱状晶以树枝晶方式生长。

随着柱状晶的向前生长，液相中的成分过冷区越来越大，当成分过冷区增大到液相能够发生非均质形核时，

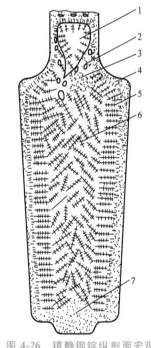

图 4-26 镇静钢锭纵剖面宏观
组织示意图

1—缩孔 2—气泡 3—缩松 4—表面
细晶区 5—柱状晶区
6—中心等轴晶区 7—下部锥形体

便在剩余液相中形成许多新晶核，并沿各个方向均匀地生长而形成等轴晶，这样就阻碍了柱状晶区的发展，形成了中心等轴晶区。

由于中心等轴晶区的凝固时间较长，密度较大（比钢液约大 4%）的等轴晶体将往下沉，大量等轴晶的降落现象被称为"结晶雨"，降落到钢锭的底部，形成锥形体。锥形体晶粒间彼

此挤压，将晶体周围被硫、磷、碳所富集的钢液挤出上浮，所以钢锭底部锥形体是由含硫、磷、碳等杂质少，含硅酸盐杂质多的等轴晶粒所组成的。钢锭越粗，其底部的锥形体就越大。因此，镇静钢锭上部的硫、磷等杂质较多，而下部的硅酸盐夹杂较多，中间部分的质量最好。一般钢锭的质量问题主要在上部，特大型钢锭（数十吨以上）的质量问题则往往在下部。

镇静钢锭的缺陷主要有缩孔、缩松、偏析、气泡等，简要介绍如下。

1. 缩孔及缩孔残余

和纯金属铸锭一样，钢液在凝固时要发生收缩，因此在凝固后的钢锭中就出现缩孔（图 4-26）。缩孔处是钢锭最后凝固的地方，是偏析、夹杂物和缩松密集的区域。在开坯时，一定要将缩孔切除干净。如果切头时未被除净，遗留下的残余部分，称为缩孔残余。缩孔残余的存在，在热加工时会引起严重的内部裂纹。

除了浇注工艺和锭模设计因素外，含碳量对缩孔也有重要影响。随着含碳量的增加，钢液的凝固温度范围增大，因此其凝固收缩量也增大。高碳钢的缩孔比低碳钢要严重得多，因此更要注意缩孔残余，浇注时最好使用体积较大的保温冒口。

2. 缩松

缩松是钢不致密性的表现，多出现于钢锭的上部和中部。在横向切片上，缩松有的分布在整个截面，有的集中在中心。前者称为一般缩松，后者称为中心缩松。不同程度的缩松，对钢的塑性和韧性的影响程度也不同，一般情况下，经压力加工可使之得到改善。但若中心缩松严重，也可能由此使锻、轧件产生内部裂纹。图 4-27 为钢锭的中心缩松。

当钢中含有较多的气体和夹杂物时，会增加缩松的严重程度。

3. 偏析

偏析一般是无法避免的。其中枝晶偏析可经高温塑性变形和均匀化退火后消除，而区域偏析主要体现为方框形偏析和点状偏析，会影响钢材的质量。

方框形偏析是一种最常见的正偏析，在经酸浸的低倍横向切片上常可见到（图 4-28），其特征是在钢材半径的一半处，大致呈正方形，出现内外两个色泽不同的区域。方框形偏析的形成与钢锭的结晶过程有关。钢锭表层的细晶区，因结晶速度快，基本上不产生偏析。在柱状晶的形成过程中，由于是选择结晶，把碳、硫、磷等杂质不同程度地推向钢液内部，结

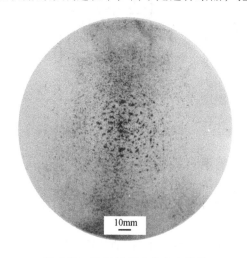

图 4-27　20 钢圆坯上的中心缩松

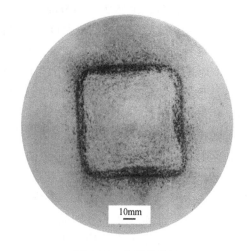

图 4-28　方框形偏析

果在柱状晶与中心等轴晶区之间，集聚了较多杂质，形成区域偏析。由于此处含碳量高于先结晶的表面细晶区的含碳量，所以它属于正偏析。

点状偏析是在钢锭的横截面上呈分散的、形状和大小不同并略为凹陷的暗色斑点（图 4-29）。化学分析表明，斑点中碳和硫的含量都超过正常含量，夹杂物的含量也较高，并有大量的氧化铝。通常认为，点状偏析的产生与夹杂物和气体有关。

在钢锭的纵剖面上，可以观察到有三个明显的偏析带（图 4-30）：Λ 形偏析带（或倒 V 形偏析带）、V 形偏析带和底部锥形反偏析带。Λ 形偏析带在横截面上即为方框形偏析或点状偏析。V 形偏析带是由于保温冒口内钢液向下补缩而形成的，因为保温冒口内钢液杂质富集，所以向下补缩时形成了漏斗形偏析。在钢锭的横截面上，V 形偏析表现为中心偏析。钢锭底部的锥形反偏析带，含有粗大的硅酸盐夹杂。锥形体的高低及夹杂物的多少与钢的脱氧程度有关，钢液脱氧程度高时，钢锭内部的氧化物夹杂少，底部的锥形体也较低。相反，则氧化物夹杂多，锥形体也较高。

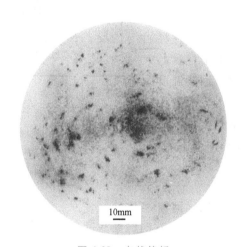

10mm

图 4-29 点状偏析

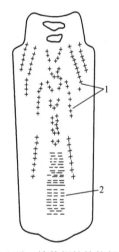

图 4-30 镇静钢锭的偏析带

1—正偏析带 2—反偏析带

严重的方框形偏析对钢材质量有显著影响：轧钢时易产生夹层，又会恶化钢的力学性能，如产生热脆和冷脆，使塑性指标降低，尤其是使横向性能下降。减轻或改善方框形偏析的方法，主要是提高钢液纯度，采用合理的浇注工艺，并在压力加工时采用较大的锻造比。

严重的点状偏析容易在斑点处产生应力集中，并导致早期疲劳断裂。

4. 气泡（气孔）

镇静钢中的气泡分皮下气泡和内部气泡两种。皮下气泡指的是暴露于钢锭表面的、肉眼可见的孔眼和靠近表面的针状孔眼。皮下气泡多出现于钢锭尾部，时常成群出现。在加热时，钢锭表皮被烧掉后，气泡内壁即被氧化，无法通过压力加工将其焊合，结果在钢材表面出现成簇的沿轧制方向的小裂纹。因此，在轧制前必须将皮下气泡予以清除。内部气泡均产生在钢锭内部，在低倍试片上呈蜂窝状，内壁较光滑，未氧化，在热加工时可以焊合。

（二）沸腾钢

沸腾钢是脱氧不完全的钢。在冶炼末期仅添加少量的铝进行轻度脱氧，使相当数量的氧

（$w_O = 0.03\% \sim 0.07\%$）留在钢液中。钢液注入锭模后，钢中的氧与碳发生反应，析出大量的一氧化碳气体，引起钢液的沸腾。钢液凝固后，未排出的气体在锭内形成气泡，补偿了凝固收缩，所以沸腾钢锭的头部没有集中缩孔，轧制时的切头率低（3%~5%），成材率高。

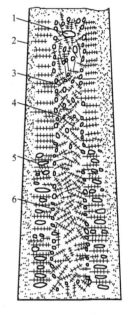

沸腾钢的结晶过程与镇静钢基本相同，但是由于钢液沸腾，使其宏观组织具有与镇静钢锭不同的特点。图4-31所示为沸腾钢锭纵剖面的宏观组织示意图。从表面至心部由五个带组成：坚壳带、蜂窝气泡带、中心坚固带、二次气泡带和锭心带。

1. 坚壳带

坚壳带由致密细小的等轴晶粒所组成。由于受到模壁的激冷，模内因沸腾而强烈循环的钢液把附在晶粒之间的气泡带走，从而形成无气泡的坚壳带。通常要求坚壳带的厚度不小于18mm。

2. 蜂窝气泡带

蜂窝气泡带由分布在柱状晶带内的长形气泡所构成。在柱状晶生长过程中，由于选择结晶的结果，使碳氧富集于柱状晶粒间的钢液内，继续发生反应生成气泡；与此同时，钢液温度不断下降，钢中的气体如氢、氮等不断析出并向CO气泡内扩散。这样，随着柱状晶的成长，其中的气泡也逐渐长大，最后形成长形气泡。在一般情况下，蜂窝气泡带分布在钢锭下半部，这是因为钢锭上部的气流较大，已形成的气泡易被冲走。

图4-31 沸腾钢锭纵剖面的宏观组织示意图
1—头部大气泡　2—坚壳带
3—锭心带　4—中心坚固带
5—蜂窝气泡带　6—二次
气泡带

3. 中心坚固带

当浇注完毕，钢锭头部凝固封顶后，钢锭内部形成气泡需要克服的压力突然增大，碳氧反应受到抑制，气泡停止生成。这时，结晶过程仍继续进行，从而形成没有气泡的由柱状晶粒组成的中心坚固带。

4. 二次气泡带

由于结晶过程中碳氧含量不断积聚，以晶粒的凝固收缩在柱状晶之间形成小空隙，促使碳氧反应在此处重新发生，但生成的气泡已不能排出，按界面能最小原则呈圆形气泡留在钢锭内，形成二次气泡带。

5. 锭心带

锭心带由粗大等轴晶组成。在继续结晶过程中，碳氧含量高的地方仍有碳氧反应发生，生成许多分散的小气泡。这时，锭心温度下降，钢液黏度很大，气泡便留在锭心带，有的可能上浮到钢锭上部汇集成较大的气泡。

沸腾钢的成分偏析较大，这是由于模内钢液的过分沸腾造成的。一般从钢锭外缘到锭心和从下部到上部，偏析程度不断增大，因而钢锭的头、中、尾三段性能颇不一致，中段较好，头部硫化物较多，尾部氧化物较多。

沸腾钢通常为低碳钢，含碳量 w_C 一般不超过0.27%，加之不用硅脱氧，钢中含硅量也很低。这些都使沸腾钢具有良好的塑性和焊接性。它的成材率高，成本低，又由于表层有一定厚度的致密细晶带，轧成的钢板表面质量好，宜于轧制成薄钢板，在机器制造中的许多冲压件，如拖拉机油箱、汽车壳体等，常用沸腾钢板制造。

但是，沸腾钢的成分偏析大，组织不致密，力学性能不均匀，冲击韧度值较低，时效倾向较大，所以对力学性能要求较高的零件需要采用镇静钢。

基本概念

铁素体；奥氏体；渗碳体；珠光体；莱氏体；低温莱氏体；一次渗碳体；二次渗碳体；三次渗碳体；共晶渗碳体；共析渗碳体；先共析铁素体；共析铁素体

习　题

4-1　分析 $w_C = 0.2\%$、$w_C = 0.6\%$、$w_C = 1.2\%$ 的铁碳合金从液态平衡冷却至室温的转变过程，用冷却曲线和组织示意图说明各阶段的组织，并分别计算室温下的相组成物及组织组成物的含量。

4-2　分析 $w_C = 3.5\%$、$w_C = 4.7\%$ 的铁碳合金从液态到室温的平衡结晶过程，画出冷却曲线和组织变化示意图，并计算室温下的组织组成物和相组成物。

4-3　计算铁碳合金中二次渗碳体和三次渗碳体的最大可能含量。

4-4　分别计算莱氏体中共晶渗碳体、二次渗碳体、共析渗碳体的含量。

4-5　为了区分两种弄混的碳钢，工作人员分别截取了 A、B 两块试样，加热至 850℃ 保温后以极缓慢的速度冷却至室温，观察金相组织，结果如下：

A 试样的先共析铁素体面积为 41.6%，珠光体的面积为 58.4%。

B 试样的二次渗碳体的面积为 7.3%，珠光体的面积为 92.7%。

设铁素体和渗碳体的密度相同，铁素体中的含碳量为零，试求 A、B 两种碳钢的含碳量。

4-6　利用 Fe-Fe₃C 相图说明铁碳合金的成分、组织和性能之间的关系。

4-7　Fe-Fe₃C 相图有哪些应用？又有哪些局限性？

第五章

三元相图

工业上使用的金属材料多数是二元以上的合金，即使是二元合金，由于存在某些杂质，尤其是当发生偏析，这些杂质在某些局部地方富集时，也应该把它作为多元合金来讨论。于是，为了查知合金的相变温度，确定它在给定温度下的平衡相，各平衡相的成分及相对含量，就应该使用多元相图。但是多元相图的测定比较困难，在实际工作中通常是以合金中两种主要组元为基础，参考相应的二元合金相图，结合其他组元的影响来进行分析研究。这是一种简便实用的方法。但是实践经验表明，采用这种方法进行分析往往会在量的方面，甚至在质的方面产生偏差。这是由于组元间的交互作用往往不是加和性的。在二元合金中加入其他组元后会改变原来组元间的溶解度，还可能会出现新的化合物，出现新的转变等。

基于以上原因，研究多元相图还是很有必要的。在多元相图中，三元相图是最简单的较易测定的一种，但与二元相图相比，三元相图的类型多而复杂，至今比较完整的相图只测定出了十几种，更多的是三元相图中某些有用的截面图和投影图。本章主要介绍三元相图的表达方式和几种基本类型的三元相图。通过学习，初步掌握分析和应用各种等温截面、变温截面和各种相区在成分三角形上投影图的能力。

世界最大规格
7050 铝合金扁锭

本章还将简单介绍陶瓷相图。

第一节　三元相图的表示方法

二元合金的成分中只有一个变量，其成分坐标轴用一条直线表示，二元合金相图的主要部分是由一个成分坐标轴和一个温度坐标轴所构成的平面中的一系列曲线。三元相图与二元相图比较，增加了一个组元数，成分变量是两个，故表示成分的坐标轴应为两个，两个坐标轴构成一个平面，这样，再加上垂直于平面的温度坐标轴，三元相图便成为一个三维空间的立体图形。构成三元相图的主要部分应该是一系列空间曲面，而不是二元相图中的那些平面曲线。

一、成分三角形

三元合金的成分通常用三角形表示，这个三角形称为成分三角形或浓度三角形。常用的成分三角形有等边三角形、直角三角形和等腰三角形，这里主要介绍用等边三角形表示三元合金成分的方法。

取一等边三角形 ABC，如图 5-1 所示。三角形的三个顶点 A、B、C 分别表示三个组元，

三角形的边 *AB*、*BC*、*CA* 分别表示三个二元系 A-B、B-C 和 C-A 的成分。三角形内的任一点则代表一定成分的三元合金。下面以三角形内任一点 *O* 为例，说明合金成分的求法。

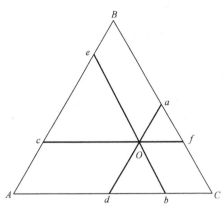

图 5-1　等边三角形的几何特性

设等边三角形的三边 *AB*、*BC*、*CA* 按顺时针方向分别代表三组元 B、C、A 的含量。自三角形内任一点 *O* 顺次引平行于三边的线段 *Oa*、*Ob* 和 *Oc*，则 $Oa+Ob+Oc=AB=BC=CA$。之所以能够如此，是由于等边三角形存在这样的几何特性：由等边三角形内任一点作平行于三边的三条线段之和为一定值，且等于三角形的任一边长。因此，如果以三角形的边长当作合金的总量，定为 100%，则三个线段之和正好是 100%，所以可以利用 *Oa*、*Ob* 和 *Oc* 依次表示合金 O 中三个组元 A、B、C 的含量。另外由图 5-1 可知，$Oa=Cb$、$Ob=Ac$、$Oc=Ba$，这样就可以顺次从三角形三个边上的刻度直接读出三组元的含量了。为了避免初学时读数的混乱，应特别注意刻度和读数顺序的一致性。例如，刻度是顺时针方向，则读数时也应按顺时针方向，或者都按逆时针方向。

为了便于使用，在成分三角形内常画出平行于成分坐标的网格，如图 5-2 所示。为了确定成分三角形中合金 *x* 的成分，通过 *x* 点作 A 点对边 *BC* 的平行线，截 *CA* 或 *AB* 边于 55% 处，这就是合金中 A 组元的含量。由 *x* 点作 B 点对边 *CA* 的平行线，截 *AB* 边于 20% 处，这就是合金中 B 组元的含量。同样可以确定 C 组元的含量为 25%。

反过来，若已知合金中三个组元的含量，欲求该合金在成分三角形内的位置时，即可在三个边上代表各组元成分的相应点，分别作其对边的平行线，这些平行线的交点即为该合金的成分点。

二、成分三角形中具有特定意义的直线

在成分三角形中，有两条具有特定意义的直线，如图 5-3 所示。

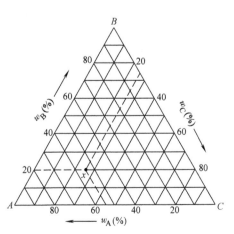

图 5-2　有网格的成分三角形

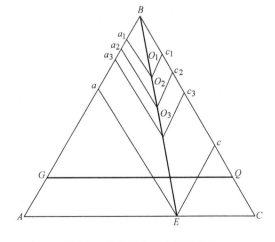

图 5-3　成分三角形中的特性线

（一）平行于三角形某一条边的直线

凡成分位于该线上的合金，它们所含的、由这条边对应顶点所代表的组元的含量为一定值。如成分位于 GQ 线上的所有合金，B 组元的含量都是 $w_B = AG\%$。

（二）通过三角形顶点的任一直线

凡成分位于该直线上的三元合金，它们所含的、由另两个顶点所代表的两组元的量之比是恒定的。例如，在 BE 线上的各种合金，其 A、C 两组元的含量之比为一常数，即

$$\frac{w_A}{w_C} = \frac{Ba_1}{Bc_1} = \frac{Ba_2}{Bc_2} = \frac{Ba}{Bc} = \frac{EC}{AE}$$

第二节 三元系平衡相的定量法则

在三元合金的研究中经常遇到一些定量计算问题，例如，若将两个已知成分的合金熔配到一起，那么，所得到的新的合金成分是什么？又如，在分析合金的结晶过程时，若从液相中结晶出一个固相，或者从液相中结晶出两个固相，那么，平衡相的成分是多少？它们的含量该怎样计算？在讨论二元系时曾经指出，两相平衡时平衡相的含量可以用杠杆定律进行计算。那么在三元系中，两相平衡可以仿照二元系，应用杠杆定律进行计算。当为三相平衡时，平衡相含量的定量计算则需要应用重心法则。

一、直线法则和杠杆定律

根据相律，二元合金两相平衡时，有一个自由度，若温度恒定，则自由度为零。说明两个平衡相的成分不变，其连接线的两个端点即为两平衡相的成分，这样就可以应用杠杆定律计算两个平衡相的含量。对于三元合金来说，根据相律，两相平衡时有两个自由度，若温度恒定，还剩下一个自由度，说明两个相中只有一个相的成分可以独立改变，而另一个相的成分则必须随之改变。也就是说，两个平衡相的成分存在着一定的对应关系，这个关系便是直线法则。所谓直线法则（共线法则）是指三元合金在两相平衡时，合金的成分点和两个平衡相的成分点，必定在同一条直线上。利用这一法则可以确定，当合金 O 在某一温度处于 α+β 两相平衡时（图5-4），这两个相的成分点分别为 a 和 b，则 aOb 三点一定在一条直线上，且 O 点位于 a、b 点之间。然后应用杠杆定律，求出两相的质量之比为

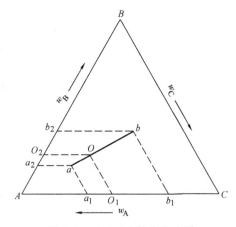

图5-4 三元系中的直线法则

$$\frac{w_\alpha}{w_\beta} = \frac{Ob}{Oa}$$

直线法则的证明如下：

设合金质量为 w_0，α 相质量为 w_α，β 相质量为 w_β，则

$$w_O = w_\alpha + w_\beta$$

根据成分的表示方法，由图中可以读出，合金 O、α 相和 β 相中 A 组元含量分别为 CO_1、Ca_1 和 Cb_1；B 组元的含量分别为 AO_2、Aa_2 和 Ab_2。而 α 相与 β 相中 A 组元质量之和等于合金中 A 组元的质量，即

$$w_\alpha Ca_1 + w_\beta Cb_1 = w_O CO_1$$

$$w_\alpha Ca_1 + w_\beta Cb_1 = (w_\alpha + w_\beta) CO_1$$

$$w_\alpha (Ca_1 - CO_1) = w_\beta (CO_1 - Cb_1)$$

$$\frac{w_\alpha}{w_\beta} = \frac{CO_1 - Cb_1}{Ca_1 - CO_1} = \frac{O_1 b_1}{a_1 O_1}$$

同理可以证明

$$\frac{w_\alpha}{w_\beta} = \frac{O_2 b_2}{a_2 O_2}$$

因为在平衡状态下 w_α / w_β 只能有一个值，所以 $O_1 b_1 / a_1 O_1$ 应该与 $O_2 b_2 / a_2 O_2$ 相等。而正由于 $O_1 b_1 / a_1 O_1 = O_2 b_2 / a_2 O_2$，从图 5-4 的几何关系可见，O 点必定在连接 a、b 的直线上，而且有 $w_\alpha / w_\beta = \dfrac{Ob}{Oa}$ 的关系。

直线法则和杠杆定律对于使用和加深理解三元相图都很有用。在以后分析三元相图时，可以利用以下规律：

1）当给定合金在一定温度下处于两相平衡状态时，若其中一相的成分给定，则根据直线法则，另一相的成分点必位于两个已知成分点的延长线上。

2）若两个平衡相的成分点已知，合金的成分点必然位于两个已知成分点的连线上。

现在可以回答本节刚开始提出的问题，将两个已知成分的合金熔配在一起，新的合金成分是多少？

设两个具有平衡相成分的合金 P、Q 的成分分别为：P——$w_A = 60\%$、$w_B = 20\%$、$w_C = 20\%$；Q——$w_A = 20\%$、$w_B = 40\%$、$w_C = 40\%$，并且合金 P 的质量分数占新合金 R 的 75%。

根据成分表示方法，可以将 P、Q 合金成分点标于成分三角形上（图 5-5），根据直线法则，新合金 R 的成分点必然位于 PQ 连线上。由于已知

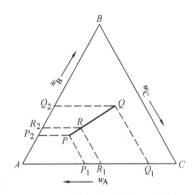

图 5-5 直线法则的应用举例

$$\frac{RQ}{PQ} = 75\%$$

因为

$$\frac{RQ}{PQ} = \frac{R_1 Q_1}{P_1 Q_1}$$

所以

$$\frac{R_1 Q_1}{P_1 Q_1} = \frac{R_1 C - 20}{60 - 20} = 0.75$$

$$R_1 C = 50\%$$

同理可求出 $R_2 A = 25\%$，所以新合金 R 的成分为：$w_A = 50\%$、$w_B = 25\%$、$w_C = 25\%$。

二、重心法则

当三个已知成分的合金熔配在一起时，所得到的新的合金成分是多少？或者从一个相中析出两个新相，要想了解这些相的成分和它们含量的关系，就要用重心法则。

根据相律可知，某一三元合金处于三相平衡时，其自由度为1，这表明，三个平衡相的成分是依赖温度而变化的，当温度恒定时，则自由度为零，三个平衡相的成分为确定值。显然，在三相平衡时意味着存在三个两相平衡，由于两相平衡时的连接线为直线，三条连接线必然会组成一个三角形，称为连接三角形。

在图5-6中，如由 N 成分的合金分解为 α、β、γ 三个相，三个相的成分点为 D、E、F，则合金 N 的成分必定位于三个两相平衡的连接线所组成的 △DEF 的重心（是三相的质量重心，不是三角形的几何重心）位置上，而且合金质量与三个相质量有以下关系

$$w_N \cdot Nd = w_\alpha \cdot Dd$$
$$w_N \cdot Ne = w_\beta \cdot Ee$$
$$w_N \cdot Nf = w_\gamma \cdot Ff$$

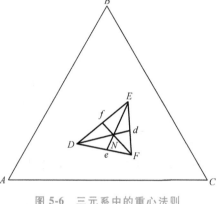

图5-6 三元系中的重心法则

式中，w_N、w_α、w_β、w_γ 分别代表 N 合金及 α、β、γ 相的质量，这就是三元系的重心法则。

根据上式可以求出各相的含量

$$w_\alpha = \frac{Nd}{Dd} \times 100\%$$

$$w_\beta = \frac{Ne}{Ee} \times 100\%$$

$$w_\gamma = \frac{Nf}{Ff} \times 100\%$$

重心法则可以由下述方式证明：设想把 β 和 γ 两相混合成一个整体，根据直线法则，这个混合体的成分点 d 应在 EF 线上。又根据杠杆定律，$w_\beta \cdot Ed = w_\gamma \cdot Fd$，所以 d 点为 EF 的重心。此时，可以把合金看成是处于 α 相与 β 相和 γ 相的混合体的两相平衡状态，根据直线法则，DNd 必在一条直线上，并且 $w_N \cdot Nd = w_\alpha \cdot Dd$。所以 N 为 Dd 的重心。用类似的方法可以导出：

$$w_N \cdot Ne = w_\beta \cdot Ee, N 为 Ee 的重心$$
$$w_N \cdot Nf = w_\gamma \cdot Ff, N 为 Ff 的重心$$

因此，N 为 △DEF 的质量重心。

第三节　三元匀晶相图

三个组元在液态及固态均无限溶解的相图称为三元匀晶相图。

一、相图分析

图 5-7 所示为三元匀晶相图的立体模型。图中 ABC 是成分三角形，三根垂线是温度轴，t_A、t_B、t_C 分别为三个组元 A、B、C 的熔点，三棱柱体的三个侧面是组元间形成的二元匀晶相图，它们的液相线和固相线分别构成了三元相图的两个空间曲面：上面那个向上凸的曲面称为液相面，下面那个向下凹的曲面称为固相面。图中有三个相区：液相面以上的空间为液相区，记为 L；固相面以下的空间为固相区，记为 α；液相面和固相面之间的空间为液固两相共存区，记为 $L+\alpha$。

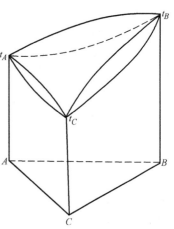

图 5-7 三元匀晶相图

二、三元固溶体合金的平衡结晶

应用三元匀晶相图分析合金结晶过程的方法与二元相图相似，但也有它自己的特点。现在分析合金 O 的结晶过程（图 5-8）。当合金自液态缓慢冷却至 t_1 温度与液相面相交时，开始从液相中结晶出 α 固溶体，此时液相的成分 l_1 即为合金成分，而固相的成分为固相面上的某一点 S_1。当温度缓慢降至 t_2 时，液相数量不断减少，固相的数量不断增多，此时固相的成分由 S_1 点沿固相面移至 S_2 点，液相成分自 l_1 点沿液相面移至 l_2 点。直线法则指出，在两相平衡时，合金及两个平衡相的成分点必定位于一条直线上，由此可以确定，合金的成分必位于液相和固相成分点的连接线上。在 t_1 时，其连接线为 l_1S_1；在 t_2 时，连接线为 l_2S_2。以此类推，在 t_3 温度时为 l_3S_3；在凝固终了的 t_4 温度为 l_4S_4，此时固相的成分即为合金的成分。这些连接线虽然都是水平线，但是在合金的凝固过程中，液相的成分和固相的成分分别沿着液相面和固相面上的 $l_1l_2l_3l_4$ 和 $S_1S_2S_3S_4$ 空间曲线变化，这两条曲线既不都处于同一垂直平面上，也不都处于同一水平平面上，它们在成分三角形上的投影很像一只蝴蝶，所以称为固溶体合金结晶过程的蝴蝶形轨迹。

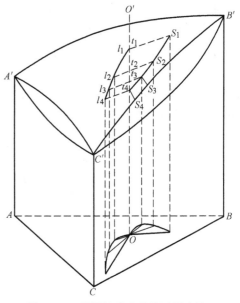

图 5-8 三元固溶体在结晶过程中液、固相成分的变化

从以上的分析可以看出，三元匀晶转变与二元匀晶转变基本相同，两者都是选择结晶，当液固两相平衡时，固相中高熔点组元的含量比液相高；两者的结晶过程均需在一定温度范围内进行，异类原子之间都要发生相互扩散。如果冷速较慢，原子间的扩散能够充分进行，则可获得成分均匀的固溶体；如果冷速较快，液固两相中原子扩散进行得不完全，则和二元固溶体合金一样，获得存在枝晶偏析的组织。欲使其成分均匀，需进行长时间的均匀化退火。但是两者之间也有差别，在结晶过程中，在

同一温度下，尽管三元合金的液相和固相成分的连接线是条水平线，但液相和固相成分的变化轨迹不位于同一个平面上。

三元相图立体模型的优点是比较直观，利用它可以确定合金的相变温度、相变过程及室温下的相组成。如从图5-8可知，合金O在t_1温度开始结晶，在t_4温度结晶终了。但是在实际应用时，用纸面上画出的这种立体模型很难达到目的，即使这种最简单的匀晶相图也很难确定OO'直线与液相面和固相面的交点，从而确定其相变开始温度及相变终了温度，也不能确定在一定温度下两平衡相的成分和含量等。何况多数三元相图要比图5-8复杂得多。因此，实际测定提供使用的三元相图都是某些等温截面（水平截面）、变温截面（垂直截面），以及各种相区和等温线的投影图。

三、等温截面

等温截面又称水平截面，它表示三元系合金在某一温度下的状态。图5-9b即表示ABC三元系在t_1温度的等温截面，它相当于在立体模型中插入一个t_1温度的水平面，该面与液相面和固相面分别截交于L_1L_2和S_1S_2（图5-9a），将这两条线投影到成分三角形上，就得到了图5-9b所示的等温截面图。从图中可以看出，整个截面被分为三个不同的相区：在ACL_2L_1A内为液相区，以L表示，凡是成分点位于这一相区内的合金均尚未凝固，处于熔体状态；在BS_1S_2B内为α相区，成分点位于此区内的合金均已凝固终了，其相组成为单相的α固溶体；在$L_1L_2S_2S_1L_1$之内为L+α两相平衡区，成分位于这个相区的合金处于液固两相平衡状态。

曲线L_1L_2为液相等温线，或称液相线，成分点位于这条曲线上的合金在t_1温度均刚刚开始凝固。曲线S_1S_2为固相等温线，或称固相线，位于这条曲线上的合金在t_1温度刚刚凝固终了。

在等温截面的两相区内，根据相律，系统的自由度为2，温度固定后，还剩一个自由度。这就是说，只有一个平衡相的成分可以独立改变，另一个平衡相的成分必须随之改变。如果用试验方法测出了一个平衡相的成分，就可以确定出与之对应的另一个平衡相的成分。如用试验测定出固相的成分为m，则根据直线法则，两平衡相成分点间的连接线必定通过合金的成分点O，显然，mO延长线与L_1L_2的交点n即为液相的成分点。图5-9b所示的两条连接线均是用试验方法测出的。

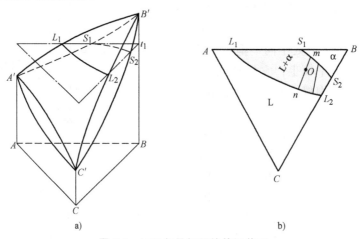

图5-9　三元匀晶相图的等温截面
a）立体模型　b）t_1温度的等温截面

连接线确定之后，就可以利用杠杆定律计算两平衡相的含量。如图 5-9b 中的合金 O 在 t_1 温度下固相 α 和液相 L 的含量分别为

$$w_\alpha = \frac{nO}{mn} \times 100\%$$

$$w_L = \frac{mO}{mn} \times 100\%$$

必须指出，等温截面图不是先作立体模型后再截切下来的，而是用试验方法直接测定的。

四、变温截面

变温截面又称垂直截面，它可以表示三元系中在此截面上的一系列合金在不同温度下的状态，即当温度改变时，其相组成变化的情况。

变温截面也是用试验方法测定出来的，它相当于在三元相图的立体模型中插入一个垂直于成分三角形的截面，分别与液相面和固相面相交，得到两条交线，将交线绘于该截面上，即得到变温截面，如图 5-10 所示。经常采用的变温截面有两种，一是平行于成分三角形的一边所作的垂直截面，此时位于截面上的所有合金所含的某一组元（C 组元）的量是固定的，如图 5-10b 中的 FE 变温截面。另一种是通过成分三角形的某一顶点所作的截面，这时截面上所有的合金中另两个组元的比值是一定的，如图 5-10c 所示的 GB 变温截面。这样一来，在垂直截面上的合金成分就只剩下一个变量，可以用一个坐标轴表示合金的成分。

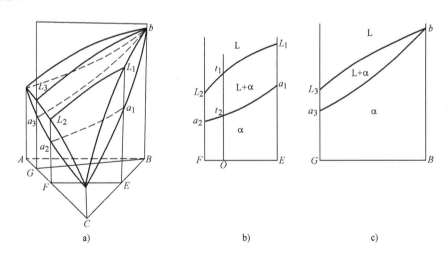

图 5-10　三元匀晶相图变温截面

a）立体模型　b）FE 变温截面　c）GB 变温截面

从变温截面的形状和意义来看，它与二元相图类似，纵坐标表示温度，横坐标表示合金的成分。这两个截面图上均有上、下两条曲线，其中上面那条曲线为液相线，下面的曲线为固相线。L、L+α、α 分别表示液相区、液固两相区和固相区。

利用变温截面可以分析合金的结晶过程，确定相变温度，了解合金在不同温度下所处的状态。现以合金 O 为例，由 O 点作垂线，与液相线和固相线相交的温度分别为 t_1 和

t_2。由此可知，当合金 O 缓慢冷却至 t_1 温度时，开始从液相中结晶出 α 固溶体，温度继续下降，结晶出来的 α 相增多，当温度降至 t_2 时，液相完全凝固成 α 相，t_2 为结晶终了温度。

虽然变温截面与二元相图的形状很相似，在分析合金的结晶过程时也大致相同，但是它们两者之间存在着本质上的差别。根据三元固溶体合金结晶时的蝴蝶形规律，在两相平衡时，平衡相的成分点不是都落在一个垂直截面上。由此可知，变温截面上的液相线和固相线，不能表示平衡相的成分，不能根据这些线应用直线法则和杠杆定律计算相的含量，这就是变温截面应用的局限性。

五、投影图

三元相图的等温截面只能反映一个温度下的情况（可确定不同合金的相组成、相的成分及其含量），而变温截面只能反映一个三元系中很有限的一部分合金的情况（可确定这些合金在冷却或加热时相组成的变化情况），两者都有一定的局限性。如果把一系列等温截面上的有关曲线画在同一个成分三角形中，使用起来就比较方便了。三元相图的投影图可以很好地解决这个问题。

投影图有两种：一种是把空间相图的所有相区之间的交线都投影到成分三角形中，好像把相图在垂直方向压成一个平面，借助于对相图空间结构的了解，分析合金在冷却或加热过程中的相变；另一种是把一系列等温截面中的相界线都投影到成分三角形中，在每一条线上都注明相应的温度。这样的投影图称为等温线投影图，其等温线相当于地图上的等高线，可以反映空间相图中各种相界面的变化趋势。例如，投影图上的等温线距离越密，表示这个相面的温度变化越陡。

三元匀晶相图的液相面和固相面上无任何相交的点和线，所以作第一种投影图无任何意义。一般应用的是等温线投影图，如图 5-11 所示。其中图 5-11a 所示为不同温度的等温截面中的液相线的投影图，图 5-11b 所示为固相线的投影图。液相线投影图应用较广，利用它可以很方便地确定合金的熔点（开始凝固的温度）。例如，从图 5-11 中可以看出成分为 O 的合金在高于 t_4、低于 t_3 的温度开始凝固，在高于 t_6' 低于 t_5' 的温度凝固终了。

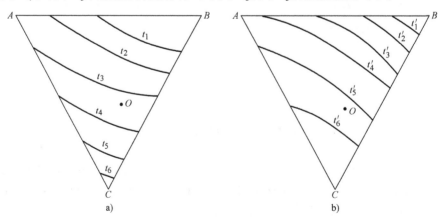

图 5-11 匀晶相图的等温线投影图
a）液相线投影图　b）固相线投影图

第四节　三元共晶相图

一、组元在固态完全不互溶的共晶相图

（一）相图分析

三组元在液态能无限互溶，在固态几乎完全互不溶解，并且其中任意两个组元具有共晶

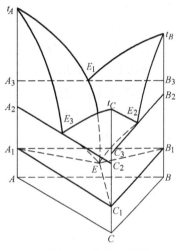

转变，形成简单的三元共晶系，其立体模型如图 5-12 所示。t_A、t_B、t_C 分别为 A、B、C 三组元的熔点，并且 t_A > t_B > t_C。图中的三个侧面是三个二元共晶相图，E_1、E_2、E_3 分别表示 A-B、B-C 和 C-A 的二元共晶点，并且 t_{E_1} > t_{E_2} > t_{E_3}。

图中的 $t_A E_1 E E_3 t_A$、$t_B E_1 E E_2 t_B$、$t_C E_2 E E_3 t_C$ 是三块液相面，合金冷至低于液相面的温度时，就开始结晶出 A、B 或 C 的晶体。三块液相面的交线 $E_1 E$、$E_2 E$、$E_3 E$ 为二元共晶线。由相律可知，在二元系中，处于三相平衡的共晶转变，其自由度等于零。而在三元系中，其自由度为 1。这就意味着，由于第三组元的加入，二元共晶转变就不再于恒温、恒定成分下进行，而是在一定的温度范围内进行，各个相的成分也随着温度的变化进行相应的改变。因此，三个二元共晶点 E_1、E_2 和 E_3 就变成了三条二元共晶

图 5-12　三元共晶相图

线。在冷却过程中液体的成分达到此三条线时，则分别发生 L $\longrightarrow$ A+B、L $\longrightarrow$ B+C、L $\longrightarrow$ C+A 的共晶转变。

图中的 E 点是 $E_1 E$、$E_2 E$、$E_3 E$ 三个二元共晶线的交点，称为三元共晶点，它表示成分为 E 的液相，在温度 t_E 时发生三元共晶转变，形成三相共晶组织（或称为三相共晶体），即

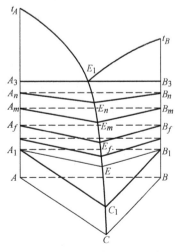

$$L_E \xrightleftharpoons{t_E} A+B+C$$

发生三元共晶转变时，自由度等于零（$F = 3 - 4 + 1 = 0$），这说明，三元共晶转变又是四相平衡转变，转变过程是在恒温下进行的，且液相和析出的三个固相的浓度均保持不变。通过 E 点作平行于成分三角形的平面——$\triangle A_1 B_1 C_1$，即为三元共晶面，它也是该相图的固相面。

在图 5-12 中还有六个二元共晶空间曲面：$A_1 A_3 E_1 E A_1$、$B_1 B_3 E_1 E B_1$、$A_1 A_2 E_3 E A_1$、$C_1 C_2 E_3 E C_1$、$C_1 C_3 E_2 E C_1$、$B_1 B_2 E_2 E B_1$。它们位于液相面之下，三元共晶水平面之上。为了分析方便，这里以 $A_1 A_3 E_1 E A_1$ 和 $B_1 B_3 E_1 E B_1$ 为例进行讨论，如图 5-13 所示。已知二元系 A-B 的共晶线为 $A_3 E_1 B_3$，任何成分的二元合金当冷却至共晶温度时都将发生共晶转变，其自

图 5-13　三元系中的二元共晶曲面

由度为零。这表明，三个平衡相的成分和温度都固定不变，液相的成分为 E_1，所析出的两个固相成分为 A_3 和 B_3，温度为 t_{E_1}。由于第三组元的加入，自由度为 1，这表明，三个平衡相的成分是依赖温度而变化的，其中液相的成分沿二元共晶线 E_1E 变化，固相的成分分别沿 A_3A_1 和 B_3B_1 变化。这三条线代表了三个平衡相的成分随温度变化的规律，称为单变量线，或成分变化线。当温度确定后，自由度变为零，三个相的成分也随着温度而确定下来，三个平衡相的成分点之间即构成一个等温三角形。根据重心法则，只有成分位于此等温三角形之内的合金才会有此三相平衡。例如，在温度为 t_n 时，三个平衡相 L、A、B 的成分分别为 E_n、A_n 和 B_n，这三个点组成的等温三角形 $\triangle E_nA_nB_n$ 即为连接三角形。因为三相平衡时，其中任意两相之间也必然平衡，三个两相平衡的连接线即构成了等温三角形，三角形的三个边 E_nA_n、A_nB_n、B_nE_n 分别是 L-A、A-B 和 B-L 两相平衡的连接线。由此可见，二元共晶曲面 $A_1A_3E_1EA_1$、$B_1B_3E_1EB_1$ 及相图的侧面 $A_1A_3B_3B_1A_1$ 实际上是三组两相平衡连接线在 t_{E_1} 至 t_E 之间变化的轨迹。也可以说，二元共晶曲面是由许多水平线组成的，水平线的一端，表示固相的成分，位于相应的单变量线（此处即为相应的纵轴）上，水平线的另一端，表示液相的成分，位于二元共晶线上。由此可以看出，三元系的三相区是以三条单变量线作为棱边的空间三棱柱体。

综合以上的分析可以看出，在固态完全互不溶解的三元共晶系中，三个液相面、六个二元共晶面和一个三元共晶平面把相图分割成九个相区：液相面以上的区域为液相区 L；液相面和二元共晶面之间的空间为 L+A、L+B、L+C 三个两相区；二元共晶曲面和三元共晶水平面之间的空间是 L+A+B、L+B+C、L+C+A 三个三相区；三元共晶面之下是 A+B+C 三相区；包含 E 点的三元共晶面是 L 与 A、B、C 三个固相共存的四相区。

三条二元共晶线 E_1E、E_2E、E_3E 既是液相面间的交线，也是二元共晶曲面间的交线，同时又是液相区与二元共晶面的交线。

（二）等温截面

图 5-14a 所示为该三元系在 t_1 温度时的等温截面，温度 t_1 低于 t_A 和 t_B，但高于 C 组元的熔点 t_C，即 $t_A>t_B>t_1>t_C$。图中两条曲线是水平截面与两个液相面的交线。共有三个相区：一个是液相区 L，其余两个分别是 L+A、L+B 两相区。当水平截面的温度 $t_2=t_{E_1}$ 时，由于 t_{E_1} 低于 t_C，但高于 t_{E_2}，所以在等温截面图（图 5-14b）上出现三个两相区 L+A，L+B、L+C 和一个液相区 L。L+A 和 L+B 的两条液相线相交于 E_1 点。如果水平截面的温度 t_3 与 t_{E_2} 相等，由于 $t_{E_2}<t_{E_1}$，因此水平截面与 A-B 二元共晶线 E_1E 相交，如图 5-14c 所示。该图有一个单相区 L，三个两相区：L+A、L+B、L+C 和一个三相区 L+A+B。由于立体模型的三相区是以三条单变量线 E_1E、A_3A_1、B_3B_1 为棱边的空间三棱柱体，因此 L+A+B 三相区的等温截面一定是一个直边三角形。三角形的三个顶点分别表示三个平衡相在该温度下的成分，三角形的边是三相区与两相区的边界线，同时它也是两相区中的一条连接线。单相区与两相区的交线均为曲线。图 5-14d 的截面温度为 t_{E_3}，由于 $t_{E_3}<t_{E_2}<t_{E_1}$，所以截面分别与 E_1E、E_2E 两条二元共晶线相交，出现两个三相区 L+A+B、L+B+C。图 5-14e 的截面温度为 t_5，由于 $t_{E_3}>t_5>t_E$，在截面图中出现了三个三相区：L+A+B、L+B+C、L+A+C，三个两相区：L+A、L+B、L+C 和一个单相区 L。若截面温度为 t_E 时，等温截面即为三元共晶面。当 $t_6<t_E$ 时，等温截面为一个三相区：A+B+C，如图 5-14f 所示。

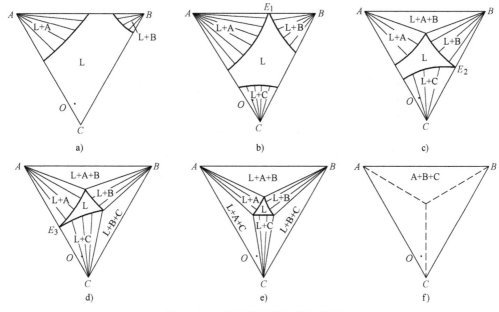

图 5-14　三元共晶相图的等温截面

a) $t_B > t_1 > t_C$　b) $t_2 = t_{E_1}$　c) $t_3 = t_{E_2}$　d) $t_4 = t_{E_3}$　e) $t_{E_3} > t_5 > t_E$　f) $t_6 < t_E$

通过对以上六个等温截面的分析可以看出，等温截面上的三相平衡区都是直边三角形，这是一个普遍规律。与三角形的三个边相邻接的是两相平衡区。三角形的三个顶点与单相区相接，分别表示该温度下三个平衡相的成分。与三元相图的立体模型相对照就可看出，三角形的三个直边实际上是水平截面与三相平衡的空间三棱柱体侧面的交线，三个顶点是水平截面与空间三棱柱体棱边（单变量线）的交点。

利用等温截面可以确定合金在该温度下所存在的平衡相，并可运用直线法则、杠杆定律和重心法则确定合金中各相的成分和相对含量。

通过分析不同温度的等温截面，还可以了解各种成分的合金平衡冷却时的状态。例如，成分为点 O 的合金冷却时，在温度为 t_1 时仍为液相；温度降至 t_2 时，由液相中结晶出初晶 C 并处于液固两相平衡状态；直到温度降至 t_4 即 t_{E_3} 时，发生 L $\longrightarrow$ C+A 的二元共晶转变，开始进入 L+A+C 三相区；温度降至 t_E 时，剩余的液相发生 L $\longrightarrow$ A+B+C 的三元共晶转变，合金结晶完毕，处于 A、B、C 三相平衡状态。合金的室温组织为初晶 C+两相共晶体（A+C）+三相共晶体（A+B+C）。

（三）变温截面

图 5-15a 表示平行于 AB 边的 cd 垂直平面与立体模型中各种面的交线，cd 垂直平面在成分三角形中的位置如图 5-15b 所示，从而得到了 cd 变温截面，cd 线上所有合金的 C 组元含量均相等。从图中可以看出，c_3e_1、d_3e_1 是变温截面与液相面的交线；c_2p_1、p_1e_1、e_1g_1、g_1d_2 是变温截面与四个二元共晶曲面的交线；c_1d_1 是变温截面与三元共晶面的交线。

可利用变温截面分析合金的结晶过程，确定相变温度。如合金 O，其相变温度和相变特征在变温截面上一目了然。合金在 t_1 温度以上为液相，合金冷却到 t_1 温度，开始由液相中析出初晶 A，在 $t_1 \sim t_2$ 之间是 L+A 两个相。到 t_2 温度，合金中开始发生 L $\longrightarrow$ A+C 二元共

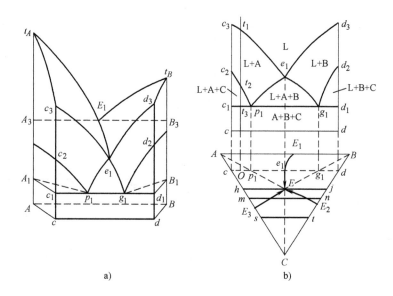

图 5-15　平行于 AB 边的 cd 变温截面

a）立体模型　b）变温截面

晶转变，从液相中析出两相共晶组织（A+C），直到 t_3 温度。在 t_3 温度发生 L $\longrightarrow$ A+B+C 三元共晶转变，得到三相共晶组织，这一转变直到液相全部消失为止。因此，O 合金冷却到室温时，其组织为：初晶 A+两相共晶体（A+C）+三相共晶体（A+B+C）。

平行于 AB 边（图 5-15b）的 hj、mn、st 三个变温截面如图 5-16 所示。

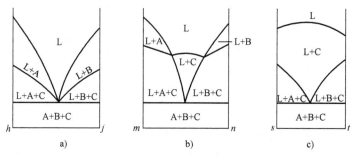

图 5-16　平行于 AB 边的几个变温截面

图 5-17 所示为通过成分三角形顶点 A 的 Ab 变温截面。图中的 $t_A g_1$、$g_1 b_3$ 是垂直截面与液相面的交线；$A_3' g_1$、$g_1 r_1$、$r_1 b_2$ 是垂直截面分别与三个二元共晶面的交线，$A_1 b_1$ 是垂直截面与三元共晶面的交线，由于三元共晶面平行于成分三角形，所以 $A_1 b_1$ 是一条水平线。应当指出，图中的 $A_3' g_1$ 水平线并不表示等温转变，它仅表示成分在 Ag 线段上的合金都在 $A_3' g_1$ 温度开始析出两相共晶体 L $\longrightarrow$ A+B，持续到三元共晶温度为止。

图 5-18 所示为通过 A、E 两点的 Ah 变温截面。图 5-19 所示为通过顶点 B 的 sB 变温截面。

在利用变温截面时一定要注意，在变温截面上不能分析相变过程中相的成分变化，因为它们的成分不在此截面上变化，所以不能应用杠杆定律计算相和组织的含量。

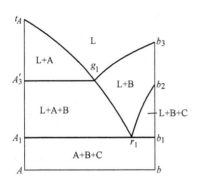

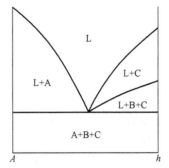

图 5-18　通过 A、E 两点的 Ah 变温截面

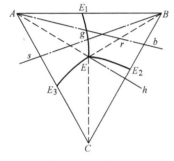

图 5-17　通过顶点 A 的 Ab 变温截面

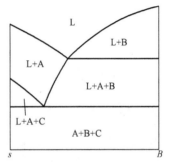

图 5-19　通过顶点 B 的 sB 变温截面

（四）投影图

图 5-20 所示为三组元在固态完全不溶的共晶相图的投影图。图中 E_1E、E_2E、E_3E 是二元共晶线的投影，AE、BE、CE 三条虚线是二元共晶曲面与三元共晶面的交线。此外，AE_1EE_3A、BE_1EE_2B、CE_2EE_3C 分别是三个液相面的投影。AEE_1、BEE_1、BEE_2、CEE_2、CEE_3、AEE_3 则分别为六个二元共晶曲面的投影。三元共晶面的投影仍为 $\triangle ABC$。

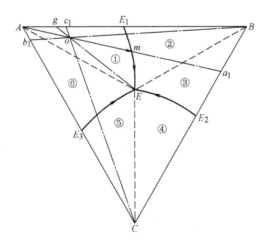

图 5-20　三元共晶相图的投影图

利用投影图可以分析合金的结晶过程，并能确定平衡相的组成和含量。现以合金 o 为例进行讨论。

　　合金 o 冷却至液相面时开始结晶，析出初晶 A。随着温度的不断降低，A 晶体不断增加，液相的数量不断减少。由于 A 晶体的成分固定不变，根据直线法则，液相的成分由 o 点沿 Ao 的延长线逐渐变化。当液相的成分变化到与 E_1E 线相交的 m 点时，开始发生二元共晶转变：L——→A+B。随着温度的不断降低，两相共晶体（A+B）逐渐增多，同时液相的成分沿 E_1E 二元共晶线变化。当液相的成分变化到 E 点时，发生三元共晶转变：L——→A+B+C，直到液体全部消失为止。之后温度继续降低，组织不再发生变化。故合金 o 在室温下的平衡组织是初晶 A+两相共晶体（A+B）+三相共晶体（A+B+C）。图 5-21 所示为该合金室温下的组织示意图及与此相对应的 Pb-Sn-Bi 三元合金的室温组织（初晶+两相共晶体+三相共晶体）。

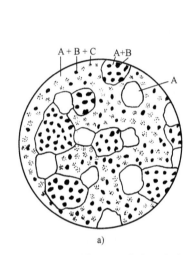
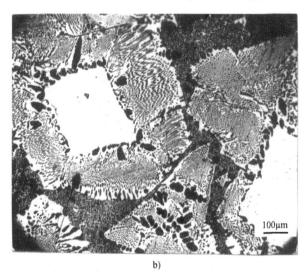

a)　　　　　　　　　　　　　　　　　　　b)

图 5-21　合金 o 在室温下的组织示意图及 Pb-Sn-Bi 三元合金室温组织

a）初晶 A+两相共晶体（A+B）+三相共晶体（A+B+C）

b）初晶 Bi+两相共晶体（Sn+Bi）+三相共晶体（Bi+Sn+Pb）

　　如果在投影图上还画有液相等温线，并标有温度值，则合金结晶过程的温度（如 t_1、t_2、t_3 等）就可以直接读出了。

　　合金 o 在三元结晶完成后进入 A+B+C 三相区，这三相的含量可分别用重心法则求出

$$w_A = \frac{oa_1}{Aa_1} \times 100\%$$

$$w_B = \frac{ob_1}{Bb_1} \times 100\%$$

$$w_C = \frac{oc_1}{Cc_1} \times 100\%$$

　　合金的组织组成物含量可以利用杠杆定律求出。当液相的成分刚刚到达二元共晶线 E_1E 上的 m 点时，初晶 A 的含量为

$$w_A = \frac{om}{Am} \times 100\%$$

当液相的成分到达 E 点刚要发生三元共晶转变时，这部分液相的相对量可以利用重心法则或杠杆定律求出，然而这部分液相随即发生三元共晶转变，形成三相共晶体。因此这部分液

相的相对量也就是三相共晶体（A+B+C）的含量。

$$w_{(A+B+C)} = \frac{og}{Eg} \times 100\%$$

两相共晶体的含量则为

$$w_{(A+B)} = \left(1 - \frac{om}{Am} - \frac{og}{Eg}\right) \times 100\%$$

　　用同样的方法可以分析投影图中其他区域合金的结晶过程，结晶完成后的组织组成物见表 5-1。

表 5-1　平衡结晶后的组织

成分点的区域	组织组成物	成分点的区域	组织组成物
①	A+(A+B)+(A+B+C)	AE 线	A+(A+B+C)
②	B+(A+B)+(A+B+C)	BE 线	B+(A+B+C)
③	B+(B+C)+(A+B+C)	CE 线	C+(A+B+C)
④	C+(B+C)+(A+B+C)	E_1E	(A+B)+(A+B+C)
⑤	C+(A+C)+(A+B+C)	E_2E	(B+C)+(A+B+C)
⑥	A+(A+C)+(A+B+C)	E_3E	(A+C)+(A+B+C)
		E 点	A+B+C

二、组元在固态有限互溶并具有共晶转变的相图

　　上面讨论了三组元在固态互不溶解的三元共晶相图。但实际上经常遇到的情况往往是组元间有一定的互溶能力，因此，掌握固态下有限溶解的三元共晶相图更有实际意义。

（一）相图分析

　　图 5-22 所示为固态下有限溶解的三元共晶相图立体模型。它与组元在固态完全不溶的共晶相图（图 5-12）基本相同，其区别仅在于在相图中增加了三个单相固溶体区 α、β、γ，以及与之相应的固态溶解度曲面。

1. 液相面

　　从图 5-22 可以看出，液相面共有三个，即 $A'e_1Ee_3A'$、$B'e_1Ee_2B'$、$C'e_2Ee_3C'$。在液相面之上为液相区，当合金冷却到与液相面相交时，分别从液相中析出 α、β 和 γ 相。

　　三个液相面的交线 e_1E、e_2E、e_3E 为三条二元共晶线，位于这些曲线上的液相，当温度降低至与这些线相交时，将发生三相平衡的二元共晶反应，即 L——→α+β、L——→β+γ、L——→γ+α。E 点为三元共晶点或四相

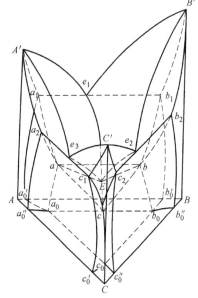

图 5-22　固态下有限溶解的
三元共晶相图

平衡共晶点，位于此点成分的液相将发生四相平衡的三元共晶转变 L ⟶ α+β+γ。以上这些均与组元在固态完全不溶的三元共晶相图相同。

2. 固相面

图 5-12 的固相面只有一个，即三元共晶面，但在图 5-22 中，由于三组元在固态下相互溶解，形成三个固溶体 α、β、γ，因此在相图中形成三种类型的固相面：

1）三个固溶体（α、β、γ）相区的固相面：$A'a_1aa_2A'(\alpha)$、$B'b_1bb_2B'(\beta)$、$C'c_1cc_2C'(\gamma)$，它们分别是在液相全部消失的条件下，L ⟶ α、L ⟶ β、L ⟶ γ 的两相平衡转变结束的曲面。

2）一个三元共晶面：abc。

3）三个二元共晶转变结束面：$a_1abb_1(\alpha+\beta)$、$b_2bcc_2(\beta+\gamma)$、$c_1caa_2(\gamma+\alpha)$，它们分别表示二元共晶转变：L ⟶ α+β、L ⟶ β+γ、L ⟶ γ+α 至此结束，并分别与三个两相区相邻接，如图 5-23 所示。

3. 二元共晶区

共有三组，每组构成一个三棱柱体，每个三棱柱体是一个三相平衡区。

图 5-24 画出了三元共晶相图中四个三相区和部分两相区。在 L+α+β 三相平衡棱柱中，其 $a_1aEe_1a_1$ 和 $b_1bEe_1b_1$ 是二元共晶开始面，当液相冷至与此两曲面相交时，开始发生二元共晶转变 L ⟶ α+β，a_1abb_1 是二元共晶转变结束面（同时也是一个固相面）。三棱柱体的底面是三元共晶转变的水平面，上端封闭成一条水平线。三棱柱体的三条棱边 e_1E、a_1a、b_1b 分别是三相 L、α 和 β 的成分变温线，即单变量曲线。

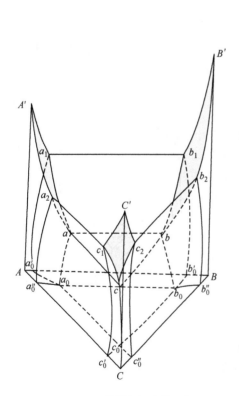

图 5-23 三元共晶相图中的固相面

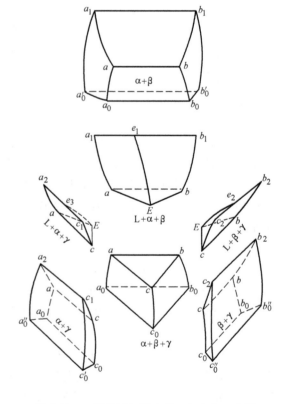

图 5-24 三元共晶相图中的两相区和三相区

另外两个三相平衡棱柱与此大致相同。从图 5-22 可以看出，$b_2bEe_2b_2$ 和 $c_2cEe_2c_2$ 为（β+γ）的二元共晶转变开始面，b_2bcc_2 为（β+γ）二元共晶转变结束面。三个曲面构成的三棱柱体是 L+β+γ 的三相平衡区，b_2b、c_2c、e_2E 分别是 β、γ 和 L 相的单变量曲线。$c_1cEe_3c_1$ 和 $a_2aEe_3a_2$ 是（γ+α）二元共晶转变的开始面，a_2acc_1 是其转变结束面，三个曲面所构成的三棱柱体是 γ+α+L 的三相平衡区。c_1c、a_2a、e_3E 分别是 γ、α 和 L 相的单变量曲线。

4. 溶解度曲面

在三个二元共晶相图中，各有两条溶解度（或固溶度）曲线，如 a_1a_0'、b_1b_0' 等。随着温度的降低，固溶体的溶解度下降，从中析出次生相。在三元相图中，由于第三组元的加入，溶解度曲线变成了溶解度曲面，随着温度的降低，同样将从固溶体中析出次生相，这些溶解度曲面的存在，是三元合金进行热处理强化的重要依据。

图 5-25 所示为 α 和 β 两个溶解度曲面：$a_1aa_0a_0'a_1$ 和 $b_1bb_0b_0'b_1$，其中的 a 点表示组元 B 和 C 在 α 相中的溶解度极限，a_0 表示组元 B 和 C 在 α 相中于室温时的溶解度极限；b 点表示组元 A 和 C 在 β 相中的溶解度极限，b_0 表示 A、C 两组元在室温 β 相中的溶解度极限。当冷却通过上述一对溶解度曲面时，分别发生脱溶转变

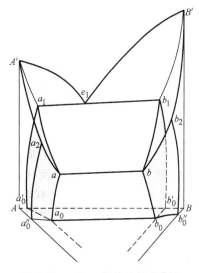

图 5-25　α 和 β 相的溶解度曲面

$$\alpha \longrightarrow \beta_{II} \qquad \beta \longrightarrow \alpha_{II}$$

这样的溶解度曲面还有四个，即 $b_2bb_0b_0''b_2$、$c_2cc_0c_0''c_2$、$c_1cc_0c_0'c_1$、$a_2aa_0a_0''a_2$。

此外，aa_0、bb_0、cc_0 分别为两两溶解度曲面的交线，它们又是三相平衡区 α+β+γ 三棱柱体的三个棱边（图 5-24），是 α、β、γ 三相的成分变温线，即单变量曲线。成分相当于 aa_0 线上的 α 固溶体，当温度降低时，将从 α 相中同时析出 β_{II} 和 γ_{II} 两种次生相。同样，成分相当于 bb_0、cc_0 线上的合金，当温度降低时，也分别从 β 和 γ 相中同时析出 $\gamma_{II}+\alpha_{II}$ 和 $\alpha_{II}+\beta_{II}$ 两种次生相，所以又称这三条线为同析线。

5. 相区

该相图共有四个单相区，即液相区 L 和 α、β、γ 三个单相固溶体区。有六个两相区，即 L+α、L+β、L+γ、α+β、β+γ、γ+α。有四个三相区，其中位于三元共晶面之上的有三个，即 L+α+β、L+β+γ、L+γ+α。位于三元共晶面之下的有一个，即 α+β+γ。此外，还有一个四相共存区，即 L+α+β+γ，三角形的顶点是三个固相的成分点，液相的成分点位于三角形之中。

（二）等温截面

图 5-26 所示为该相图在几个不同温度时的等温截面。从图中可以看出，二元相图中的相区接触法则对三元相图同样适用，即相图中相邻相区平衡相的数目总是相差 1 个。此外，单相区与两相区的相界线往往是曲线，而两相区与三相区的相界线则是直线。三相区总是呈直边三角形，三角形的三个顶点与三个单相区相连，这三个顶点就是该温度下三个平衡相的成分点。

利用杠杆定律和重心法则可以计算两相平衡及三相平衡时的平衡相的含量。如合金 O 在 $t_5 = t_{e_2}$ 温度时处于 $L + \alpha + \beta$ 三相平衡状态，三个相的成分分别为 z、x、y，根据重心法则可知合金 O 中三相的含量为

$$w_L = \frac{Oq}{zq} \times 100\%$$

$$w_\alpha = \frac{Ot}{xt} \times 100\%$$

$$w_\beta = \frac{Os}{ys} \times 100\%$$

（三）变温截面

图 5-27 所示为该三元系的两个变温截面图，它们在成分三角形的位置如图 5-27a 所示。从这两变温截面图中可以清楚地看出共晶型相图的典型特征：凡截到四相平衡平面（三元共晶面）时，在变温截面中形成水平线；在该水平线之上，有三个三相平衡区，在水平线之下，有一个由三个固相组成的三相平衡区，如图 5-27b 所示。如果未截到四相平衡平面，但截到了三相（$L + \alpha + \beta$）共晶转变的开始面（$a_1 a E e_1 a_1$、$b_1 b E e_1 b_1$）和共晶转变结束面（$a_1 b_1 b a a_1$）（图 5-24），则形成顶点朝上的曲边三角形，这是二元（三相）共晶平衡区的典型特征，如图 5-27c 所示。

利用变温截面分析合金的结晶过程显得很方便。如图 5-27b 中的合金 p，从 1 点开始结晶出初晶 α，至 2 点开始进入三相区，发生 $L \longrightarrow \alpha + \gamma$ 二元共晶转变，冷至 3 点，结晶过程即告终止。在 4 点以下，由于溶解度的变化而进入三相区，从 α 相和 γ 相中均析出 β_{II} 相，室温组织为 $\alpha + (\alpha + \gamma) +$ 少量次生相 β_{II}。

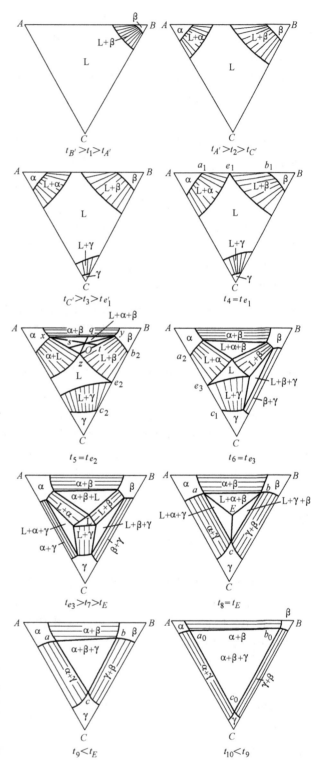

图 5-26　共晶相图的一些等温截面

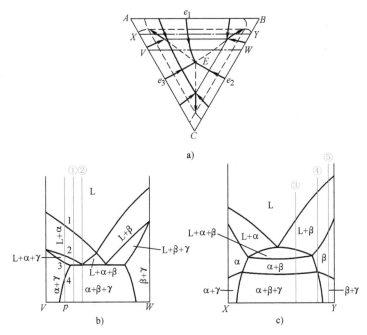

图 5-27　三元共晶相图的变温截面

（四）投影图

固态有溶解度的三元共晶相图的投影图如图 5-28 所示。图中的 e_1E、e_2E、e_3E 是三条二元共晶转变线的投影，箭头表示从高温到低温的方向。这三条线把液相面分成三个部分，即 Ae_1Ee_3A、Be_1Ee_2B、Ce_2Ee_3C，合金冷却到这三个液相面时将分别从液相中结晶出初晶 α、β 和 γ 相。α、β 和 γ 三个单相区的固相面投影分别为 Aa_2aa_1A、Bb_1bb_2B、Cc_2cc_1C。

在分析立体模型时曾经指出，三相平衡区的立体模型是三棱柱体，三条棱边是三个相的成分随温度而变化的曲线，即单变量线。从投影图中可以看出，e_1E、

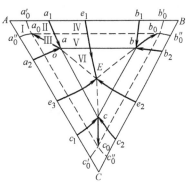

图 5-28　三元共晶相图投影图

a_1a、b_1b 分别为 L+α+β 三相区中三个相的单变量线，箭头表示从高温到低温的走向。L+β+γ 三相区中的三个相的单变量线分别为 e_2E、b_2b、c_2c。L+γ+α 三相区中 L、γ、α 的单变量线为 e_3E、c_1c 和 a_2a。这三个三相平衡区分别起始于二元系的共晶转变线 a_1b_1、b_2c_2 和 c_1a_2，终止于四相共存平面上的连接三角形：△abE、△bcE、△cEa。

投影图中间的 △abc 是四相平衡共晶平面。在这里发生四相平衡共晶转变之后，形成 α+β+γ 三相平衡区（图 5-24）。该三相平衡区的上底面是连接三角形 abc，下底面是连接三角形 $a_0b_0c_0$。α、β、γ 三相的单变量线分别是 aa_0、bb_0、cc_0。α 单相区的极限区域是 Aa_1aa_2A，β 和 γ 单相区的极限区域分别为：Bb_1bb_2B 和 Cc_1cc_2C。α、β、γ 在室温下的单相区域分别为 $Aa_0'a_0a_0''A$、$Bb_0'b_0b_0''B$、$Cc_0'c_0c_0''C$。

投影图中的所有单变量线都用箭头表示其从高温到低温的走向。可以看出，三条液相单变量线都自高温而下聚于四相平衡共晶转变点 E，这是三元共晶型转变投影图的共同特征。

下面以合金 o 为例，分析合金的结晶过程。当合金缓冷至与 Ae_1Ee_3A 液相面相交时，开始从液相中结晶出初晶 α。随着温度的不断降低，α 相数量不断增多，液相 L 和固相 α 的成分分别沿着液相面和固相面呈蝴蝶形轨迹变化，这一过程与三元匀晶合金相同。当合金冷却到与二元共晶曲面 $a_1e_1Eaa_1$ 相交时，进入 L+α+β 三相平衡区，并发生 L $\longrightarrow$ α+β 共晶转变，在转变过程中，液相的成分沿 e_1E 变化，α 相和 β 相的成分相应地沿 a_1a 和 b_1b 变化。当温度到达四相平衡共晶温度 t_E 时，液相的成分为 L_E，α 和 β 相的成分分别为 $α_a$ 和 $β_b$，发生四相平衡共晶转变 $L_E \longrightarrow α_a+β_b+γ_c$，直至液相全部消失为止。此时合金的组织为：初晶 α+两相共晶体 (α+β)+三相共晶体 (α+β+γ)。

继续降温时，α、β、γ 相的成分分别沿 aa_0、bb_0、cc_0 变化，由于溶解度的改变，这三条曲线又都是同析线，即从每个固相中不断地析出另外两相，这个转变可以表示为

$$α_{(a\sim a_0)} \longleftrightarrow β_{(b\sim b_0)}$$
$$\searrow \quad \swarrow$$
$$γ_{(c\sim c_0)}$$

可以用同样的方法分析其他合金的结晶过程，图 5-28 中所标注的六个区域，可以反映该三元系各种类型合金的结晶特点，它们的平衡结晶过程及其组织组成物与相组成物见表 5-2。

表 5-2　三元共晶相图中合金的平衡结晶过程及其组织组成物与相组成物

区域	冷却通过的曲面	转　变	组织组成物	相组成物
I	α 相液相面 Ae_1Ee_3A α 相固相面 Aa_1aa_2A	L $\longrightarrow$ α α 相凝固完毕	α	α
II	α 相液相面 Ae_1Ee_3A α 相固相面 Aa_1aa_2A α 相溶解度曲面 $a_1aa_0a_0'a_1$	L $\longrightarrow α_初$ α 相凝固完毕 α 相均匀冷却 α $\longrightarrow β_{II}$	$α_初+β_{II}$	α+β
III	α 相液相面 Ae_1Ee_3A α 相固相面 Aa_1aa_2A α 相溶解度曲面 $a_1aa_0a_0'a_1$ 三相区 (α+β+γ) 侧面 aa_0b_0ba	L $\longrightarrow α_初$ α 相凝固完毕 α 相均匀冷却 α $\longrightarrow β_{II}$ α $\longrightarrow β_{II}+γ_{II}$	$α_初+β_{II}+γ_{II}$	α+β+γ
IV	α 相液相面 Ae_1Ee_3A 三相平衡共晶开始面 $a_1aEe_1a_1$ 三相平衡共晶终了面 $a_1abb_1a_1$ 溶解度曲面 $a_1aa_0a_0'a_1$ $b_1bb_0b_0'b_1$	L $\longrightarrow α_初$ L $\longrightarrow$ α+β (α+β) 共晶转变完毕 α $\longrightarrow β_{II}$ β $\longrightarrow α_{II}$	$α_初+(α+β)+β_{II}$	α+β
V	α 相液相面 Ae_1Ee_3A 三相平衡共晶开始面 $a_1aEe_1a_1$ 三相平衡共晶终了面 $a_1abb_1a_1$ 溶解度曲面 $a_1aa_0a_0'a_1$ $b_1bb_0b_0'b_1$ 三相区 (α+β+γ) 侧面 aa_0b_0ba	L $\longrightarrow α_初$ L $\longrightarrow$ α+β (α+β) 共晶转变完毕 α $\longrightarrow β_{II}$ β $\longrightarrow α_{II}$ α $\longrightarrow β_{II}+γ_{II}$，β $\longrightarrow α_{II}+γ_{II}$	$α_初+(α+β)+β_{II}+γ_{II}$	α+β+γ

（续）

区域	冷却通过的曲面	转　　变	组织组成物	相组成物
Ⅵ	α 相液相面 Ae_1Ee_3A 三相平衡共晶开始面 $a_1aEe_1a_1$ 四相平衡共晶面 abc 三相区（$\alpha+\beta+\gamma$）侧面 abb_0a_0a bcc_0b_0b,cc_0a_0ac	$L\longrightarrow\alpha_{初}$ $L\longrightarrow\alpha+\beta$ $L\longrightarrow\alpha+\beta+\gamma$ $\alpha\longrightarrow\beta_{\mathrm{II}}+\gamma_{\mathrm{II}}$ $\beta\longrightarrow\alpha_{\mathrm{II}}+\gamma_{\mathrm{II}},\gamma\longrightarrow\alpha_{\mathrm{II}}+\beta_{\mathrm{II}}$	$\alpha_{初}+(\alpha+\beta)+(\alpha+\beta+\gamma)+\beta_{\mathrm{II}}+\gamma_{\mathrm{II}}$	$\alpha+\beta+\gamma$

第五节　三元相图总结

　　三元相图的种类繁多，结构复杂，以上仅以几种典型的三元相图为例，说明其立体结构模型、等温截面、变温截面、投影图及合金结晶过程的一些规律。现把所涉及的某些规律再进行归纳整理，掌握了这些规律，就可以举一反三，有助于对其他相图的分析和使用。

一、三元系的两相平衡

　　二元相图的两相区以一对共轭曲线为边界，三元相图的两相区以一对共轭曲面为边界，投影图上就有这两个面的投影。由于两相区的自由度为 2，所以无论是等温截面还是变温截面都截取一对曲线为边界的区域。在等温截面上，平衡相的成分由两相区的连接线确定，可以应用杠杆定律计算相的含量。当温度变化时，如果其中一个相的成分不变，则另一个相的成分沿不变相的成分点与合金成分点的延长线变化。如果两相成分均随温度而变化，则两相的成分按蝴蝶形轨迹变化。在变温截面上，只能判断两相转变的温度范围，不反映平衡相的成分，故不能用杠杆定律计算相的含量。

二、三元系的三相平衡

　　三元系的三相平衡，其自由度数为 1。三相平衡区的立体模型是一个三棱柱体，三条棱边为三个相成分的单变量线。三相区的等温截面是一个直边三角形，三个顶点即三个相的成分点，各连接一个单相区，三角形的三个边各邻接一个两相区，可以用重心法则计算各相的含量。在变温截面上，如果垂直截面截过三相区的三个侧面，则呈曲边三角形，三角形的顶点并不代表三个相的成分，所以不能用重心法则计算三个相的含量。

　　如何判断三相平衡为二元共晶反应还是二元包晶反应呢？一是从三相空间结构的连接线三角形随温度下降的移动规律进行判定，如图 5-29 所示。三相共晶和三相包晶的空间模型虽然都是三棱柱体，但其结构有所不同，图 5-29a 中的 $\alpha\beta$ 线为二元共晶线，位于中间的 L 为共晶点。加入第三组元之后，随着温度的降低，L 的单变量线走在前面，α 和 β 的单变量线在后面。图 5-29b 中的 αL 线为二元包晶线，中间的 β 为包晶点，加入第三组元后，随着

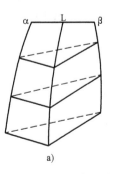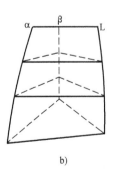

图 5-29　三元相图中三相平衡的两种基本形式

a）共晶型　b）包晶型

温度的降低，α 和 L 的单变量线在前面，β 的单
变量线在后面。凡是位于前面的都是参加反应相，
位于后面的是反应生成相。故图 5-29a 为二元共晶
反应，图 5-29b 为二元包晶反应。另一方面还可
以从变温截面上三相区的曲边三角形来判定。如
果垂直截面截过三相区的三个侧面，就会出现图 5-30
所示的两种不同的图形。两个曲边三角形的顶点
均与单相区衔接，其中图 5-30a 居中的单相区

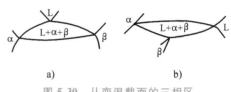

图 5-30 从变温截面的三相区
特点判断三相平衡反应
a）二元共晶反应 b）二元包晶反应

（L）在三相平衡区上方；图 5-30b 居中的单相区（β）在三相平衡区的下方，遇到这种情况，可
以立刻断定，图 5-30a 中的三相区内发生二元共晶反应，图 5-30b 的三相区内发生二元包晶反应，
这与二元相图的情况非常相似，差别仅在于水平直线已改换为三角形。如果曲边三角形的三个顶
点邻接的不是单相区，则不能据此判定反应的类型，而需要根据邻区分布特点进行分析。

三相区的投影图就是三根单变量线的投影，这三条线两两组成三相区的三个二元共晶曲
面，在看相图时要仔细辨认。

三、三元系的四相平衡

三元系的四相平衡，自由度数等于零，为恒温反应。如果四相平衡中有一相是液体，另
三相是固体，则四相平衡可能有以下三种类型：

三元共晶反应　　　　　$L \rightleftharpoons \alpha+\beta+\gamma$
包共晶反应　　　　　　$L+\alpha \rightleftharpoons \beta+\gamma$
三元包晶反应　　　　　$L+\alpha+\beta \rightleftharpoons \gamma$

三元相图立体模型中的四相平衡区是由四个成分点所构成的一个等温面，这四个成分点
就是四个相的成分。因此，四相平衡平面与四个单相区相连，以点接触；四相平衡时其中任
两相之间也必然平衡，所以四个成分点中的任两点之间的连接线必然是两相区的连接线，这
样的连接线共有六根，即四相平衡平面与六个两相区相连，以线接触；四相平衡时其中任意
三相之间也必然平衡，四个点中任三个点连成的三角形必然是三相区的连接三角形，这样的
三角形共有四个，所以四相平衡平面与四个三相区相连，以面接触。这一点最重要，因为根
据四相平衡平面与三相区的邻接关系，就可以确定四相平衡平面的反应性质。四相平面与四
个三相区的邻接关系有三种类型：

1）在四相平面之上邻接三个三相区，在其之下邻接一个三相区。这种四相平面为一三
角形，三角形的三个顶点连接三个固相区，液相的成分点位于三角形之中。这种四相平衡反
应为三元共晶反应。

2）在四相平面之上邻接两个三相区，在其之下邻接另两个三相区。这种四相平面为四
边形，属于包共晶反应。反应式左边的两相（参加反应相）和反应式右边的两相（反应生
成相）分别位于四边形对角线的两个端点。

3）在四相平面之上邻接一个三相区，在其之下邻接三个三相区。这种四相平衡属于三
元包晶反应。四相平面为一三角形，参与反应相的三个成分点即三角形的顶点，反应生成相
的成分点位于三角形之中。

四相平衡平面上下三相区的三种邻接关系见表 5-3。

表 5-3　三元系三种四相平衡的相成分点和反应前后的三相平衡情况

反应类型	三元共晶反应 L $\rightleftharpoons$ α+β+γ	包共晶反应 L+α $\rightleftharpoons$ β+γ	三元包晶反应 L+α+β $\rightleftharpoons$ γ
四相平衡时的相成分点			
反应前的三相平衡			
反应后的三相平衡			

从表中可以看出，对于三元共晶反应，反应之前为三个小三角形 Lαβ、Lαγ、Lβγ 所代表的三个三相平衡，反应之后则为一个大三角形 αβγ 所代表的三相平衡；三元包晶反应前后的三相平衡情况恰好与三元共晶反应相反；包共晶反应之前为两个三角形 Lαβ 和 Lαγ 所代表的三相平衡，反应之后则为另两个三角形 αβγ 和 Lβγ 所代表的三相平衡。

在等温截面图上，当截面温度稍高于四相平衡平面时，则三元共晶反应的有三个三相区，包共晶反应的有两个三相区，三元包晶反应的仅有一个三相区。当截面温度稍低于四相平衡平面时，则三元共晶反应的有一个三相区，包共晶反应的有两个三相区，三元包晶反应的有三个三相区。

由于四相平衡平面是一个水平面，所以在变温截面图上，四相区一定是一条水平线。如果垂直截面能都截过四个三相区，那么对于三元共晶反应，在四相水平线之上有三个三相区，水平线之下有一个三相区，如图 5-31a 所示。对于包共晶反应，在四相水平线之上有两个三相区，水平线之下也有两个三相区，如图 5-31b 所示。对于三元包晶反应，在四相水平线之上有一个三相区，水平线之下有三个三相区，如图 5-31c 所示。如果垂直截面不能同时与四个三相区相截，那么就不能靠变温截面图来判断四相反应的类型。

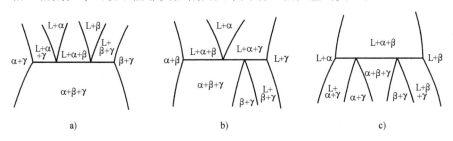

图 5-31　从截过四个三相区的变温截面上判断四相平衡类型
a) L $\rightleftharpoons$ α+β+γ　b) L+α $\rightleftharpoons$ β+γ　c) L+α+β $\rightleftharpoons$ γ

四相平衡平面与四个三相区相连，每个三相区都有3根单变量线，四相平衡平面必然与12根单变量线相连。根据单变量线的位置和降温方向，可以判断四相平衡反应类型，图5-32为具有四相平衡反应的三元相图立体模型中单变量线的位置和降温方向示意图。投影图主要反映了这些单变量线的投影关系，可参照图5-28。

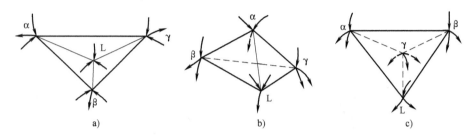

图 5-32　单变量线的位置和降温方向示意图

a）三元共晶反应　b）包共晶反应　c）三元包晶反应

液相面投影图是液相面交线（即三相平衡转变的液相单变量线）的投影图，是完整投影图的一部分，常以粗实线画出液相单变量线，其上以箭头表明从高温到低温的方向，常以细实线画出等温线并标注温度。可用来确定给定成分合金的初生相和熔点。当三条液相单变量线相交于一点时，交点所对应的温度下必然发生四相平衡转变，交点的成分是四相平衡转变时液相的成分。若三条液相单变量线上的箭头同时指向交点，则在交点所对应的温度发生三元共晶转变（图5-33a）；若两条液相单变量线的箭头指向交点，一条背离交点，此时发生包共晶转变（图5-33b）；若一条液相单变量线的箭头指向交点，两条背离交点，这种四相平衡属于包晶型（图5-33c）。

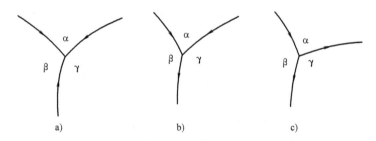

图 5-33　根据三条液相单变量线的走向判断四相平衡类型

a）L $\rightleftharpoons$ α+β+γ　b）L+α $\rightleftharpoons$ β+γ　c）L+α+β $\rightleftharpoons$ γ

合金平衡结晶反应式的写法遵循以下原则：三元共晶反应是由液相同时生成三条液相单变量线两两组成的三个液相面分别对应的三相；包共晶反应是由液相与箭头指向交点的两条液相单变量线组成的液相面所对应的相反应，生成另两个液相面分别对应的两相；三元包晶反应的生成相是箭头背离交点的两条液相单变量线组成的液相面所对应的单相。图5-33中三种类型的平衡结晶反应式可分别写为 L $\longrightarrow$ α+β+γ；L+α $\longrightarrow$ β+γ；L+α+β $\longrightarrow$ γ。

图5-34所示为Cu-Al-Ni系的液相面投影图。根据液相单变量线的温度走向，可以判断其四相反应类型，并写出平衡结晶反应式：P_1 为包共晶反应，反应式为 L+Ni$_3$Al $\longrightarrow$ α+β；P_2 为包共晶反应，反应式为 L+γ $\longrightarrow$ β+ε；P_3、P_4 和 P_5 亦均为包共晶反应，反应式依次为

$L+\beta \longrightarrow \varepsilon + Y$，$L+\varepsilon \longrightarrow Y + CuAl$，$L + CuAl \longrightarrow Y + \theta$；$P_T$ 为包晶反应，反应式为 $L + \beta + Ni_2Al_3 \longrightarrow Y$。

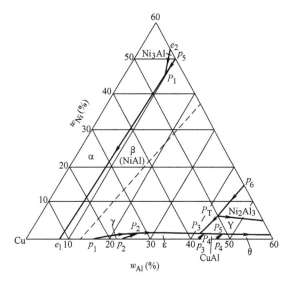

图 5-34　Cu-Al-Ni 系的液相面投影图

四、相区接触法则

二元系的相区接触法则同样适用于三元系的各种截面图，即相邻相区中的相数相差为 1。

第六节　三元合金相图实例

一、Fe-C-Si 三元系变温截面

铸铁中的碳和硅对铸铁的凝固过程及组织有着重大的影响。图 5-35 所示为 Fe-C-Si 三元系的两个变温截面，其中图 5-35a 的含硅量 $w_{Si} = 2.4\%$，图 5-35b 的含硅量 $w_{Si} = 4.8\%$，由此

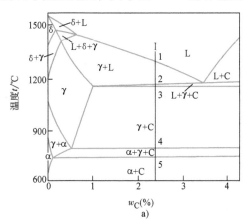

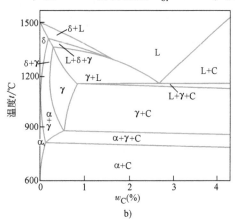

图 5-35　Fe-C-Si 三元系变温截面

a）$w_{Si} = 2.4\%$　b）$w_{Si} = 4.8\%$

可知它们在成分三角形中都是平行于 Fe-C 边的。

两个变温截面与 Fe-C 相图十分相似，图中存在四个单相区：液相 L、铁素体 α、高温铁素体 δ 和奥氏体 γ。此外还有七个两相区和三个三相区。在分析相图时，要设法搞清楚各相区转变的类型，两相区比较简单，很容易分析（例如，L+δ 两相区是 L ⇌ δ 之间的两相平衡；L+γ 是 L ⇌ γ 的两相平衡等），而判断三相区的转变类型就比较复杂。

L+δ+γ 三相区是一曲边三角形，三个顶点分别与三个单相区相衔接，并且居中的单相区在三相区的下方，根据上节介绍的原则，可知该三相区中发生二元包晶转变 L+δ ⟶ γ，它与二元相图中的包晶转变差别仅在于不是在等温下进行，而是在一个温度区间进行。

L+γ+C（石墨）三相区上面的顶点与单相区 L 相衔接，左面的顶点与单相区 γ 相连，但右面不与单相区相连接。由此可知，该截面未通过三棱柱体的三个侧面。在这种情况下，可根据与之相邻接的两相平衡区来判断它的转变类型：在 L+γ+C 三相区的下方是 γ+C 两相区，说明这里将要发生母相 L 消失而形成 γ 和 C 的共晶转变，即 L ⟶ γ+C。用同样的方法可以判断在 γ+α+C 三相区发生的是 γ ⟶ α+C 的共析转变。此处的共晶转变和共析转变都是在一个温度区间进行的。

现在以合金 I 为例，分析其结晶过程。当温度高于 1 点时，合金处于液态；在 1~2 点之间，从液相中结晶出 γ，即 L ⟶ γ；从 2 点开始发生共晶转变，L ⟶ γ+C；冷却到 3 点，共晶转变结束；在 4~5 点之间发生共析转变，γ ⟶ α+C。在室温下该合金的相组成为铁素体和石墨。

利用 Fe-C-Si 三元系的变温截面可以确切地了解合金的相变温度，以作为制订热加工工艺的依据。例如，$w_{Si} = 2.4\%$、$w_C = 2.5\%$ 的灰铸铁，由于距共晶点很近，结晶温度间隔很小，所以它的流动性很好。在相图上可以直接读出该合金的熔点（≈1200℃），据此可确定它的熔炼温度和浇注温度。又如 $w_{Si} = 2.4\%$、$w_C = 0.1\%$ 的硅钢片，由截面图可知，只有将其加热到 980℃ 以上，才能得到单相奥氏体。因此，对这种钢进行轧制时，其始轧温度应为 1120~1190℃。

此外，从这两个截面图可以看出 Si 对 Fe-C 合金系的影响。随着硅含量的增加，包晶转变温度降低，共晶转变和共析转变温度升高，γ 相区逐渐缩小。而且，Si 使共晶点左移，从图可知，大约每增加 $w_{Si} = 2.4\%$，就使共晶点的含碳量减少 $w_C = 0.8\%$。也就是说，为了获得流动性好的共晶灰铸铁，对于 $w_C = 3.5\%$ 的铁碳合金，只要加入质量分数为 2.4% 的 Si 即可。

二、Fe-C-Cr 三元系等温截面

图 5-36 所示为 Fe-C-Cr 三元系在 1150℃ 的等温截面，C 和 Cr 的含量在这

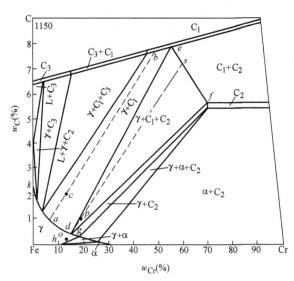

图 5-36 Fe-C-Cr 三元系的等温截面

里是用直角坐标表示的。当研究的合金成分以一个组元为主，含其他两个组元很少时，为了把这部分相图能清楚地表示出来，常采用直角坐标系。

图中有六个单相区、九个两相区和四个三相区。由于存在液相区 L，表明有些合金在 1150℃ 已经熔化。C_1、C_2 和 C_3 分别表示碳化物 $(Cr,Fe)_7C_3$、$(Cr,Fe)_{23}C_6$、$(Fe,Cr)_3C$。

利用等温截面图可以分析合金在该温度下的相组成，并可运用杠杆定律和重心法则对合金的相组成进行定量计算。下面以几个典型合金为例进行分析。

（一）**20Cr13 不锈钢**（$w_{Cr}=13\%$、$w_C=0.2\%$）

从 Fe-Cr 轴上的 $w_{Cr}=13\%$ 处和 Fe-C 轴上的 $w_C=0.2\%$ 处分别作坐标轴的垂线，两条垂线的交点 o 就是合金的成分点。o 点落在 γ 单相区中，表明这个合金在 1150℃ 时的相组成为单相奥氏体。

（二）**Cr12 冷作模具钢**（$w_{Cr}=11.5\%\sim13\%$、$w_C=2\%$）

合金的成分点 c，落在 $\gamma+C_1$ 两相区，说明该合金在 1150℃ 处于奥氏体与 $(Cr,Fe)_7C_3$ 两相平衡状态。为了计算相的含量，需要作出两平衡相间的连接线。近似的画法是将两条相界直线延长相交，自交点向 c 作直线，acb 即为近似的连接线。由 a、b 两点可读出，γ 相中 w_{Cr} 约为 7%，w_C 约为 0.95%；C_1 相中 w_{Cr} 约为 47%，w_C 约为 7.6%。这样，用杠杆定律就可求出

$$w_\gamma = \frac{cb}{ab} = \frac{7.6-2}{7.6-0.95} \times 100\% = 84.2\%$$

$$w_{C_1} = 100\% - 84.2\% = 15.8\%$$

计算结果表明，当加热到 1150℃ 时，Cr12 冷作模具钢仍有大约 15.8% 的碳化物未能溶入奥氏体。

（三）**Cr18 不锈钢**（$w_{Cr}=18\%$、$w_C=1\%$）

合金的成分点 p 位于 $\gamma+C_1+C_2$ 三相区内，表明在 1150℃ 时该合金处于 γ 与 C_1 和 C_2 三相平衡状态，连接三角形的三个顶点 d、e、f 分别代表三个平衡相 γ、C_1 和 C_2 的成分。根据重心法则可以计算出三个相的相对含量。首先连接 dp 交 ef 于 s 点，则

$$w_\gamma = \frac{ps}{ds} \times 100\%$$

$$w_{C_1} = \frac{sf}{ef}(1-w_\gamma) \times 100\%$$

$$w_{C_2} = \frac{es}{ef}(1-w_\gamma) \times 100\%$$

三、Al-Cu-Mg 三元系投影图

图 5-37 所示为 Al-Cu-Mg 三元系液相面投影图的富铝部分。这部分投影图的液相面由七块组成，因此，相对应的初生相也有七个，在图中均已标明。其中的 α-Al 是以铝为基的固溶体，$\theta(CuAl_2)$、$\beta(Mg_2Al_3)$、$\gamma(Mg_{17}Al_{12})$ 是二元化合物，$S(CuMgAl_2)$、$T[Mg_{32}(Al,Cu)_{49}]$ 及 $Q(Cu_3Mg_6Al_7)$ 是三元化合物。液相单变量线的交点共四个，分别为 E_T、P_1、P_2、E_u，对应有四个四相平衡转变。根据上节介绍的判断反应类型的方法，这些四相平衡结晶反应式是：

E_T 温度下	$L \longrightarrow \alpha + \theta + S$
P_1 温度下	$L + Q \longrightarrow S + T$
P_2 温度下	$L + S \longrightarrow \alpha + T$
E_u 温度下	$L + T \longrightarrow \alpha + \beta$

2A12 是航空工业中广泛应用的硬铝型合金，常用作飞机的蒙皮和骨架，其化学成分为 Al-4.5%Cu-1.5%Mg。由图 5-37 可知，其熔点约为 645℃，平衡结晶时初生相为 α-Al。

图 5-38 所示为 Al-Cu-Mg 三元系溶解度曲面投影图，表示溶解度随温度下降时的变化情况。图中用细实线表示等温线，并标明温度。此外还用细实线画出不同温度下的三相区的两条直边，以反映不同温度下的单相区、两相区和三相区所占的范围。

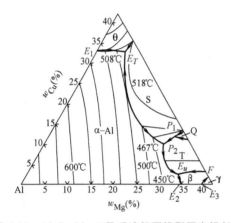

图 5-37　Al-Cu-Mg 三元系液相面投影图富铝部分

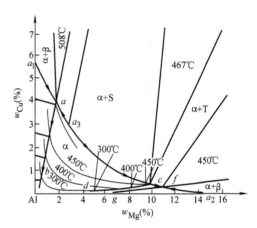

图 5-38　Al-Cu-Mg 三元系溶解度曲面投影图

$a_1 a a_3 c f a_2$ 线表示 α 相的最大固溶度范围，箭头方向表示 α 固溶体在凝固过程中的成分变化。凝固完毕后，随着温度的降低，固溶度不断减小，ab、cd 和 fg 线分别表示从 α 固溶体中同时析出两种次生相（θ+S）、（S+T）和（T+β）的同析线。

第七节　陶瓷相图

陶瓷材料分为传统陶瓷和先进陶瓷。传统陶瓷是以黏土、长石和石英等天然矿物原料制备的玻璃、水泥、陶瓷和各种耐火材料，先进陶瓷是由高纯度和高性能的化工原料制备的各种工程陶瓷、功能陶瓷和特种玻璃。一般的陶瓷制备工艺与硬质合金的粉末冶金工艺类似：即先将晶态或非晶态的粉料（细颗粒原料）压实成形，然后在一定的温度和气氛下烧结而成。陶瓷材料中晶体相的最终形成是在烧结的过程中完成的，必须考虑与此相关的晶体相的变化。

与合金相图类似，陶瓷相图是表示平衡状态下陶瓷存在的相状态与温度、组成之间关系的图解。同样地，分为完全固溶、有中间相的有限固溶和无中间相的有限固溶等几类相图，但其中的化合物组元常称为组分，组分的组成常以物质的量分数表示。陶瓷相图对于陶瓷材料组成与性能的分析和设计、陶瓷材料配方的确定，以及烧结温度范围和烧结助剂的选择具有重要的指导作用。

常用的工程陶瓷主要包括金属（过渡族金属或与之相近的金属）与氧、碳、氮、硼等非金属元素组成的化合物，以及非金属元素所组成的化合物，如硼和硅的碳化物和氮化物。下面以三种工程陶瓷为例说明陶瓷相图的应用。

一、ZrO₂ 陶瓷

ZrO₂ 晶体随温度变化会发生同质异晶转变：$m\text{-}ZrO_2 \xrightarrow{1170℃} t\text{-}ZrO_2 \xrightarrow{2370℃} c\text{-}ZrO_2$，同时伴随着体积的变化。

m-ZrO₂ 的晶体结构属于单斜晶系，t-ZrO₂ 属于四方晶系，c-ZrO₂ 属于立方晶系。m-ZrO₂ 加热时在 1170℃ 转变为 t-ZrO₂，同时伴随体积收缩；t-ZrO₂ 冷却时在 920℃ 转变为 m-ZrO₂，具有典型的马氏体转变特征，同时产生约 7% 的体积膨胀。因此，无法通过烧结得到致密的块状 ZrO₂ 陶瓷材料。

为了消除体积变化造成的破坏，通常在 ZrO₂ 中加入适量的立方晶系金属氧化物，如 Y₂O₃、MgO 和 CaO 等。这类氧化物的金属离子半径与 Zr⁴⁺ 接近，烧结时可与 ZrO₂ 形成立方相固溶体，并使立方相固溶体保留至室温，避免因温度变化而发生同质异晶转变，通常称这些金属氧化物为稳定剂。图 5-39 所示为 ZrO₂-Y₂O₃ 二元相图的一部分，可见，当加入的稳定剂足够多时，可以得到全为立方相的固溶体，这就是全稳定氧化锆材料（FSZ）。它具有氧缺位的 CaF₂ 结构，因而有空位导电和高温发热特性，可作为敏感陶瓷和功能陶瓷。

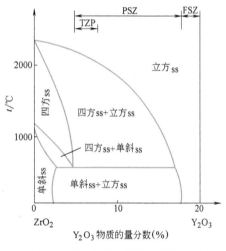

图 5-39 ZrO₂-Y₂O₃ 二元相图的一部分

（ss 表示固溶体）

当 ZrO₂-Y₂O₃ 陶瓷中 Y₂O₃ 含量较少时，采用不同的烧结工艺和热处理工艺，室温下可得到 t+m、t+c 两相组织或 t+m+c 三相组织，将这些 ZrO₂-Y₂O₃ 陶瓷称为部分稳定氧化锆材料（PSZ）；若 ZrO₂-Y₂O₃ 陶瓷室温下得到单相组织——t 相，则称之为四方相氧化锆多晶材料（TZP）。这两类材料中的四方相（t 相）是亚稳的固溶体，在应力诱发下会发生马氏体转变，转变为单斜相（m 相），这一相变会吸收能量并伴有体积膨胀。这个转变对材料有显著的增加韧性作用，使其具有非常高的断裂韧性和断裂强度，这两类材料还具有极大的热膨胀系数，极高的化学稳定性、热稳定性和极低的热传导性，在生理环境中呈现惰性，具有很好的生物相容性。目前，这两类材料在热障涂层、拉丝工具、焊接工艺辅助材料、热工艺绝缘环、齿科材料等方面已经得到实际应用。

二、AlN 陶瓷

AlN 晶体具有纤锌矿型结构，属于六方晶系。常压下的升华分解温度为 2450℃，是一种高温耐热材料，具有高强度和高硬度、高热导率和高电阻率，以及不受熔融铝液和砷化镓侵蚀的特性，适合作大功率微波集成电路基板和结构封装材料。但 AlN 是共价晶体，难以进行固相烧结，如果在 AlN 粉体原料中加入 Y₂O₃，烧结时在 1730℃ 以上二者反应产生液相，如图 5-40 所示，起到加速传质过程、促进烧结致密化的作用，所以常用 Y_2O_3 作为烧结助剂。

三、SiAlON 陶瓷

SiAlON 陶瓷也称赛隆陶瓷。人们在烧结 Si_3N_4 陶瓷时，将 Al_2O_3 作为添加剂加入后，发现 β-Si_3N_4 晶体结构中部分 Si 原子和 N 原子分别被 Al 原子和 O 原子置换，形成了置换固溶体，它保留了 β-Si_3N_4 晶体结构（属于六方晶系），但晶格常数增大，形成了由 Si-Al-O-N 元素组成的一系列固溶度不同的固溶体。

图 5-41 所示为 Si_3N_4-AlN-Al_2O_3-SiO_2 相图的 1750℃ 等温截面。相图中最重要的固溶体是

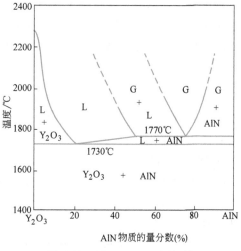

图 5-40　AlN-Y_2O_3 二元相图

β'-Sialon 相，其分子式为 $Si_{6-z}Al_zO_zN_{8-z}$（$0<z\leqslant4.2$）。可见，β'-Sialon 相有很宽的固溶范围，当 z 值逐渐增大，即固溶的 Al_2O_3 增多，则晶格常数增大，β'-Sialon 陶瓷的密度、热膨胀系数、弹性模量、硬度和强度都会有所降低。因此，可根据预期的 β'-Sialon 陶瓷性能，通过调整固溶体的组分比例（z 值）进行成分设计。β'-Sialon 陶瓷具有优良的强度、硬度、韧性、耐热性、化学稳定性以及烧结性能，已实际应用于发动机部件、轴承和密封圈等耐磨部件以及切削刀具。

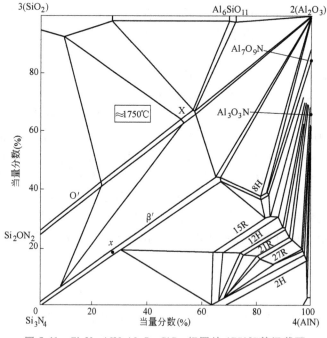

图 5-41　Si_3N_4-AlN-Al_2O_3-SiO_2 相图的 1750℃ 等温截面

在 Si_3N_4-AlN-Al_2O_3-SiO_2 系中，存在四种化合物，由于存在离子交互反应式

$$Si_3N_4+2Al_2O_3 \Longrightarrow 4AlN+3SiO_2$$

所以独立组分数为 3，可以是四种化合物中的任意三种。这四种化合物组成一个交互三元系，在恒压时的最大自由度数 $F=C-P+1=3-1+1=3$，3 个独立变量中包含 2 个组成变量和 1 个温度变量。

交互三元相图是一个以浓度正方形为底面、以温度变量为侧棱的四棱柱体，浓度正方形的规则如下：

1）系统的成分用浓度正方形表示，浓度正方形的四个顶点分别为交互反应式中的四种化合物的当量式而不是分子式，不具有相同离子的两种化合物分别位于同一对角线的两端。

2）浓度正方形的横坐标和纵坐标均表示组分的当量分数，也是组分的物质的量分数。

3）系统中只能有一个对角线的两种化合物能稳定共存，另一对角线的两种化合物不能稳定共存。

图 5-41 中的一条对角线两端的 Si_3N_4 和 $2(Al_2O_3)$ 能稳定共存，该对角线将浓度正方形分为两个三角形，狭长的 β′-Sialon 相区位于 Si_3N_4-$4(AlN)$-$2(Al_2O_3)$ 构成的三角形内，是由物质的量比为 1:1 的 AlN 和 Al_2O_3 溶于 β-Si_3N_4 中形成的，反应式为

$$(6-z)Si_3N_4+zAlN+zAl_2O_3 \Longrightarrow 3Si_{6-z}Al_zO_zN_{8-z}$$

若取 $z=2$，β′-Sialon 相即为 $Si_4Al_2O_2N_6$ 相，以高纯度的 β-Si_3N_4、AlN、Al_2O_3 粉体为原料，按 β-Si_3N_4:AlN:Al_2O_3=2:1:1 物质的量比混合均匀，在 1750℃ 以上烧结即可获得单相 $Si_4Al_2O_2N_6$ 陶瓷。

$Si_4Al_2O_2N_6$ 相的组成在图 5-41 中如何表示呢？$Si_4Al_2O_2N_6$ 相的组成可由 Si_3N_4、$4(AlN)$、$2(Al_2O_3)$ 物质的量分数来表示，由于三者物质的量比为 Si_3N_4:$4(AlN)$:$2(Al_2O_3)=2:\frac{1}{4}:\frac{1}{2}=2:0.25:0.5$，各组分的物质的量分数为

$$x(Si_3N_4)=\frac{2}{2+0.25+0.5}\times100\%=72.7\%$$

$$x(4AlN)=\frac{0.25}{2+0.25+0.5}\times100\%=9.1\%$$

$$x(2Al_2O_3)=\frac{0.5}{2+0.25+0.5}\times100\%=18.2\%$$

在图 5-41 中由横坐标标出 $x(Si_3N_4)=72.7\%$，纵坐标标出 $x(2Al_2O_3)=18.2\%$，即可确定 $z=2$ 的 β′-Sialon 相即 $Si_4Al_2O_2N_6$ 相的组成点为左下角的 "x" 点。

基本概念

直线法则和杠杆定律；重心法则；等温截面/水平截面；变温截面/垂直截面；投影图；三元共晶反应；三元包共晶反应；三元包晶反应

习　题

5-1　试在 ABC 成分三角形中，点出下列合金的位置：

1）$w_B=10\%$，$w_C=10\%$，其余为 A；

2）$w_B = 20\%$，$w_C = 15\%$，其余为 A；

3）$w_B = 30\%$，$w_C = 15\%$，其余为 A；

4）$w_B = 20\%$，$w_C = 30\%$，其余为 A；

5）$w_C = 40\%$，A 和 B 组元的质量比为 1：4；

6）$w_A = 30\%$，B 和 C 组元的质量比为 2：3。

5-2 在成分三角形中找出 P（$w_A = 70\%$、$w_B = 20\%$、$w_C = 10\%$）、Q（$w_A = 30\%$、$w_B = 50\%$、$w_C = 20\%$）和 N（$w_A = 30\%$、$w_B = 10\%$、$w_C = 60\%$）合金的位置，然后将 5kgP 合金、5kgQ 合金和 10kgN 合金熔合在一起，试问新合金的成分如何？

5-3 试比较匀晶型三元相图的变温截面与二元相图的异同，并举合金的结晶过程为例说明。

5-4 根据 A-B-C 三元共晶投影图（图 5-42），分析合金 n_1、n_2 和 n_3（E 点）三种合金的结晶过程，绘出冷却曲线和室温下的组织示意图，并求出结晶完成后的组织组成物和相组成物的含量，作出 Bb 变温截面。

5-5 绘出图 5-43 中 1、2、3 和 4 合金的冷却曲线和室温下的组织示意图。

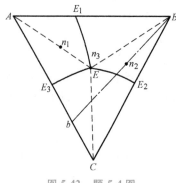

图 5-42 题 5-4 图

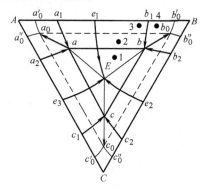

图 5-43 三元共晶系的投影图

5-6 绘出图 5-27 中的①、②、③、④和⑤合金的冷却曲线和室温下的组织示意图。

5-7 在 Al-Cu-Mg 三元系液相面投影图（图 5-37）中标出 $w_{Cu} = 5\%$、$w_{Mg} = 5\%$、$w_{Al} = 90\%$ 和 $w_{Cu} = 20\%$、$w_{Mg} = 20\%$、$w_{Al} = 60\%$ 两合金的成分点，并指出其初生相及开始结晶的温度。

5-8 根据 Al-Cu-Mg 三元相图 200℃、500℃和 510℃等温截面（图 5-44），回答下述问题：

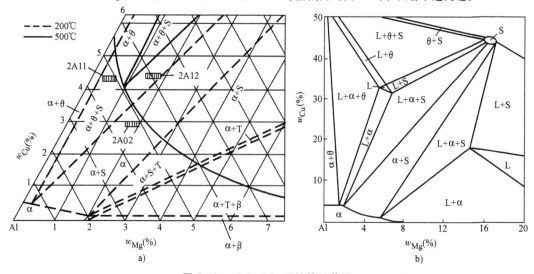

图 5-44 Al-Cu-Mg 系的等温截面

a）200℃、500℃等温截面   b）510℃等温截面

1）写出 2A02、2A11 和 2A12 合金的化学成分。

2）上述三种合金在 500℃ 和 200℃ 时由哪些相组成？

3）如果将上述三种合金加热到 510℃，哪个合金会出现过烧现象（即有液相存在）？

5-9　利用 $w_{Cr} = 13\%$ 的 Fe-Cr-C 变温截面（图 5-45）分析：

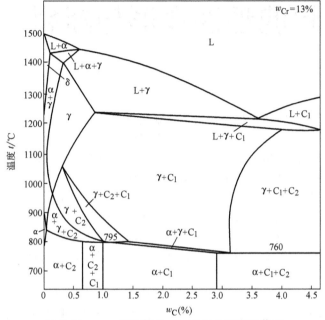

图 5-45　$w_{Cr} = 13\%$ 的 Fe-Cr-C 三元系变温截面

1）20Cr13 不锈钢从液态到室温的平衡结晶过程。若将此合金加热至 1000℃，这时的相组成如何？

2）Cr12 冷作模具钢从液态到室温时的平衡结晶过程。为何会在组织中出现粗大碳化物？

5-10　图 5-46 所示为 Fe-W-C 三元系的液相面投影图，写出所有四相平衡反应式。

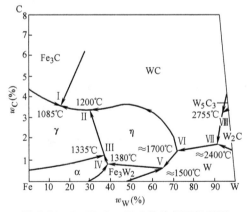

图 5-46　Fe-W-C 三元系的液相面投影图

Chapter 6

第六章
金属材料的塑性变形与断裂

各种工程结构和机械零件根据工作条件和制造成本，可以分别采用金属材料、工程陶瓷或工程塑料等材料来制造。通常，工程陶瓷和工程塑料一旦成形就不再进行加工，而金属材料的铸态组织常常具有晶粒粗大不均匀、成分偏析和组织不致密等缺陷，所以大多数金属材料经熔炼铸造后要进行各种压力加工，以制成型材或工件。

经压力加工变形后，金属材料不仅外形尺寸发生了改变，而且显微组织和性能也发生了变化。例如，经冷锻、冷轧、冷挤压、冲压或旋压等冷塑性变形后，材料的强度显著提高而塑性下降；经热锻、热轧或热挤压等热加工后，强度的提高虽不明显，但塑性和韧性较铸态有明显改善。如果压力加工工艺不当，金属材料的变形量过大，则产生裂纹或断裂。

探讨金属材料的塑性变形规律具有十分重要的理论和实际意义：一方面可揭示金属材料强度和塑性的实质，由此出发探索强化金属材料的方法和途径；另一方面为解决生产中有关塑性变形的问题提供参考思路，作为改进加工工艺和提高加工质量的依据。

中国创造：大跨径拱桥技术

本章主要讨论金属及合金的冷塑性变形，对断裂进行简要介绍。

第一节　结构材料的变形特性

一、金属材料的变形特性

金属材料在外力（载荷）的作用下，首先发生弹性变形，载荷增加到一定值后，除了发生弹性变形外，同时还发生塑性变形，即弹塑性变形。继续增加载荷，塑性变形也将逐渐增大，直至金属发生断裂。金属在外力作用下的变形过程可分为弹性变形、弹塑性变形和断裂三个连续的阶段。为了研究金属受力变形特性，通常利用拉伸试验测定"载荷-变形曲线"或"应力-应变曲线"。

（一）工程应力-应变曲线

低碳钢的应力-应变曲线如图 6-1 所示。在工程应用中，应力和应变是按下式计算的：

应力（工程应力或名义应力）

$$\sigma = \frac{F}{S_0}$$

应变（工程应变或名义应变）

$$\varepsilon = \frac{L - L_0}{L_0}$$

式中，F 为载荷；S_0 为试样的原始截面面积；L_0 为试样的原始标距长度；L 为试样变形后的长度。

这种应力-应变曲线通常称为工程应力-应变曲线，它与载荷-变形曲线相似，只是坐标不同。从此曲线上，可以看出低碳钢的变形过程有如下特点：

当应力低于 σ_p 时，应力与试样的应变成正比，应力去除，变形消失，即试样处于弹性变形阶段，σ_p 为材料的比例极限，它表示材料保持均匀弹性变形时的最大应力。

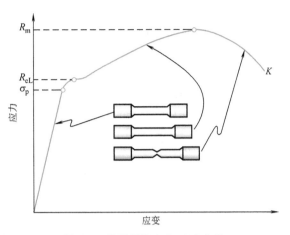

图 6-1　低碳钢的应力-应变曲线

当应力超过 σ_p 后，应力与应变之间的直线关系被破坏，并出现屈服平台或屈服齿。如果卸载，试样的变形只能部分恢复，而保留一部分残余变形，即塑性变形，这说明钢的变形进入弹塑性变形阶段。R_{eL} 称为材料的屈服强度，对于无明显屈服的金属材料，规定以产生 0.2%规定塑性延伸率的应力值为其屈服强度，称为规定塑性延伸强度。R_{eL} 或 $R_{p0.2}$ 均表示材料对起始微量塑性变形的抗力。

当应力超过 R_{eL} 后，试样发生明显而均匀的塑性变形，若使试样的应变增大，则必须增加应力值，这种随着塑性变形的增大，塑性变形抗力不断增加的现象称为加工硬化或形变强化。当应力达到 R_m 时，试样的均匀变形阶段即告终止，此最大应力值 R_m 称为材料的强度极限或抗拉强度，它表示材料对最大均匀塑性变形的抗力。

在 R_m 值之后，试样开始发生不均匀塑性变形并形成缩颈，应力下降，最后应力达到 σ_K 时试样断裂。σ_K 为材料的条件断裂强度，它表示材料对塑性变形的极限抗力。应当指出，断裂作为金属丧失连续性的过程并不是在 K 点突然发生的，而是在 K 点之前就已开始，K 点只是断裂过程的最终表现，这种产生一定量塑性变形后的断裂称为塑性断裂。

材料的塑性是指材料在断裂前的塑性变形量，通常用断后伸长率 A 和断面收缩率 Z 来表征。

$$A = \frac{L_u - L_0}{L_0} \times 100\%$$

式中，L_0、L_u 分别为试样断裂前、后的标距长度。

$$Z = \frac{S_0 - S_u}{S_0} \times 100\%$$

式中，S_0、S_u 分别为试样断裂前、后的横截面面积。

材料对断裂的抵抗能力常称为材料的韧性，可由曲线下的面积进行量度。

不同的金属材料可能有不同类型的应力-应变曲线。铝、铜及其合金、经热处理的钢材的应力-应变曲线如图 6-2a 所示，其特点是没有明显的屈服平台；铝青铜和某些奥氏体钢，在断裂前虽也产生一定量的塑性变形，但不形成缩颈（图 6-2b）；而某些脆性材料，如淬火状态下的中、高碳钢，灰铸铁等，在拉伸时几乎没有明显的塑性变形，即发生断裂（图 6-2c）。

（二）真应力-真应变曲线

上述应力-应变曲线中的应力和应变是以试样的初始尺寸进行计算的，事实上，在拉伸过程中试样的尺寸是在不断变化的，此时的真实应力 σ_t 应该是瞬时载荷 F 除以试样的瞬时截面面积 S，即

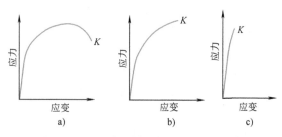

图 6-2　不同类型的工程应力-应变曲线

$$\sigma_t = \frac{F}{S}$$

同样，真实应变为

$$\varepsilon_t = \int \frac{L}{L_0} \cdot \frac{\mathrm{d}L}{L} = \ln \frac{L}{L_0}$$

图 6-3 所示为真应力-真应变曲线，它不像工程应力-应变曲线那样在载荷达到最大值后转而下降，而是继续上升直至断裂，这说明金属材料在塑性变形过程中不断地发生加工硬化，从而外加应力必须不断增大，才能使变形继续进行，即使在出现缩颈之后，缩颈处的真应力仍在升高，这就排除了工程应力-应变曲线中应力下降的假象。

通常把均匀塑性变形阶段的真应力-真应变曲线称为流变曲线，它可以用以下经验公式表达

$$\sigma_t = K\varepsilon_t^n \ \text{或} \ \ln\sigma_t = \ln K + n\ln\varepsilon_t$$

式中，K 为常数；n 为加工硬化指数，它表征金属材料在均匀变形阶段的加工硬化能力。n 值越大，则变形时的加工硬化越显著。大多数金属材料的 n 值在 0.10~0.50 范围内，取决于材料的晶体结构和加工状态。

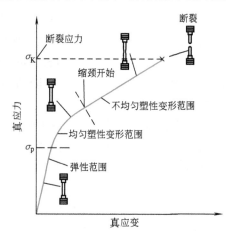

图 6-3　真应力-真应变曲线

（三）金属材料的弹性变形

弹性是金属材料的一种重要特性，弹性变形是塑性变形的先行阶段，而且在塑性变形阶段中还伴生着一定的弹性变形。

金属晶体弹性变形的实质就是金属晶体结构在外力作用下产生的弹性畸变。从双原子模型（图 1-2）可以看出弹性变形的实质。当未加外力时，晶体内部的原子处于平衡位置，它们之间的相互作用力为零，此时原子间的作用能也最低。当金属材料受到外力后，其内部原子偏离平衡位置，由于所加的外力未超过原子间的结合力，所以外力与原子间的结合力暂时处于平衡。当外力去除后，在原子间结合力的作用下，原子立即恢复到原来的平衡位置，金属晶体在外力作用下产生的宏观变形便完全消失，这样的变形就是弹性变形。

在弹性变形阶段应力与应变呈线性关系，服从胡克定律，即：

在正应力下　　　　　　　　　　　　$\sigma = E\varepsilon$

在切应力下　　　　　　　　　　　　$\tau = G\gamma$

式中，σ 为正应力；ε 为正应变；E 为正弹性模量；τ 为切应力；γ 为切应变；G 为切变模量。由此可知，弹性模量 E、切变模量 G 是应力-应变曲线上直线部分的斜率，弹性模量 E

或切变模量 G 越大，弹性变形越不容易进行。因此，弹性模量 E、切变模量 G 是表征金属材料对弹性变形的抗力。工程上经常将构件产生弹性变形的难易程度称为构件的刚度。拉伸件的截面刚度常用 A_0E 表示。其中，A_0 为拉伸件的截面面积。A_0E 越大，拉伸件的弹性变形越小。因此，E 是决定构件刚度的材料性能，又称为材料的刚度，它在工程选材时有重要意义。例如，镗床的镗杆，它的弹性变形越小，则加工精度越高，因此，在设计镗杆时除了要有足够的截面面积，还应选用弹性模量高的材料。

金属材料的弹性模量是一个对组织不敏感的性能指标，它取决于原子间结合力的大小，其数值只与金属的本性、晶体结构、晶格常数等有关，金属材料的合金化、加工过程及热处理对它的影响很小。表 6-1 列出了一些金属材料室温下的拉伸性能。

表 6-1 一些金属材料室温下的拉伸性能

材料名称	E/GPa	$R_{eL}/R_{eH}/R_{p0.2}$ /MPa	R_m/MPa	A(%)
工业纯钛	108	140~655	240~680	30~20
低碳钢	204	195~275	315~540	33~22
调质钢	210	355~785	600~980	16~10
弹簧钢	206	785~1325	980~1470	9~7
球墨铸铁	150	250~600	400~900	18~2
变形铝合金	71	135~325	280~680	20~7
锰黄铜	95	320~450	485~620	15~6

二、工程陶瓷的变形特性

工程陶瓷是以氧化物、碳化物、氮化物或硼化物的粉体为主要原料，添加黏合剂、增塑剂、润滑剂、表面活性剂和溶剂等助剂后成形，得到具有一定形状和尺寸的坯体，经高温烧结而成。其具有优越的比模量（弹性模量/密度）、强度、硬度、耐磨性、耐高温（1200~3000℃）、绝缘性、导热性、耐氧化、耐腐蚀等使用性能，在许多苛刻的工作环境下表现出的高稳定性与优异的力学性能，成为许多新兴的科学技术得以实现的关键。例如，采用 Si_3N_4 取代轴承钢制造滚动轴承中的球和套圈，服役寿命是钢制轴承的 4~6 倍，已应用于溜冰鞋、自行车、电动机、机床主轴、精密医疗手动工具（如高速牙钻和手术锯），以及纺织、食品加工和化学设备等。

由于工程陶瓷的脆性和高硬度，一般采用三点弯曲或四点弯曲方法测定其应力-应变曲线，常温下工程陶瓷的应力-应变曲线如图 6-4 所示。可以看出，工程陶瓷在断裂前不发生塑性变形，只产生弹性变

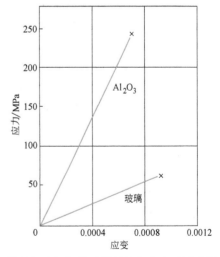

图 6-4 Al_2O_3 和玻璃的弯曲应力-应变曲线

形，应力与应变的关系符合胡克定律。表 6-2 列出了一些工程陶瓷室温下的弯曲性能。

材料科学基础

表6-2　一些工程陶瓷室温下的弯曲性能

材料名称	E/GPa	弯曲强度/MPa
Si₃N₄	304	250~1000
ZrO₂[含3%Y₂O₃(物质的量分数)]	205	800~1500
SiC	345	100~820
Al₂O₃	380	280~550
AlN	320	300~980
ZrB₂	343	205~460

三、工程塑料的变形特性

工程塑料是以合成树脂为主要原料，添加各种助剂后经成型加工得到的。工程塑料在玻璃态下使用，一般用于150℃以下，少数可在200℃以下使用。由于密度小、比强度（强度/密度）高，电绝缘性能和化学稳定性优异、耐磨减摩性能和吸振消声性能良好，成型加工成本低，工程塑料广泛应用于各种结构支撑座、防护罩壳、电子元件、机械零件和汽车部件。

图6-5所示为塑料在拉伸应力作用下典型的工程应力-应变曲线。曲线的起始阶段 Oa 是一条直线，试样表现为胡克弹性行为：应力与应变成正比，直线的斜率是试样的弹性模量。b 点是屈服点，b 点对应的应力称为屈服强度。拉应力达到屈服强度后，试样发生应变软化，试样标距内横截面变得不均匀，出现细颈（bc 段）。此后的形变表现为细颈逐渐伸长，直到试样的整个标距段变得细长（cd 段）。这一阶段的试样在应力变化不大的条件下产生大应变（甚至可达 500%），若此时将拉应力去除后，试样不能

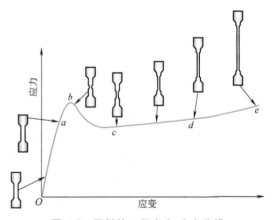

图6-5　塑料的工程应力-应变曲线

恢复原状。d 点之后试样进入应变硬化阶段，试样随着应力增加再度产生均匀形变直到断裂。这是由于标距段内高聚物的各高分子链、链段或晶体区发生了平行于拉伸方向的取向排列，需要较大的应力以克服高聚物的结合键使试样继续变形。试样在 e 点发生断裂，e 点对应的应力称为断裂强度，对应的应变称为断裂伸长率。断裂强度可能大于屈服强度，也可能小于屈服强度。

有明显屈服的工程塑料，其屈服强度是其使用时的上限应力。一些工程塑料在屈服前就发生断裂，只有断裂强度，应力-应变曲线类似于图6-2c。表6-3列出了一些工程塑料室温下的拉伸性能。

表6-3　一些工程塑料室温下的拉伸性能

材料名称	E/GPa	屈服强度/MPa	断裂强度/MPa	断裂伸长率(%)
聚酰胺66(PA66)	1.6~3.8	45~83	76~95	15~300

（续）

材料名称	E/GPa	屈服强度/MPa	断裂强度/MPa	断裂伸长率(%)
聚碳酸酯(PC)	2.4	62	63~72	110~150
聚甲醛(POM)	2.7	—	62~68	60~75
聚砜(PSF)	2.7	—	72~85	20~100
聚苯醚(PPO)	2.7	—	88	30~80
聚酰亚胺(PI)	3.0	—	75~95	7
聚苯硫醚(PPS)	3.4	—	65	3

第二节　单晶体的塑性变形

当应力超过弹性极限后，金属材料将产生塑性变形。尽管工程上应用的金属及合金大多为多晶体，但为方便起见，还是首先研究单晶体的塑性变形，这是因为多晶体的塑性变形与各个晶粒的变形行为相关联，因而掌握了单晶体的变形规律，将有助于了解多晶体的塑性变形本质。

在常温和低温下金属塑性变形主要通过滑移方式进行，此外，还有孪生等其他方式。

一、滑移

（一）滑移带

如果将表面抛光的单晶体金属试样进行拉伸，当试样经适量的塑性变形后，在金相显微镜下可以观察到，在抛光的表面上出现许多相互平行的线条，这些线条称为滑移带，如图 6-6 所示。用电子显微镜观察，发现每条滑移带均是由一组相互平行的滑移线所组成的，这些滑移线实际上是在塑性变形后在晶体表面产生的一个个小台阶（图 6-7），其高度约为 1000 个原子间距。相互靠近的一组小台阶在宏观上的反映是一个大台阶，这就是滑移带。用 X 射线对变形前后的晶体进行结构分析，发现晶体结构未发生变化。以上事实说明，晶体的塑性变形是晶体的一部分相对于另一部分沿某些晶面和晶向发生滑动的结果，这种变形方式称为滑移。当滑移的晶面移出晶体表面时，在滑移晶面与晶体表面的相交处，即形成了滑移台

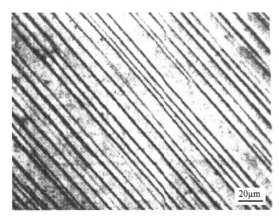

图 6-6　铜中的滑移带

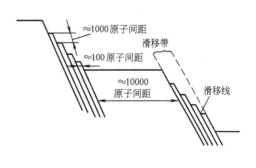

图 6-7　滑移线和滑移带示意图

阶，一个滑移台阶就是一条滑移线，每一条滑移线所对应的台阶高度，标志着某一滑移面的滑移量，这些台阶的累积就造成了宏观的塑性变形效果。

对滑移带的观察还表明了塑性变形的不均匀性。在滑移带内，每条滑移线间的距离约为100 原子间距，而滑移带间的彼此距离约为 10000 原子间距，这说明，滑移集中发生在一些晶面上，而滑移带或滑移线间的晶体层片则未产生变形。滑移带的发展过程首先是出现滑移线，到后来才发展成带，并且滑移线的数目总是随着变形程度的增大而增多，它们之间的距离则在不断地缩短。

(二) 滑移系

如前所述，滑移是晶体的一部分沿着一定的晶面和晶向相对于另一部分做相对的滑动，这种晶面称为滑移面，晶体在滑移面上的滑动方向称为滑移方向。一个滑移面和此面上的一个滑移方向结合起来，组成一个滑移系。滑移系表示金属晶体在发生滑移时滑移动作可能采取的空间位向。当其他条件相同时，金属晶体中的滑移系越多，则滑移时可供采用的空间位向也越多，故该金属的塑性也越好。

金属的晶体结构不同，其滑移面和滑移方向也不同。三种常见金属的滑移面及滑移方向见表 6-4。

表 6-4　三种常见金属的滑移面及滑移方向

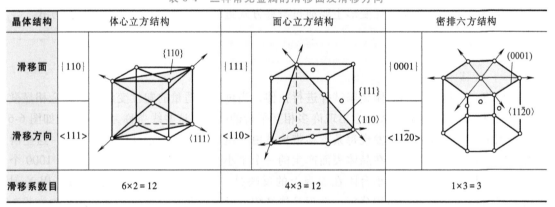

晶体结构	体心立方结构	面心立方结构	密排六方结构
滑移面	{110}	{111}	{0001}
滑移方向	<111>	<110>	<11$\bar{2}$0>
滑移系数目	6×2 = 12	4×3 = 12	1×3 = 3

一般说来，滑移面往往是原子排列最密的晶面，而滑移方向也总是原子排列最密的晶向。这是因为在晶体的原子密度最大的晶面上，原子间的结合力最强，而面与面之间的距离却最大，即密排晶面之间的原子间结合力最弱，滑移的阻力最小，因而最易于滑移。沿原子密度最大的晶向滑动时，阻力也最小。

面心立方金属的密排面是 {111}，滑移面共有 4 个。密排晶向，即滑移方向为<110>，每个滑移面上有 3 个滑移方向，因此共有 12 个滑移系。晶体在实际滑移时，不能沿着这 12 个滑移系同时滑移，只能沿着位向最有利的滑移系产生滑移。体心立方金属的滑移面为 {110}，共有 6 个滑移面，滑移方向为<111>，每个滑移面上有 2 个滑移方向，因此共有 12 个滑移系。密排六方金属的滑移面在室温时只有 {0001} 1 个，滑移方向为<11$\bar{2}$0>，滑移面上有 3 个滑移方向，所以它的滑移系只有 3 个。由此可以看出，面心立方和体心立方金属的塑性较好，而密排六方金属的塑性较差。

然而，金属塑性的好坏，不只是取决于滑移系的多少，还与滑移面上原子的密排程度和滑移方向的数目等因素有关。例如 α-Fe，它的滑移方向不及面心立方金属多；同时其滑移面上的原子密排程度也比面心立方金属低，因此，它的滑移面间距离较小，原子间结合力较大，必须在较大的应力作用下才能开始滑移，所以它的塑性要比铜、铝、银、金等面心立方金属差些。

（三）滑移的临界分切应力

滑移是在切应力的作用下发生的。当晶体受力时，并不是所有的滑移系都同时开动，而是由受力状态决定。晶体中的某个滑移系是否发生滑移，取决于力在滑移面内沿滑移方向上的分切应力大小。当分切应力达到一定的临界值时，滑移才能开始，此应力称为临界分切应力，它是使滑移系开动的最小分切应力。

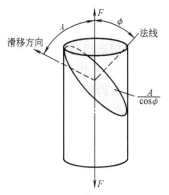

临界分切应力可根据图 6-8 求得。设有一圆柱形金属单晶体受到轴向拉力 F 的作用，晶体的横截面面积为 A，F 与滑移方向的夹角为 λ，与滑移面法线的夹角为 ϕ，那么，滑移面的面积应为 $A/\cos\phi$，F 在滑移方向上的分力为 $F\cos\lambda$。这样，外力 F 在滑移方向上的分切应力为

$$\tau = \frac{F\cos\lambda}{A/\cos\phi} = \frac{F}{A}\cos\phi\cos\lambda$$

图 6-8　计算分切应力的分析图

当外力 F 增加，使拉伸应力 F/A 达到屈服强度 R_{eL} 时，这一滑移系中的分切应力达到临界值 τ_K，晶体就在该滑移系上开始滑移，临界分切应力为

$$\tau_K = R_{eL}\cos\phi\cos\lambda$$

或

$$R_{eL} = \frac{\tau_K}{\cos\phi\cos\lambda}$$

式中，$\cos\phi\cos\lambda$ 称为取向因子或 Schmid 因子。通常外力轴、滑移面法线和滑移方向三者不共面。如果外力轴、滑移面法线和滑移方向三者共面，则 $\phi+\lambda = 90°$，并且当 $\phi = \lambda = 45°$ 时，取向因子 $\cos\phi\cos\lambda$ 具有最大值 0.5。

临界分切应力 τ_K 的数值大小取决于金属的晶体结构、纯度、加工状态、试验温度与加载速度。当条件一定时，各种晶体的临界分切应力各有定值，而与外力的大小、方向及作用方式无关。

单晶体的屈服强度 R_{eL} 则随外力与滑移面和滑移方向之间的取向关系变化，即当取向因子发生改变时，R_{eL} 也随之改变，如图 6-9 所示。可见，当取向因子为 0.5 时，R_{eL} 具有最小值，金属最容易开始滑移，这种取向称为软取向。而当外力与滑移面平行（$\phi = 90°$）或垂直（$\lambda = 90°$）时，取向因子为 0，则无论 τ_K 的数值如何，R_{eL} 均为无穷大，晶体在此情况下根本无法滑移，这种取向称为硬取向。当取向因子介于 $0\sim0.5$ 之间时，R_{eL} 较高，这意味着需要较大的拉应力才能使晶体开始滑移，产生塑性变形。

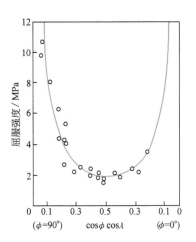

图 6-9　镁单晶体拉伸时的屈服强度与晶体取向的关系

（四）滑移时晶体的转动

如果金属在单纯的切应力作用下滑移，则晶体的取向不会改变。但当任意一个力作用在晶体之上时，总是可以分解为沿滑移方向的分切应力和垂直于滑移面的分正应力。这样，在晶体发生滑移的同时，还将发生滑移面和滑移方向的转动。现以只有一个滑移面的密排六方金属为例进行分析（图 6-10）。当晶体在拉伸力 F 作用下产生滑移时，假如不受夹头的限制，即拉伸机的夹头可以自由移动，使滑移面的滑移方向保持不变，则拉伸轴的取向必然发生不断的变化（图 6-10a、b）。但是事实上夹头

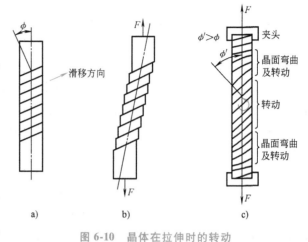

图 6-10　晶体在拉伸时的转动

a）原试样　b）自由滑移变形　c）受夹头限制时的变形

固定不动，拉伸轴的方向不能改变，这样，晶体的取向就必须不断地发生变化（图 6-10c），即试样中部的滑移面朝着与拉伸轴平行的方向发生转动，使 ϕ 角增大，$\phi'>\phi$，λ 角减小，即拉伸轴和滑移方向的夹角不断变小，结果就造成了晶体位向的改变。

在滑移过程中晶体转动的机制可由图 6-11 来说明。从图 6-11a 中部取出相邻的三层很薄的晶体，在滑移前，这一部分取样的图形如图中的虚线所示，作用在 B 层晶体上的施力点 O_1 和 O_2 处于同一拉力轴上，开始滑移之后，O_1 和 O_2 分别移动至 O_1' 和 O_2'。如果将作用在 O_1' 和 O_2' 上的外加应力分解为滑移面上沿最大切应力方向上的切应力 τ_1 及 τ_2 和沿滑移面法线方向上的正应力 σ_{n1} 及 σ_{n2}，则 σ_{n1} 与 σ_{n2} 组成一个力偶将使滑移面转向与外力平行的方向。此外，当外力作用在滑移面上的最大切应力方向与滑移方向不一致时，晶体还会产生以滑移面法线方向为轴的旋转，此时的切应力 τ_1 和 τ_2 可以分解为滑移方向的分切应力 τ_1' 和 τ_2'，以及垂直于滑移方向上的 τ_b 和 τ_b'，其中的 τ_b 及 τ_b' 组成的力偶将使滑移方向转向最大切应力方向，如图 6-11b 所示。

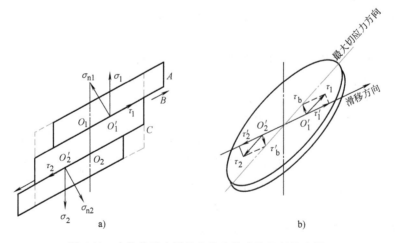

图 6-11　在拉伸时金属晶体发生转动的机制示意图

同理，在压缩时，晶体的滑移面则力图转至与压力方向垂直的位置，使滑移面的法线与压力轴相重合，如图 6-12 所示。

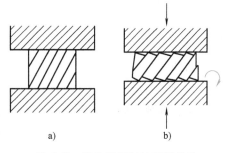

图 6-12 晶体压缩时的晶面转动

a）压缩前 b）压缩后

由上述可见，在滑移过程中，不仅滑移面在转动，而且滑移方向也在旋转，即晶体的位向在不断地发生改变，取向因子也必然随之而改变。如果某一滑移系的取向处于软取向（即滑移面的法向与外力轴的夹角接近 45°），那么，在拉伸时随着晶体取向的改变，滑移面的法向与外力轴的夹角越来越远离 45°，从而使滑移越来越困难，这种现象称为"几何硬化"。与此相反，经滑移和转动后，滑移面的法向与外力轴的夹角越来越接近 45°，那么就越容易进行，这种现象称为"几何软化"。

（五）多系滑移

上面的讨论仅限于一个滑移系开动时的滑移情况（即单系滑移），这种情况多出现在滑移系较少的密排六方结构的金属中。对于滑移系多的立方晶系单晶体来说，起始滑移首先在取向最有利的滑移系中进行，但由于晶体转动的结果，其他滑移系中的分切应力有可能达到足以引起滑移的临界值。于是滑移过程将在两个或多个滑移系中同时进行或交替地进行。如果外力轴的方向合适，滑移一开始就可以在一个以上的滑移系上同时进行。这种在两个或更多的滑移系上进行的滑移称为多系

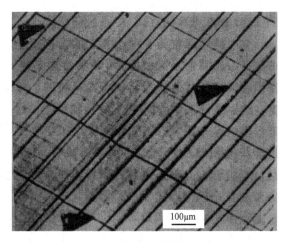

图 6-13 铝晶体中的滑移带

滑移，简称多滑移。多滑移时所产生的滑移带常呈交叉形，如图 6-13 所示。

在适当条件下，晶体沿两个或多个相交的滑移面的同一滑移方向交替进行滑移，称为交滑移，如图 6-14 所示。晶体发生交滑移时会出现曲折或波纹状的滑移带（图 6-15）。

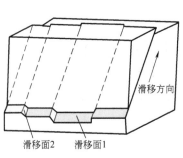

图 6-14 晶体交滑移示意图

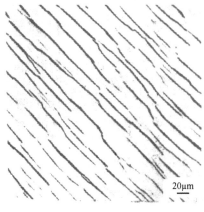

图 6-15 铝晶体中的交滑移

（六）滑移的位错机制

1. 位错的运动与晶体的滑移

若晶体中没有任何缺陷，原子排列得十分齐整，经理论计算，在切应力的作用下，晶体的上下两部分沿滑移面做整体刚性的滑移，此时所需的临界切应力 τ_K 与实际强度相差悬殊。例如铜，理论计算的 $\tau_K \approx 1500\mathrm{MPa}$，而实际测出的 $\tau_K \approx 0.98\mathrm{MPa}$，两者相差竟达 1500 倍！对这一矛盾现象的研究，导致了位错学说的诞生。理论和试验都已证明，在实际晶体中存在着位错。晶体的滑移不是晶体的一部分相对于另一部分同时做整体的刚性移动，而是位错在切应力的作用下沿着滑移面逐步移动的结果，如图 6-16 所示。当一条位错线移到晶体表面时，便会在晶体表面上留下一个原子间距的滑移台阶，其大小等于柏氏矢量的量值。在实际晶体中，柏氏矢量的大小为滑移方向上最短原子间距（最近邻的两个原子之间的距离）的位错称为全位错，全位错滑移后晶体原子排列不变。对于晶格常数为 a 的体心立方结构的晶体，全位错的柏氏矢量 $\boldsymbol{b}$ 可表示为 $\frac{1}{2}<111>$，其滑移量大小 $|\boldsymbol{b}| = \frac{\sqrt{3}}{2}a$；对于面心立方结构的晶体，全位错的柏氏矢量 $\boldsymbol{b}$ 可表示为 $\frac{1}{2}<110>$，其滑移量大小 $|\boldsymbol{b}| = \frac{\sqrt{2}}{2}a$；对于密排六方结构的晶体，全位错的柏氏矢量 $\boldsymbol{b}$ 可表示为 $\frac{1}{3}<11\bar{2}0>$，其滑移量大小 $|\boldsymbol{b}| = a$。如果有大量的全位错沿滑移面滑过晶体，就会在晶体表面形成显微镜下能观察到的滑移痕迹，这就是滑移线的实质。

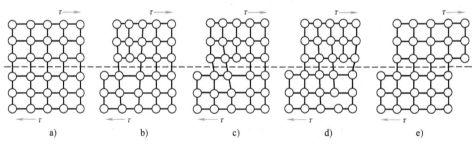

图 6-16　晶体通过刃型位错移动造成滑移的示意图

由此可见，晶体在滑移时并不是滑移面上的全部原子一齐移动，而是像接力赛跑一样，位错中心的原子逐一递进，由一个平衡位置转移到另一个平衡位置，如图 6-17 所示，图中

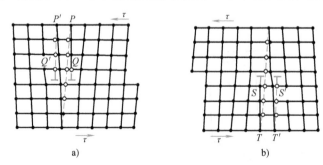

图 6-17　刃型位错的滑移

a）正刃型位错　b）负刃型位错

的实线表示位错（半原子面 PQ）原来的位置，虚线表示位错移动了一个原子间距后的位置（$P'Q'$）。可见，位错虽然移动了一个原子间距，但位错中心附近的少数原子只做了远小于一个原子间距的弹性偏移，而晶体其他区域的原子仍处于正常位置。显然，这样的位错运动只需要一个很小的切应力就可实现，这就是实际滑移的 τ_K 比理论计算的 τ_K 低得多的原因。实际上，晶体滑移的 τ_K 大小取决于位错运动时需要克服的阻力，包括位错运动的点阵阻力、位错与其他位错的交互作用、位错与溶质原子和第二相的交互作用等。

2. 位错的增殖

形成一条滑移线常常需要上千个位错，晶体在塑性变形时产生大量的滑移带就需要为数极多的位错。人们不禁要问，晶体中有如此大量的位错吗？此外，由于滑移是位错扫过滑移面并移出晶体表面造成的，因此，随着塑性变形过程的进行，晶体中的位错数目应当越来越少，最终导致形成无位错的理想晶体。然而事实恰恰与此相反，变形后晶体中的位错数目不是少了，而是显著增多了，例如，退火金属中的位错密度为 $10^{10}\,\mathrm{m}^{-2}$，经剧烈塑性变形后，位错密度反而增至 $10^{14} \sim 10^{15}\,\mathrm{m}^{-2}$。这些增加的位错是怎样来的？这些现象启示人们，在晶体中必然存在着在塑性变形过程中能不断增殖位错的位错源。常见的一种位错增殖机制是弗兰克-瑞德位错源机制。

晶体中的位错呈空间网络状分布，位错网络中的各个位错线段不会位于同一个晶面上。这样，相交于一个结点的几个位错线段在滑移时不能一致行动，只有位于滑移面上的位错线才能运动。因此，位错网络上的结点即可能成为固定的结点，图 6-18 中的 D、D' 即为两个固定的结点，它们之间的位错线段 DD' 位于平行于纸面的滑移面上，位错线的柏氏矢量为 $\boldsymbol{b}$。当滑移面上的分切应力足够大时，位错线将向垂直于位错线的方向运动。但 D、D' 两结点是固定不动的，运动的结果使位错线弯曲，同时产生线张力。线张力使弯曲位错有恢复直线状的倾向，一旦切应力减小或消除，位错线将复原而无增殖。当切应力大到足以使位错线弯曲成半圆时，其曲率半径达到最大。如果位错线半圆继续扩大，其曲率半径反而变小。这是因为，尽管位错线上各点的受力大小相同，运动线速度相等，但角速度不等。距结点越近，则角速度越大；距结点越远，则角速度越小。这样，就使位错线形成了一个位错蜷线。蜷线内部是位错扫过的区域，晶体产生了一个柏氏矢量的位移。当回转蜷线相互靠近时，m、n 两处的异号螺型位错便要相遇（图 6-18d），进而消失。蜷线状的位错环就分成了两部

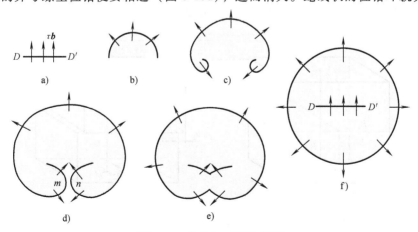

图 6-18　弗兰克-瑞德位错源

分：其一是一个封闭的位错环线，在外力的作用下继续向外扩展；其二是一个重新连接 D 和 D' 的线段，在线张力的作用下，将迅速变直，还原为原来的位错线段 DD'。这样一来，原来的两个固定结点和它们之间的位错线段，在切应力的作用下，变成了一个位错线段和一个位错环。在外力的继续作用下，DD' 又开始弯曲并重复上述过程。每重复一次，就产生一个新的位错环，如此反复不断地进行下去，便在晶体中产生大量的位错环。当一个位错环移出晶体时，就使晶体沿着滑移面产生一个原子间距的位移，大量的位错环一个一个地移出晶体，晶体也就不断地产生滑移，并在晶体表面上形成高达近千个原子间距的滑移台阶。这就是弗兰克-瑞德位错增殖机制。近年来一些直接的试验观察，证实了弗兰克-瑞德位错源的存在。

3. 位错的交割与塞积

晶体的滑移，实际上是源源不断的位错沿着滑移面的运动。在多滑移时，由于各滑移面相交，因而在不同滑移面上运动着的位错也就必然相遇，发生相互交割。此外，在滑移面上运动着的位错还要与晶体中原有的以不同角度穿过滑移面的位错相交割。一般来说，当两个位错相互交割时，每个位错都产生一个台阶，其本质是位错，具有其所属位错的柏氏矢量，但台阶的位向和长度与对方位错的伯氏矢量相同。若台阶位于其所属位错的滑移面上，这种台阶称为弯折，可在位错的线张力作用下消失，不影响位错的滑移；若台阶不在其所属位错的滑移面上，这种台阶称为割阶，可阻碍位错的滑移。

图 6-19 是刃型位错相互交割的一个简单例子。位错线 AB 位于 P_a 滑移面上，位错线 CD 位于与 P_a 相垂直的 P_b 滑移面上，它们的柏氏矢量分别为 b_1 和 b_2。假定位错线 CD 固定不动，当位错线 AB 自右向左运动时，在位错所扫过的区域内，晶体的上下两部分产生相当于 b_1 距离的位移，当通过两滑移面的交线时，则与位错线 CD 发生交割，此时，位错线 CD 也随晶体一起被切成两段（Cm 和 nD），并相对位移 mn，整个位错线变成一条折线 $CmnD$。因为 mn 不在原位错线 CD 的滑移面 P_b 上，故称之为割阶。显然，mn 是一段新的短位错线，它的柏氏矢量仍为 b_2，b_2 与 mn 相垂直，因而 mn 也是刃型位错，它的滑移面为 mn 和 b_2 所决定的平面，即 P_a 面。带着刃型割阶 mn 的刃型位错 CD 仍可在其滑移面 P_b 运动，但位错线 CD 的长度增加会增加一定的运动阻力。此外，如果螺型位错与其他位错发生交割而产生刃型割阶时，刃型割阶不能随螺型位错一起滑移，会强烈阻碍螺型位错的运动，好像"钉扎"了螺型位错一样，如图 6-20 所示。所以，割阶一方面增加了位错线长度，另一方面还导致带割阶的位错运动困难，从而成为后续位错运动的障碍。这就是多滑移加工硬化效果较大的主要原因。

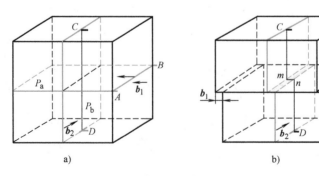

a)   b)

图 6-19 两个相互垂直的刃型位错的交割

a）交割前 b）交割后

在切应力的作用下，弗兰克-瑞德位错源所产生的大量位错沿滑移面的运动过程中，如果遇到障碍物（固定位错、杂质粒子、晶界等）的阻碍，领先的位错在障碍前被阻止，后续的位错被堵塞起来，结果形成位错的平面塞积群（图 6-21），并在障碍物的前端形成高度应力集中。

位错塞积群的位错数 n 与障碍物至位错源的距离 L 成正比。经计算，塞积群在障碍处产生的应力集中 τ 为

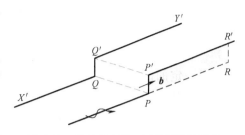

图 6-20　带刃型割阶 PP' 的螺型位错沿 $R'P'Q'Y'$ 面的滑移受阻示意图

$$\tau = n\,\tau_0$$

式中，τ_0 为滑移方向的分切应力值。此式说明，在塞积群前端产生的应力集中是 τ_0 的 n 倍。L 越大，则塞积的位错数目 n 越多，造成的应力集中便越大。

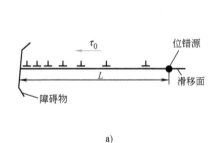

a)

b)

图 6-21　位错的平面塞积

a）示意图　b）高温合金中的位错塞积

图 6-22 所示为典型的面心立方单晶体在拉伸时的切应力-切应变曲线。根据加工硬化率 $\dfrac{\mathrm{d}\tau}{\mathrm{d}\gamma}$ 可将曲线分为三个阶段：第一阶段是易滑移阶段（Ⅰ），只有一个滑移系开动，加工硬化效果非常小；第二阶段是线性硬化阶段（Ⅱ），由于晶体的转动使得多滑移发生，位错产生相互交割，使加工硬化效果显著增大；第三阶段是抛物线硬化阶段（Ⅲ），加工硬化效果随切应变 γ 的增加而逐渐减小，它往往是交滑移的结果——此时，螺型位错可从一个滑移面转移到另一个与此面相交的滑移面，沿同一滑移方向进行交滑移。

密排六方金属的滑移系很少，位错交割的概率很小，几乎没有第二阶段；体心立方金属的层错能很高，容易发生交滑移，第三阶段出现得较早。

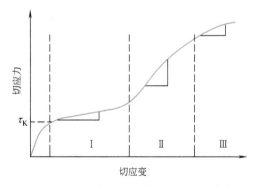

图 6-22　面心立方单晶体的切应力-切应变曲线

二、孪生

塑性变形的另一种重要方式是孪生。当晶体在切应力的作用下发生孪生变形时，晶体的
一部分沿一定的晶面（孪生面）和一定的晶向（孪生方向）相对于另一部分晶体做均匀地切变，在切变区域（孪生带）内，与孪生面平行的每层原子的切变量与它距孪生面的距离成正比，并且不是原子间距的整数倍。这种切变不会改变晶体的点阵类型，但可使变形部分的位向发生变化，并与未变形部分的晶体以孪晶界为分界面构成了镜面对称的位向关系。通常把对称的两部分晶体称为孪晶，而将形成孪晶的过程称为孪生。由于变形部分的位向与未变形的不同，因此经抛光和浸蚀之后，在显微镜下极易看出，其形态为条带状，有时呈透镜状，如图 6-23 所示。

晶体结构不同，其孪生面和孪生方向也不同。如密排六方金属的孪生面为 {10$\bar{1}$2}，孪生方向为 <$\bar{1}$011>；体心立方金属的孪生面为 {112}，孪生方向为 <111>；面心立方金属的孪生面为 {111}，孪生方向为 <112>。

图 6-23　锌中的变形孪晶

下面以面心立方金属为例，说明孪生变形过程。图 6-24a 中的（111）面为面心立方的孪生面，它与（$\bar{1}$10）晶面的交截线为 [11$\bar{2}$]，此方向也就是其孪生方向。为了便于观察，以（$\bar{1}$10）晶面平行于纸面，则（111）晶面垂直于纸面（图 6-24b）。由图可知，孪生变形时，变形区域产生了均匀切变，每层（111）面都相对于其相邻晶面移动了一定的距离，如果以孪生面 AB 作为基面，那么第一层晶面 CD 沿 [11$\bar{2}$] 晶向移动了原子间距的 1/3，第二层晶面 EF 相对于 AB 移动了 [11$\bar{2}$] 晶向原子间距的 2/3，而第三层 GH 则相对于 AB 的位移量为一个原子间距，表明各层晶面的位移量是与它距孪生面的距离成正比的，并且变形部分与未变形部分以孪生面为对称面形成了镜面对称。该孪生面即为共格孪晶界。

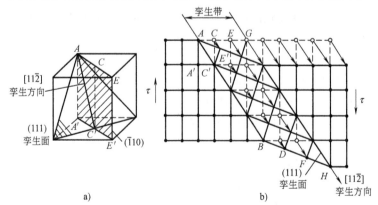

图 6-24　面心立方晶体的孪生变形过程示意图

a）孪生面与孪生方向　b）孪生变形时的晶面移动情况

与滑移相似，只有当外力在孪生方向的分切应力达到临界分切应力值时，才开始孪生变形。一般说来，孪生的临界分切应力要比滑移的临界分切应力大得多，只有在滑移很难进行的条件下，晶体才进行孪生变形。对于密排六方金属，如 Zn、Mg 等，由于它的对称性低，滑移系少，在晶体的取向不利于滑移时，常以孪生方式进行塑性变形。对于体心立方金属，如 α-Fe，室温下只有承受冲击载荷时才产生孪生变形；但在室温以下，由于滑移的临界切应力显著提高，滑移不易进行，因此在较慢的变形速度下也可引起孪生。面心立方金属的对称性高，滑移系多，其滑移面和孪生面又都是同一晶面，滑移方向与孪生方向的夹角又不大（图 6-24a），因此要求外力在滑移方向上的分切应力不超过滑移的 τ_K，而同时要求在孪生方向分切应力达到孪生的临界分切应力值，此值又是 τ_K 的几倍乃至数十倍，这是相当困难的，所以面心立方金属很少发生孪生变形，只有少数金属如铜、银、金等，在极低的温度下（4~47K）滑移很困难时才发生孪生变形。

孪生变形的速度极大，常引起冲击波，发出音响。

孪生对塑性变形的贡献比滑移小得多，如镉单纯依靠孪生变形只能获得 7.4% 的伸长率。但是，由于孪生后变形部分的晶体位向发生改变，可使原来处于不利取向的滑移系转变为新的有利取向，这样就可以激发起晶体的进一步滑移，提高金属的塑性变形能力。例如，滑移系少的密排六方金属，当晶体相对于外力的取向不利于滑移时，如果发生孪生，那么孪生后的取向大多会变得有利于滑移。这样，滑移和孪生两者交替进行，即可获得较大的变形量。正是由于这一原因，当金属中存在大量孪晶时，可以较顺利地进行形变。可见，对于密排六方金属来说，孪生对于塑性变形的贡献，还是不能忽略的。

第三节　多晶体的塑性变形

除了极少数的场合，实际上使用的金属材料大部分是多晶体。多晶体的塑性变形也是以滑移和孪生为其塑性变形的基本方式，但是多晶体由许多形状、大小、取向各不相同的单晶体晶粒所组成，这就使多晶体的变形过程增加了若干复杂因素，具有区别于单晶体变形的一些特点。首先，多晶体的塑性变形受到晶界的阻碍和位向不同的晶粒的影响；其次，任何一个晶粒的塑性变形都不是处于独立的自由变形状态，需要其周围的晶粒同时发生相适应的变形来配合，以保持晶粒之间的结合和整个物体的连续性。因此，多晶体的塑性变形要比单晶体的情况复杂得多。

一、多晶体的塑性变形过程

多晶体中由于各晶粒的位向不同，则各滑移系的取向也不同，因此在外加拉伸力的作用下，各滑移系上的分切应力值相差很大。由此可见，多晶体中的各个晶粒不是同时发生塑性变形，只有那些位向有利的晶粒，取向因子最大的滑移系，随着外力的不断增加，其滑移方向上的分切应力首先达到临界切应力值，才开始发生塑性变形。而此时周围位向不利的晶粒，由于滑移系上的分切应力尚未达到临界值，所以尚未发生塑性变形，仍然处于弹性变形状态。此时虽然金属的塑性变形已经开始，但并未造成明显的宏观的塑性变形效果。

由于位向最有利的晶粒已经开始发生塑性变形，这就意味着它的滑移面上的位错源已经开动，位错源源不断地沿着滑移面进行运动，但是由于周围晶粒的位向不同，滑移系也不同，因此运动着的位错不能越过晶界，滑移不能发展到另一个晶粒中，于是位错在晶界处受阻，形成位错的平面塞积群。

位错平面塞积群在其前沿附近区域造成很大的应力集中，随着外加载荷的增加，应力集中也随之增大。这一应力集中值与外加应力相叠加，使相邻晶粒某些滑移系上的分切应力达到临界切应力值，于是位错源开动，开始塑性变形。但是多晶体中的每个晶粒都处于其他晶粒的包围之中，它的变形不能是孤立和任意的，必然要与邻近晶粒相互协调配合，否则就难以进行变形，甚至不能保持晶粒之间的连续性，造成孔隙而导致材料的破裂。为了与先变形的晶粒相协调，就要求相邻晶粒不只在取向最有利的滑移系中进行滑移，还必须在几个滑移系，其中包括取向并非有利的滑移系上同时进行滑移，这样才能保证其形状做各种相应改变。也就是说，为了协调已发生塑性变形的晶粒形状的改变，相邻各晶粒必须进行多系滑移。根据理论推算，每个晶粒至少需要 5 个独立的滑移系启动。

这样，在外加应力及已滑移晶粒内位错平面塞积群所造成的应力集中的作用下，越来越多的晶粒就会参与塑性变形。

在多晶体的塑性变形过程中，开始由外加应力直接引起塑性变形的晶粒只占少数，不引起明显的宏观效果，多数晶粒的塑性变形是由已塑性变形的晶粒中位错平面塞积群所造成的应力集中所引起的，只有此时，才能造成一定的宏观塑性变形效果。

由以上的分析可知，多晶体变形的特点：一是各晶粒变形的不同时性，即各晶粒的变形有先有后，不是同时进行的；二是各晶粒变形的相互协调性。面心立方和体心立方金属的滑移系多，各个晶粒的变形协调得好，因此多晶体金属表现出良好的塑性。而密排六方金属的滑移系少，很难使晶粒的变形彼此协调，所以它们的塑性差，冷加工较困难。

此外，多晶体的塑性变形具有不均匀性。由于晶界及晶粒位向不同的影响，各个晶粒的变形是不均匀的，有的晶粒变形量较大，而有的晶粒变形量则较小。对一个晶粒来说，变形也是不均匀的，一般说来，晶粒中心区域的变形量较大，晶界及其附近区域的变形量较小。图 6-25 所示为双晶粒试样变形后的形状，可见，在拉伸变形后，在

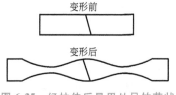

图 6-25　经拉伸后晶界处呈竹节状

晶界处呈竹节状，这说明晶界附近滑移受阻，变形量较小，而晶粒内部变形量较大，整个晶粒变形是不均匀的。

二、晶粒大小对塑性变形的影响

通过分析多晶体的塑性变形过程可以看出，一方面由于晶界的存在，使变形晶粒中的位错在晶界处受阻，每一晶粒中的滑移带也都终止在晶界附近；另一方面，由于各晶粒间存在着位向差，为了协调变形，要求每个晶粒必须进行多滑移，而多滑移时必然要发生位错的相互交割。这两者均将大大提高金属材料的强度。从图 6-26 可以看出，铜的多晶体的强度显著高于单晶体的强

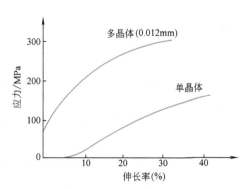

图 6-26　铜的单晶体与多晶体的应力-应变曲线

度。显然，晶界越多，即晶粒越细小，则其强化效果越显著。这种用细化晶粒增加晶界提高

金属强度的方法称为细晶强化，也称为晶界强化。

图 6-27 所示为低碳钢的屈服强度与晶粒直径的关系曲线。从此图可以看出，钢的屈服强度与晶粒直径平方根的倒数呈线性关系。其他金属材料的试验结果也证实了这种关系。根据试验结果和理论分析，可得到常温下金属材料的屈服强度与晶粒直径的关系式

$$R_{eL} = \sigma_0 + Kd^{-\frac{1}{2}}$$

该式称为霍尔-佩奇公式。式中，σ_0 为常数，反映晶内对变形的阻力，大体相当于单晶体金属的屈服强度；K 为常数，表征晶界对强度影响的程度，与晶界结构有关；d 为多晶体中各晶粒的平均直径。进一步的试验证明，材料的屈服强度与其亚晶尺寸之间也满足这一关系式。图 6-28 所示为铜和铝的屈服强度与其亚晶尺寸之间的关系。

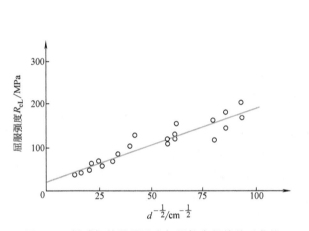

图 6-27　低碳钢的屈服强度与晶粒直径的关系曲线

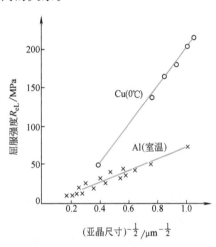

图 6-28　铜和铝的屈服强度与
其亚晶尺寸的关系

对霍尔-佩奇关系式可做如下说明：

在多晶体中，屈服强度是与滑移从先塑性变形的晶粒转移到相邻晶粒密切相关的，而这种转移能否发生，主要取决于在已滑移晶粒晶界附近的位错塞积群所产生的应力集中，能否激发相邻晶粒滑移系中的位错源也开动起来，从而进行协调的多滑移。根据 $\tau = n\tau_0$ 的关系式，应力集中 τ 的大小取决于塞积的位错数目，n 越大，则应力集中也越大。当外加应力和其他条件一定时，位错数目 n 是与引起塞积的障碍——晶界到位错源的距离成正比。晶粒越大，这个距离越大，n 就越大，所以应力集中也越大，激发相邻晶粒发生塑性变形的机会比小晶粒要大得多。已滑移小晶粒晶界附近的位错塞积造成较小的应力集中，则需要在较大的外加应力下才能使相邻晶粒发生塑性变形。这就是晶粒越细、屈服强度越高的主要原因。

细晶强化是金属材料的一种极为重要的强化方法，细化晶粒不但可提高材料的强度，同时还可改善材料的塑性和韧性，这是材料的其他强化方法所不能比拟的。这是因为在相同外力的作用下，细小晶粒的晶粒内部和晶界附近的应变相差较小，变形较均匀，相对来说，因应力集中引起开裂的机会也较少，这就有可能在断裂之前承受较大的变形量，所以可以得到较大的断后伸长率和断面收缩率。由于细晶粒金属中的裂纹不易产生也不易扩展，因而在断裂过程中吸收了更多的能量，即表现出较高的韧性。因此，在工业生产中通常总是设法获得细小而均匀的晶粒组织，使材料具有较好的综合力学性能。

第四节　合金的塑性变形

工业上使用的金属材料绝大多数是合金，根据合金的组织可将其分为两大类：一是具有以基体金属为基的单相固溶体组织，称为单相固溶体合金；二是加入的合金元素量超过了它在基体金属中的饱和溶解度，在显微组织中除了以基体金属为基的固溶体外，还将出现第二相（各组元形成的化合物或以合金元素为基形成的另一固溶体），构成了多相合金。绝大多数合金是多晶体，其塑性变形方式、机制和过程与多晶体纯金属基本相同，但由于合金元素的存在，显微组织各不相同，所以合金的塑性变形各有特点，下面分别进行讨论。

一、单相固溶体合金的塑性变形

由于单相固溶体合金的显微组织与多晶体纯金属相似，因而其塑性变形过程也基本相同。但是由于固溶体中存在着溶质原子，使合金的强度、硬度提高，而塑性、韧性有所下降，即产生固溶强化。固溶强化是提高金属材料强度的一个重要途径，如在碳钢中加入能溶于铁素体的 Mn、Si 等合金元素，即可使其强度明显提高。

合金中产生固溶强化的主要原因，一是在固溶体中溶质与溶剂的原子半径差或间隙原子所引起的弹性畸变，与位错之间产生的弹性交互作用，对在滑移面上运动着的位错有阻碍作用；二是在位错线上偏聚的溶质原子对位错的钉扎作用。例如，正刃型位错线的上半部分晶格受挤压而处于压应力状态，位错线的下半部分晶格被拉开而处于拉应力状态。比溶剂原子大的置换原子及间隙原子往往扩散至位错线的下方受拉应力的部位，比溶剂原子小的置换原子扩散至位错线的上方受压应力的部位（图 6-29）。这样，偏聚于位错周围的溶质原子好像形成了一个溶质原子"气团"，称为"柯氏气团"。柯氏气团的形成，减小了晶格畸变，降低了溶质原子与位错的弹性交互作用能，使位错处于较稳定的状态，减少了可动位错数目。这就是柯氏气团对位错的束缚或钉扎作用。若使位错线运动，脱离开气团的钉扎，就需要更大的外力，从而增加了固溶体合金的塑性变形抗力。

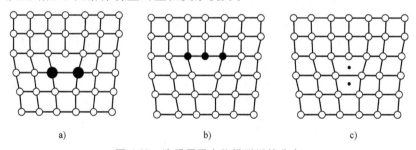

图 6-29　溶质原子在位错附近的分布

a）溶质原子大于溶剂原子的置换固溶体　b）溶质原子小于溶剂原子的置换固溶体　c）间隙固溶体

合金元素形成固溶体时其固溶强化的规律如下。

1）在固溶体的溶解度范围内，合金元素的质量分数越大，则强化作用越大。

2）溶质原子与溶剂原子的尺寸相差越大，则造成的晶格畸变越大，因而强化效果越好。

3）形成间隙固溶体的溶质元素的强化作用大于形成置换固溶体的元素。当两者的质量分数相同时，前者的强化作用比后者大 10~100 倍。

4）溶质原子与溶剂原子的价电子数相差越大，则强化作用越大。

二、多相合金的塑性变形

多相合金除了具有固溶强化效果外，还可能因第二相的存在而产生强化效果，即第二相强化。多相合金的塑性变形不仅与固溶体基体密切相关，更取决于第二相的性质、形态、大小、数量和分布状况。现讨论合金中两相性能差异不同的两种情形。

(一) 合金中两相的性能相近

合金中两相晶粒尺寸相近、含量相差不大，且两相的变形性能相近，则合金的变形性能为两相的平均值，如 Cu-40%Zn 合金。此时合金的强度 σ 可以用下式表达

$$\sigma = \varphi_\alpha \sigma_\alpha + \varphi_\beta \sigma_\beta$$

式中，σ_α 和 σ_β 分别为两相的强度极限；φ_α、φ_β 分别为两相的体积分数，$\varphi_\alpha + \varphi_\beta = 1$。可见，合金的强度极限随较强的一相的含量增加而呈线性增加。

(二) 合金中两相的性能相差很大

合金中两相的变形性能相差很大，若其中的一相硬而脆，难以变形，另一相的塑性较好，且为基体相，则合金的塑性变形除与相的相对量有关外，在很大程度上还取决于脆性相的分布情况。脆性相的分布有三种情况。

1. 硬而脆的第二相呈连续网状分布在塑性相的晶界上

这种分布情况是最恶劣的，因为脆性相在空间把塑性相隔开，从而使其变形能力无从发挥，经少量的变形后，即沿着连续的脆性相开裂，使合金的塑性和韧性急剧下降。这时，脆性相越多，分布越连续，合金的塑性也就越差，甚至强度也随之下降。例如，过共析钢中的二次渗碳体在晶界上呈网状分布时，使钢的脆性增加，强度和塑性下降。生产上可通过热加工和热处理的相互配合来破坏或消除其网状分布。

2. 脆性的第二相呈片状或层状分布在塑性相的基体上

例如，钢中的珠光体组织，铁素体和渗碳体呈片状分布，铁素体的塑性好，渗碳体硬而脆，所以塑性变形主要集中在铁素体中，位错的移动被限制在渗碳体片之间的很短距离内，此时位错运动至障碍物渗碳体片之前，即形成位错平面塞积群，当其造成的应力集中足以激发相邻铁素体中的位错源开动时，相邻的铁素体才开始塑性变形。因此，也可用霍尔-佩奇公式描述珠光体的屈服强度

$$R_{eL} = \sigma_i + K_s s_0^{-\frac{1}{2}}$$

式中，σ_i 为铁素体的屈服强度；K_s 为材料常数；s_0 为珠光体片间距。

由上式可以看出，珠光体片间距越小，则强度越高，且其变形越均匀，变形能力越大。对于细珠光体，甚至渗碳体片也可发生滑移、弯曲变形（图 6-30），表现出一定的变形能力。所以细珠光体不但强度高，塑性也好。

亚共析钢的塑性变形首先在先共析铁素体中进行，当铁素体由于加工硬化使其流变应力达到珠光体的屈服强度时，珠光体才开始塑性变形。

3. 脆性相在塑性相中呈颗粒状分布

如共析钢或过共析钢经球化退火后得到的粒状珠光体组织，由于粒状的渗碳体对铁素体的变形阻碍作用大大减弱，故强度降低，塑性和韧性得到显著改善。一般说来，颗粒状的脆

性第二相对塑性的危害要比针状和片状的小。倘若硬脆的第二相呈弥散颗粒均匀地分布在塑性相基体上，则可显著提高合金的强度，但会降低其塑性，并且第二相颗粒的体积分数越大，强化效果越好。这种强化的主要原因是弥散细小的第二相颗粒与位错的交互作用，阻碍了位错的运动，从而提高了合金的塑性变形抗力。根据两者相互作用的方式，有以下两种强化机制。

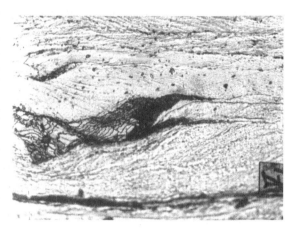

图 6-30　珠光体中渗碳体片的变形

（1）位错切过第二相颗粒　若第二相颗粒是硬度不高、尺寸不大的可变形第二相颗粒，或者是过饱和固溶体时效处理初期产生的共格析出相，在滑移面上运动着的位错与之相遇时，将切过颗粒并使之随基体一起变形，如图 6-31 所示。如果两相之间的相界是共格界面，则共格弹性应力场与位错相互作用，无论是相互吸引还是相互排斥，都会增加合金的塑性变形抗力，其机理与固溶强化机理类似，但强化效果远大于固溶强化。此外，第二相颗粒的切变模量与固溶体基体不同、因位错切过第二相颗粒后形成新界面而产生界面能，都使得位错运动所需的切应力增加。当第二相颗粒的体积分数一定时，可变形颗粒的硬度越高、尺寸越大，强化作用越显著。这种强化方式称为沉淀强化。

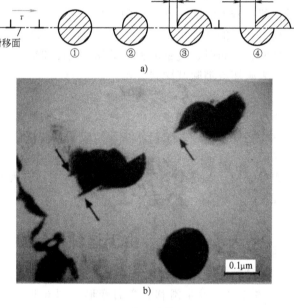

图 6-31　位错切过第二相颗粒

a）示意图　b）镍基合金中位错线切过第二相颗粒

（2）位错绕过第二相颗粒　在滑移面上运动着的位错遇到坚硬不变形并且比较粗大的第二相颗粒时，将受到颗粒的阻挡而弯曲。随着外加应力的增加，位错线受阻部分的弯曲加剧，以致围绕着颗粒的位错线在左右两边相遇时，正负号位错彼此抵消，形成了包围着颗粒的位错环而被留下，其余部分位错线又恢复直线继续前进，如图 6-32 所示。根据计算，位

错线绕过间距为 L 的第二相颗粒时，所需的切应力 τ 为

$$\tau = \frac{Gb}{L-2r}$$

式中，G 为固溶体基体的切变模量；b 为柏氏矢量；r 为滑移面上第二相颗粒半径；$(L-2r)$ 为有效间距。若后续位错以同样方式绕过此颗粒时，还需绕过半径为 r' 的位错环，有效间距减小为 $(L-2r')$，所需切应力增加。可见，当第二相颗粒足够"坚硬"而不被切过时，绕过颗粒所需切应力与颗粒本身性质无关。当这种不可变形的第二相颗粒体积分数一定时，其尺寸越大，有效间距也越大，则其强化作用减弱。这种强化方式称为弥散强化。

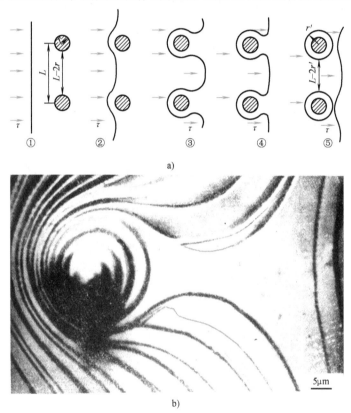

图 6-32 位错绕过第二相颗粒
a）示意图 b）铬中位错线绕过第二相颗粒

过饱和固溶体进行过时效处理产生的非共格析出相，即为不可变形颗粒。各种借助粉末冶金方法加入基体而起强化作用的颗粒，也属于不可变形颗粒，使合金产生弥散强化。例如，铜锡合金烧结含油轴承，具有良好的自润滑性，添加 Al_2O_3 颗粒可产生弥散强化作用，使得合金的径向压溃强度增加。

第五节　塑性变形对金属材料微观结构和性能的影响

一、塑性变形对微观结构的影响

多晶体金属材料经塑性变形后，除了在晶粒内出现位错密度增加、滑移带或孪生带等微

观结构特征外，还可能产生下述组织结构的变化。

（一）显微组织的变化

金属与合金经塑性变形后，其外形、尺寸的改变是内部晶粒变形的总和。原来没有变形的晶粒，经加工变形后，晶粒形状逐渐发生变化，随着变形方式和变形量的不同，晶粒形状的变化也不一样，如在轧制时，各晶粒沿变形方向逐渐伸长，变形量越大，晶粒伸长的程度也越大。当变形量很大时，晶粒呈现出一片如纤维状的条纹，称为纤维组织（图 6-33）。纤维的分布方向即金属变形时的伸展方向。当金属中有杂质存在时，杂质也沿变形方向拉长为细带状（塑性杂质）或粉碎成链状（脆性杂质），这时光学显微镜已经分辨不清晶粒和杂质。

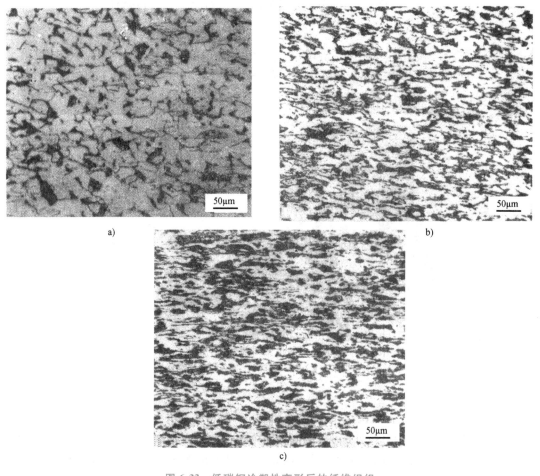

图 6-33　低碳钢冷塑性变形后的纤维组织

a）30%压缩率　b）50%压缩率　c）70%压缩率

（二）亚结构的细化

实际晶体的每一个晶粒内存在着许多尺寸很小、位向差也很小的亚结构，塑性变形前，铸态金属的亚结构直径约为 10^{-2} cm，冷塑性变形后，亚结构直径将细化至 $10^{-4} \sim 10^{-6}$ cm。图 6-34 为低碳钢中的形变亚结构。

形变亚结构的边界是晶格畸变区，堆积有大量的位错，而亚结构内部的晶格则相对地比

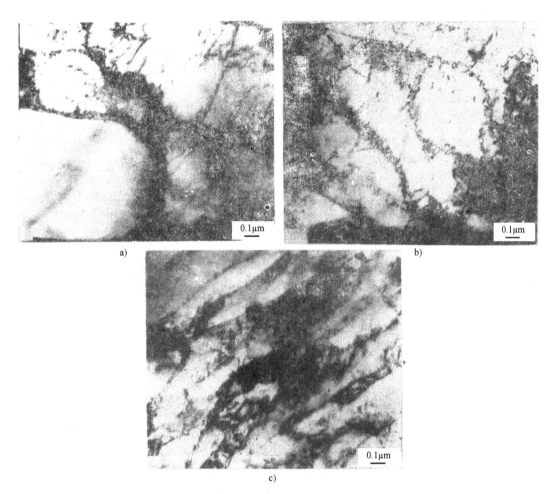

图 6-34　低碳钢中的形变亚结构

a）30%压缩率　b）50%压缩率　c）70%压缩率

较完整，这种亚结构常称为胞状亚结构或形变胞。胞块间的夹角不超过 2°，胞壁的厚度约为胞块直径的 1/5。位错主要集中在胞壁中，胞内仅有稀疏的位错网络。变形量越大，则胞块的数量越多，尺寸减小，胞块间的取向差也在逐渐增大，且其形状随着晶粒形状的改变而变化，均沿着变形方向逐渐拉长。

　　形变亚结构是在塑性变形过程中形成的。在切应力的作用下位错源所产生的大量位错沿滑移面运动时，将遇到各种阻碍位错运动的障碍物，如第二相颗粒、割阶及亚晶界等，造成位错缠结。这样，金属中便出现了由高密度的缠结位错分隔开的位错密度较低的区域，形成形变亚结构。

　　（三）形变织构

　　与单晶体一样，多晶体在塑性变形时也伴随着晶体的转动过程，故当变形量很大时，多晶体中原为任意取向的各个晶粒会逐渐调整其取向而彼此趋于一致，这一现象称为晶粒的择尤取向，这种由于金属塑性变形使晶粒具有择尤取向的组织称为形变织构。

　　同一种材料随加工方式的不同，可能出现不同类型的织构。

　　（1）丝织构　在拉拔时形成，其特征是各晶粒的某一晶向与拉拔方向平行或接近平行。

（2）板织构　在轧制时形成，其特征是各晶粒的某一个晶面平行于轧制平面，而某一晶向平行于轧制方向。

几种金属的丝织构及板织构见表6-5。

表6-5　常见金属的丝织构与板织构

金属或合金	晶体结构	丝织构	板织构
α-Fe、Mo、W、铁素体钢	体心立方	<110>	{100}<011>+{112}<110>+{111}<112>
Al、Cu、Au、Ni、Cu-Ni、Cu+Zn(w_{Zn}<50%)	面心立方	<111> <111>+<100>	{110}<112>+{112}<111> {110}<112>
Mg、Mg合金、Zn	密排六方	<2130> <0001>与丝轴成70°	{0001}<10$\bar{1}$0> {0001}与轧制面成70°

当出现织构后，多晶体金属就不再表现为等向性而显示出各向异性。这对材料的性能和加工工艺有很大的影响。例如，当用有织构的板材冲压杯状零件时，将会因板材各个方向变形能力的不同，使冲压出来的工件边缘不齐，壁厚不均，即产生所谓"制耳"现象，如图6-35所示。

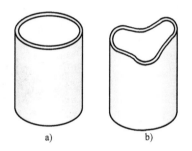

图6-35　因形变织构所造成的"制耳"

a）无织构　b）有织构

二、塑性变形对性能的影响

（一）加工硬化

在塑性变形过程中，随着金属材料内部组织的变化，材料的力学性能也将产生明显的变化，即随着变形程度的增加，金属材料的强度、硬度增加，而塑性、韧性下降（图6-36），这一现象即为加工硬化或形变强化。如 $w_C = 0.3\%$ 的碳钢，变形程度为20%时，抗拉强度 R_m 由原来的500MPa升高到700MPa，当变形程度为60%时，则 R_m 提高到900MPa。

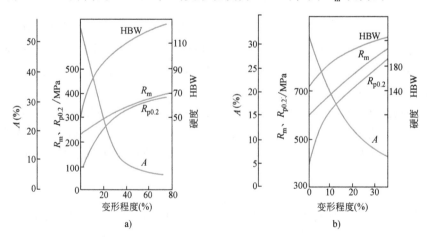

图6-36　两种常见金属材料的力学性能-变形程度曲线

a）工业纯铜　b）45钢

关于加工硬化的原因，目前普遍认为与位错的交互作用有关。随着塑性变形的进行，位错密度不断增加，因此位错在运动时的相互交割加剧，产生固定割阶、位错缠结等障碍，使位错运动的阻力增大，引起变形抗力的增加，因此就提高了金属的强度。

加工硬化现象在金属材料生产过程中具有重要的实际意义，目前已广泛用来提高金属材料的强度。例如，自行车链条的链板，材料为低合金钢，原来的硬度为150HBW，抗拉强度约为520MPa，经过五次轧制，使钢板厚度由3.5mm压缩到1.2mm（变形度为65%），这时硬度提高到275HBW，抗拉强度提高到接近1000MPa，这使链条的负荷能力提高了将近一倍。对于用热处理方法不能强化的材料来说，用加工硬化方法提高其强度就显得更加重要。如塑性很好而强度较低的铝、铜及某些不锈钢等，在生产上往往制成冷拔棒材或冷轧板材供应用户。

加工硬化也是某些工件或半成品能够加工成形的重要因素。例如，冷拔钢丝拉过模孔后（图6-37），其断面尺寸必然减小，而单位面积上所受应力却会增加，如果金属不产生加工硬化并提高强度，那么钢丝在出模后就可能被拉断。由于钢丝经塑性变形后产生了加工硬化，尽管钢丝断面缩减，但其强度显著增加，因此便不再继续变形，而使变形转移到尚未拉过模孔的部分。这样，钢丝可以持续地、均匀地通过模孔而成形。又如金属薄板在拉深过程中（图6-38），弯角处变形最严重，首先产生加工硬化，因此该处变形到一定程度后，随后的变形就转移到其他部分，这样便可得到厚薄均匀的冲压件。

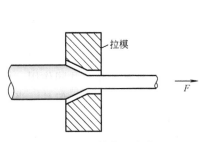

图6-37　拉拔示意图

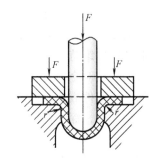

图6-38　拉深示意图

加工硬化还可提高零件或构件在使用过程中的安全性。任何最精确的设计和加工出来的零件，在使用过程中各个部位的受力也是不均匀的，往往会在某些部位出现应力集中和过载现象，使该处产生塑性变形。如果金属材料没有加工硬化，则该处的变形会越来越大，应力也会越来越高，最后导致零件失效或断裂。但正因为金属材料具有加工硬化这一性质，故这种偶尔过载部位的变形会自行停止，应力集中也可以自行减弱，从而提高了零件的安全性。

但是加工硬化现象也给金属材料的生产和使用带来不利影响。因为金属冷加工到一定程度以后，变形抗力就会增加，进一步的变形就必须加大设备功率，增加动力消耗。另外，金属经加工硬化后，其塑性大为降低，继续变形就会导致开裂。为了消除这种硬化现象以便继续进行冷变形加工，中间需要进行再结晶退火处理。

（二）塑性变形对其他性能的影响

经塑性变形后，金属材料的物理性能和化学性能也将发生明显变化，如使金属及合金的电阻率增加，导电性能和电阻温度系数下降，热导率也略为下降。塑性变形还使磁导率、磁饱和度下降，但磁滞和矫顽力增加。塑性变形会提高金属的内能，使其化学活性提高，腐蚀速度加快。塑性变形后由于金属中的晶体缺陷（位错及空位）增加，因而使扩散激活能减小，扩散速度增加。

三、残余应力

金属在塑性变形过程中，外力所做的功大部分转化为热能，但尚有一小部分（约占总变形功的10%）保留在金属内部，形成残余应力。

（一）宏观内应力（第一类内应力）

宏观内应力是由金属工件或材料各部分不均匀的塑性变形所引起的，它是在整个物体范围内处于平衡的力，当除去它的一部分后，这种力的平衡就遭到了破坏，并立即产生变形。例如冷拉圆钢，由于外圆变形度小，中间变形度大，所以表面受拉应力，心部受压应力，就圆钢整体来说，两者相互抵消，处于平衡。但如果表面车去一层，这种力的平衡遭到了破坏，结果就产生了变形。

（二）微观内应力（第二类内应力）

微观内应力是金属材料经冷塑性变形后，由于晶粒或亚晶粒变形不均匀而引起的，它是在晶粒或亚晶粒范围内处于平衡的力。此应力在某些局部地区可以达到很大的数值，可能致使工件在不大的外力下产生显微裂纹，进而导致断裂。

（三）点阵畸变（第三类内应力）

塑性变形使金属材料内部产生大量的位错和空位，使点阵中的一部分原子偏离其平衡位置，造成点阵畸变。这种点阵畸变所产生的内应力作用范围更小，只在晶界、滑移面等附近不多的原子群范围内维持平衡。它使金属的硬度、强度升高，而塑性和耐蚀性下降。

残余应力的存在对金属材料的性能是有害的，它导致材料及工件的变形、开裂和产生应力腐蚀。例如，当工件表面存在的是拉应力时，它与外加应力或腐蚀介质共同作用，可能引起工件的变形和开裂，深冲黄铜弹壳的季裂就是应力腐蚀断裂的突出例子。但是，当工件表面残余一薄层压应力时，反而对使用寿命有利。例如，采用喷丸和化学热处理方法使工件表面产生一压应力层，可以有效地提高零件（如弹簧和齿轮等）的疲劳寿命。对于承受单向扭转载荷的零件（如某些汽车中的扭力轴）沿载荷方向进行适量的超载预扭，可以使工件表面层产生相当数量的与载荷方向相反的残余应力，从而在工作时抵消部分外加载荷，提高使用寿命。

第六节　金属材料的断裂

在应力-应变曲线的最后阶段，试样断成两段。断裂是金属材料在外力的作用下丧失连续性的过程，它包括裂纹的萌生和裂纹的扩展两个基本过程。断裂过程的研究在工程上有很大的实际意义，从各种机器零件到巨大的船舶、桥梁、容器等在使用过程中都有不少断裂的例子。金属零部件的断裂，不仅使整个设备停止运转，而且往往造成重大伤亡事故，比塑性变形产生的后果要严重得多。

金属材料的抗断裂性能不但与其化学成分和显微组织等内部条件有关，而且与应力状态、环境温度和介质等外部条件有关，人们可以通过调整材料的化学成分，进行合适的冷热加工，以及了解外部条件对断裂过程的影响来控制其断裂性能，从而改善金属零部件的使用性能和工艺性能。目前对断裂的研究涉及断裂力学、断裂物理、断裂化学及断口学等几个方面。本节仅介绍一些断裂的基本概念，作为进一步研究的基础。

一、塑性断裂

塑性断裂又称为延性断裂，断裂前发生大量的宏观塑性变形，断裂时承受的工程应力大于材料的屈服强度。由于塑性断裂前产生显著的塑性变形，容易引起人们的注意，从而可及时采取措施防止断裂的发生，即使局部发生断裂，也不会造成灾难性事故。对于使用时只有塑性断裂可能的金属材料，设计时只需按材料的屈服强度计算承载能力，一般就能保证安全使用。

在塑性和韧性好的金属中，通常以穿晶方式（即裂纹穿过晶粒内部扩展）发生塑性断裂，在断口附近会观察到大量的塑性变形的痕迹，如缩颈。在简单的拉伸试验中，塑性断裂是微孔形成、扩大和连接的过程（图6-39）。在大的应力作用下，基体金属产生塑性变形后，在基体与非金属夹杂物、析出相粒子（统称为异相颗粒）周围产生应力集中，使界面拉开，或使异相颗粒折断而形成微孔。微孔扩大和连接也是基体金属塑性变形的结果。当微孔扩大到一定程度，相邻微孔间的金属产生较大塑性变形后就发生微观塑性失稳，就像宏观试样产生缩颈一样，此时微孔将迅速扩大，直至细缩成一条线，最后由于金属

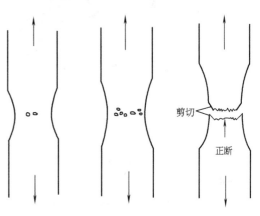

图 6-39　微孔聚集型断裂示意图

与金属间的连接太少，不足以承载而发生断裂。结果形成一个刀刃状的孔坑边缘，这样，两个相邻的微孔就连接成一个较大的微孔。

连续的滑移变形也会导致塑性断裂。当滑移面及滑移方向与外加拉应力成45°时，分切应力最大。当分切应力达到临界分切应力时，会发生滑移。微孔可能在滑移带与异相颗粒相交处形成，沿滑移面逐渐扩大并相互连接。

上述两方面原因使工程用金属材料的塑性断裂具有典型的宏观断口形貌。试样尺寸较大时，形成杯锥状断口——暗灰色纤维状的底部断面及其边缘的一圈剪切唇。底部断面是微孔形成和聚集之处，剪切唇与外加拉应力成45°，表明发生了滑移。

用扫描电子显微镜可观察到微观断口形貌——韧窝。韧窝是断裂过程中微孔分离的痕迹，在韧窝底部常可见夹杂物或析出相粒子。通常，当拉应力造成失效时，这些韧窝是等轴状的，如图6-40a所示。但在剪切唇，韧窝是椭圆形的或者说是拉长的，如图6-40b所示。

在薄板中，很少观察到缩颈，甚至可能整个断口都是剪切面。这时微观断口形貌为拉长的韧窝而不是等轴韧窝，表明发生45°滑移的比例大于厚板。

二、脆性断裂

金属脆性断裂过程中，极少或没有宏观塑性变形，但在局部区域仍存在一定的微观塑性变形。断裂时承受的工程应力通常不超过材料的屈服强度，甚至低于按宏观强度理论确定的许用应力。因此，又称为低应力断裂。由于脆性断裂前既无宏观塑性变形，又无其他预兆，并且一旦开裂后，裂纹扩展迅速，造成整体断裂或很大的裂口，有时还产生很多碎片，容易

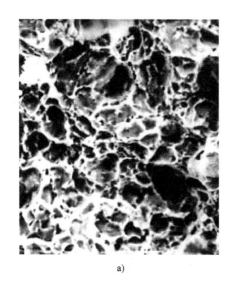
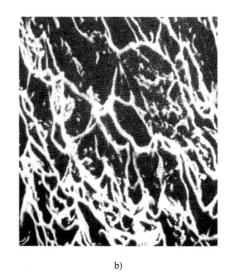

a)　　　　　　　　　　　　　　　　　　b)

图 6-40　塑性断裂微观断口形貌——韧窝
a）等轴韧窝　b）剪切韧窝

导致严重事故。选择可能发生脆断的金属材料，必须从脆断角度计算其承载能力，并充分估计过载的可能性。

　　脆性断裂通常发生于高强度或塑性和韧性差的金属或合金中，而且，塑性较好的金属在低温、厚的截面或高的应变速率等条件下或当裂纹起重要作用时，都可能以脆性方式断裂。

　　脆性断裂起源于引起应力集中的微裂纹，并在金属中以接近声速的速度扩展。通常，裂纹更易沿特定的晶面扩展、劈开，称为解理断裂，这些特定晶面称为解理面，多是面间距较大、键合较弱而易于开裂的低指数面。如在体心立方金属中，解理面通常为 ｛100｝ 晶面；密排六方金属的解理面为 ｛0001｝。此外，当脆性相（碳化物、氮化物）沿晶界析出时，或者当 S、P、N、Sn 等杂质元素或 Ni、Mn、Si、Cr、Cu、V、B 等合金元素在晶界偏聚时，裂纹可能沿弱化的晶界扩展，造成沿晶脆性断裂。

　　脆性断裂可通过宏观断口观察出来。通常，断口是齐平的并垂直于外加拉应力。如果是解理断裂，新鲜的断口都是晶粒状的，可以看到许多强烈反光的小平面，即解理面。微观断口形貌特征是"河流花样"，如图 6-41 所示。"河流花样"是如何形成的呢？下面来看解理裂纹的形成和扩展过程。解理初裂纹的形成与塑性变形有关。例如，在体心立方金属中，某个晶粒内的位错沿滑移面 (011) 和 $(0\overline{1}1)$ 运动，在滑移面交叉处形成位错塞积，造成应力集中，如图 6-42 所示。若此应力集中不能通过其他方式松弛，就会在 (001) 晶面上形成初裂纹，(001) 晶面即为解理面。解理初裂纹在晶粒内部的扩展还是比较容易的，但由于各个晶粒的空间位向不同，解理初裂纹扩展到晶界后，会受到晶界的阻碍，在晶界附近造成很大的应力集中，使得在相邻晶粒内与初裂纹所在晶面相交的解理面上形成新的裂纹源，如图 6-43 所示。此时的解理面是一组相互平行且处于不同高度的晶面。当这些解理裂纹向前扩展并相互接近时，其间连接的金属因承受很大的应力而很快被撕裂，形成解理台阶或撕裂棱。解理裂纹继续扩展的过程中，解理台阶相互汇合，因此，在电子显微镜下可以看到由这些高低不平的解理台阶组成的"河流花样"，并且"河流"都发源于晶界（图 6-41）。解理裂纹在此后的扩展过程中还会遇到晶界的阻碍，但由于此时的裂纹尺寸较大，因此，克服晶界阻力所需的应力要小于克服第一个晶界所需的应力。由此可见，解理初裂纹一旦通过晶界扩展就能很快继续扩展，直到造成金属断裂。

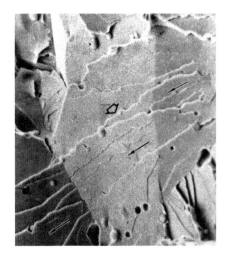

图 6-41　解理断裂微观断口形貌——河流花样

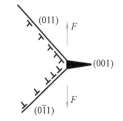

图 6-42　解理初裂纹形成示意图

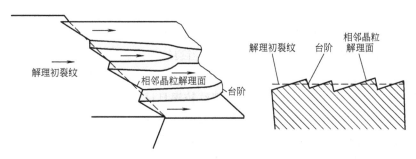

图 6-43　河流花样形成示意图

沿晶脆性断裂的宏观断口呈细瓷状，较亮，也可看到许多强烈反光的小刻面。微观断口形貌特征为"冰糖状"，每一个断裂晶粒表面清洁光滑，棱角清晰，有很强的多面体感，如图 6-44 所示。

塑性断裂前需要大量的能量，相反，如果不存在吸收能量的机制，就会发生脆性断裂。严格地说，一般金属断裂前不发生塑性变形的现象是不存在的。故此分类只有相对意义，但在工程中具有重要的指导作用。

三、影响材料断裂的基本因素

不同的材料，可能有不同的断裂方式，但是断裂属于塑性断裂还是脆性断裂，不仅与材料的化学成分和组织结构有关，而且受加载方式、工作环境的影响。

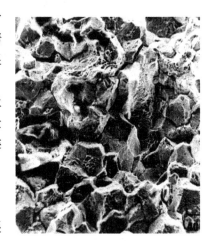

图 6-44　沿晶脆性断裂微观断口形貌

塑性材料在一定的条件下可以是脆性断裂，而脆性材料在一定条件下也表现出一定的塑性，如在室温拉伸时呈脆性断裂的铸铁等材料，在压应力的作用下却有一定的塑性。因此在生产实际中，拉伸时呈脆性断裂的材料通常只用来制造在受压状态下工作的零件，而不用来制造重要零件。可见，研究影响材料断裂的因素对工程实际应用十分重要。下面扼要介绍几个主要影响因素。

（一）裂纹和应力状态的影响

对大量脆性断裂事故的调查表明，大多数断裂是由材料中存在的微小裂纹和缺陷引起的。为了说明裂纹的影响，可做下述试验。将屈服强度 $R_{p0.2}$ 为 1400MPa 的高强度钢板状试样中部预制不同深度的半椭圆表面裂纹，裂纹平面垂直于拉伸应力，求出裂纹深度 a 与实际断裂强度 σ_c 的关系，如图 6-45 所示。

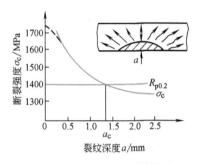

图 6-45　一种高强度钢断裂强度与表面裂纹深度的关系

由图可以看出，随着裂纹深度的增大，试样的断裂强度逐渐下降，当裂纹深度达到 a_c 时，则 $\sigma_c = R_{p0.2}$。当 $a < a_c$ 时，$\sigma_c > R_{p0.2}$，意味着此时发生塑性断裂；当 $a > a_c$ 时，$\sigma_c < R_{p0.2}$，发生脆性断裂。由于高强度钢对裂纹十分敏感，所以用它制造零件时，必须从断裂的角度考虑其承载能力，如只根据其屈服强度或抗拉强度来设计，往往出现低应力断裂事故。

但是这种断裂与完全脆性断裂有本质上的区别。裂纹的存在能引起应力集中，且产生复杂的应力状态。断裂力学分析表明（图 6-46），当裂纹深度较小且靠近试样表面时，裂纹尖端区域仅在试样宽、长方向分别受 σ_x、σ_y 的作用，与板垂直方向的应力 $\sigma_z = 0$，应力状态是二维平面型时，称为平面应力状态。但当裂纹较深且试样厚度较大时，则 $\sigma_z \neq 0$，所以应力是三维的，处于三向拉伸状态。当板厚相当大时，三向拉伸状态达到极限状态，即与板垂直的 z 向应变为零，而应力最大，这种应力状态称为平面应变状态。此时在外力作用下裂纹尖端区域的应力很快超过材料的屈服强度，形成一个塑性变形区，微孔很容易在此区形成、扩大，并与裂纹连接，导致裂纹扩展。对于高强度材料，其塑性较差，并且在裂纹尖端区域出现析出相质点的概率很大，因此，一旦在裂纹尖端附近形成一个不大的塑性变形区后，此区的析出相质点附近就可能形成微孔并导致裂纹扩展，直至断裂。此时整个裂纹截面的平均应力 σ_c 仍低于 $R_{p0.2}$。这就是说，含裂纹的高强度材料往往表现出低应力断裂，但断裂源于微孔聚集方式，微观断口形貌仍具有韧窝特征。

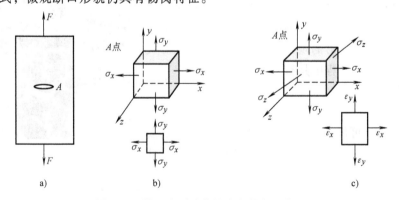

图 6-46　缺口或裂纹尖端应力状态示意图

a）带裂纹的拉伸试样　b）平面应力状态　c）平面应变状态

由此可见，由于裂纹的存在，改变了应力状态，也就改变了构件的断裂行为。同样，由于受载方式不同，而造成应力状态的改变，也能改变材料的断裂行为。例如，在拉伸或弯曲时很脆的材料（如大理石），在受三向压应力时，却表现出良好的塑性。

（二）温度的影响

研究发现，中、低强度钢的断裂过程都有一个重要现象，就是随着温度的降低，都有从塑性断裂逐渐过渡为解理断裂的现象。尤其是当试件上带有缺口和裂纹时，更加剧了这种过渡倾向。这就是说，在室温拉伸时呈塑性断裂的中、低强度钢材，在较低的温度下可能产生解理断裂，其断裂应力可能远远低于室温的屈服强度。因此，当使用此种钢材时，必须注意温度这一影响因素。

这种塑性断裂向脆性断裂的过渡可用一个简单的示意图（图 6-47）来说明。中、低强度钢光滑试样的屈服极限 R_{eL} 随着温度的下降而升高，而解理裂纹扩展所需的临界应力值 σ_f 则基本不变。因此，存在着一个两应力相等的温度 T_c。当 $T>T_c$ 时，$\sigma_f>R_{eL}$，当应力达到 R_{eL} 时就产生塑性变形，也导致微裂纹的形成，但裂纹还不能扩展。只有当应力达到裂纹扩展所需的临界应力时才能造成断裂，即试样要经一定量的塑性变形后才断裂，此时为塑性断裂；当 $T<T_c$ 时，$\sigma_f<R_{eL}$，当应力达到 σ_f 时并不发生断裂，因为此时金属中尚无裂纹，只有当应力增加到 R_{eL} 时，裂纹才能形成，随即迅速扩展，导致解理断裂。一般将此温度称为脆性转折温度。当试样中存在裂纹及缺口时，会使脆性转折温度升高。

通常用带缺口的试样进行系列冲击试验来测定这一温度。图 6-48 所示为冲击韧度随温度的变化曲线。从图中可以看出，当温度降至某一数值时，试样急剧脆化，这个温度就是脆性转折温度。高于这一温度，材料呈塑性断裂；低于这一温度，则为脆性的解理断裂。

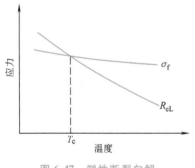

图 6-47　塑性断裂向解
理断裂过渡的示意图

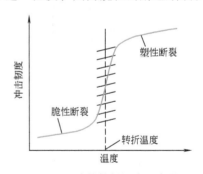

图 6-48　脆性转折温度示意图

脆性转折温度一般是一个范围，它的宽度和高低与金属的晶体结构、晶粒大小、应变速率、应力状态、化学成分、杂质元素等因素有关。一般来说，体心立方金属冷脆断裂倾向大，温度高，密排六方金属次之，面心立方金属由于滑移系较多、屈服强度较低且对温度变化不敏感，基本上没有这种低温脆性。晶粒越细，裂纹形成和扩展的阻力越大，所以细化晶粒可使脆性转折温度降低。此外，含碳量增加可使脆性转折温度急剧升高，而合金元素 Mn 和 Ni 具有显著降低脆性转折温度的作用。脆性转折温度对于压力容器、桥梁、船舶结构和低温下服役的零件用钢是非常重要的。一般地，当含碳量 $w_C \leqslant 0.25\%$ 时，杂质含量和合金元素含量不同的钢，其脆性转折温度不同。其中，碳素结构钢为 $-20 \sim 0^{\circ}C$，优质碳素结构钢为 $-40 \sim -20^{\circ}C$，低合金钢（合金元素总含量 $w \leqslant 5\%$）为 $-100 \sim -25^{\circ}C$。

（三）其他影响因素

如不考虑材料本身因素，影响材料断裂的外界因素还很多。例如，环境介质对断裂有很大影响，某些金属与合金在腐蚀介质和拉应力的同时作用下，产生应力腐蚀断裂。金属材料经酸洗、电镀，或从周围介质中吸收了氢之后，产生氢脆断裂。变形速度的影响比较复杂，一方面，变形速度增加，使金属加工硬化严重，因而塑性降低；但另一方面又使变形热来不及散出，促使加工硬化消除而提高塑性。至于哪个因素占主导地位，要视具体情况而定。

四、断裂韧度及其应用

工程上的脆断事故，总是由材料中的裂纹扩展引起的。这些裂纹可能是冶金缺陷，或在加工过程中产生，也可能在使用过程中产生，因而是难以避免的。而材料的断裂应力，与存在于材料中的裂纹和缺陷有密切关系。断裂力学就是根据材料和物件中不可避免地存在裂纹这一客观实际研究裂纹的扩展规律，并确定反映材料抵抗裂纹扩展能力的指标及测定方法。

在外力的作用下，材料中的裂纹扩展方式可能有三种类型，如图 6-49 所示。其中第一种类型称为张开型（Ⅰ型），其外加应力与裂纹表面相垂直，即外力沿 y 轴方向，裂纹扩展沿 x 轴方向。这是工程上最常见和最易造成低应力断裂的裂纹扩展类型。第二种类型是滑开型（Ⅱ型），第三种类型称为撕开型（Ⅲ型）。相应的三种断裂方式分别称为Ⅰ型、Ⅱ型、Ⅲ型断裂。由于最危险的断裂是张开型（Ⅰ型），所以下面利用线弹性断裂力学研究它的断裂条件。

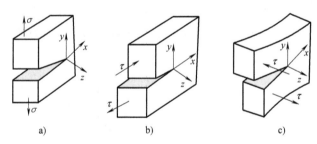

图 6-49　裂纹扩展的三种类型

a）张开型　b）滑开型　c）撕开型

假设在均匀厚度的无限宽的弹性板中，有一长度为 $2a$ 的穿透裂纹，垂直于裂纹方向作用均匀的单向拉伸应力 σ，如图 6-50 所示，则在裂纹尖端任意点 A 的应力分量为

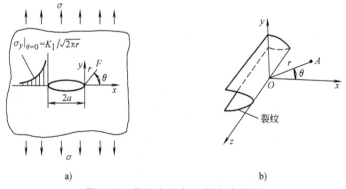

图 6-50　裂纹尖端点 A 的应力状态

$$\sigma_x = \sigma\sqrt{\frac{\pi a}{2\pi r}}\cos\frac{\theta}{2}\left(1-\sin\frac{\theta}{2}\sin\frac{3\theta}{2}\right)$$

$$= \frac{K_I}{\sqrt{2\pi r}}\cos\frac{\theta}{2}\left(1-\sin\frac{\theta}{2}\sin\frac{3\theta}{2}\right)$$

$$\sigma_y = \sigma\sqrt{\frac{\pi a}{2\pi r}}\cos\frac{\theta}{2}\left(1+\sin\frac{\theta}{2}\sin\frac{3\theta}{2}\right)$$

$$= \frac{K_I}{\sqrt{2\pi r}}\cos\frac{\theta}{2}\left(1+\sin\frac{\theta}{2}\sin\frac{3\theta}{2}\right)$$

$$\sigma_z = 0 \quad （平面应力状态）$$
$$\sigma_z = \nu(\sigma_x+\sigma_y) （平面应变状态）$$

$$\tau_{xy} = \sigma\sqrt{\frac{\pi a}{2\pi r}}\sin\frac{\theta}{2}\cos\frac{\theta}{2}\cos\frac{3\theta}{2}$$

$$= \frac{K_I}{\sqrt{2\pi r}}\sin\frac{\theta}{2}\cos\frac{\theta}{2}\cos\frac{3\theta}{2}$$

式中，θ 与 r 为点 A 的极坐标，由它们确定点 A 相对于裂纹尖端的位置；σ 为远离裂纹并与裂纹面平行的截面上的正应力（名义应力）；ν 为泊松比。

由上式可知，如果 A 点位于裂纹延长线即 x 轴上，$\theta=0$，$\sin\theta=0$，因而

$$\sigma_y = \sigma_x = \frac{K_I}{\sqrt{2\pi r}}$$

$$\tau_{xy} = 0$$

即裂纹所在平面上的切应力为零，拉伸正应力最大，故裂纹容易沿该平面扩展。

各应力分量中均有一个共同因子 K_I（$K_I=\sigma\sqrt{\pi a}$）。对于裂纹尖端任意给定点，其坐标 r、θ 都有确定值，这时该点的应力分量完全取决于 K_I。因此 K_I 表示在名义应力作用下，含裂纹体处于弹性平衡状态时，裂纹尖端附近应力场的强弱。故 K_I 是表示裂纹尖端应力强弱的因子，简称应力强度因子。

当外加应力达到临界值 σ_c 时，裂纹开始失稳扩展，引起断裂，相应地，K_I 值达到临界值 K_C，这个临界应力强度因子 K_C 称为材料的断裂韧度，可通过试验测出，它是表示材料抵抗裂纹失稳扩展能力的力学性能指标，反映了含裂纹材料的承载能力。对于同一种材料来说，K_C 取决于试样的厚度：随着试样厚度的增加，K_C 单调减小至一常数 K_{IC}，这时裂纹尖端区域处于平面应变状态，K_{IC} 称为平面应变断裂韧度。由于 K_{IC} 值与试样厚度无关，因此反映了材料本身的特性。一般来说，钢的 K_{IC} 值为 $50\sim90$ MPa·m$^{1/2}$，工程陶瓷的 K_{IC} 值为 $3.6\sim12$ MPa·m$^{1/2}$，工程塑料的 K_{IC} 值为 $2.2\sim3.0$ MPa·m$^{1/2}$。工程上常根据 $K_{IC}=\sigma_c\sqrt{\pi a}$ 分析计算一些实际问题，为选材和设计提供依据。现分述如下：

1. 确定构件的安全性

根据探伤测定构件中的缺陷尺寸，并确定构件工作应力后，即可计算出裂纹尖端应力强度因子 K_I。如果 $K_I < K_{IC}$，则构件是安全的，否则将有脆断危险。

根据传统计算方法，为了提高构件的安全性，总是加大安全系数，这势必会提高材料的强度等级。对于高强度钢来说，往往导致低应力断裂。例如某一部件，本来设计工作应力为 1400MPa，由于提出 1.5 安全系数，就必须采用 2100MPa 高屈服强度的材料，这种高强度钢

材的 K_{IC} 值一般为 47.5MPa·m$^{1/2}$。对 1mm 长的裂纹而言，则依据上式计算断裂应力 σ_c = 1200MPa。这就是说，远在设计应力 1400MPa 以下就要发生断裂。反之，如将安全系数降为 1.2，则此时所需钢材的屈服强度为 1700MPa，其 K_{IC} 可达 79.3MPa·m$^{1/2}$ 左右，对于同样长的裂纹，计算出断裂应力为 2000MPa。由此可见，工作应力 1400MPa 是绝对安全的，为了保证构件安全，目前有降低安全系数的趋势。

2. 确定构件承载能力

若试验测定了材料的断裂韧度 K_{IC}，探伤测出材料中最大裂纹尺寸，这样就可根据 $\sigma_c = \dfrac{K_{IC}}{\sqrt{\pi a}}$ 计算出断裂应力，从而确定构件的承载能力。

3. 确定临界裂纹尺寸 a_c

若已知材料的断裂韧度 K_{IC} 和构件的工作应力，则可计算出材料中允许的裂纹临界尺寸：$a_c = \dfrac{K_{IC}^2}{\pi \sigma_c^2}$。如果探伤测出的实际裂纹 $a < a_c$，则构件是安全的，由此可建立相应的质量验收标准。

基本概念

晶体的滑移；滑移系；滑移的临界分切应力；单（系）滑移；多（系）滑移；交滑移；位错滑移；位错增殖；运动位错的交割；运动位错的塞积；晶体的孪生；滑移带；孪生带；晶界强化/细晶强化；固溶强化；第二相强化；形变强化/加工硬化；残余应力

习　题

6-1　锌单晶体试样截面面积 $A = 78.5\text{mm}^2$，经拉伸试验测得的有关数据如下表：

屈服载荷/N	620	252	184	148	174	273	525
ϕ 角/(°)	83	72.5	62	48.5	30.5	176	7.5
λ 角/(°)	25.5	26	38	46	63	74.8	82.5
τ_K							
$\cos\lambda\cos\phi$							

1）根据以上数据求出临界分切应力并填入上表。

2）求出屈服载荷下的取向因子，作出取向因子和屈服应力的关系曲线，说明取向因子对屈服应力的影响。

6-2　有一 70MPa 的拉应力作用在 FCC 单晶体的 [001] 方向，求分别作用在 (111)[10$\bar{1}$] 和 (111)[$\bar{1}$10] 滑移系上的分切应力。

6-3　画出铜晶体的一个晶胞，在晶胞上指出：

1）发生滑移的一个晶面。

2）在这一晶面上发生滑移的一个方向。

3）滑移面上的原子密度与 {001} 等其他晶面相比有何差别。

4）沿滑移方向的原子间距与其他方向相比有何差别。

6-4　室温下铜单晶体滑移系 {111} <110>的临界分切应力为 0.98MPa。若沿其［001］晶向施加拉伸应力，则：

1）需要多大的拉伸应力才能使铜单晶开始塑性变形？该铜单晶的塑性变形是以单滑移还是多滑移方式进行？

2）若该铜单晶有一外表面为（001）晶面，试描述这个外表面出现的滑移线分布特点。

6-5　某单晶体拉伸前 λ 为 45°，拉伸后 λ′为 30°，则拉伸后该单晶体的伸长率是多少？

6-6　试用多晶体的塑性变形过程说明金属晶粒越细强度越高、塑性越好的原因是什么？

6-7　口杯由低碳钢板冲压而成，如果钢板的晶粒大小很不均匀，那么冲压后常常发现口杯底部出现裂纹，这是为什么？

6-8　说明合金中不可变形颗粒的强化作用。

6-9　滑移和孪生有何区别？试比较它们在塑性变形过程中的作用。

6-10　试述金属经塑性变形后组织结构与性能之间的关系，阐明加工硬化在机械零构件生产和服役过程中的重要意义。

6-11　金属材料经塑性变形后为什么会保留残余应力？研究这部分残余应力有什么实际意义？

6-12　何谓脆性断裂和塑性断裂？若在材料中存在裂纹，试述裂纹对脆性材料和塑性材料断裂过程的影响。

6-13　何谓断裂韧度？它在机械设计中有何功用？

6-14　为什么常温下工程陶瓷断裂前不发生塑性变形？

Chapter 7

第七章
形变金属材料的回复与再结晶

金属材料经塑性变形后，强度、硬度升高，塑性、韧性下降，这对于拉拔、轧制、挤压等成形工艺是重要的，但给进一步的冷成形加工带来困难，生产中常常需要将金属材料加热进行退火处理，以使其性能向塑性变形前的状态转化：塑性、韧性提高，强度、硬度降低。本章主要讨论经塑性变形后的金属材料在加热时微观结构发生转变的过程，包括回复、再结晶和晶粒长大。了解这些过程发生和发展的规律，对控制和改善形变金属材料的微观结构和性能具有重要意义。

中国创造：笔
头创新之路

第一节　形变金属材料在退火过程中的变化

金属材料在塑性变形时所消耗的功，绝大部分转变成热而散发掉，只有一小部分能量以弹性应变和增加晶体缺陷（空位和位错等）的形式储存起来。形变温度越低，形变量越大，则形变储存能越高。其中，弹性应变能只占形变储存能的一小部分，为 3%～12%；晶体缺陷所储存的能量称为畸变能，主要是位错能和空位能。由于形变储存能的存在，使塑性变形后的金属材料的自由能升高，在热力学上处于亚稳状态，具有向形变前的稳定状态转化的趋势。在常温下，原子的活动能力很小，形变金属材料的亚稳状态可维持相当长的时间而不发生明显变化。如果温度升高，原子有了足够高的活动能力，那么，形变金属材料就可由亚稳状态向稳定状态转变，从而引起一系列的微观结构和性能变化。可见，储存能的降低是这一转变过程的驱动力。

形变金属材料的微观结构和性能在加热时逐渐发生变化，向稳定态转变，这个过程称为退火。典型的退火过程，随保温时间的延长或温度的升高，可分为回复、再结晶和晶粒长大三个阶段。这三个阶段往往交错在一起，此处先进行概括介绍，然后再分别进行讨论。

一、显微组织的变化

将塑性变形后的金属材料加热到 $0.5T_m$ 温度附近，进行保温，随着时间的延长，金属的组织将发生一系列的变化，这种变化可以分为三个阶段，如图 7-1 所示。第一阶段为 0～t_1，在这段时间内从显微组织上几乎看不出任何变化，晶粒仍保持伸长的纤维状，称为回复阶段；第二阶段为 t_1～t_2，从 t_1 开始，在变形的晶粒内部开始出现新的小晶粒，随着时间的延长，新晶粒不断出现并长大，这个过程一直进行到塑性变形后的纤维状晶粒完全改组为新

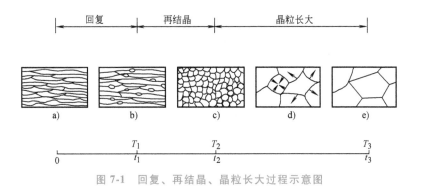

回复　　　再结晶　　　　　　晶粒长大

a)　　　b)　　　c)　　　d)　　　e)

图 7-1　回复、再结晶、晶粒长大过程示意图

的等轴晶粒为止，称为再结晶阶段；第三阶段为 $t_2 \sim t_3$，新的晶粒逐步相互吞并而长大，直到 t_3，晶粒长大到一个较为稳定的尺寸，称为晶粒长大阶段。

若将保温时间确定不变，而使加热温度由低温逐步升高，也可以得到相似的三个阶段，$0 \sim T_1$ 为回复阶段，$T_1 \sim T_2$ 为再结晶阶段，$T_2 \sim T_3$ 为晶粒长大阶段。

二、形变储存能的变化

在加热过程中，形变金属材料的原子具备了足够高的扩散能力，能量较高的原子可向能量较低的平衡位置迁移，由此逐渐释放储存能。利用差示扫描量热仪，通过测量冷变形金属与未变形金属试样在升温速度相同时的功率差，可测定释放的储存能，得到如图 7-2 所示的功率差-温度关系曲线，曲线下的面积正比于释放的能量，回复和再结晶的驱动力来自于形变储存能的降低。由图可知，变形量较小的试样曲线上出现 3 个释放能量峰，从低温到高温依次对应冷变形金属试样的低温回复、高温回复和再结晶；变形量较大的试样发生再结晶的温度较低，并且高温回复峰与再结晶峰重叠。

三、残余应力和性能的变化

图 7-3 定性地说明了加热过程中形变金属材料残余应力、性能和晶粒大小的变化。在回复阶段，大部分甚至全部的第一类内应力得到消除，第二类和第三类内应力只能部分消除；发生再结晶后，因冷塑性变形而产生的残余应力可以完全消除。

在回复阶段，形变金属材料的强度和硬度略微降低，塑性和韧性略微提高；在再结晶阶段，强度和硬度显著降低，塑性和韧性显著提高。说明形变金属材料的位错密度在回复阶段略微减小而在再结晶阶段显著减小。

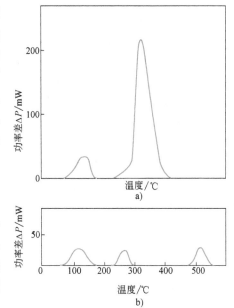

图 7-2　不同变形量的纯镍试样功率差-
温度关系曲线
a) 压缩量 70%　b) 压缩量 10%

形变金属材料的电阻率和应力腐蚀倾向随加热温度的升高而不断减小，密度则随加热温度的升高而不断增大，并且在回复阶段即发生较明显的变化。这与晶体中空位浓度的降低和位错密度的减小有关。

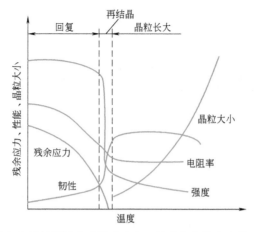

图 7-3 形变金属材料退火时残余应力、性能和晶粒大小的变化示意图

第二节 回 复

一、退火温度和时间对回复过程的影响

回复是指冷塑性变形的金属在加热时，在光学显微组织发生改变前（即在再结晶晶粒形成前）所产生的某些亚结构和性能的变化过程。回复通常指冷塑性变形金属在退火处理时，其组织和性能变化的早期阶段。此时的硬度和强度等力学性能变化很小，但电阻率显著减小。图 7-4 所示为经拉伸变形后的纯铁在不同温度下回复时，屈服强度随退火时间的变化。图中纵坐标表示剩余加工硬化分数 $1-R$，其中 $R=(\sigma_m-\sigma_r)/(\sigma_m-\sigma_0)$，$\sigma_0$ 是纯铁经充分退火后的屈服强度，σ_m 是冷变形后的屈服强度，σ_r 是冷变形后经不同规程回复处理的屈服强度。显然 $1-R$ 越小，则 R 越大，表示回复的程度越大。

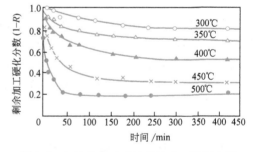

图 7-4 经拉伸变形后的纯铁在不同温度下回复时，屈服强度随退火时间的变化

从图中的各条曲线可以看出，回复的程度是温度和时间的函数。温度越高，回复的程度越大。当温度一定时，回复的程度随时间的延长而逐渐增加。但在回复初期，变化较大，随后就逐渐变慢，当达到了一个极限值后，回复也就停止了。在每一温度，回复程度大都有一个相应的极限值，温度越高，这个极限值越大，同时达到这个极限值所需的时间越短。达到极限值后，进一步延长回复退火时间，没有太大的实际意义。

二、回复机制

一般认为，回复是空位和位错在退火过程中发生运动，从而改变了它们的数量和组态的过程。

在低温回复时，主要涉及空位的运动，它们可以移至表面、晶界或位错处消失，也可以聚合起来形成空位对、空位群，还可以与间隙原子相互作用而消失。总之，空位运动的结果是空位密度大大减小。由于电阻率对空位比较敏感，所以它的数值有较显著的下降，而力学性能对空位的变化不敏感，所以不出现变化。

在较高温度回复时，主要涉及位错的运动。此时不仅原子有很大的活动能力，而且位错也开始运动起来：同一滑移面上的异号位错可以互相吸引而湮灭。当温度更高时，位错不但可以滑移，而且可以攀移，发生多边化。多边化是冷变形金属加热时，原来处在滑移面上的位错，通过滑移和攀移，形成与滑移面垂直的亚晶界的过程。多边化的驱动力来自弹性应变能的降低。冷变形后，单晶体中同号的刃型位错处在同一滑移面时它们的应变能是相加的，可能导致晶格弯曲（图 7-5a）；而多边化后，上下相邻的两个同号刃型位错之间的区域内，上面位错的拉应变场正好与下面位错的压应变场相叠加，互相部分地抵消，从而降低了系统的应变能（图 7-5b）。

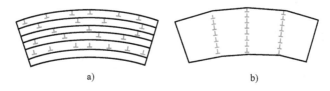

a)　　　　　　　　　　　　b)

图 7-5　多边化前、后刃型位错的排列情况

a）多边化前　b）多边化后

发生多边化时，除了需要位错的滑移（沿滑移面运动）外，还需要位错的攀移，如图 7-6 所示。所谓攀移是指在较高温度和正应力作用下，刃型位错沿垂直于滑移面的方向运动，如图 7-7 所示。如果额外半原子面下端的原子扩散出去，或者与空位交换位置，就会使位错线的一部分或整体移到另一个新的滑移面上（即额外半原子面缩短），这种运动称为正攀移。相反，假若原子扩散至额外半原子面下端，使额外半原子面扩大，称为负攀移。

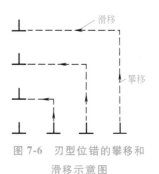

图 7-6　刃型位错的攀移和滑移示意图

可见，攀移相当于额外半原子面的收缩或扩张，通常要依靠原子的扩散过程才能实现，因此比滑移要困难得多，只有在较高的温度下原子的扩散能力足够大时攀移才易于进行。显然，作用在半原子面上的压应力有助于"正攀移"，而拉应力有助于"负攀移"。

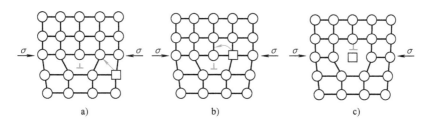

a)　　　　　　　　　　b)　　　　　　　　　　c)

图 7-7　刃型位错正攀移示意图

多边化完成后，亚晶粒会长大。这是因为两个取向差小的亚晶界合并成一个取向差较大的亚晶界，也可降低能量。

三、亚结构的变化

金属材料经多滑移变形后形成胞状亚结构，胞内位错密度较低，胞壁处集中着缠结位错，位错密度很高。在回复退火阶段，当用光学显微镜观察其显微组织时，看不到有明显的变化。但当用电子显微镜观察时，则可看到胞状亚结构发生了显著的变化。图 7-8 所示为纯铝多晶体进行回复退火时亚结构变化的电镜照片。在回复退火之前的冷变形状态，缠结位错构成了胞状亚结构的边界（图 7-8a）。经短时回复退火后，空位密度大大下降，胞内的位错向胞壁滑移，与胞壁内的异号位错相遇而湮灭，位错密度有所下降（图 7-8b）。随着回复过程的进一步发展，由于发生多边化，胞壁中的位错逐渐形成低能态的位错网络，胞壁变得比较明晰而成为亚晶界（图 7-8c），接着这些亚晶粒通过亚晶界的迁移而逐渐长大（图 7-8d），亚晶粒内的位错密度则进一步下降。回复温度越低，变形度越大，则回复后的亚晶粒尺寸越小。

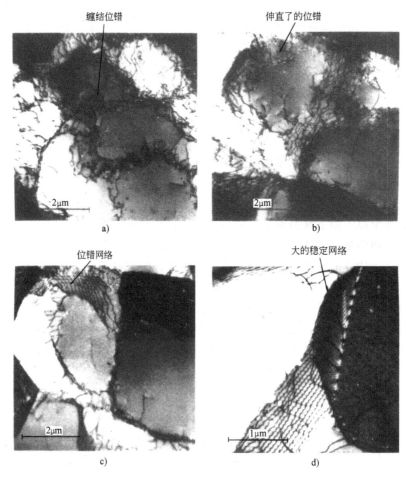

图 7-8 纯铝多晶体（冷变形 5%）在 200℃回复退火时亚结构变化的电镜照片
a）回复退火前的冷变形状态 b）回复退火 0.1h c）回复退火 50h d）回复退火 300h

四、回复退火的应用

回复退火在工程上称为去应力退火，使冷加工的金属件在基本上保持加工硬化状态的条件下降低其内应力（主要是第一类内应力），减轻工件的翘曲和变形，降低电阻率，提高材料的耐蚀性并改善其塑性和韧性，提高工件使用时的安全性。例如，在第一次世界大战时，经深冲成形的黄铜弹壳，放置一段时间后自动发生晶间开裂（称为季裂）。经研究，这是由于冷加工残余内应力和外界的腐蚀性气氛的联合作用而造成的应力腐蚀开裂。要解决这一问题，只需在深冲加工之后于260℃进行去应力退火，消除弹壳中残余的第一类内应力，这一问题即迎刃而解。又如用冷拉钢丝卷制弹簧，在卷成之后，要在250～300℃进行去应力退火，以降低内应力并使之定形，而硬度和强度则基本保持不变。此外，对于铸件和焊接件都要及时进行去应力退火，以防止其变形和开裂。对于精密零件，如机床厂制造机床丝杠时，在每次车削加工之后，都要进行去应力退火处理，防止变形和翘曲，保持尺寸精度。

第三节 再 结 晶

一、退火温度和时间对再结晶过程的影响

形变金属材料加热到一定温度或保温一段时间后，在原来的变形组织中产生了无畸变的新晶粒，位错密度显著减小，性能发生显著变化，并恢复到冷变形前的水平，这个过程称为再结晶。

将形变金属材料（纯铁）在一定温度下进行退火，用金相法测定发生再结晶百分数随时间的变化，得到如图7-9所示的再结晶等温动力学曲线。可以看出，形变金属材料发生再结晶需要孕育期；再结晶开始时速度很慢，再结晶百分数约为50%时速度最快，之后随再结晶百分数增加，速度又逐渐减慢；退火温度越高，孕育期越短，再结晶过程加速。

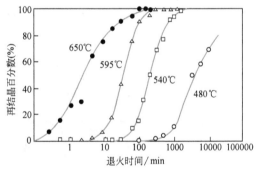

图 7-9　纯铁的再结晶等温动力学曲线

再结晶的驱动力与回复一样，也是冷塑性变形所产生的形变储存能的降低。随着储存能的释放，以及新的无畸变的等轴晶粒的形成和长大，金属材料在热力学上更为稳定。图7-10所示为再结晶过程中新晶粒的形核和长大过程示意图，影线部分代表形变金属材料被伸长的晶粒，白色部分代表无畸变的新晶粒。从图中可以看出，再结晶不是一个简单地恢复到冷变形前组织的过程，两者的晶粒大小也不一定相同。需要注意的是，形变金属材料的再结晶不是多晶型转变，更不是固态相变——再结晶前后各晶粒的化学成分和晶体结构是不变的。

二、再结晶晶核的形成与长大

（一）形核

大量的试验结果表明，再结晶晶核总是形成于高畸变能区域的内界面上，如相界、晶界、孪晶界或亚晶界，塑性变形的不均匀性和回复阶段发生的多边化为再结晶形核提供了必要准备。人们根据不同变形量的金属材料发生再结晶的试验结果，提出了不同的再结晶形核机制。

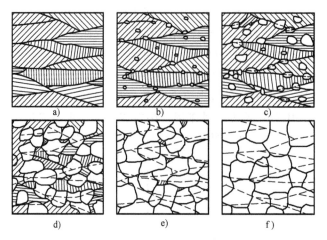

图 7-10　再结晶过程示意图

1. 晶界凸出形核机制

晶界凸出形核又称为晶界弓出形核，当金属材料的变形程度较小（约小于 40%）时，再结晶晶核常以这种方式形成。由于变形程度小，所以金属的变形很不均匀，有的晶粒变形量大，位错密度也大；有的晶粒变形量小，位错密度也小。回复退火后，它们的亚晶粒大小也不同。当再结晶退火时，在显微镜下可以直接观察到，晶界中的某一段就会向亚晶粒细小、位错密度高的一侧弓出，被这段晶界扫过的区域，位错密度下降，成为无畸变的晶体，这就是再结晶晶核（图 7-11a）。

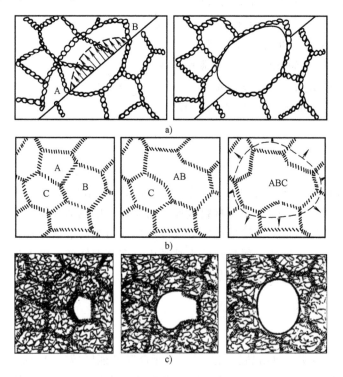

图 7-11　再结晶形核机制示意图

a）晶界凸出形核　b）亚晶粒合并形核　c）亚晶界移动形核

2. 亚晶长大形核机制

亚晶长大形核一般在大的变形程度下发生。前面曾经指出，在回复阶段，塑性变形所形成的胞状组织经多边形化后转变为亚晶，其中有些亚晶粒会逐渐长大，发展成为再结晶的晶核。大量的试验观察证明，这种亚晶长大成为再结晶晶核的方式可能有两种，其一为亚晶合并形核，即相邻亚晶界上的位错，通过攀移和滑移，转移到周围的晶界或亚晶界上，导致原来亚晶界的消失，然后通过原子扩散和位置的调整，终于使两个或更多个亚晶粒的取向变为一致，合并成为一个大的亚晶粒，成为再结晶的晶核，如图 7-11b 所示，图中的 A、B、C 三个亚晶粒合并成一个再结晶晶核。其二为亚晶界移动形核（图 7-11c），它是依靠某些局部位错密度很高的亚晶界的移动，吞并相邻的形变组织和亚晶而成长为再结晶晶核的。

无论是亚晶合并形核，还是亚晶界移动形核，它们都是依靠消耗周围的高能量区才能长大成为再结晶晶核的。因此，变形程度的增大产生了更多的高能量区，从而有利于再结晶晶核的形成。

（二）长大

当再结晶晶核形成之后，它就可以自发、稳定地生长。晶核在生长时，其界面总是向畸变区域迁移。界面迁移的驱动力是无畸变的新晶粒与周围基体的畸变能差。界面迁移的方向总是背离界面曲率中心（图 7-11）。当旧的畸变晶粒完全消失，全部被新的无畸变的再结晶晶粒所取代时，再结晶过程即告完成，此时的晶粒即为再结晶晶粒。

三、再结晶温度及其影响因素

从热力学角度来说，只要形变储存能的降低大于再结晶形核和长大所引起的界面能增加，再结晶就可以发生。从动力学角度来说，再结晶形核和长大都需要原子的扩散，需要将形变金属材料加热到足以激活原子扩散的一定温度，再结晶过程才能进行。再结晶可以在很宽的温度范围发生，生产中定义再结晶温度为：经严重冷变形（变形程度≥70%）的金属材料在 1h 的保温时间内能够完成再结晶（再结晶百分数≥95%）的温度。再结晶温度不是一个物理常数，随着金属的冷变形量、纯度和退火保温时间等条件的不同，再结晶温度可在一定范围内变化。大量的试验结果统计表明，金属材料的再结晶温度与其熔点之间存在以下经验关系

$$T_再 \approx \delta T_m$$

式中，$T_再$、T_m 均以热力学温度表示；δ 为一系数。对于工业纯金属，δ 值为 0.35~0.4；对于高碳钢，δ 值为 0.7~0.85。表 7-1 列出了一些工业纯度和高纯度金属的再结晶温度。

表 7-1　一些工业纯度和高纯度金属的再结晶温度

金　属	T_m/K	工业纯度		高纯度	
		$T_再$/K	$T_再/T_m$	$T_再$/K	$T_再/T_m$
Al	933	423~500	0.45~0.50	220~275	0.24~0.29
Au	1336	475~525	0.35~0.40	—	—
Ag	1234	475	0.38	—	—
Be	1553	950	0.6	—	—
Bi	554	—	—	245~265	0.51~0.52
Co	1765	800~855	0.4~0.46	—	—
Cu	1357	475~505	0.35~0.37	235	0.20

（续）

金 属	T_m/K	工业纯度		高纯度	
		$T_{再}/K$	$T_{再}/T_m$	$T_{再}/K$	$T_{再}/T_m$
Cr	2148	1065	0.50	1010	0.46
Fe	1811	688~725	0.38~0.40	575	0.31
Ni	1729	775~935	0.45~0.54	575	0.30
Mo	2898	1075~1175	0.37~0.41	—	—
Mg	924	375	0.4	250	0.27
Nb	2688	1325~1375	0.49~0.51	—	—
V	1973	1050	0.53	925~975	0.45~0.49
W	3683	1325~1375	0.36~0.38	—	—
Ti	1933	775	≈0.4	723	0.37
Ta	3123	1375	≈0.44	1175	0.37
Pb	600	260	0.42	165	0.28
Pt	2042	725	0.25	—	—
Sn	505	177~192	0.35~0.38	—	—
Zn	692	300~320	0.43~0.46	—	—
Zr	2133	725	0.34	445	0.21
U	1403	625~705	0.44~0.50	545	0.38

再结晶温度在工程上具有重要意义——材料加工时，为消除冷加工金属材料的加工硬化现象需进行再结晶退火，退火温度通常比再结晶温度高出 100~200℃；材料服役时，再结晶温度较高的形变金属材料可在较高温度下保持其强度和硬度。影响再结晶温度的因素有金属的冷变形程度、纯度、第二相颗粒大小和分布、晶粒大小，以及进行再结晶退火时的加热速度和保温时间。凡是增加形变储存能的因素均降低再结晶温度，凡是阻碍原子扩散的因素均有利于提高再结晶温度。简要说明如下：

（1）冷变形程度　金属材料的冷变形程度越大，形变储存能越高，再结晶的驱动力越大，因此再结晶温度越低。但当变形程度增加到一定数值后，再结晶温度趋于一稳定值。

（2）纯度　冷变形金属的纯度越高，再结晶温度越低。这是因为微量溶质原子溶入基体金属后，于位错或晶界处偏聚，阻碍位错的运动和晶界的迁移，同时还阻碍原子的扩散，从而提高再结晶温度。

（3）第二相颗粒　冷变形合金中第二相颗粒的大小和分布对再结晶晶核的形成有重要影响。当第二相颗粒尺寸较大（≥0.3μm）且分布疏散（颗粒间距≥1μm）时，再结晶晶核优先在相界形成。例如，实际生产中经常观察到，钢中再结晶晶核在基体与粒状 Fe_3C 或夹杂物 MnO 的相界上形成。当第二相颗粒尺寸较小且密集分布时，会阻碍再结晶的进行，提高再结晶温度。例如，在耐热钢中加入合金元素 Mo、V、Nb，分别形成 Mo_2C、V_4C_3、VC、NbC 等尺寸很小（<0.1μm）的金属化合物颗粒，可有效地抑制再结晶形核。又如，氧化物弥散强化型（ODS）镍基高温合金是采用粉末冶金方法制备的，加入 Y_2O_3 粉末作为弥散相颗粒，该合金在 1000~1350℃仍不发生再结晶，保持着高强度和高硬度。

（4）晶粒大小　形变金属材料的晶粒越细小，再结晶温度越低。这是由于晶粒越细小，单位体积内晶界总面积越大，则因位错塞积引起晶界上畸变能升高的微区更多，从而提供更多的再结晶形核位置。

（5）加热速度和保温时间　若加热速度十分缓慢时，则变形金属在加热过程中有足够的时间进行回复，使储存能减少，减少了再结晶的驱动力，导致再结晶温度升高，如 Al-Mg 合金缓慢加热时再结晶温度比一般的要高 50～70℃。但极快的加热速度也使再结晶温度升高，如对钛和 Fe-Si 合金进行通电快速加热，其再结晶温度可提高 100～200℃。其原因在于再结晶的形核和长大都需要时间，若加热速度太快，来不及进行形核及长大，所以推迟到更高的温度下才会发生再结晶。在一定范围内升高退火保温时间有利于新的再结晶晶粒的形核和长大，可降低再结晶温度。

四、再结晶晶粒大小的控制

控制形变金属材料再结晶完成后的晶粒大小具有重要的实际意义。再结晶晶粒大小主要取决于金属材料的冷变形程度，如图 7-12 所示，存在一个临界变形程度（2%～10%），致使再结晶晶粒特别粗大；超过此临界变形程度后，变形程度越大，则晶粒越细小；当变形程度达到一定程度后，再结晶晶粒大小基本不变。图 7-13 所示为工业纯铝板经不同程度冷变形后的再结晶晶粒大小照片，验证了上述规律。对于某些金属材料，当变形程度相当大时，再结晶晶粒又会出现粗化的现象，这是二次再结晶造成的，不是普遍现象。

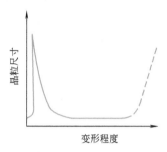

图 7-12　变形程度对再结晶晶粒大小的影响

图 7-13　工业纯铝的再结晶晶粒大小与变形程度的关系

（再结晶退火温度为 550℃，保温时间为 30min）

（变形程度自左至右依次为：1%、2.5%、4%、6%、8%、10%、12%、15%）

粗大材料的晶粒对金属的力学性能十分不利，故在压力加工时，应当避免在临界变形程度范围内进行加工，以免再结晶后产生粗晶。此外，在锻造零件时，如锻造工艺或锻模设计不当，局部区域的变形程度可能在临界变形程度范围内，则退火后造成局部粗晶区，使零件工作时在这些部位破坏。图 7-14 所示为一拉深件，杯底（A 区）未变形，杯壁（B 区）变形程度很大，C 区的变形程度恰好在

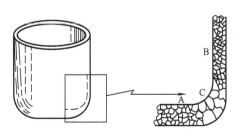

图 7-14　拉深零件退火后的晶粒尺寸变化

临界变形程度范围内，因而退火后 A 区晶粒大小未变，B 区晶粒细化，而 C 区的晶粒则显著粗化。有时为了某种目的，可以利用这种现象制取粗晶粒甚至单晶。

此外，金属材料的原始晶粒细小、溶于基体的微量溶质原子均有利于获得细小的再结晶晶粒，如图 7-15 所示。提高再结晶退火温度，不仅使再结晶晶粒粗大，还会减小临界变形程度的数值，如图 7-16 所示。

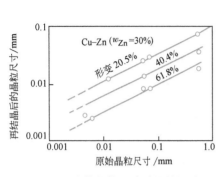

图 7-15 原始晶粒尺寸对再结晶后晶粒大小的影响

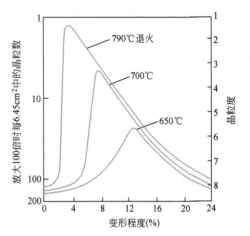

图 7-16 低碳钢（$w_C = 0.06\%$）再结晶晶粒大小与变形程度和再结晶退火温度的关系曲线

第四节 晶 粒 长 大

再结晶阶段刚刚结束时，得到的是无畸变的等轴的再结晶初始晶粒。随着加热温度的升高或保温时间的延长，晶粒之间会发生吞并而长大，这一现象称为晶粒长大。根据再结晶后晶粒长大过程的特征，可将晶粒长大分为两种类型：一种是随温度的升高或保温时间的延长晶粒均匀连续地长大，称之为正常长大；另一种是晶粒不均匀不连续地长大，称为反常长大，或二次再结晶。现分述如下。

一、晶粒的正常长大

再结晶刚刚完成时，一般得到的是细小的等轴晶粒，当温度继续升高或进一步延长保温时间时，晶粒仍然均匀连续地长大。图 7-17 所示为 α 黄铜在不同温度下再结晶退火时的晶粒长大曲线，D 表示平均晶粒直径。在晶粒长大过程中，某些晶粒缩小甚至消失，另一些晶粒则继续长大。再结晶完成之后，塑性变形产生的储存能已经消耗完毕，那么此时晶粒长大的驱动力是什么呢？

（一）晶粒长大的驱动力

从整体来看，晶体长大的驱动力是晶粒长大前后总的晶界能差。细晶粒的晶界多，晶界能高；粗晶粒的晶界少，晶界能低。所以细晶粒长大成为粗晶粒是使材料自由能下降的自发过程。但是对于某一段晶界来说，它的驱动力与界面能和晶界的曲率有关。试验结果表明，在晶粒长大阶段，晶界移动的驱动力与其晶界能成正比，而与晶界的曲率半径成反比。即晶界的晶界能越大，曲率半径越小（或曲率越大），则晶界移动的驱动力越大。图 7-18 所示为铝晶粒长大过程的实际照片，图中所标数字 1、2 分别表示晶界移动前后的实际位置。很明显，所有晶界的新位置都朝向晶界的曲率中心移动，这和再结晶时晶界移动的方向正好相反。图 7-19 所示为晶界移动的示意图，图中表明，在足够高的温度下，原子具有足够大的扩散能力时，原子就由晶界的凹侧晶粒向凸侧晶粒扩散，而晶界则朝向曲率中心方向移动，结果是凸面一侧晶粒不断长大，而凹面一侧的晶粒不断缩小而消失，直到晶界变为平面，晶界移动的驱动力为零时，才可能达到相对稳定状态。

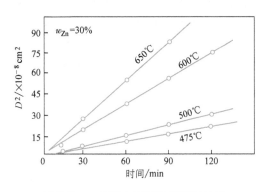

图 7-17 α 黄铜在不同温度下再结晶
退火时的晶粒长大曲线

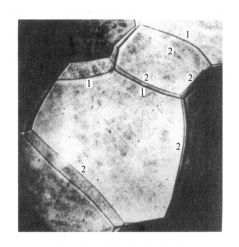

图 7-18 铝中晶粒长大时，
晶界由位置 1 移至位置 2

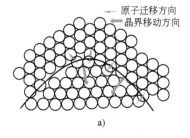

a)

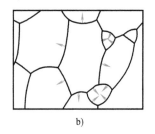

b)

图 7-19 晶粒长大时的晶界移动示意图
a) 原子通过晶界扩散　b) 晶界移动方向

（二）晶粒的稳定形状

以正常长大方式长大的晶粒，当达到稳定状态时，晶粒究竟是什么形状呢？若从整体晶界能来考虑，那么，在同样体积条件下，球体的总晶界能最小，因此球状晶粒最为稳定。但是，如果晶粒都变为球状，那么一方面它无法填充金属所占据的整个空间，势必出现空隙，这是不允许的；另一方面，由于球面弯曲，使晶界产生了移动的驱动力，势必使晶界发生移动。因此，晶粒的稳定形状不能是球形。图 7-20 所示为晶粒的十四面体组合模型，它尚较接近实际情况。根据这一模型，每个晶粒都是一

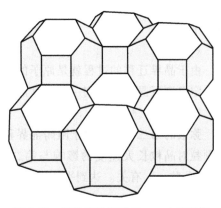

图 7-20 晶粒的平衡形状——十四面体

个十四面体。若垂直于该模型的一个棱边作截面图,则其为正六边形的网络,如图 7-21 所示。其所有的晶界均为直线;晶界间的夹角均为 120°。这是晶粒稳定形状的两个必备条件,两者缺一不可。这可用图 7-22 来说明。若晶界的边数小于 6(即通常所说的较小的晶粒),例如为正四边形的晶粒,则无法同时满足上述两个条件;若晶界为直线,则其夹角为 90°,小于 120°,这就难以达到平衡;反之,要保持 120° 夹角,晶界势必向内凹,如图 7-22a 所示。但这样第一个条件又不能满足了,这就会使晶界自发地向内迁移,以趋于平直。而晶界平直后,其夹角又将小于 120°,这就又需内凹,如此反复,此晶粒只能逐步缩小,直至消失为止。若晶界的边数大于 6(即通常所说的较大的晶粒),例如等十二边形晶粒,则相邻界面间夹角为 150°(>120°),要使其变为平衡角 120°,晶界势必向外凹,如图 7-22c 所示。但是这样一来,必驱使晶界自发地向外迁移以趋于平直,而一旦平直后其夹角又将大于 120°,这就又需要向外凹,如此反复,此晶粒便会不断长大,直至达到晶粒的稳定形状为止。

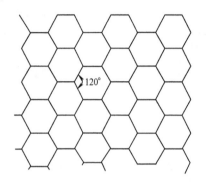

图 7-21　二维晶粒的稳定形状

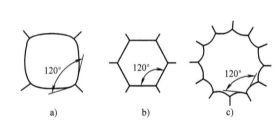

图 7-22　晶界曲率与晶粒形状

由此可见,晶粒在正常长大时应遵循以下规律:晶界迁移总是朝向晶界的曲率中心方向;随着晶界迁移,小晶粒(晶粒边数小于 6)逐渐被吞并到相邻的较大晶粒(晶粒边数大于 6),晶界本身趋于平直化;三个晶粒的晶界交角趋于 120°,使晶界处于平衡状态。在实际情况下,虽然由于各种原因,晶粒不会长成这样规则的六边形,但是它仍然符合晶粒长大的一般规律。

(三) 影响晶粒长大的因素

晶粒长大是通过晶界迁移来实现的,所有影响晶界迁移的因素都会影响晶粒长大,这些因素主要有:

1. 温度

由于晶界迁移的过程就是原子的扩散过程,所以温度越高,晶粒长大速度就越快。通常在一定温度下晶粒长大到一定尺寸后就不再长大,但升高温度后晶粒又会继续长大。

2. 第二相颗粒

弥散的第二相颗粒对于阻碍晶界移动起着重要的作用。大量的试验研究结果表明,第二相颗粒对晶粒长大速度的影响与第二相颗粒半径(r)和单位体积内的第二相颗粒的数量(体积分数 φ)有关。达到平衡时的稳定晶粒尺寸 d 与 r、φ 有下述关系,即

$$d = \frac{4r}{3\varphi}$$

可见，晶粒大小与第二相颗粒半径成正比，与第二相颗粒的体积分数成反比。也就是说，第二相颗粒越细小，数量越多，则阻碍晶粒长大的能力越强，晶粒越细小。

生产中利用第二相颗粒控制晶粒长大的实例很多。例如，卤素灯用钨丝的工作温度很高，可使钨丝发生回复、再结晶和晶粒长大，强度和韧性降低。这会造成两挂钩之间的钨丝段因自重而下垂的现象，并且钨丝在受冲击或振动的情况下极易断裂。如果在钨的粉末冶金过程中掺入微量的钾硅铝的氧化物，可得到抗下垂灯丝。原因是钨丝中极细小的钾泡（10~20nm）分布在晶界附近、平行于丝轴方向排列成"钾泡列"，晶界迁移要受到这些钾泡列的钉扎作用，阻碍晶粒沿垂直于丝轴方向长大。

又如，铁素体不锈钢在加热和冷却时不发生相变，粗大的铸态组织只能通过压力加工碎化。若高温加热、焊接或压力加工不当，铁素体晶粒会长大、粗化，导致钢的冷脆倾向增大，室温下冲击韧度很低。生产中在真空冶炼时加入少量合金元素 Ti，形成 TiC 和 TiN 间隙相颗粒，可防止因铁素体晶粒粗大而产生的室温脆性。

3. 杂质及合金元素

杂质及合金元素溶入基体后都能阻碍晶界迁移，特别是晶界偏聚现象显著的元素，其作用更大。一般认为被吸附在晶界的溶质原子会降低晶界能，从而降低了晶界移动的驱动力，使晶界不易移动。

4. 相邻晶粒的位向差

晶界的晶界能与相邻晶粒间的位向差有关，小角度晶界的晶界能小于大角度晶界的晶界能，而晶界移动的驱动力又与晶界能成正比，因此，前者的移动速度要小于后者。

二、晶粒的反常长大

某些金属材料经过严重冷变形后，在较高温度下退火时，会出现反常的晶粒长大现象，即少数晶粒具有特别大的长大能力，逐步吞食掉周围的大量小晶粒，其尺寸超过原始晶粒的几十倍或者上百倍，比产生临界变形程度后形成的再结晶晶粒还要粗大得多，这个过程称为二次再结晶。这样，前面所讨论的再结晶可以称为一次再结晶，以资区别。

二次再结晶并不是重新形核和长大的过程，它是以一次再结晶后的某些特殊晶粒作为基础而长大的，因此，严格说来它是在特殊条件下的晶粒长大过程，并非是再结晶。二次再结晶的重要特点是，在一次再结晶完成之后，在继续保温或提高加热温度时，绝大多数晶粒长大速度很慢，只有少数晶粒长大得异常迅速，以至到后来造成晶粒大小越来越悬殊，从而就更加有利于大晶粒"吞食"周围的小晶粒，直至这些迅速长大的晶粒相互接触为止。在一般情况下，这种异常粗大的晶粒只

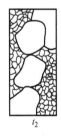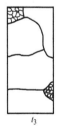

t_1　　　　t_2　　　　t_3

图 7-23　二次再结晶过程
示意图（时间 $t_1 < t_2 < t_3$）

是在金属材料的局部区域出现，这就使金属材料具有明显不均匀的晶粒尺寸，对其性能产生不利的影响。图 7-23 所示为二次再结晶过程示意图，图 7-24 所示为 $w_{Si} = 3\%$ 的 Fe-Si 合金于 1200℃退火后的组织。

一般认为，发生异常晶粒长大的原因是弥散的夹杂物、第二相粒子或织构对晶粒长大过程的阻碍，例如，弥散的夹杂物可阻碍晶粒长大，但夹杂物在各个晶粒中的分布不均匀，而

且它们在温度很高时要发生聚集或者溶解于金属基体中。因此，含适量夹杂物的金属材料于适当高的温度下退火时，可能有少数晶粒能脱离夹杂物的约束，获得优先长大的机会，但大多数晶粒的晶界仍然被夹杂物阻挡，不能移动，这样就为反常的不均匀的晶粒长大创造了条件。此时每个大晶粒均与很多小晶粒为邻，在截面图上晶界的边数已大大超过 6 个边，晶界间的夹角也不等于120°，晶界凹向小晶粒，于是大晶粒"吞食"周围的小晶粒，直到这些大晶粒完全相互靠拢在一起为止。

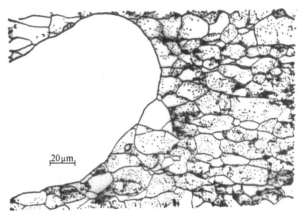

图 7-24　Fe-Si（$w_{Si}=3\%$）合金于 1200℃ 退火后的组织

二次再结晶导致材料晶粒粗大，降低材料的强度、塑性和韧性。尤其是当晶粒很不均匀时，对产品的性能非常有害，在零件服役时，往往在粗大晶粒处产生裂纹，导致零件的破坏。此外，粗大晶粒还会提高材料冷变形后的表面粗糙度值，因此，在制订材料的再结晶退火工艺时，一般应避免发生二次再结晶。但在某些情况下，例如，在用于变压器铁心的取向硅钢片（Fe-3%Si）的生产中，反而利用二次再结晶，形成全部晶粒的择尤取向（｛110｝<001>），使硅钢片获得优异的磁性能。

三、再结晶退火后的组织

再结晶退火是将冷变形金属加热到规定温度，并保温一定时间，然后缓慢冷却到室温的一种热处理工艺。其目的是降低硬度，提高塑性，恢复并改善材料的性能。再结晶退火对于冷成形加工十分重要。在成形时因塑性变形而产生加工硬化，这就给进一步的冷变形造成困难。因此，为了降低硬度，提高塑性，再结晶退火成为冷成形工艺中间不可缺少的工序。对于没有多晶型转变的金属（如铝、铜等）来说，采用冷塑性变形并再结晶退火的方法是获得细小晶粒的一个重要手段。

（一）再结晶图

在再结晶退火过程中，回复、再结晶和晶粒长大往往是交错重叠进行的。对于一个变形晶粒来说，它具有独立的回复、再结晶和晶粒长大三个阶段，但对于金属材料整体来说，三者是相互交织在一起的。因此，在控制再结晶退火后的晶粒大小时，影响再结晶温度、再结晶晶粒大小及晶粒长大的诸因素都必须全面地予以考虑。对于给定的金属材料来说，在这些影响因素中，以变形程度和退火温度对再结晶退火后的晶粒大小影响最大。一般说来，变形程度越大，则晶粒越细；而退火温度越高，则晶粒越粗大。通常将这三个变量——晶粒大小、变形程度和退火温度之间的关系，绘制成立体图形，称为"再结晶图"，它可以用作制订生产工艺、控制冷变形金属退火后晶粒大小的依据。

图 7-25 所示为工业纯铝的再结晶图，图 7-26 所示为工业纯铁的再结晶图。从图中可以看出，在临界变形程度范围内，经高温退火后，两者均出现一个粗大晶粒区，但在工业纯铝中还存在另一个粗大晶区，它是经强烈冷变形后，在再结晶退火时发生二次再结晶而出现的。对于一般结构材料来说，除非特殊要求，都必须避开这些区域。

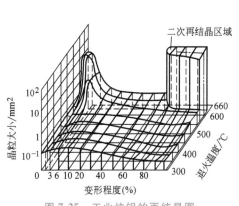

图 7-25　工业纯铝的再结晶图

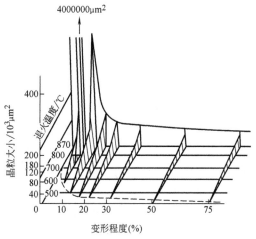

图 7-26　工业纯铁的再结晶图

（二）再结晶织构和退火孪晶

金属再结晶退火后所形成的织构称为再结晶织构。金属经大量冷变形之后会形成形变织构，具有形变织构的金属经再结晶之后，可能将形变织构保留下来，或出现新织构，也可能将织构消除。

再结晶织构的形成与变形程度和退火温度有关。变形量越大，退火温度越高，所产生的织构越显著。例如，铜板经 90% 冷变形并在 800℃ 退火后，即产生织构，如果变形量减为 50%～70%，仍于 800℃ 退火，则不出现织构。即使变形程度很大，若降低退火温度也不会出现织构。

再结晶织构的形成有时是不利的。如用于冲压的铜板，如果存在这种织构，则在加工过程中形成制耳。避免形成再结晶织构的方法是往铜中加入少许杂质，如 P（$w_P = 0.05\%$）、Be（$w_{Be} = 0.5\%$）、Cd（$w_{Cd} = 0.5\%$）或 Sn（$w_{Sn} = 1\%$）；或者采用适当的变形量，较低的退火温度，较短的保温时间；或者采用两次变形、两次退火处理。上述措施都能够避免再结晶织构的形成。对于采用铁素体钢生产的汽车冲压件用板材，为保证其冲压成形性，则要求板材的力学性能具有各向异性，即板材轧向和横向的塑变抗力显著低于板面法向的塑变抗力，因此，希望钢板在轧制并退火后形成有利于深冲性能的强烈的再结晶织构。

某些面心立方结构的金属及合金，如铜及铜合金、奥氏体不锈钢等经再结晶退火后，经常出现孪晶组织，这种孪晶称为退火孪晶或再结晶孪晶，以便与在塑性变形时得到的形变孪晶相区别。图 7-27 所示为冷变形 α 黄铜经退火后形成的退火孪晶组织。

图 7-27　冷变形 α 黄铜经退火后形成的退火孪晶组织

第五节　金属材料的热加工

一、热加工和冷加工

在工业生产中，热加工通常是指将金属材料加热至高温进行热锻造、热挤压、热轧等的压力加工成形过程，很多金属材料都要进行热加工，其中一部分成为成品，在热加工状态下使用；另一部分为中间制品，尚需进一步加工。无论是成品还是中间制品，它们的性能都受热加工过程所形成组织的影响。

从金属学的角度来看，所谓热加工是指在再结晶温度以上的加工过程；在再结晶温度以下的加工过程称为冷加工。例如，铅的再结晶温度低于室温，因此，在室温下对铅进行加工属于热加工。钨的再结晶温度约为1200℃，因此，即使在1000℃拉制钨丝也属于冷加工。

如前所述，只要有塑性变形，就会产生加工硬化现象，而只要有加工硬化，在退火时就会发生回复和再结晶。由于热加工是在高于再结晶温度以上的塑性变形过程，所以因塑性变形引起的硬化过程和回复再结晶引起的软化过程几乎同时存在。由此可见，在热加工过程中，在金属内部同时进行着加工硬化与回复再结晶软化两个相反的过程。不过，这时的回复再结晶是边加工边发生的，因此称为动态回复和动态再结晶，而把变形中断或终止后的保温过程中，或者是在随后的冷却过程中所发生的回复与再结晶，称为静态回复和静态再结晶。它们与前面讨论的回复与再结晶（也属于静态回复和静态再结晶）一致，唯一不同的地方是它们利用热加工的余热进行，而不需要重新加热。图7-28所示为金属材料热轧时的显微组织变化。图7-28a、b所示为热轧时发生动态回复，随即发生静态回复或静态再结晶，图7-28c所示为热轧时发生动态再结晶，随即发生静态再结晶。

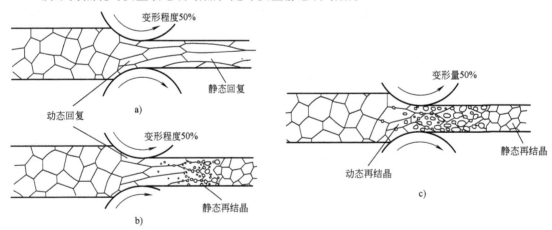

图7-28　金属材料热轧时的显微组织变化示意图

由此可见，金属材料热加工后的组织与性能取决于热加工时的硬化过程和软化过程的共同作用。例如，当变形程度大而加热温度低时，由变形引起的硬化过程占优势，随着加工过程的进行，材料的强度和硬度上升而塑性逐渐下降，材料内部的晶格畸变得不到完全恢复，变形阻力越来越大，甚至会使材料断裂。反之，当材料变形程度较小而变形温度较高时，由于再结晶和晶粒长大占优势，晶粒会越来越粗大，这时虽然不会引起材料断裂，也会使其性能恶化。可见，了解动态回复和动态再结晶的规律对于控制热加工时材料的组织与性能具有重要意义。

二、动态回复和动态再结晶

金属材料在热加工时的真应力-真应变曲线有两大类，其中一类如图 7-29 所示，表明材料在热加工过程发生了动态回复。金属材料在相继发生弹性变形、均匀塑性变形（同时发生加工硬化）后，与冷加工时的真应力-真应变曲线不同，曲线呈水平线，表明在稳定态应力 σ_{ss} 作用下，可以实现持续应变。从材料的微观结构来看，发生均匀塑性变形时，位错的增殖和运动使位错密度增加，出现位错缠结、形成胞状亚结构，同时由于形变储存能提高，部分位错通过滑移、交滑移和攀移与异号位错相互抵消而湮灭。达到稳定状态时，位错的增殖速率与湮灭速率相等，位错主要集中在胞状亚结构的胞壁上。尽管晶粒的形状沿材料变形方向改变，但胞状亚结构始终保持着等轴状，即使形变量很大时也是如此。当应变速率增加或变形温度降低时，稳定态应力 σ_{ss} 会提高。在热加工过程中一些金属材料（如铁素体钢、铝及铝合金、工业纯铁、锆、锌等）只发生动态回复，不发生动态再结晶。

动态回复组织的强度比再结晶组织的强度高得多。在热加工终止后迅速冷却，将动态回复组织保存下来——这种工艺已成功用于提高铝镁合金挤压型材的强度。

热加工的另一类真应力-真应变曲线如图 7-30 所示，表明材料在热加工过程中发生了动态再结晶。从图可以看出，在高应变速率或变形温度较低的情况下，应力随应变不断增大，直至达到峰值后又随应变下降，最后达到稳定态。由此可知，在峰值之前，加工硬化占主导地位，在金属中只发生部分动态再结晶，硬化作用大于软化作用。当应力达到极大值之后，随着动态再结晶的加快，软化作用开始大于硬化作用，于是曲线下降。当由变形造成的硬化与再结晶所造成的软化达到动态平衡时，曲线进入稳定态阶段。在低应变速率或变形温度较高的情况下，与其对应的稳定态阶段的曲线呈波浪形变化，这是由于反复出现动态再结晶—变形—动态再结晶，即交替进行软化—硬化—软化造成的。镍及镍合金、铜及铜合金、镁及镁合金、奥氏体钢、金、银等金属材料通常发生动态再结晶。

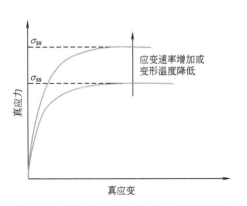

图 7-29　热加工金属材料发生动态回复时的真应力-真应变曲线

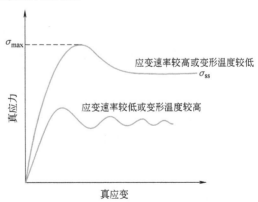

图 7-30　热加工金属材料发生动态再结晶时的真应力-真应变曲线

与再结晶过程相似，动态再结晶也是形核和长大的过程，但是由于在形核和长大的同时还进行着变形，因而使动态再结晶的组织具有一些新的特点：首先，在稳定态阶段的动态再结晶晶粒呈等轴状，但在晶粒内部包含着被位错缠结所分割的亚晶粒，显然这比静态再结晶后晶粒中的位错密度要高；其次，动态再结晶时的晶界迁移速度较慢，这是由于边形变、边发生再结晶造成的。因此动态再结晶的晶粒比静态再结晶的晶粒要细些。如果能将动态再结晶的组织迅速冷却下来，就可以获得比冷变形加再结晶退火要高的强度和硬度。

对于某些金属材料来说，根据材料本身的性质、变形温度和应变速率的不同，同一金属材料的热加工过程可以发生动态回复，也可以发生动态再结晶。

三、热加工后的组织与性能

(一) 改善铸锭组织

金属材料在高温下的变形抗力低，塑性好，因此热加工时容易变形，变形程度大，可使一些在室温下不能进行压力加工的金属材料（如钛、镁、钨、钼等）在高温下进行加工。通过热加工，铸锭中的组织缺陷得到明显改善，如气泡焊合、缩松压实，使金属材料的致密度增加。铸态时粗大的柱状晶通过热加工后一般都能变细，某些合金钢中的大块碳化物初晶可被打碎并较均匀分布。由于在温度和压力作用下扩散速度增快，扩散距离减小，因而偏析可部分地消除，使成分比较均匀。这些变化都使金属材料的力学性能有明显提高（表 7-2）。

表 7-2　$w_C = 0.3\%$ 的碳钢锻态和铸态时力学性能的比较

状　态	R_m/MPa	$R_{p0.2}$/MPa	$A(\%)$	$Z(\%)$	a_K/J·cm^{-2}
锻　态	530	310	20	45	56
铸　态	500	280	15	27	28

(二) 纤维组织

在热加工过程中，铸锭中的粗大枝晶和各种夹杂物都要沿变形方向伸长，这样就使枝晶间富集的杂质和非金属夹杂物的走向逐渐与变形方向一致，一些脆性杂质如氧化物、碳化物、氮化物等破碎成链状，塑性的夹杂物如 MnS 等则变成条带状、线状或片层状，在试样上沿着变形方向呈现一条条细线，这就是热加工流线。由一条条流线勾画出来的宏观组织，称为纤维组织。

纤维组织的出现，将使钢的力学性能呈现各向异性。沿着流线的方向具有较高的力学性能，垂直于流线方向的性能则较低，特别是塑性和韧性表现得更为明显（表 7-3）。疲劳性能、耐蚀性能、力学性能和线胀系数等，均有显著的差别。为此，在制订工件的热加工工艺时，必须合理地控制流线的分布状态，尽量使流线与应力方向一致。对所受应力状态比较简单的零件，如曲轴、吊钩、扭力轴、齿轮、叶片等，尽量使流线分布形态与零件的几何外形一致，图 7-31 所示为两种不同纤维分布的拖钩，显然图 7-31a 的分布状况是正确的，图 7-31b 的分布状况是错误的。对于在腐蚀介质中工作的零件，不应使流线在零件表面露头。如果零件的尺寸精度要求很高，在配合表面有流线露头时，将影响机械加工时的表面粗糙度和尺寸精度。近年来，我国广泛采用"全纤维锻造工艺"生产高速曲轴，流线与曲轴外形完全一致，其疲劳性能比机械加工的提高 30% 以上。

(三) 带状组织

多相合金中的各个相，在热加工时沿着变形方向交替地呈带状分布，这种组织称为带状组织，利用金相显微镜放大 100 倍即可观察到。在经过压延的金属材料中经常出现带状组

表 7-3　45 钢的力学性能与测定方向的关系

测 定 方 向	R_m/MPa	$R_{p0.2}$/MPa	A(%)	Z(%)	a_K/J·cm^{-2}
纵　　　向	715	470	17.5	62.8	53.6
横　　　向	672	440	10.0	31.0	24

织，但不同材料中产生带状组织的原因不完全一样。一种是在铸锭中存在着偏析和夹杂物，压延时偏析区和夹杂物沿变形区伸长呈条带状分布，冷却时即形成带状组织。例如，在含磷偏高的亚共析钢内，铸态时树枝晶间富磷贫碳，即使经过热加工也难以消除，它们沿着金属变形方向被延伸拉长，当奥氏体冷却到析出先共析铁素体的温度时，先共析铁素体就在这种富磷贫碳的区域形核并长大，形成铁素体带，而铁素体两侧的富碳区域则随后转变成珠光体带。若夹杂物被加工拉成带状，先共析铁素体通常依附于它们之上而析出，也会形成带状组织。图 7-32 所示为热轧低碳钢板的带状组织。

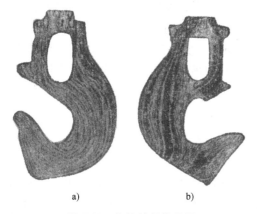

图 7-31　拖钩的纤维组织

a）模锻钩　b）切削加工钩

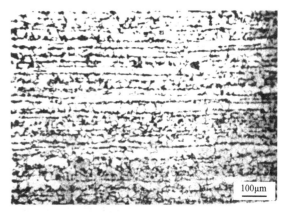

图 7-32　热轧低碳钢板的带状组织

形成带状组织的另一种原因，是材料在压延时呈现两相组织，如碳的质量分数偏下限的 12Cr13（$w_C=0.15\%$、$w_{Cr}=11.50\%\sim13.50\%$）钢，在热加工时由奥氏体和碳化物组成，压延后奥氏体和碳化物都延长成带，奥氏体经共析转变后形成珠光体。又如 Cr12 钢，在热加工时由奥氏体和碳化物组成，压延后碳化物即呈带状分布（图 7-33）。

带状组织使金属材料的力学性能产生方向性，特别是横向塑性和韧性明显降低，并使材料的切削性能恶化。对于在高温下能获得单相组织的材料，带状组织有时可用正火处理来消除，但严重

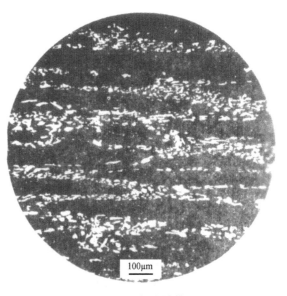

图 7-33　Cr12 钢中的带状组织

的磷偏析引起的带状组织甚难消除，需用高温均匀化退火及随后的正火来改善。

（四）晶粒大小

正常的热加工一般可使晶粒细化。但是晶粒能否细化取决于变形程度、热加工温度尤其是终锻（轧）温度及锻后冷却等因素。一般认为，增大变形程度，有利于获得细晶粒，当铸锭的晶粒十分粗大时，只有足够大的变形程度才能使晶粒细化。特别注意不要在临界变形程度范围内加工，否则会得到粗大的晶粒组织。变形程度不均匀，则热加工后的晶粒大小往往也不均匀。当变形程度很大且变形温度很高时，易引起二次再结晶，得到异常粗大的晶粒组织。终锻温度如超过再结晶温度过多，且锻后冷却速度过慢，会造成晶粒粗大。终锻温度如过低，又会造成加工硬化及残余应力。因此，对于无相变的合金或者加工后不再进行热处理的钢件，应对热加工过程，特别是终锻温度、变形程度及加工后的冷却等因素认真进行控制，以获得细小均匀的晶粒，提高材料的性能。

金属材料所发生的动态回复或动态再结晶，可使热加工后的显微组织和性能具有显著优势，这吸引着人们发展各种新兴的热加工工艺。例如，剧烈塑性变形是通过特殊的热加工方法，使大块金属材料在复杂的应力状态下产生极大的应变，可获得超细的等轴晶粒（平均晶粒直径<200nm）和很高的组织均匀性，从而获得超高强度及高韧性。又如，摩擦焊是利用机械摩擦产生的热和焊具的压力，通过工件端面材料的热塑性变形和金属原子的相互扩散来实现固相焊接的。相对于传统熔焊，摩擦焊具有焊接接头质量高、焊接效率高、可实现异种材料焊接等优点。

基本概念

回复；回复退火/去应力退火；再结晶；再结晶温度；再结晶退火/中间退火；晶粒的正常长大；晶粒的反常长大；临界变形程度；热加工；动态回复；动态再结晶；位错滑移；位错攀移

习　题

7-1　用冷拔铜丝制作导线，冷拔之后应如何处理？为什么？

7-2　一块厚纯金属板经冷弯并再结晶退火后，试画出截面上的显微组织示意图。

7-3　已知 Fe、Cu、Sn 的熔点分别为 1538℃、1083℃、232℃，试估算其再结晶温度。

7-4　说明以下概念的本质区别：

1）一次再结晶和二次再结晶。

2）再结晶时晶核长大和再结晶后的晶粒长大。

7-5　分析回复和再结晶阶段空位与位错的变化及其对性能的影响。

7-6　工业纯铝的再结晶温度为 150℃。经大变形（变形程度为 75%）冷轧制成的工业纯铝薄板，被加热至 100℃保温 20 天后冷却至室温，发现其强度显著降低，试说明原因。

7-7　何谓临界变形程度？它在工业生产中有何实际意义？

7-8　一块锡板被枪弹击穿，经再结晶退火后，弹孔周围的晶粒大小有何特征？请说明原因。

7-9　某厂对高锰钢制碎矿机颚板进行固溶处理时，经 1100℃加热后，用冷拔钢丝绳吊挂，由起重吊车送往淬火水槽。行至中途，钢丝绳突然断裂。这条钢丝绳是新的，事先经过检查，并无疵病。试分析钢丝绳断裂原因。

7-10 设有一楔形板坯经过冷轧后得到相同厚度的板材（图 7-34），然后进行再结晶退火，该板材的晶粒大小是否均匀？为什么？

7-11 金属材料在热加工时为了获得细小晶粒组织，应该注意一些什么问题？

7-12 设计生产铜箔的工艺：希望得到屈服强度为 320MPa、断后伸长率为 5% 的厚 0.1cm、宽 6cm 的铜箔，但只能买到厚 5cm、宽 6cm 的铜板原料（铜的熔点为 1085℃）。分别设计冷加工和热加工工艺流程。（提示：参考图 6-36a）

7-13 为获得细小的晶粒组织，应该根据什么原则制订塑性变形及其退火工艺？

7-14 室温下，铜片经反复弯折会越来越硬，并很快发生断裂；而铅片经反复弯折却始终较软。请解释原因。

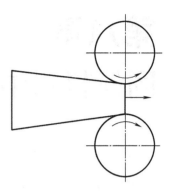

图 7-34 题 7-10 图

Chapter 8

第八章
固体材料中的扩散

扩散是物质中原子（或分子）的迁移现象，是物质传输的一种方式。气体和液体中的扩散现象易于被人们察觉，事实上，在固体中也同样地存在着扩散现象。在固体材料的生产和使用过程中，有许多问题与扩散有关，例如，金属与合金的熔炼及结晶，偏析与均匀化，各种合金的热处理和焊接，加热过程中的氧化和脱碳，以及形变金属材料的回复与再结晶等。金属材料和工程陶瓷的固相烧结及工程塑料的使用寿命也与扩散密切相关。要深入了解这些过程，就必须掌握有关扩散的知识。本章主要介绍金属晶体中原子扩散的微观机理、宏观规律及影响扩散的因素等内容。

多元的陶瓷

第一节 概　述

一、扩散现象和本质

人们对气体和液体中的扩散现象并不陌生，例如，当走入鲜花盛开的房间时，会感到满室芳香；往静水中加入一粒胆矾（$CuSO_4$），不久即染蓝一池清水。这种气味和颜色的均匀化，是由物质的原子或分子的迁移造成的，是物质传输的结果，并不一定要借助于对流和搅动。扩散通常自浓度高的向浓度低的方向进行，直至各处浓度均匀后为止。

"近朱者赤，近墨者黑"可以作为固态物质中一种扩散现象的描述。固体中的扩散速率十分缓慢，不像气体和液体中扩散那样易于察觉，但它确确实实地存在着。为了证实固态扩散的存在，可做下述试验：把 Cu、Ni 两根金属棒对焊在一起，在焊接面上镶嵌上几根钨丝作为界面标志。然后加热到高温并长时间保温后，令人惊异的事情发生了：作为界面标志的钨丝竟向纯 Ni 一侧移动了一段距离。经分析，界面的左侧（Cu）含有 Ni 原子，而界面的右侧（Ni）也含有 Cu 原子，但是左侧 Ni 的浓度大于右侧 Cu 的浓度，这表明，Ni 向左侧扩散过来的原子数目大于 Cu 向右侧扩散过来的原子数目。过剩的 Ni 原子使得左侧的点阵膨胀，而右边原子减少的地方发生点阵收缩，其结果必然导致界面向右移动，如图 8-1 所示；并且，界面标志移动的距离与保温时间的平方根成正比。这就是著名的克肯达尔效应。这类可形成置换互溶的扩散偶还有 Sn-Cu、Cu-Zn、Cu-Al、Cu-Au、Au-Al、Au-Ag、Ag-Zn、Ni-Au、Si-Ni 等。

扩散时金属晶体中原子的迁移是如何进行的呢？金属晶体中的原子按一定的规律周期性地重复排列着，每个原子都处于一个低能的相对稳定的位置，在相邻的两原子之间都隔着一个能垒 Q，如图 8-2 所示。因此，两个原子不会合并在一起，也很难相互换位。但是，原子

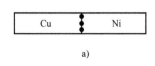

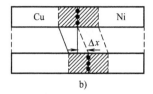

图 8-1　克肯达尔效应

a）扩散前　b）扩散后

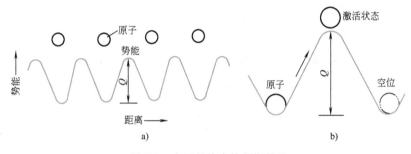

图 8-2　金属晶体中的周期势场

a）金属晶体的周期势场示意图　b）激活原子的跃迁示意图

在其平衡位置并不是静止不动的，而是无时无刻不在以其结点为中心以极高的频率进行着热振动。由于存在着能量起伏，总会有部分原子具有足够高的能量，跨越能垒 Q，从原来的平衡位置跃迁到相邻的平衡位置上去。原子克服能垒所必需的能量称为激活能，它在数值上等于能垒高度 Q。显然，原子间的结合力越大，排列得越紧密，则能垒越高，激活能越大，原子依靠能量起伏实现跃迁换位越困难。但是，只要热力学温度不是零度，金属晶体中的原子就有热振动，依靠能量起伏，就可能有一部分原子进行扩散迁移。温度越高，原子迁移的概率则越大。

应当指出，金属晶体中的扩散是大量原子无序跃迁的统计结果。在晶体的周期势场中，原子向各个方向跃迁的概率相等，这就引不起物质传输的宏观扩散效果。如果晶体周期场的势能曲线是倾斜的（图 8-3），那么原子自左向右跃迁的激活能为 Q，而自右向左的激活能在数值上为 $Q+\Delta G$（图 8-3c）。这样一来，原子向右跳动的概率将大于向左跳

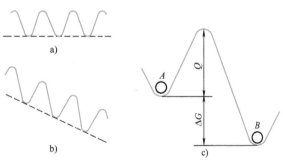

图 8-3　对称和倾斜的势能曲线

动的概率，在同一时间内，向右跳过去的原子数大于反向跳回来的原子数，大量原子无序跃迁的统计结果，就造成物质的定向传输，即发生扩散。所以，扩散不是原子的定向跃迁过程，扩散原子的这种随机跃迁过程，被称为原子的随机行走。

可用图 8-4 示意性地表示上述的扩散过程。设想从纯金属中取出 8 列原子，在中间的四列原子中各含有 4 个自身的放射性同位素原子作为示踪原子，其浓度为 C_1（图 8-4a）。每个原子平均跃迁一次之后可能出现的示踪原子的分布情况如图 8-4b 所示。一般原子和示踪原子的扩散行为本质上是相同的，即每个原子均存在着向上、向下、向左、向右跃迁的可能

性。可以看出，对于第 4、5 两列原子来说，每个原子做任意方向跃迁的结果，将保持这两列中示踪原子的数目不变，但都改变了它们原来的位置。对于第 3 列原子来说，将有 1 个示踪原子跃迁到第 2 列，第 6 列也有一个示踪原子跃迁到第 7 列，图 8-4b 中的浓度曲线记录了示踪原子跃迁后的浓度分布状况。进一步的跃迁，将使示踪原子继续散布，直至达到如图 8-4c 所示的均匀分布。以后虽然每个原子和以前一样在不停地跃迁，但是示踪原子浓度分布曲线保持不变，所以不再可能像浓度曲线有变动时那样观察到扩散效果。

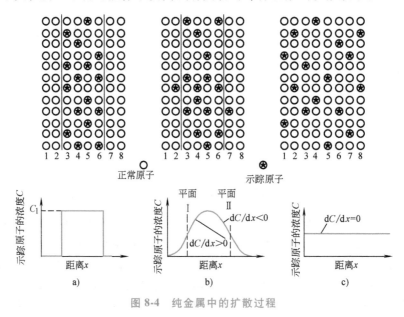

图 8-4　纯金属中的扩散过程

二、扩散机制

在扩散过程中，如果晶格的每个结点都被原子占据着，那么，尽管有部分原子被激活，具备了跳动的能力，但向何处跳动呢？如果没有供其跳动的适当位置，那么原子的跃迁也就难以成为事实。由此可见，扩散不仅由原子的热振动所控制，而且还要受具体的晶体结构所制约。即对于不同晶体结构的金属晶体来说，原子的跳动方式可能不同，即扩散的机制可能随晶体结构的不同而变化。对于金属晶体来说，原子扩散机制主要有以下两种。

（1）空位扩散机制　在自扩散和涉及置换原子的扩散过程中，原子可离开其点阵位置，跳入邻近的空位，这样就会在原来的点阵位置产生一个新的空位。当扩散继续，就产生原子与空位两个相反的迁移流向，称为空位扩散。自扩散和置换原子的扩散程度取决于空位的数目。温度越高，空位浓度越大，金属中原子的扩散越容易。空位机制很好地解释了克肯达尔效应：扩散偶中两种扩散速率不同的金属在相互扩散过程中，会在扩散速率较高的金属晶体中形成较多的空位，继而引起点阵收缩，使界面标志移向扩散速率较高的金属一侧。因为这些空位可能逐渐聚合形成微孔并长大，人们利用克肯达尔效应来合成中空结构的纳米颗粒，但某些电子元器件在高温运行时，异种金属互连点可能因发生克肯达尔效应而失效。

（2）间隙扩散机制　当间隙原子存在晶体结构中时，可从一个间隙位置移动到另一个间隙位置。这种机制不需要空位。间隙原子尺寸越小，扩散越快。由于间隙位置比空位位置多，间隙扩散比空位扩散更易发生。如在奥氏体中，碳原子位于面心立方晶胞的八面体间隙中，每个晶胞的八面体间隙位置有 4 个。当奥氏体中的含碳量 $w_C = 2.11\%$ 时，相当于在 5 个晶胞中才有两个碳原子，因此在每个碳原子周围有大量空余的间隙位置任其跳动。

间隙原子或置换原子为了跃迁到一个新位置，扩散原子必须克服一个能垒，这个能垒就是激活能 Q，激活能越低，表示扩散越容易。通常，间隙原子越过周围的原子所需的能量较低，所以，间隙扩散比空位扩散的激活能要低，如图 8-5 所示。不同原子在不同基体金属中的扩散激活能见表 8-1。

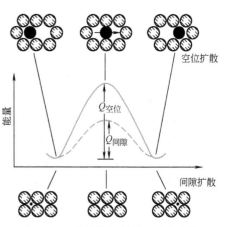

图 8-5　两种扩散机制的激活能比较

表 8-1　原子扩散激活能 Q　　　　　　　　（单位：kJ/mol）

间隙扩散		自扩散（空位扩散）		异类原子扩散（空位扩散）	
γ-Fe 中的 C	148	Fe(FCC) 中的 Fe	284	Al 中的 Mg	131
α-Fe 中的 C	80	Fe(BCC) 中的 Fe	251	Al 中的 Cu	136
γ-Fe 中的 N	169	Al(FCC) 中的 Al	144	Cu 中的 Al	165
α-Fe 中的 N	77	Cu(FCC) 中的 Cu	211	Cu 中的 Zn	189
γ-Fe 中的 H	50	Mg(HCP) 中的 Mg	135	Cu 中的 Ni	242
α-Fe 中的 H	10	W(BCC) 中的 W	600	Ni 中的 Cu	256

三、扩散的条件

金属晶体中的扩散是在晶体点阵中进行的原子跃迁过程，但只有大量原子的迁移才能表现出宏观的物质输送效果，这就需要一定的条件。金属晶体中的扩散只有在满足以下四个条件时才能进行。

（一）扩散要有驱动力

扩散过程都是在扩散驱动力作用下进行的，如果没有扩散驱动力，也就不可能发生扩散。墨水向周围水中的扩散，锡向钢表面层中的扩散，其扩散过程都是沿着浓度降低的方向进行，使浓度趋于均匀化。相反，有些杂质原子向晶界的偏聚，使晶界上的杂质浓度要比晶内高几倍至几十倍，又如共析转变和过饱和固溶体的分解，扩散过程却是沿着浓度升高的方向进行。可见，浓度梯度并不是导致扩散的本质原因。

从热力学来看，在等温等压条件下，无论浓度梯度如何，组元原子总是从化学位高的地方自发地迁移到化学位低的地方，以降低系统的自由能。只有当每种组元的化学位在系统中各点都相等时，才达到动态平衡，宏观上再看不到物质的转移。当浓度梯度与化学位梯度方向一致时，溶质原子就会从高浓度地区向低浓度地区迁移；相反，当浓度梯度与化学位梯度不一致时，溶质原子就会朝浓度梯度相反的方向迁移。可见，扩散的驱动力不是浓度梯度，而是化学位梯度。

此外，在温度梯度、应力梯度、表面自由能差，以及电场和磁场的作用下，也可以引起扩散。

（二）扩散原子要固溶

扩散原子在基体金属中必须有一定的固溶度，能够溶入基体晶格，形成固溶体，这样才能进行固态扩散。如果原子不能进入基体晶格，也就不能扩散。例如，在水中滴一滴墨水，不久就扩散均匀了，可是如若在水中滴一滴油，放置多久也不会扩散均匀。原因就是油不溶于水。又如，由于铅不能固溶于铁，因此钢可以在铅浴中加热，获得光亮清洁的表面，而不用担心铅层黏附钢材表面的危险。相反，当需要在钢板表面黏附一薄层铅，以起耐蚀作用时，就必须在熔融铅中加入少量能固溶于铁中的锡才行，铅锡合金中的锡扩散到铁中以后就可形成粘接牢靠的镀层，目前工业上已广泛采用此法来生产盖屋顶用的镀铅锡合金薄钢板。

（三）温度要足够高

金属晶体中的扩散是依靠原子热激活而进行的过程。金属晶体中的原子始终以其阵点为中心进行着热振动，温度越高，原子的热振动越激烈，原子被激活而进行迁移的概率就越大。原则上讲，只要热力学温度不是零度，总有部分原子被激活而迁移。但当温度很低时，则原子被激活的概率很低，甚至在低于一定温度时，原子热激活的概率趋近于零，表现不出物质输送的宏观效果，就好像扩散过程被"冻结"一样。由此可见，扩散必须在足够高的温度以上才能进行。不同种类的扩散原子，其扩散被"冻结"的温度也不相同。例如，碳原子在室温下的扩散过程极其微弱，在 100℃ 以上时才较为显著，而铁原子必须在 500℃ 以上时才能有效地进行扩散。

（四）时间要足够长

扩散原子在晶体中每跃迁一次最多也只能移动 $0.3 \sim 0.5nm$ 的距离，要扩散 1mm 的距离，必须跃迁亿万次才行，何况原子跃迁的过程是随机的，迈着"醉步"，只有经过相当长的时间才能造成物质的宏观定向迁移。由此可以想见，如果采用快速冷却到低温下的方法，使扩散过程"冻结"，就可以把高温下的状态保持下来。例如，在热加工刚刚完成时，迅速将金属材料冷却到室温，抑制扩散过程，避免发生静态再结晶，就可把动态回复或动态再结晶的组织保留下来，以达到提高金属材料性能的目的。

四、扩散的分类

（一）根据扩散过程中是否发生浓度变化分类

1. 自扩散

自扩散是仅由原子的热振动产生的、不伴有浓度变化的扩散，它与浓度梯度无关。自扩散只发生在纯金属和均匀固溶体中。例如，纯金属和均匀固溶体的晶粒长大是大晶粒逐渐吞并小晶粒的过程。在晶界移动时，金属原子由小晶粒向大晶粒迁移，并不伴有浓度的变化，扩散的驱动力为表面能的降低。尽管自扩散在所有的材料中连续发生，总体来说，它对材料行为的影响并不重要。

2. 互扩散

互扩散又称为化学扩散，是伴有浓度变化的扩散，与异类原子的浓度梯度有关。如在不均匀固溶体中、不同相之间或不同材料制成的扩散偶之间的扩散过程中，异类原子相对扩散，互相渗透。

（二）根据扩散方向是否与浓度梯度的方向相同进行分类

1. 下坡扩散

下坡扩散是沿着浓度降低的方向进行的扩散，使浓度趋于均匀化。例如，铸锭（件）的均匀化退火、渗碳等过程都属于下坡扩散。

2. 上坡扩散

上坡扩散是沿着浓度升高的方向进行的扩散，即由低浓度向高浓度方向扩散，使浓度发生两极分化。例如，奥氏体向珠光体转变的过程中，碳原子从浓度较低的奥氏体向浓度较高的渗碳体扩散，就是上坡扩散。如果将含碳量相近的碳钢（$w_C = 0.441\%$）与硅钢（$w_C = 0.478\%$、$w_{Si} = 3.80\%$）对焊在一起，在 1050℃ 加热 13d 后，焊接面两侧的碳浓度变化情况如图 8-6 所示。显然，碳在退火过程中发生了扩散，硅钢一侧的碳浓度降低，碳钢一侧的碳浓度升高，即碳由低浓度一侧向高浓度一侧进行扩散，发生上坡扩散。这是由于硅提高了碳的化学位，因而碳从含硅的棒向无硅的棒扩散，以消除碳的化学位梯度，化学位梯度是其扩散的驱动力。

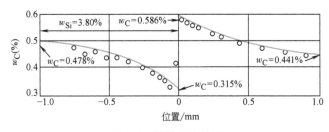

图 8-6　碳的上坡扩散

此外在弹性应力梯度、电位梯度、温度梯度等的作用下也可以发生上坡扩散。如将均匀的单相固溶体 Al-Cu 合金方棒加以弹性弯曲，并在一定温度下加热，使之发生扩散。结果发现，直径较大的铝原子向受拉伸的一边扩散，而直径较小的铜原子则向受压缩的一边扩散，如图 8-7 所示，合金的浓度越来越不均匀。这种上坡扩散的驱动力是应力梯度。

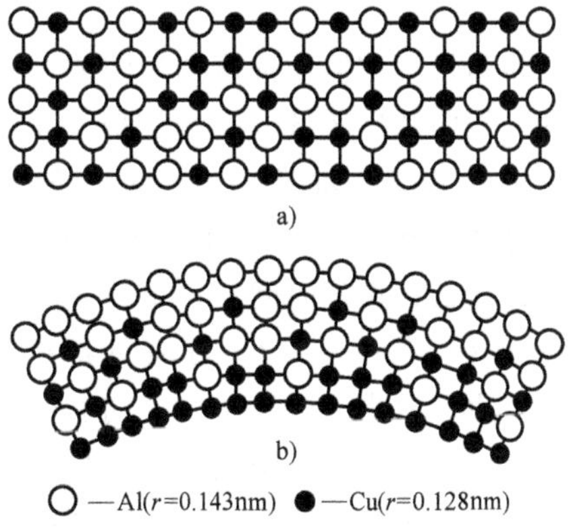

（三）根据扩散过程中是否出现新相进行分类

1. 原子扩散

在扩散过程中晶格类型始终不变，没有新相产生，这种扩散就称为原子扩散。

2. 反应扩散

通过扩散使固溶体的溶质组元浓度超过固溶度极限而形成新相的过程称为反应扩散或相变扩散。反应扩散所形成的新相，既可以是新的固溶体，也可以是各种化合物。

由反应扩散所形成的相可参考相应的相图进行分析。例如，铁在 1000℃ 加热时被氧化，氧化层的组织可根据 Fe-O 相图分析，如图 8-8 所示。若铁的表面含氧量 w_O 达到 31% 时，那么由表面向内将依次出现 Fe_2O_3、Fe_3O_4、FeO 等氧化层，最后才是 γ-Fe。

反应扩散的特点是在相界面处产生浓度突变，突变的浓度正好对应于相图中相的极限溶解度，如图 8-9 所示。这可以用相律来解释，在常压下，系统的自由度 $F = C - P + 1$，当扩散

a)

b)

○—Al(r=0.143nm)　●—Cu(r=0.128nm)

图 8-7　应力作用下的上坡扩散

a）扩散前　b）扩散后

的温度一定时，则 $F=C-P$。因此在单相区，$P=1$，$C=2$，于是 $F=2-1=1$，即自由度等于1，这说明单相区的浓度是可以改变的，因此在单相区中存在着浓度梯度。然而在两相区，$F=2-2=0$，这意味着各相的浓度不能改变，其大小分别相当于与其相邻的单相区的浓度，即与相邻的单相区的极限溶解度相对应。这样一来，由于每种组元的化学位在两相区中的各点都相等，即不存在化学位梯度，扩散失去了驱动力，所以二元系的扩散层中不可能存在两相区，每一层都为单相区，这也是反应扩散的重要特点。

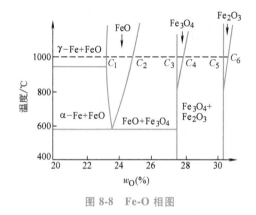

图 8-8 Fe-O 相图

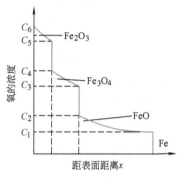

图 8-9 氧化层中含氧量的变化

第二节 扩 散 定 律

一、菲克第一定律

将两根不同溶质浓度的固溶体合金棒料对焊起来，加热到高温，则溶质原子将从浓度较高的一端向浓度较低的一端扩散，并沿长度方向形成一浓度梯度，如图 8-10 所示。如若在扩散过程中各处的体积浓度 C 只随距离 x 变化，不随时间 t 变化，那么，单位时间通过单位垂直截面的扩散物质的量（扩散通量）J 对于各处都相等，即每一时刻从左边扩散来多少原子，就向右边扩散走多少原子，没有盈亏，所以浓度不随时间变化。这种扩散称为稳定态扩散。气体通过金属薄膜且不与金属发生反应时就会发生稳定态扩散。

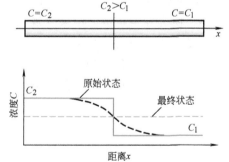

图 8-10 扩散对溶质原子分布的影响

菲克（A. Fick）于 1855 年通过试验获得了关于稳定态扩散的第一定律，定律指出：在扩散过程中，在单位时间内通过垂直于扩散方向的单位截面面积的扩散通量 J 与浓度梯度 $\dfrac{dC}{dx}$ 成正比。其数学表达式为

$$J=-D\frac{dC}{dx} \tag{8-1}$$

式中，D 为扩散系数；$\dfrac{dC}{dx}$ 为体积浓度梯度，负号表示物质的扩散方向与浓度梯度的方向相反。

扩散系数 D 是描述扩散速度的重要物理量。从式中可以看出，它相当于浓度梯度为 1 时的扩散通量。D 值越大，则扩散越快。第一定律仅适用于稳定态扩散，即在扩散过程中合金各处的浓度及浓度梯度都不随时间改变的情况，实际上稳定态扩散的情况是很少的，大部分属于非稳定态扩散，这就需要应用菲克第二定律。

二、菲克第二定律

所谓非稳定态扩散，是指在扩散过程中，各处的浓度不仅随距离变化，而且还随时间发生变化。为了描述在非稳定态扩散过程中各截面的浓度与距离（x）和时间（t）两个独立变量间的关系，就要建立偏微分方程。采取的方法是，在扩散通道中取出相距 dx 的两个垂直于 x 轴的平面所割取的微小体积（图 8-11），进行质量平衡运算，即：

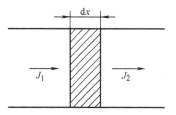

图 8-11　扩散通过微小体积的情况

在微小体积中积存的物质量＝流入的物质量－流出的物质量

设两平面的截面面积均为 A，在某一时间间隔内流入和流出微小体积的物质扩散通量分别为 J_1 和 J_2。由于

$$J_2 = J_1 + \frac{\partial J}{\partial x}dx \tag{8-2}$$

故　　　　　　微小体积 Adx 内的物质积存速率 $= J_1 A - J_2 A = -\frac{\partial J}{\partial x}Adx \tag{8-3}$

微小体积 Adx 内的物质积存速率，也可用体积浓度 C 的变化率表示为

$$\frac{\partial(CAdx)}{\partial t} = \frac{\partial C}{\partial t}Adx \tag{8-4}$$

因此　　　　　　　　　　　$\frac{\partial C}{\partial t} = -\frac{\partial J}{\partial x} \tag{8-5}$

将菲克第一定律式（8-1）代入式（8-5），可得

$$\frac{\partial C}{\partial t} = \frac{\partial}{\partial x}\left(D\frac{\partial C}{\partial x}\right) \tag{8-6}$$

式（8-6）称为菲克第二定律，如果扩散系数 D 与浓度 C、距离 x 无关，则式（8-6）可写为

$$\frac{\partial C}{\partial t} = D\frac{\partial^2 C}{\partial x^2} \tag{8-7}$$

菲克第二定律是由第一定律推导出来的，所以它普遍适用于一般的扩散过程。但是，式（8-6）、式（8-7）都是偏微分方程，不能直接应用，必须结合实际的扩散过程，运用具体的起始条件和边界条件，求出其解后才能应用。从式（8-7）可以知道，C 是因变量，x 和 t 是两个独立变量，因此方程的解将具有 $C=f(x,t)$ 的关系式。

三、影响扩散的因素

由菲克第一定律可以看出，单位时间内的扩散量大小取决于两个参数：一个是扩散系数 D；另一个是浓度梯度 dC/dx。浓度梯度取决于有关条件，因此在一定条件下，扩散的快慢主要由扩散系数 D 决定。扩散系数 D 可用下式表示

$$D = D_0 \exp\left[-Q/(RT) \right] \tag{8-8}$$

式中，D_0 为扩散常数；Q 为扩散激活能；R 为气体常数；T 为热力学温度。可见，温度、D_0 和 Q 影响着扩散过程。这些因素既与外部条件（如温度、应力、压力、介质等）有关，又受着内部条件（如组织、结构和化学成分）的影响。现择其要者，讨论如下。

（一）温度

温度是影响扩散系数的最主要因素。由式（8-8）可以看出，扩散系数 D 与温度 T 呈指数关系。随着温度的升高，扩散系数急剧增大。这是由于温度越高，则原子的振动能越大，因此借助于能量起伏而越过势垒进行迁移的原子概率越大。此外，温度升高，金属内部的空位浓度提高，也有利于扩散。

对于任何元素的扩散，只要测出 D_0 和 Q 值，便可根据式（8-8）计算出任一温度下的扩散系数。表 8-2 列出了不同原子在不同基体金属中的扩散常数 D_0。由表 8-2 和表 8-1 可以查出，碳在 γ-Fe 中扩散时，$D_0 = 0.23\,\text{cm}^2/\text{s}$，$Q = 148 \times 10^3\,\text{J/mol}$，已知 $R = 8.31\,\text{J/(mol·K)}$，这样就可以算出在 927℃和 1027℃时碳的扩散系数分别为

$$D_{1200} = 0.23\,\mathrm{e}^{-\frac{148 \times 10^3}{8.31 \times 1200}}\,\text{cm}^2/\text{s} = 8.2 \times 10^{-8}\,\text{cm}^2/\text{s}$$

$$D_{1300} = 0.23\,\mathrm{e}^{-\frac{148 \times 10^3}{8.31 \times 1300}}\,\text{cm}^2/\text{s} = 2.6 \times 10^{-7}\,\text{cm}^2/\text{s}$$

可见，1027℃时的扩散系数约为 927℃时的 3 倍。

表 8-2　原子扩散常数 D_0　　　　　　　　　　（单位：cm^2/s）

间隙扩散		自扩散（空位扩散）		异类原子扩散（空位扩散）	
γ-Fe 中的 C	0.23	Fe(FCC)中的 Fe	0.5	Al 中的 Mg	1.2
α-Fe 中的 C	0.0062	Fe(BCC)中的 Fe	2.8	Al 中的 Cu	0.65
γ-Fe 中的 N	0.91	Al（FCC）中的 Al	2.3	Cu 中的 Al	0.045
α-Fe 中的 N	0.0049	Cu(FCC)中的 Cu	0.78	Cu 中的 Zn	0.24
γ-Fe 中的 H	0.019	Mg(HCP)中的 Mg	1.0	Cu 中的 Ni	2.3
α-Fe 中的 H	0.0008	W(BCC)中的 W	1.88	Ni 中的 Cu	0.27

（二）键能和晶体结构

由于原子扩散激活能取决于原子间的结合能，即键能，所以高熔点纯金属的扩散激活能较高。

不同的晶体结构具有不同的扩散系数。在具有多晶型转变的金属中，扩散系数随晶体结构的改变会有明显的变化。例如，Fe 在 912℃发生 α-Fe $\Longleftrightarrow \gamma$-Fe 转变时，铁的自扩散系数可根据式（8-8）进行计算，即

$$D_\alpha = 2.8\,\mathrm{e}^{-\frac{251 \times 10^3}{8.31 \times 1185}}\,\text{cm}^2/\text{s} = 2.5 \times 10^{-11}\,\text{cm}^2/\text{s}$$

$$D_\gamma = 0.5\,\mathrm{e}^{-\frac{284 \times 10^3}{8.31 \times 1185}}\,\text{cm}^2/\text{s} = 1.5 \times 10^{-13}\,\text{cm}^2/\text{s}$$

$$D_\alpha / D_\gamma \approx 167$$

结果表明，α-Fe 的自扩散系数大约是 γ-Fe 的 167 倍。所有原子在 α-Fe 中的扩散系数都比在 γ-Fe 中的大，例如，在 900℃时，置换原子 Ni 在 α-Fe 中的扩散系数是在 γ-Fe 中的 174 倍，

间隙原子 N 在 527℃时于 α-Fe 中的扩散系数是在 γ-Fe 中的 5500 倍。通常致密度大的晶体结构中，原子扩散激活能较高，扩散系数较小。在生产上，渗氮温度一般都选在共析转变温度（590℃）以下，目的就是缩短工艺周期。

应当指出，尽管碳原子在 α-Fe 中的扩散系数比在 γ-Fe 中的大，可是渗碳温度仍选在奥氏体区域。其原因一方面是由于奥氏体的溶碳能力远比铁素体大，可以获得较大的渗层深度；另一方面是考虑到温度的影响，温度提高，扩散系数也将大大增加。

在某些晶体结构中，原子的扩散还具有各向异性的特点。例如，密排六方结构的锌，当在 340~410℃范围内加热时，平行于基面方向的扩散系数要比垂直于基面方向的扩散系数大 200 倍。但在立方晶系金属中，却看不到扩散的各向异性。

（三）固溶体类型

不同类型的固溶体，溶质原子的扩散激活能不同，间隙原子的扩散激活能都比置换原子的小，所以扩散速度比较大。例如，在 927℃时，碳在 γ-Fe 中的扩散常数 D_0 为 $0.23\text{cm}^2/\text{s}$，扩散激活能 Q 为 $148\times10^3\text{J/mol}$，而镍的扩散常数 D_0 为 $0.77\text{cm}^2/\text{s}$，扩散激活能 Q 为 $281\times10^3\text{J/mol}$，根据式（8-8）可计算出它们的扩散系数 D 分别为

$$D_{1200}^{C}=0.23e^{-\frac{148\times10^3}{8.31\times1200}}\text{cm}^2/\text{s}=8.2\times10^{-8}\text{cm}^2/\text{s}$$

$$D_{1200}^{Ni}=0.77e^{-\frac{281\times10^3}{8.31\times1200}}\text{cm}^2/\text{s}=4.5\times10^{-13}\text{cm}^2/\text{s}$$

$$D_{1200}^{C}/D_{1200}^{Ni}\approx1.8\times10^5$$

结果表明，间隙原子碳的扩散系数是置换原子镍的 1.8×10^5 倍。因此，在铸锭（件）均匀化退火时，间隙原子 C、N 等易于均匀化，而置换型溶质原子必须加热到更高的温度才能趋于均匀化；在钢化学热处理时，要获得相同的渗层浓度，渗碳、渗氮要比渗金属的周期短。

又如，对于硅而言，Au、Ag、Cu、Fe 和 Ni 等半径较小的金属杂质原子主要作为间隙原子，而 P、As、Sb、B、Al、Ga 和 In 等半径较大的杂质原子作为置换原子，这些杂质原子扩散系数的不同会影响硅材料的制备及其半导体特性和光电性能。

（四）晶体缺陷

在金属及合金中，扩散既可以在晶内进行，也可以沿外表面、晶界、相界及位错线进行（图 8-12）。对于一定的晶体结构来说，表面扩散最快，晶界次之，亚晶界又次之，晶内扩散最慢。在位错、空位等缺陷处的原子比完整晶格处的原子扩散容易得多。图 8-13 表明钍在钨中沿自由表面、晶界和晶内的扩散系数与温度的关系。从图中可以看出，外表面的扩散系数最大，晶内的扩散系数最小，而晶界的

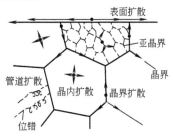

图 8-12　固态晶体中的各种扩散

扩散系数介于两者之间。需要指出的是，三者的相对差别与温度有关，温度越低，三者间的差别越大；相反，温度越高，则三者间的差别越小，当温度达到 $0.75T_m$ 以上时，三者的差别就很小了，接近于相等。

原子沿晶界扩散比晶内快的原因，是由于晶界处的晶格畸变较大，能量较高，所以其扩散激活能要比晶内的小，原子易于扩散迁移。试验结果表明，一般晶界的扩散激活能约为晶内扩散激活能的 0.6~0.7，金属外表面的扩散激活能比晶界的还要小。

原子沿位错线扩散比整齐晶体的内部扩散也要容易些。位错线是晶格畸变的管道，并互相连通，形成网络。原子沿着位错管道的扩散激活能还不到晶内扩散激活能的一半，因此位错加速晶体中的扩散过程。位错密度增加，会使晶体中的扩散速度加快。例如，冷加工后金属中的扩散速度比退火金属中的大，位错的影响是一个因素。

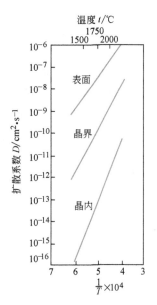

图 8-13 钍在钨中沿自由表面、晶界和晶内的扩散系数与温度的关系

（五）化学成分

在金属或合金中加入第二或第三元素时，有时会对扩散产生明显的影响。有的可以加速扩散，有的可以减慢扩散，情况比较复杂，目前尚缺乏完整普遍的理论。经对部分合金系统的扩散系数与成分间关系的研究，总结出了一些规律。

1. 加入的合金元素影响合金熔点时的情况

当加入的合金元素使合金的熔点或使合金的液相线温度降低时，则该合金元素会使在任何温度下的扩散系数增加。反之，如若提高合金的熔点或液相线温度，则使扩散系数降低，如图 8-14 所示。

扩散系数出现上述变化规律，是由于溶剂或溶质原子的扩散激活能与点阵中的原子间结合力有关，金属或合金的熔点越高，则原子间的结合力越强，而扩散激活能又往往正比于原子间结合力，所以当固溶体浓度的增加导致合金的熔点下降时，合金的扩散系数增加。

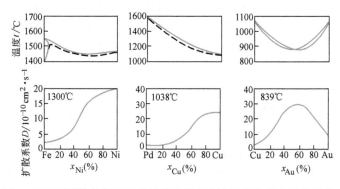

图 8-14 无限固溶体的相图以及扩散系数与合金元素物质的量分数的关系

2. 合金元素对碳在 γ-Fe 中扩散系数的影响

其影响可分为以下三种情况，如图 8-15 所示。

1）形成碳化物的元素，如 W、Mo、Cr 等，由于它们和碳的亲和力较大，能够强烈阻止碳的扩散，因而降低碳的扩散系数。

2）不能形成稳定碳化物，但易溶解于碳化物中的元素，如 Mn 等，它们对碳的扩散系数影响不大。

3）不形成碳化物而溶于固溶体中的元素，

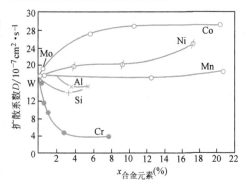

图 8-15 合金元素对碳的扩散系数的影响
（$w_C = 0.4\%$，1200℃）

如 Co、Ni、Si 等，它们的影响各不相同，前两个元素提高碳的扩散系数，后一个元素则降低碳的扩散系数。

第三节　扩散定律的实际应用

一、铸锭的均匀化退火

固溶体合金在非平衡结晶时，往往出现不同程度的枝晶偏析，这种偏析可以采用高温长时间均匀化退火工艺，使合金中的溶质原子通过扩散以减轻偏析程度。图 8-16a 所示为一树枝状晶体示意图，在沿一横截二次晶轴的 AB 直线上，溶质原子的浓度一般呈正弦波形变化（图 8-16b）。因此，溶质原子沿距离 x 方向的分布，采用正弦曲线方程表示为

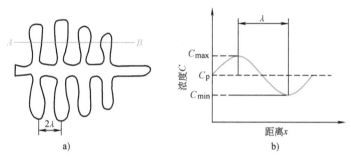

图 8-16　铸锭中的枝晶偏析 a）及溶质原子在
枝晶二次轴之间的浓度分布 b）

$$C_x = C_p + A_0 \sin \frac{\pi x}{\lambda} \tag{8-9}$$

式中，A_0 表示铸态合金中原始成分偏析的振幅，它代表溶质原子浓度最高值 C_{max} 与平均值 C_p 之差，即 $A_0 = C_{max} - C_p$；λ 为溶质原子浓度的最高点与最低点之间的距离，即枝晶间距（或偏析波波长）的一半。在均匀化退火时，由于溶质原子从高浓度区域流向低浓度区域，因而正弦波的振幅会逐渐减小，但波长 λ 不变，这样就可以得到两个边界条件，即

$$C(x = 0, \ t) = C_p \tag{8-10}$$

$$\frac{dC}{dx}\left(x = \frac{\lambda}{2}, \ t\right) = 0 \tag{8-11}$$

式（8-10）说明在 $x = 0$ 位置时，浓度为 C_p。式（8-11）说明在 $x = \dfrac{\lambda}{2}$ 时，浓度正处于正弦波的峰值，所以 $\dfrac{dC}{dx} = 0$。利用式（8-9）作为初始条件，式（8-10）和式（8-11）作为边界条件就可求出菲克第二定律的解为

$$C(x, \ t) = C_p + A_0 \sin\left(\frac{\pi x}{\lambda}\right) \exp(-\pi^2 Dt / \lambda^2) \tag{8-12}$$

即

$$C(x, \ t) - C_p = A_0 \sin\left(\frac{\pi x}{\lambda}\right) \exp(-\pi^2 Dt / \lambda^2) \tag{8-13}$$

由于此时只考虑函数的最大值$\left(\text{即对应于 } x=\dfrac{\lambda}{2}\text{的值}\right)$，此时 $\sin\left(\dfrac{\pi x}{\lambda}\right)=1$

因而
$$C\left(\frac{\lambda}{2},\ t\right)-C_p=A_0\exp(-\pi^2 Dt/\lambda^2) \tag{8-14}$$

因为
$$A_0=C_{max}-C_p$$

所以
$$\exp(-\pi^2 Dt/\lambda^2)=\left[C\left(\frac{\lambda}{2},\ t\right)-C_p\right]\bigg/(C_{max}-C_p) \tag{8-15}$$

设铸锭经均匀化退火后，成分偏析的振幅要求降低到原来的 1%，此时

$$\frac{C\left(\dfrac{\lambda}{2},t\right)-C_p}{C_{max}-C_p}=\frac{1}{100}$$

则
$$\exp(-\pi^2 Dt/\lambda^2)=\frac{1}{100}$$

$$\exp(\pi^2 Dt/\lambda^2)=100 \tag{8-16}$$

取式（8-16）的对数，可算出要使枝晶中心成分偏析的振幅降低到 1% 所需的退火时间 t 为

$$t=0.467\frac{\lambda^2}{D} \tag{8-17}$$

这一结果表明，铸锭均匀化退火所需时间与枝晶间距的平方成正比，与扩散系数 D 成反比。这就启示人们，如果采取措施，减少枝晶间距，就可以显著减少均匀化退火时间。例如，用快速凝固或采用锻打的方法以使枝晶破碎，均可使枝晶间距减小，当使 λ 值缩到原来的 1/4 时，均匀化退火的时间就可缩短为原来的 1/16。增加扩散系数 D 的方法，通常是提高均匀化退火温度，温度越高，则扩散系数 D 越大，所需退火时间越短。

二、钢件的气体渗碳

钢件的气体渗碳是将低碳钢件或低碳合金钢件放入由渗碳剂（如煤油+甲醇、吸热式气氛+丙烷）产生的渗碳气氛（主要为 CO 或 CH_4）中，在 $900\sim950℃$ 加热保温，使活性碳原子通过物理吸附和化学吸附渗入钢件表面并获得高碳渗层，心部仍保持低碳的工艺方法。钢件渗碳后，渗层中的含碳量是不均匀的，表面含碳量最高，由表面向心部含碳量逐渐降低，直至原始含碳量。

在气体渗碳过程中会发生反应扩散。例如，低碳钢渗碳过程中发生反应扩散，形成 γ 相和 α 相两个单相区。钢件渗碳后以不同速度冷却至室温时，渗层中 γ 相会发生固态相变，获得不同的转变产物（详见第九章）。图 8-17 所示为低碳钢渗碳缓冷后渗层的显微组织：表层为珠光体+二次渗碳体的过共析组织，往里分别是共析组织、亚共析组织过渡区，心部是低碳钢原始组织。齿轮、活塞、轴类等许多重要的机器零件经过渗碳及渗后热处理后，可以获得很高的表面硬度、耐磨性，以及高的接触疲劳强度和弯曲疲劳强度，而心部具有良好的塑性和韧性。

渗碳层浓度分布的变化规律如图 8-18 所示。渗碳开始时，钢件表面的含碳量是钢件的原始含碳量，随着渗碳时间的延长，钢件表面的含碳量逐渐增加，并不断地趋近渗碳气氛的碳浓度，但始终小于渗碳气氛的碳浓度；渗碳层深度逐渐增加，碳浓度梯度变缓。渗碳气氛

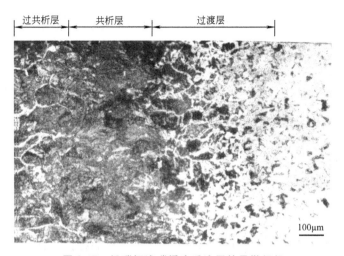

图 8-17　低碳钢渗碳缓冷后渗层的显微组织

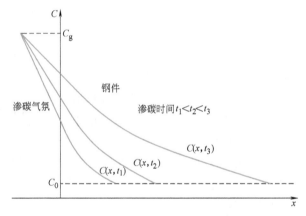

图 8-18　渗碳层浓度分布的变化规律

与钢件表面的碳浓度之差是活性碳原子从气相传输到钢件表面的驱动力。设单位时间内传输到钢件表面单位面积上的碳量为 J，则

$$J = \beta(C_g - C_s) \tag{8-18}$$

式中，β 为气-固界面质量迁移系数，也称碳传递系数（cm/s）；C_g 为渗碳气氛的碳浓度，也称炉气碳势（g/cm^3）；C_s 为钢件表面的碳浓度，是渗碳时间 t 的函数。

初始条件为

$$C(x,0) = C_0 \qquad (t=0, x \geq 0) \tag{8-19}$$

边界条件为

$$-D \left. \frac{\partial C}{\partial x} \right|_{x=0} = \beta(C_g - C_s) \qquad (t>0,\ x=0) \tag{8-20}$$

$$\left. \frac{\partial C}{\partial x} \right|_{x=\infty} = 0 \tag{8-21}$$

式中，x 为渗层内某点距钢件表面的距离，也称渗层深度（cm）；t 为渗碳时间（s）；C_0 为钢件的原始含碳量（g/cm^3）；D 为碳在奥氏体中的扩散系数（cm^2/s）。

利用初始条件和边界条件可求出菲克第二定律式（8-6）的解为

$$C(x,t) = C_0 + (C_g - C_0) \left[\mathrm{erfc}\left(\frac{x}{2\sqrt{Dt}}\right) - \exp\left(\frac{\beta x + \beta^2 t}{D}\right) \mathrm{erfc}\left(\frac{x+2\beta t}{2\sqrt{Dt}}\right) \right] \tag{8-22}$$

式中，$C(x,t)$ 是在渗碳时间 t、渗层深度 x 处的碳浓度；$\dfrac{x}{2\sqrt{Dt}}$、$\dfrac{x+2\beta t}{2\sqrt{Dt}}$ 均可由 z 表示，erf(z) 称为高斯误差函数，可根据误差函数表直接查知或插值求出，erfc(z) 称为补余误差函数：

$$\text{erfc}(z)=1-\text{erf}(z)$$

虽然式（8-22）是扩散偏微分方程的精确解析解，但在实际渗碳生产过程中，一般采用数值解处理各种复杂的初始条件和边界条件，作为电子计算机实时控制的依据。根据渗层组织和性能要求，钢件表层碳含量最好控制在 $w_C=0.85\%\sim1.05\%$，渗层厚度一般为 $0.5\sim2\text{mm}$，渗层碳浓度变化应平缓。

三、金属材料的粘接

工业上广泛应用的把两种金属材料粘接在一起的方法如钎焊、扩散焊、电镀、包金属、浸镀等，都是应用扩散的良好例子。要使两种金属材料粘接在一起，它们之间必须发生一定程度的扩散，否则就不能粘接牢固。下面以钎焊和镀锌为例进行说明。

1. 钎焊

钎焊是连接金属材料的一种方法。钎焊时，先将零件（母材）搭接好，将钎料安放在母材的间隙内或间隙旁（图 8-19），然后将它们一起加热到稍高于钎料熔点的温度，此时钎料熔化并填满母材间隙，冷却之后即将零件牢固地连接起来。由于钎焊时只是钎料熔化，而母材仍处于固体状态，因此，要求钎料的熔化温度一定要低于母材的熔点。此外，为使零件连接牢固，还要求钎料和母材不但液态时能互溶，固态时也必须互溶，依靠它们之间的相互扩散形成牢固的金属结合。

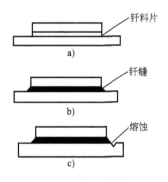

图 8-19　钎焊示意图

a）钎料安置　b）钎缝

c）熔蚀缺陷

钎料和母材之间的相互扩散有两种情况：一是母材向液态钎料中的扩散；二是液态钎料成分向母材中的扩散。这两者之间的相互扩散作用对钎焊接头的作用影响极大。

母材在液态钎料中的扩散（溶解）量，除了与钎料成分有关外，主要取决于加热温度和保温时间。因为固态金属在液态金属中的扩散系数 D 比在固体中的要大 $3\sim4$ 个数量级，所以加热温度和保温时间对溶解量有很大影响。加热温度越高，保温时间越长，则其溶解量越大。当母材的溶解量适当时，有利于提高接头强度（钎料合金化所致）；但若溶解量过大，可使钎料的熔点提高，流动性变差，致使钎料不能填满母材间隙，并往往出现熔蚀缺陷（图 8-19c）。因此，在钎焊时必须严格控制加热温度和保温时间。

通常利用菲克第一定律计算钎料成分向母材中的扩散量 J'

$$J'=JSt=-D\frac{\text{d}C}{\text{d}x}St \qquad (8\text{-}23)$$

此式表明，钎料成分在母材中的扩散量（J'）与浓度梯度

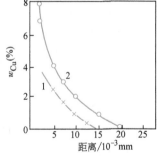

图 8-20　铜钎焊铁时，

铜在扩散区中的分布

1—保温 1min　2—保温 60min

（dC/dx）、扩散系数（D）、扩散面积（S）和扩散时间（t）有关。图 8-20 所示为以铜作为钎料于 1100℃钎焊铁时铜在铁中的分布情况。可以看出，随着保温时间的延长，不但铜的扩散深度增大，扩散层的含铜量也明显提高。

钎缝组织可以根据相应的相图进行判断。一般说来，如果在相图上钎料与母材形成固溶体，那么钎焊后在界面区即可能出现固溶体。固溶体组织具有良好的强度和塑性，对接头性能有利。如果在钎料（B）与母材（A）的相图中存在化合物，那么在钎焊后的界面区中即可能出现化合物，如图 8-21 所示。如钎焊加热温度为 t_1，母材 A 将迅速向钎料 B 中溶解，使界面区的浓度达到 C，冷却至室温后，即在界面区出现金属间化合物 γ，此时接头的性能便显著下降。

值得指出的是，由于钎料成分在母材晶界中的扩散速度较大，所以当母材（A）与钎料（B）形成共晶相图（图 8-22）时，如 B 在 A 中的溶解度超过了 β 相的固溶度极限，即在晶界上形成低熔点的共晶体，钎焊温度常高于共晶体的熔点，因此便在晶界上形成一液体层，对接头性能产生不利影响。因此在钎焊时应尽量避免在接头中产生晶间渗入。

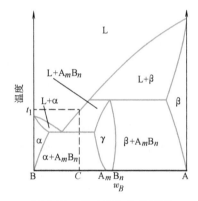

图 8-21　形成化合物的相图

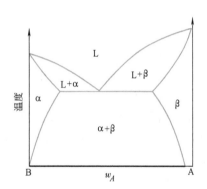

图 8-22　钎料与母材形成的共晶相图

2. 镀锌

钢板在镀锌时会发生反应扩散，除了锌通过扩散形成锌在铁中的固溶体外，还会形成脆性的金属化合物，如果控制不当，则镀层便易于剥落。镀锌的一般工艺过程是，在镀锌之前，先将钢板表面清洗干净，然后浸入 450℃熔融锌槽中若干分钟，就可在钢板表面镀上一层锌。镀锌层的组织可以根据 Fe-Zn 相图进行分析，如图 8-23 所示。由图可见，镀锌层由表到里应包括 Zn、θ、ζ、ε 和 α 五个单相区。在这些相区之间，浓度会发生突然的变化（图 8-24），而不存在两相区。这种具有金属化合物的镀锌层在弯曲时容易剥落，必须加以避免。常用的方法是设法减小镀层总的厚度，或者在熔融锌槽中加入适量的铝，以减少脆性金属化合物的量，从而防止剥落。

四、固相烧结

熔炼和铸造是非常普遍的金属材料制备和成形方法，但难以得到高熔点金属和多孔材料制品，如硬质合金（TiC、VC、WC、NbC、TaC）刀具、含油轴承和镍基高温合金热端部件。这时，可采用粉末冶金来获得。

粉末冶金及陶瓷材料成形技术的关键工艺是烧结，不施加外压力的烧结过程分为固相烧

结和液相烧结。其中，固相烧结是把金属材料或工程陶瓷的粉末原料经混合压制成坯体（坯

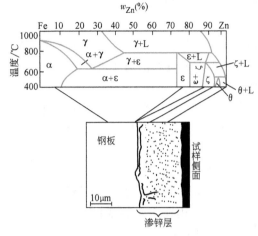

图 8-23 在 450℃镀锌时钢板
的扩散层显微组织

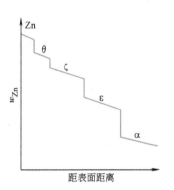

图 8-24 在 450℃镀锌时
镀锌层的五个单相区

体内部孔隙率为 $35\% \sim 60\%$）之后，在低于主要组分熔点的温度下（$0.3 \sim 0.9 T_m$）加热一段时间，使材料致密化，从而具有某些特定性能的过程。烧结驱动力主要来自于粉末颗粒表面能的降低，但与相变或化学反应相比，这个驱动力是极小的，所以必须对坯体加热保温，使粉体转变成烧结体。

固相烧结是烧结温度下无液相出现的烧结过程，可大致分为图 8-25 所示的三个阶段：烧结初期，坯体颗粒间由于原子或离子间结合力或范德华力的作用产生粘结，使得颗粒间接触面发生键合，烧结颈形成并长大；烧结中期，烧结颈继续长大，颗粒开始长大，孔隙大量消失或变形缩小，但依然相互连通形成连续网络，坯体收缩，致密度和强度显著增加；烧结末期，颗粒继续长大，孔隙分隔成为球形的、孤立的闭孔，孔隙率可降至 5%以下。图 8-26所示为颗粒间形成并长大的烧结颈，图 8-27 所示为粉末冶金件表面孔隙分布和断口孔隙形貌。

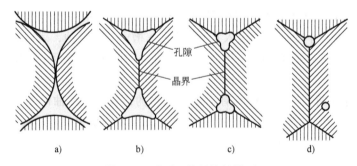

图 8-25 球形颗粒的烧结模型

a）烧结前颗粒的点接触 b）烧结初期烧结颈长大 c）、d）烧结中、末期孔隙缩小球化

固相烧结初期阶段烧结颈的长大主要是通过原子或离子的扩散完成的。原子或离子借助于空位浓度梯度向颈部迁移的过程，可以沿颗粒表面进行，可以沿颗粒接触面发展而成的晶界进行，也可以在晶粒内部进行。下面以晶内扩散为例，分析烧结颈长大速率与时间、温度

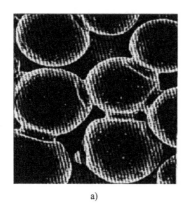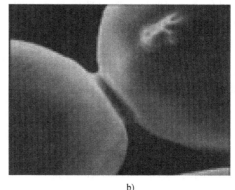

a)   b)

图 8-26　颗粒间形成并长大的烧结颈
a）烧结颈形成　b）烧结颈长大

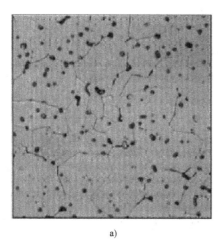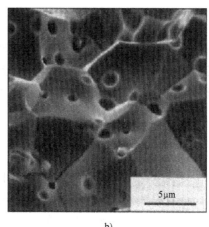

a)   b)

图 8-27　粉末冶金件表面的孔隙分布和断口孔隙形貌
a）孔隙分布　b）断口孔隙形貌

和颗粒尺寸的关系。在应用扩散定律之前，首先确定烧结颈表面下薄层内的空位浓度梯度及烧结颈模型的几何关系。

对于不加压固相烧结的粉末颗粒系统，两个球形颗粒经点接触形成粘结区——烧结颈，其表面为马鞍形曲面，如图 8-28 所示。图中，x 表示接触面的半径，称为烧结颈半径；ρ 表示烧结颈的曲率半径，当粉末颗粒存在表面张力时，由曲率半径引起的烧结颈处的拉伸应力 σ 为

$$\sigma = \gamma\left(\frac{1}{x} - \frac{1}{\rho}\right) \tag{8-24}$$

式中，γ 为表面能，正号表示 x 在颗粒内计算半径值，负号表示 ρ 从孔隙内计算。应该注意到，拉伸应力 σ 垂直作用于烧结颈曲面上，相当于有压应力 p 作用在颗粒接触面的中心线上，使两颗粒靠近，所以可将拉伸应力 σ 视为烧结动力。由于 $x \gg \rho$，所以

$$\sigma = -\frac{\gamma}{\rho} \tag{8-25}$$

负号表示作用在烧结颈曲面上的拉伸应力 σ 方向朝颈外，使烧结颈扩大。

设远离颈部的颗粒内的空位浓度为平衡浓度 C_0，颈部表面由于受到拉伸应力 σ 的作用，空位形成能降低，因此具有"过剩的"空位浓度 C_v。可推导出颈部表面与颗粒内的空位浓度差 ΔC 为

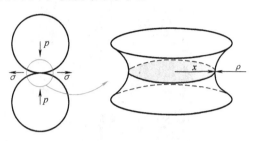

$$\Delta C = C_v - C_0 = \frac{\sigma \Omega C_0}{kT} \qquad (8\text{-}26)$$

图 8-28　烧结颈模型及作用于烧结颈曲面上的拉伸应力 σ 示意图

式中，Ω 为一个原子或离子的体积，可视为一个空位体积；k 为玻尔兹曼常数；T 为热力学温度。

不考虑拉伸应力 σ 的方向，将式（8-25）代入式（8-26），可得

$$\Delta C = \frac{\gamma \Omega C_0}{\rho kT} \qquad (8\text{-}27)$$

由于空位浓度差的存在，在颈部表面与颗粒内部之间就会产生空位迁移。为便于求解，假设具有过剩空位浓度的区域仅在烧结颈表面以内厚度为 ρ 的薄层，如图 8-29 所示。当发生空位扩散时，空位浓度梯度为

$$\Delta C / \rho = \frac{\gamma \Omega C_0}{\rho^2 kT} \qquad (8\text{-}28)$$

此空位浓度梯度将引起烧结颈表面下微小区域内的空位向颗粒内扩散，或者说颗粒内原子或离子扩散至烧结颈表面，使烧结颈得以长大。随着烧结颈（$2x$）的扩大，烧结颈曲率半径增大，使得烧结动力 σ 和空位浓度梯度 $\Delta C / \rho$ 减小。

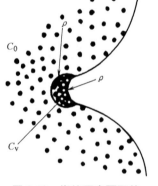

图 8-29　烧结颈表面下的空位浓度分布示意图（黑点代表空位）

根据烧结初期的同质等径双球模型，两球形颗粒相切，颗粒半径为 a，烧结颈半径为 x，随着烧结颈的长大，两颗粒中心距离不变（不收缩），如图 8-30 所示。从几何关系求出烧结颈曲率半径 ρ、烧结颈表面积 A 和烧结颈体积 V 分别为

$$\rho = a(1 - \cos\theta) = 2a\sin^2\left(\frac{\theta}{2}\right) \approx \frac{x^2}{2a} \quad (\theta \text{ 很小}) \qquad (8\text{-}29)$$

$$A \approx 2\pi x \cdot 2\rho = \frac{2\pi x^3}{a} \qquad (8\text{-}30)$$

$$V = \int A \mathrm{d}x = \frac{\pi x^4}{2a} \qquad (8\text{-}31)$$

根据菲克第一定律，空位扩散通量

$$J_V = -D_V \frac{\Delta C}{\rho} \qquad (8\text{-}32)$$

图 8-30　同质等径双球模型

式中，D_V 为空位扩散系数，与晶内扩散系数 D 有如下关系：$D_V = \dfrac{D}{C_0}$。

物质扩散通量 J_M 与 J_V 反向，即

$$J_M = -J_V = D_V \frac{\Delta C}{\rho} = \frac{D}{C_0} \cdot \frac{\Delta C}{\rho} \tag{8-33}$$

烧结颈体积增长速率是烧结颈表面物质扩散通量的总和，表达为连续方程式

$$\frac{\mathrm{d}V}{\mathrm{d}t} = A J_M = A \frac{D}{C_0} \cdot \frac{\Delta C}{\rho} \tag{8-34}$$

将空位浓度梯度表达式（8-28）和几何关系式（8-29）~式（8-31）代入式（8-34），化简后得

$$x^4 \mathrm{d}x = \frac{4\gamma\Omega}{kT} a^2 D \mathrm{d}t \tag{8-35}$$

两边同时积分，得

$$\frac{x^5}{a^2} = \frac{20\gamma\Omega}{kT} D t \tag{8-36}$$

或

$$\frac{x}{a} = \left(\frac{20\gamma\Omega D}{kT} \right)^{1/5} \cdot a^{-3/5} \cdot t^{1/5} \tag{8-37}$$

式（8-36）和式（8-37）都称为晶内扩散机制下的颈长速率方程，烧结颈半径的相对变化 x/a 称为颈长率。在颗粒和孔隙形状未发生明显变化的初期阶段，由颈长速率方程可以看出：

1）颈长率 x/a 与粉末颗粒半径 a 的 3/5 次方成反比，控制原料粉末的粒度（$2a$）很重要。

2）由于晶内扩散系数 D 随温度升高呈指数规律增大［见式（8-8）］，烧结温度对颈长速率具有关键性作用。

3）颈长率 x/a 与烧结时间 t 的 1/5 次方成正比，延长烧结时间对烧结颈长大速率影响不大。

五、工程塑料中的扩散

服役环境中的液相或气相小分子（如 H_2O、O_2、CO_2、CH_4 等）溶解于高聚物后，在高聚物分子链之间的扩散会导致高聚物产生溶胀和/或化学反应，这个过程会改变工程塑料的力学性能和物理性能。例如，水分对材料的溶胀及溶解作用，使维持高分子聚集态结构的分子间作用力改变，从而破坏了材料的聚集态，降低材料的性能。聚酯、聚甲醛、聚酰胺在酸或碱催化下，遇水能够发生水解，在空气污染严重、频繁产生酸雨的地域，这类高分子材料的使用会受到限制。又如，在光、热的同时作用下，O_2 与高分子主链上的薄弱环节，如碳碳双键（—C=C—）、羟基（—OH）、叔碳原子上的氢原子等基团或原子发生反应，形成过氧自由基或过氧化物，可引起主链的断裂，进而发生氧化降解和氧化交联，导致工程塑料断裂强度或冲击强度降低。

由于工程塑料的非晶区结构较为"松散"，这些外来小分子通过非晶区的扩散速率大于晶区，其扩散机制类似于金属的间隙扩散机制，小分子可以从一个非晶区迁移到另一个非晶

区。此外，外来小分子的相对分子质量和化学活性也影响扩散速率。相对分子质量越小，化学活性越弱，则扩散速率越大。

基本概念

克肯达尔效应；空位扩散；间隙扩散；自扩散；互扩散/化学扩散；上坡扩散；下坡扩散；反应扩散；扩散通量

习　　题

8-1　何谓扩散？固态扩散有哪些种类？

8-2　何谓上坡扩散和下坡扩散？试举几个实例说明之。

8-3　扩散系数的物理意义是什么？影响因素有哪些？

8-4　固态金属中要发生扩散必须满足哪些条件？

8-5　铸造合金均匀化退火前的冷塑性变形对均匀化过程有何影响？其作用是加速还是减缓？为什么？

8-6　已知铜在铝中的扩散常数 $D_0 = 0.084 \mathrm{cm}^2/\mathrm{s}$，扩散激活能 $Q = 136 \times 10^3 \mathrm{J/mol}$，试计算在 477℃ 和 497℃ 时铜在铝中的扩散系数。

8-7　有一铝铜合金铸锭，内部存在枝晶偏析，二次枝晶轴间距为 0.01cm，试计算该铸锭在 477℃ 和 497℃ 均匀化退火时使成分偏析振幅降低到 1% 所需的保温时间。

8-8　可否用铅代替锡铅合金作为对铁进行钎焊的材料？试分析说明原因。

8-9　铜的熔点为 1083℃，银的熔点为 962℃，若将质量相同的一块纯铜板和一块纯银板紧密地压合在一起，置于 900℃ 炉中长期加热，将出现什么样的变化？冷却至室温后会得到什么样的组织（图 8-31 所示为 Cu-Ag 相图）。

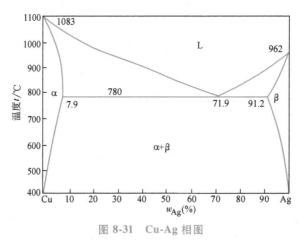

图 8-31　Cu-Ag 相图

8-10　渗碳是将钢件置于渗碳介质中使碳原子进入工件表面，然后以下坡扩散的方式使碳原子从表层向内部扩散的热处理方法。试问：

1）温度高低对渗碳速度有何影响？

2）渗碳应当在奥氏体中进行还是应当在铁素体中进行？

3）空位密度、位错密度和晶粒大小对渗碳速度有何影响？

第九章
固态相变原理

第一节 概 述

固态相变是指当外界环境（温度、压力、应力场或磁场）变化时，金属和陶瓷等固体材料的物相在特定条件下发生转变，物相在转变前后均为固相。**固态相变可体现为晶体结构变化（包括有序程度变化）、化学成分变化或物理性质跃变（如磁性转变和超导转变）。以上变化可以单独出现（如纯铁的多晶型转变），也可以两种或三种变化兼有（如共析钢的共析转变），使固体材料的性能发生变化。只有掌握固态相变发生的条件、特点和规律，才能精确地调控材料的显微组织和性能，从而充分发掘材料的性能潜力。**

中国创造：
天鲲号

一、固态相变的特点

固态相变与熔体结晶相比，有些规律是相同的。例如，相变的驱动力都是新相与母相之间的自由能差；相变都需要能量起伏、结构起伏和成分起伏；大多数相变都包含形核与长大两个基本过程。但是，固态相变是由固相转变为固相，新相和母相都是晶体，因此，固态相变又具有与熔体结晶显著不同的特点。

（一）固态相变阻力大

固态相变时，由于新相和母相的比体积不同，母相转变为新相时要产生体积变化，新相必然受到母相的约束，不能自由胀缩而产生体积应变能。而熔体结晶时能量的增加仅有界面能一项。

固态相变时，系统总的自由能变化为

$$\Delta G = V\Delta G_V + S\sigma + V\omega$$

式中，ω 为固态相变产生的单位体积应变能，$\omega \propto E\varepsilon^2$，$E$、$\varepsilon$ 分别为晶体的弹性模量和线应变；其他物理量意义与式（2-10）相同。

设新相是半径为 r 的球体，可求得新相的临界晶核半径 r^* 和形核激活能 ΔG^* 分别为

$$r^* = -\frac{2\sigma}{\Delta G_V + \omega}$$

$$\Delta G^* = \frac{16\pi\sigma^3}{3(\Delta G_V + \omega)^2}$$

可见，与熔体结晶相比，固态相变时新相的临界晶核半径 r^* 和形核激活能 ΔG^* 较大。也就是说，由于体积应变能的存在，以及较大的固相界面能，固态相变阻力增大。为使相变得以进行，需要较大的过冷度。此外，固态相变温度低，原子的扩散较为困难，例如，晶体中原子的扩散速率约为 $10^{-8} \sim 10^{-7} \mathrm{cm/d}$，而熔体中原子的扩散速率约为 $10^{-7} \mathrm{cm/s}$，这是固态相变阻力大的另一原因。

为减小相变阻力，固态相变产生的体积应变能和界面能综合作用可影响新相的形态。例如，在体积相同的条件下，若新相呈双凸透镜状或针状，则产生的体积应变能较低，界面能较高；若新相呈球状，则产生的体积应变能最高，界面能最低。因此，新相和母相的比体积差较大的情形下，如果新相与母相形成共格或部分共格界面，意味着界面能中的弹性应变能较高，则新相通常呈双凸透镜状或针状；如果新相与母相形成非共格界面，则新相通常呈球状。

（二）母相晶体缺陷对相变起促进作用

固态相变时，母相中各种晶体缺陷，如晶界、相界、位错、堆垛层错甚至夹杂物颗粒，对相变有显著促进作用。与熔体结晶类似，固态相变时通常是非均质形核，新相晶核优先在母相晶体缺陷处形成，晶体缺陷对晶核的长大和组元的扩散等过程也有重要影响。这是由于晶体缺陷提高了系统自由能，可显著降低固态相变所需的形核激活能和扩散激活能。实验结果表明，母相晶粒越细小（晶界越多）、晶内缺陷越多，则相变速度越快。

（三）新相晶核与母相之间存在一定的晶体学位向关系

前已述及，熔体结晶进行非均质形核时，如果新相与固相杂质之间符合点阵匹配原理，则形核激活能较小，可促进非自发晶核的形成。

固态相变时，为了降低新相与母相之间的界面能，新相与母相晶体之间往往存在一定的晶体学位向关系，常以低指数、原子密度大且匹配较好的晶面和晶向互相平行。例如，在一定温度下 γ-Fe 转变为 α-Fe 时，新相 α 和母相 γ 就存在如下晶体学位向关系：$\{110\}_\alpha /\!/ \{111\}_\gamma$，$<111>_\alpha /\!/ <110>_\gamma$。并且，新相往往在母相某一特定晶面上形成，母相的这个面称为惯习面，这种现象称为惯习现象。惯习现象实际就是形核的取向关系在成长过程中的一种特殊反映，可保证界面能最低，使相界面充分地发展，这样可以减小固态相变的阻力，促进新相晶核的成长。例如，从 Al-Ag 合金的过饱和固溶体（面心立方结构）中析出 Ag_2Al（密排六方结构）时，晶体学位向关系为 $(0001)_{HCP} /\!/ (1\bar{1}1)_{FCC}$，$[11\bar{2}0]_{HCP} /\!/ [110]_{FCC}$；惯习面是 $(1\bar{1}1)_{FCC}$。

（四）易于出现过渡相

固态相变的另一特征是易于出现过渡相。过渡相是一种亚稳定相，其成分和结构介于新相和母相之间。因固态相变阻力大，原子扩散困难，尤其当转变温度较低，新、旧相成分相差很远时，难以形成稳定相。过渡相是为了克服相变阻力而形成的一种协调性中间转变产物。通常首先在母相中形成成分与母相接近的过渡相，然后在一定条件下由过渡相逐渐转变为稳定相。例如，钢中奥氏体在进行共析分解时，从热力学分析，应该发生 $\gamma \longrightarrow \alpha + C$ 反应，式中的 α 是以 α-Fe 为溶剂的固溶体，C 表示石墨碳。但实际上即使在缓慢冷却条件下也只能发生 $\gamma \longrightarrow \alpha + Fe_3C$ 的共析反应。这里的 Fe_3C 从结构和成分来看都介于 γ 相和石墨碳（C）之间，因此是一个亚稳定的过渡相。在一定温度下，Fe_3C 会发生分解反应 $Fe_3C \longrightarrow 3Fe + C$，形成稳定的石墨碳。同样，奥氏体快速冷却时转变为马氏体，其成分虽然与奥氏体相同，但晶体结构介于 α-Fe 和 γ-Fe 之间。所以马氏体也是一个过渡相，在一定条件下可以分解为 α 和 Fe_3C，进而再分解为 Fe 和 C。

上述固态相变的特点都是由固相区别于液相的一些基本特性决定的。固态相变过程表现出的特点都受控于以下这条基本规律，即固态相变一方面力求使系统自由能尽可能降低，另一方面又力求沿着阻力最小的途径进行。

二、固态相变的类型

固态相变所发生的成分变化、晶体结构改变或有序程度的改变是通过原子（或离子）迁移实现的，根据原子迁移的特点，可将固态相变分为三类。

第一类是扩散型相变。在这类相变过程中，单个原子独立地、无序地在新相与母相之间扩散迁移，相界面的推移速度即相变速度主要取决于原子长程扩散的速度，受到原子扩散系数和浓度梯度的控制。扩散型相变可分为形核-长大型相变和连续型相变。

形核-长大型相变通过形核和长大两个阶段完成固态相变，纯金属的多晶型转变、钢中奥氏体的形成、钢中的珠光体转变、钢中马氏体的分解、有色合金中过饱和固溶体的脱溶沉淀都是这类扩散型相变。这类相变的等温相变动力学可由阿夫拉米（Avrami）经验公式描述

$$f = 1 - \exp(-Kt^n)$$

式中，f 为相变体积分数；t 为相变时间；K、n 在确定温度下均为常数，且 $3 \leq n \leq 4$。

连续型相变是由母相内微小的成分起伏连续扩展进行的，永磁合金的调幅分解就是典型的连续型相变。

第二类是无扩散型相变。在这类相变过程中，母相中参与转变的所有原子统一地、有序地沿特定方向迁移，形成与母相的化学成分相同、晶体结构不同的新相，相界面的推移速度即相变速度很快，与温度无关。钢、NiTi 合金和 ZrO_2 陶瓷的马氏体转变是典型的无扩散型相变。

第三类是介于上述两类相变之间的过渡型相变。例如，钢中的贝氏体转变。

三、固态相变与热处理

实际生产中，利用固态相变使得材料的显微组织和性能发生改变，这个过程是通过热处理来实现的。热处理是将材料在固态下加热到预定温度，在该温度下保持一段时间，然后以一定的速度冷却，使其获得预期的显微组织和性能的一种加工工艺。图 9-1 所示为热处理工艺曲线示意图。

对金属工件进行热处理一方面可消除铸造、塑性加工、焊接过程导致的各种缺陷，消除偏析，降低内应力，细化晶粒，从而使金属材料的显微组织和性能更为均匀；另一方面，利用固态相变获得适当的显微组织，可显著提高金属材料的强度或获得强度和塑性的良好匹配；此外，还可提高工件表面的耐磨性或耐蚀性。

几乎所有的工程结构件、机械零件和工、模具都需要进行热处理。在热处理过程中金属

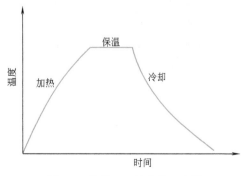

图 9-1 热处理工艺曲线示意图

材料可能不发生固态相变即可降低内应力、细化晶粒，但大多数情况下都发生固态相变。这些金属材料主要有钢铁材料和有色金属材料。其中，钢按化学成分分为碳素钢和合金钢两大类，碳素钢又分为低碳钢（$w_C \leqslant 0.25\%$）、中碳钢（$w_C = 0.25\% \sim 0.6\%$）和高碳钢（$w_C > 0.6\%$）；合金钢是在碳素钢的基础上加入其他合金元素，分为低合金钢（合金元素总含量 $w \leqslant 5\%$）、中合金钢（合金元素总含量 $w = 5\% \sim 10\%$）和高合金钢（合金元素总含量 $w > 10\%$）。同一种钢经不同的热处理后可获得不同的显微组织和性能。

下面首先讨论在热处理加热和冷却阶段发生固态相变时，钢的显微组织和力学性能的变化规律。

第二节　钢在加热时的转变

钢的热处理过程，大多数是首先把钢加热到奥氏体状态，然后以适当的方式冷却以获得所期望的组织和性能。通常把钢加热获得奥氏体的转变过程称为"奥氏体化"。加热时形成的奥氏体的化学成分、均匀化程度、晶粒大小，以及加热后未溶入奥氏体中的碳化物等过剩相的数量和分布状况，直接影响钢在冷却后的组织和性能。因此，研究钢在加热时的组织转变规律，控制加热规范以改变钢在高温下的组织状态，对于充分挖掘钢材性能潜力、保证热处理产品质量有重要意义。

一、共析钢奥氏体的形成过程

以共析钢为例讨论奥氏体的形成过程。若共析钢的原始组织为片状珠光体，当加热至 A_1 以上温度时，珠光体转变为奥氏体。这种转变可用下式表示

$$\underset{\substack{w_C = 0.0218\% \\ \text{体心立方}}}{\alpha} \quad + \quad \underset{\substack{w_C = 6.69\% \\ \text{正交晶格}}}{Fe_3C} \quad \xrightarrow{>A_1} \quad \underset{\substack{w_C = 0.77\% \\ \text{面心立方}}}{\gamma}$$

这一过程是由碳含量很高、具有正交晶格的渗碳体和碳含量很低、具有体心立方晶格的铁素体转变为碳含量介于两者之间、具有面心立方晶格的奥氏体。因此，奥氏体的形成过程就是铁晶格的改组和铁、碳原子的扩散过程。共析钢中奥氏体的形成由下列四个基本过程组成：奥氏体形核、奥氏体长大、剩余渗碳体溶解和奥氏体成分均匀化，如图9-2所示。

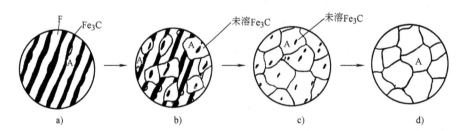

图 9-2　共析钢中奥氏体形成过程示意图

a）A 形核　　b）A 长大　　c）剩余 Fe_3C 溶解　　d）A 均匀化

（一）奥氏体的形核

将钢加热到 A_1 以上某一温度保温时，珠光体处于不稳定状态，通常首先在铁素体和渗

碳体相界面上形成奥氏体晶核，这是由于铁素体和渗碳体相界面上碳浓度分布不均匀，原子排列不规则，易于产生浓度起伏和结构起伏区，为奥氏体形核创造了有利条件。珠光体群边界也可成为奥氏体的形核部位。在快速加热时，由于过热度大，也可以在铁素体亚晶边界上形核。

（二）奥氏体的长大

奥氏体晶核形成以后即开始长大。奥氏体晶粒长大是通过渗碳体的溶解、碳在奥氏体和铁素体中的扩散及铁素体向奥氏体转变而进行的，其长大机制如图 9-3 所示。假定在 A_1 以上某一温度 t_1 形成一奥氏体晶核，其与铁素体和渗碳体相接触的两个相界面是平直的（图 9-3a），那么相界面处各相的碳浓度可由 Fe-Fe$_3$C 相图（图 9-3b）确定。图中 $C_{\gamma-\alpha}$ 表示与铁素体相邻界面上奥氏体的碳浓度，$C_{\gamma-C}$ 表示与渗碳体相邻界面上奥氏体的碳浓度，$C_{\alpha-\gamma}$ 表示与奥氏体相邻界面上铁素体的碳浓度，$C_{\alpha-C}$ 表示与渗碳体相邻界面上铁素体的碳浓度。由于 $C_{\gamma-C} > C_{\gamma-\alpha}$，在奥氏体内就造成一个碳浓度梯度，故奥氏体内的碳原子将从奥氏体-渗碳体相界面向奥氏体-铁素体相界面扩散。扩散的结果破坏了在 t_1 温度下相界面的平衡浓度，使与渗碳体交界处奥氏体的碳浓度低于 $C_{\gamma-C}$，而使与铁素体交界处奥氏体的碳浓度大于 $C_{\gamma-\alpha}$。为了维持相界面上各相的平衡浓度，高碳的渗碳体必溶入奥氏体，以使与渗碳体相邻界面上奥氏体的碳浓度恢复到 $C_{\gamma-C}$；低碳的铁素体将转变为奥氏体，使与铁素体交界面上奥氏体的碳浓度恢复为 $C_{\gamma-\alpha}$。这样，奥氏体的两个相界面自然地向铁素体和渗碳体两个方向推移，奥氏体便不断长大。

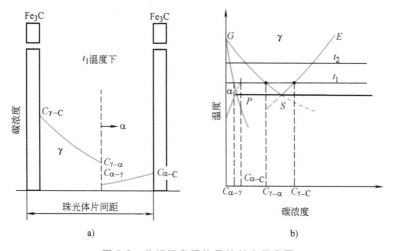

图 9-3　共析钢奥氏体晶核长大示意图

a）奥氏体相界面推移示意图　b）在 t_1 温度下奥氏体形核时各相的碳浓度

碳在奥氏体中扩散的同时，碳在铁素体中也进行着扩散（图 9-3a），这是由于分别与渗碳体和奥氏体相接触的铁素体两个相界面之间也存在着碳浓度差 $C_{\alpha-C} - C_{\alpha-\gamma}$，扩散的结果也使与奥氏体相接触的铁素体的碳浓度升高，促使铁素体向奥氏体转变，从而也能促进奥氏体长大。

假设：①分别忽略铁素体和渗碳体中的碳浓度梯度；②铁素体和渗碳体与奥氏体之间的相界面处于平衡状态；③碳原子在奥氏体中的扩散过程达到稳态扩散。那么奥氏体长大速度 G 为奥氏体的两个相界面的推移速度之和，即 γ/α 相界面向铁素体推移速度 $G_{\gamma\to\alpha}$ 与 γ/C 相

界面向渗碳体推移速度 $G_{\gamma \to C}$ 之和，可表达为

$$G = G_{\gamma \to \alpha} + G_{\gamma \to C} = D \frac{dC}{dx} \cdot \frac{1}{\Delta C_{\gamma/\alpha}} + D \frac{dC}{dx} \cdot \frac{1}{\Delta C_{\gamma/C}} = D \frac{dC}{dx} \left(\frac{1}{\Delta C_{\gamma/\alpha}} + \frac{1}{\Delta C_{\gamma/C}} \right)$$

式中，D 为碳在奥氏体中的扩散系数；$\frac{dC}{dx}$ 为奥氏体中的碳浓度梯度；$\Delta C_{\gamma/\alpha}$ 为 γ/α 相界面处两相的平衡碳浓度差，$\Delta C_{\gamma/\alpha} = C_{\gamma-\alpha} - C_{\alpha-\gamma}$；$\Delta C_{\gamma/C}$ 为 γ/C 相界面处两相的平衡碳浓度差，$\Delta C_{\gamma/C} = C_{Fe_3C} - C_{\gamma-C}$。

当奥氏体化温度为 780℃时，则

$$\frac{G_{\gamma \to \alpha}}{G_{\gamma \to C}} = \frac{\Delta C_{\gamma/C}}{\Delta C_{\gamma/\alpha}} = \frac{6.69 - 0.89}{0.41 - 0.02} \approx 15$$

可见，奥氏体等温形成过程中，铁素体向奥氏体转变的速度比渗碳体溶解速度快得多，即使片状铁素体的厚度约为片状渗碳体厚度的 8 倍，珠光体转变成奥氏体过程中也总是铁素体首先消失。由于有剩余渗碳体尚未溶解，此时奥氏体的平均碳浓度低于共析成分。

(三) 剩余渗碳体的溶解

铁素体消失后，在 t_1 温度下继续保温或继续加热时，随着碳在奥氏体中继续扩散，剩余渗碳体不断向奥氏体中溶解。

(四) 奥氏体成分均匀化

当渗碳体刚刚全部溶入奥氏体后，奥氏体内碳浓度仍是不均匀的，原来是渗碳体的地方碳浓度较高，而原来是铁素体的地方碳浓度较低，只有经长时间的保温或继续加热，让碳原子进行充分的扩散才能获得成分均匀的奥氏体。

由于珠光体中铁素体和渗碳体的相界面很多，$1mm^3$ 体积的珠光体中铁素体和渗碳体的相界面就有 $2000 \sim 10000mm^2$，所以奥氏体形核部位很多，当奥氏体化温度不高，但保温时间足够长时，可以获得极细小而又均匀的奥氏体晶粒。

亚共析钢和过共析钢的奥氏体化过程与共析钢基本相同。但是加热温度仅超过 A_1 时，只能使原始组织中的珠光体转变为奥氏体，仍保留一部分先共析铁素体或先共析渗碳体。只有当加热温度超过 A_3 或 A_{cm} 并保温足够时间后，才能获得均匀的单相奥氏体。

二、影响奥氏体形成速度的因素

奥氏体的形成是通过形核与长大过程进行的，整个过程受原子扩散所控制。因此，凡是影响扩散、影响形核与长大的一切因素，都会影响奥氏体的形成速度。

(一) 加热温度和保温时间

为了描述珠光体向奥氏体的转变过程，将共析钢试样迅速加热到 A_1 以上各个不同的温度保温，记录各个温度下珠光体向奥氏体转变开始、铁素体消失、渗碳体全部溶解和奥氏体成分均匀化所需要的时间，绘制在转变温度和时间坐标图上，便得到共析钢的奥氏体等温形成图 (图 9-4)。

由图 9-4 可见，在 A_1 以上某一温度保温时，奥氏体并不立即出现，而是保温一段时间后才开始形成。这段时间称为孕育期。这是由于形成奥氏体晶核需要原子的扩散，而扩散需要一定的时间。随着加热温度的升高，相变驱动力 ΔG_V 增加，原子扩散速率加快，铁素体和渗碳体与奥氏体之间的平衡碳浓度差 $\Delta C_{\gamma/\alpha}$ 和 $\Delta C_{\gamma/C}$ 均减小，以及奥氏体中的碳浓度梯度

$\dfrac{dC}{dx}$ 增大，这些都使得奥氏体的形核率和长大速度大大增加，故转变的孕育期和转变完成所需时间也显著缩短，即奥氏体的形成速度加快。在影响奥氏体形成速度的诸多因素中，温度的作用最为显著。因此，控制奥氏体的形成温度至关重要。但是，从图 9-4 也可以看到，在较低温度下长时间加热和较高温度下短时间加热都可以得到相同的奥氏体状态。因此，在制订加热工艺时，应当全面考虑加热温度和保温时间的影响。

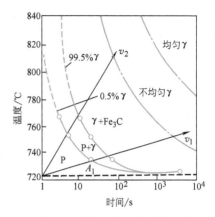

图 9-4　共析钢奥氏体等温形成图

在实际生产采用的连续加热过程中，奥氏体等温转变的基本规律仍是不变的。图 9-4 所画出的不同速度的加热曲线（如 v_1、v_2），可以定性地说明钢在连续加热条件下奥氏体形成的基本规律。加热速度越快（如 v_2），孕育期越短，奥氏体开始转变的温度和转变终了的温度越高，转变终了所需要的时间越短。加热速度较慢（如 v_1），转变将在较低温度下进行。

（二）原始组织的影响

钢的原始组织为片状珠光体时，铁素体和渗碳体组织越细，它们的相界面越多，则形成奥氏体的晶核越多，晶核长大速度越快，因此可加速奥氏体的形成过程。例如，共析钢的原始组织为淬火马氏体、正火索氏体等非平衡组织时，则等温奥氏体化曲线如图 9-5 所示。每组曲线的左边一条是转变开始线，右边一条是转变终了线，由图可见，奥氏体化最快的是淬火状态的钢，其次是正火状态的钢，最慢的是球化退火状态的钢。这是因为淬火状态的钢在 A_1 点以上升温过程中已经分解为微细的粒状珠光体，组织最弥散，相界面最多，有利于奥氏体的形核与长大，所以转变最快。正火态的细片状珠光体，其相界面也很多，所以转变也很快。球化退火态的粒状珠光体，其相界面最少，因此奥氏体化最慢。

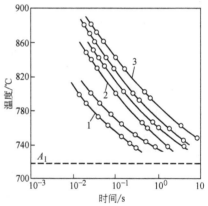

图 9-5　不同原始组织
共析钢等温奥氏体化曲线
1—淬火态　2—正火态　3—球化退火态

（三）化学成分的影响

1. 碳

钢中的含碳量对奥氏体形成速度的影响很大。这是因为钢中的含碳量越高，原始组织中渗碳体数量越多，从而增加了铁素体和渗碳体的相界面，使奥氏体的形核率增大。此外，含碳量增加又使碳在奥氏体中的扩散速度增大，从而增大了奥氏体长大速度。

2. 合金元素

合金元素原子可通过置换部分 Fe 原子溶于奥氏体中，从以下几个方面影响奥氏体的形成速度。首先，合金元素影响碳在奥氏体中的扩散速度。非碳化物形成元素 Co 和 Ni 能提高碳在奥氏体中的扩散速度，故加快了奥氏体的形成速度。Si、Al、Mn 等元素对碳在奥氏体中的扩散能力影响不大。而 Cr、Mo、W、V 等碳化物形成元素显著降低了碳在奥氏体中的扩散速度，故大大减慢了奥氏体的形成速度。其次，合金元素改变了钢的临界点和碳在奥氏体中的溶解度，于是就改变了钢的过热度和碳在奥氏体中的扩散速度，从而影响了奥氏体的形成过程。此外，钢中合金元素在铁素体和碳化物中的分布是不均匀的，在平衡组织中，碳化物形成元素集中在碳化物中，而非碳化物形成元素集中在铁素体中。因此，奥氏体形成后碳和合金元素在奥氏体中的分布都是极不均匀的。所以在合金钢中除了碳的均匀化之外，还有一个合金元素的均匀化过程。在相同条件下，合金元素在奥氏体中的扩散速度远比碳小得多，仅为碳的万分之一到千分之一。因此，合金钢的奥氏体均匀化时间要比碳钢长得多。在制订合金钢的加热工艺时，与碳钢相比，加热温度要高，保温时间要长，原因就在这里。

三、影响奥氏体晶粒大小的因素

钢在加热后形成的奥氏体组织，特别是奥氏体晶粒大小对冷却转变后钢的组织和性能有着重要的影响。一般说来，奥氏体晶粒越细小，钢热处理后的强度越高，塑性越好，冲击韧度越高。但是奥氏体化温度过高或在高温下保持时间过长，将使钢的奥氏体晶粒长大，显著降低钢的冲击韧度、减少裂纹扩展功和提高脆性转折温度。此外，晶粒粗大的钢件，淬火变形和开裂倾向增大。尤其当晶粒大小不均时，还显著降低钢的结构强度，引起应力集中，易于产生脆性断裂。因此，钢的奥氏体化目的是获得成分均匀的细小的奥氏体晶粒。了解影响奥氏体晶粒大小的因素，有利于在钢的加热或保温过程中控制奥氏体晶粒的大小。

1. 加热温度和保温时间的影响

由于奥氏体晶粒长大与原子扩散有密切关系，所以加热温度越高，保温时间越长，则奥氏体晶粒越粗大。图 9-6 表示加热温度和保温时间对奥氏体晶粒长大过程的影响。由图可见，加热温度越高，晶粒长大速度越快，最终晶粒尺寸越大。在每一加热温度下，都有一个加速长大期，当奥氏体晶粒长大到一定尺寸后，再延长时间，晶粒将不再长大而趋于一个稳定尺寸。比较而言，加热温度对奥氏体晶粒长大起主要作用，因此生产上必须严加控制，防止加热温度过高，以避免奥氏体晶粒粗化。通常要根据钢的临界点、工件尺寸及装炉量确定合理的加热规程。

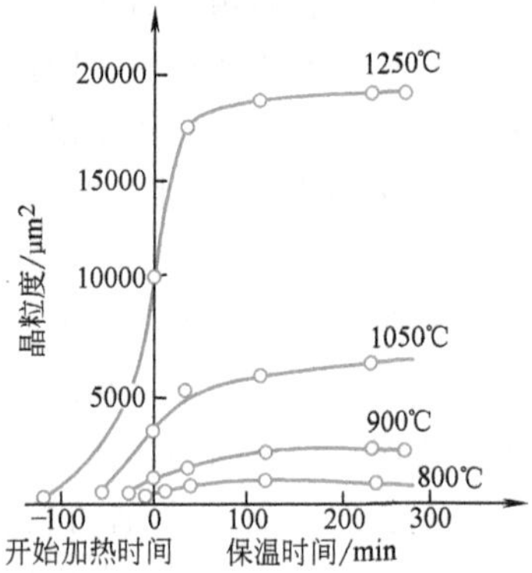

图 9-6　加热温度和保温时间对奥氏体晶粒长大过程的影响
（$w_C = 0.48\%$、$w_{Mn} = 0.82\%$ 的钢）

2. 加热速度的影响

加热温度相同时，加热速度越快，过热度越大，奥氏体的实际形成温度越高，形核率的增加大于长大速度，使奥氏体晶粒越细小（图 9-7）。生产上常采用快速加热短时保温工艺来获得超细化晶粒。

3. 钢的化学成分的影响

在一定的含碳量范围内，随着奥氏体中碳含量的增加，由于碳在奥氏体中扩散速度及铁的自扩散速度增大，晶粒长大倾向增加。但当含碳量超过一定量以后，碳能以未溶碳化物的形式存在，奥氏体晶粒长大受到第二相的阻碍作用，反使奥氏体晶粒长大倾向减小。例如，过共析钢在 $Ac_1 \sim Ac_{cm}$ 之间加热时，由于细粒状渗碳体的存在，可以得到细小的晶粒，而共析钢在相同温度下加热则得到较大的奥氏体晶粒。

用铝脱氧或在钢中加入适量的 Ti、V、Zr、Nb 等强碳化物形成元素时，能形成高熔点

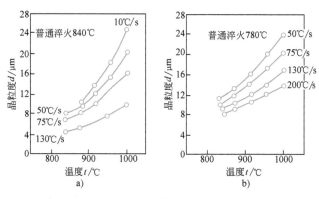

图 9-7　加热速度对奥氏体晶粒大小的影响
a) 40 钢　b) T10 钢

的弥散碳化物和氮化物，可以得到细小的奥氏体晶粒。Mn、P、C、N 等元素溶入奥氏体后削弱了铁原子结合力，加速铁原子的扩散，因而促进奥氏体晶粒的长大。

4. 钢的原始组织的影响

一般来说，钢的原始组织越细，碳化物弥散度越大，则奥氏体晶粒越细小。与粗珠光体相比，细珠光体总是易于获得细小而均匀的奥氏体晶粒。在相同的加热条件下，和球状珠光体相比，片状珠光体在加热时奥氏体晶粒易于粗化，因为片状碳化物表面积大，溶解快，奥氏体形成速度也快，奥氏体形成后较早地进入晶粒长大阶段。

对于原始组织为非平衡组织的钢，如果采用快速加热、短时保温的工艺方法，或者多次快速加热-冷却的方法，便可获得非常细小的奥氏体晶粒。

第三节　钢在冷却时的转变

一、概述

钢的加热转变，或者说钢的热处理加热是为了获得均匀、细小的奥氏体晶粒。因为大多数零构件都在室温下工作，钢的性能最终取决于奥氏体冷却转变后的组织，钢从奥氏体状态的冷却过程是热处理的关键工序。因此，研究不同冷却条件下钢中奥氏体组织的转变规律，对于正确制订钢的热处理冷却工艺、获得预期的性能具有重要的实际意义。

钢在铸造、锻造、焊接以后，也要经历由高温到室温的冷却过程。虽然不作为一个热处理工序，但实质上也是一个冷却转变过程，正确控制这些过程，有助于减小或防止热加工缺陷。

在热处理生产中，钢在奥氏体化后通常有两种冷却方式：一种是等温冷却方式，如图 9-8 曲线 1 所示，将奥氏体状态的钢迅速冷却到临界点以下某一温度保温，让其发生恒温转变过程，然后再冷却下来；另一

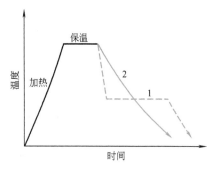

图 9-8　奥氏体不同冷却方式示意图
1—等温冷却　2—连续冷却

种是连续冷却方式，如图 9-8 曲线 2 所示，钢从奥氏体状态一直连续冷却到室温。

奥氏体在临界转变温度以上是稳定的，不会发生转变。奥氏体冷却至临界温度以下，在热力学上处于不稳定状态，要发生分解转变。这种在临界温度以下存在且不稳定的、将要发生转变的奥氏体，称为过冷奥氏体。过冷奥氏体在连续冷却时的转变是在一个温度范围内发生的，其过冷度是不断变化的，因而可以获得粗细不同或类型不同的混合组织。

二、过冷奥氏体的等温转变图和连续冷却转变图

（一）过冷奥氏体等温转变图

1. 过冷奥氏体等温转变图的建立与分析

钢在临界温度 A_1 以下不同温度进行等温冷却时，由于过冷度不同，过冷奥氏体将转变为不同类型的显微组织，这个转变过程可用等温转变动力学曲线来描述。为了清晰地表示各等温温度下过冷奥氏体转变时间和转变产物，可利用一系列的等温转变动力学曲线建立过冷奥氏体等温转变图（Time-Temperature Transformation Diagram，TTT 图）。下面以共析钢为例，说明采用金相-硬度法建立过冷奥氏体等温转变图的过程。

将共析钢加工成 $\phi 10\text{mm} \times 1.5\text{mm}$ 圆片状薄试样并分成若干组。各组试样在相同加热温度下奥氏体化，保温一段时间（通常为 10～15min）得到均匀奥氏体组织，再将其迅速冷却到 A_1 点以下不同温度的盐浴中保温，每隔一定时间，取出一组试样立即淬入盐水中，使未转变的奥氏体转变为马氏体。如果过冷奥氏体尚未发生等温转变，则试样的组织全为白色的马氏体；如果过冷奥氏体已开始发生分解（产物为黑色），那么尚未分解的过冷奥氏体则转变为马氏体；如果过冷奥氏体已经分解完毕，那么水淬后试样的组织将没有马氏体。根据上述显微观察、定量分析和硬度测定，即可确定过冷奥氏体在 A_1 点以下不同温度保温不同时间时，转变产物的类型及转变的体积分数。由此测定各个等温温度下转变开始时间和终了时间。一般将奥氏体转变的体积分数为 1%～3% 所需要的时间定为转变开始时间，而把转变的体积分数 95%～98% 所需时间视为转变终了时间。最后得到不同温度下奥氏体的转变体积分数与等温时间的关系曲线，如图 9-9 上图所示。由图可见，经一段时间后，过冷奥氏体才发生转变，这段时间称为孕育期。转变开始后转变速度逐渐加快，当奥氏体转变体积分数达 50% 时转变速度最大，随后转变速度趋于缓慢，直至转变结束。把各个等温温度下转变开始和转变终了时间画在温度-时间坐标上，并将所有开始转变点和转变终了点分别连接起来，形成开始转变线和转变终了线，即得到共析钢过冷奥氏体等温转变图（图 9-9 下图）。因其具有英文字母

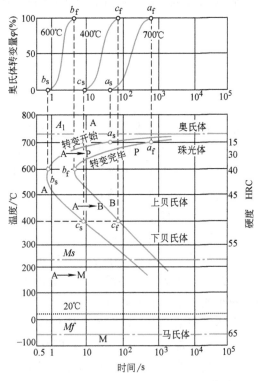

图 9-9 共析钢过冷奥氏体等温转变图的建立

"C"的形状，也称为 C 曲线。

等温转变图上部的水平线 A_1 是奥氏体与珠光体的平衡温度。等温转变图下面还有两条水平线分别表示奥氏体向马氏体转变开始温度 Ms 点和奥氏体向马氏体转变终了温度 Mf 点。Ms 和 Mf 温度多采用膨胀法或磁性法等物理方法测定。

A_1 线以上钢处于奥氏体状态，A_1 线以下、Ms 线以上和转变开始曲线之间区域为过冷奥氏体区，转变开始曲线和转变终了曲线之间为过冷奥氏体正在转变区，转变终了曲线以右为转变终了区。

研究表明，根据转变温度和转变产物不同，共析钢等温转变图由上至下可分为三个区：$A_1 \sim 550℃$ 之间为珠光体转变区；$550 \sim Ms$ 之间为贝氏体转变区；$Ms \sim Mf$ 之间为马氏体转变区。由此可以看出，珠光体转变是在不大过冷度的高温阶段发生的，属于扩散型相变；马氏体转变是在很大过冷度的低温阶段发生的，属于非扩散型相变；贝氏体转变是中温区间的转变，属于过渡型相变。

从纵坐标至转变开始线之间的距离表示不同过冷度下奥氏体稳定存在的时间，即孕育期。孕育期的长短表示过冷奥氏体稳定性的高低，反映了过冷奥氏体的转变速度。由等温转变图可知，共析钢约在 550℃ 孕育期最短，表示过冷奥氏体最不稳定，转变速度最快，称为等温转变图的"鼻子"。A_1 线至鼻温之间，随着过冷度增大，孕育期缩短，过冷奥氏体稳定性降低；鼻温至 Ms 线之间，随着过冷度增大，孕育期增大，过冷奥氏体稳定性提高。在靠近 A_1 点和 Ms 点附近温度，过冷奥氏体比较稳定，孕育期较长，转变速度很慢。

为什么过冷奥氏体稳定性具有这种特征呢？这是由于过冷奥氏体转变速度与形核率和生长速度有关，而形核率和生长速度又取决于过冷度。过冷度较小时，由于相变驱动力 ΔG_V 较小，转变速度也很小。随过冷度增加，相变驱动力 ΔG_V 增加，而原子扩散系数 D 减小。在温度降至某一确定值之前，转变速度受相变驱动力 ΔG_V 控制，随过冷度增加而增加；之后，转变速度受原子扩散速度控制，随过冷度增加而减小。相变驱动力 ΔG_V 和原子扩散系数 D 两个因素综合作用的结果，导致转变速度在鼻温附近达到一个极大值，如图 9-10 所示。这就使得过冷奥氏体等温转变曲线具有 C 形曲线的特征。

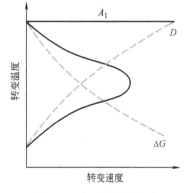

图 9-10 奥氏体转变速度与过冷度的关系

2. 影响过冷奥氏体等温转变的因素

过冷奥氏体等温转变的速度反映过冷奥氏体的稳定性，而过冷奥氏体的稳定性可在等温转变图上反映出来。过冷奥氏体越稳定，孕育期越长，则转变速度越慢，等温转变图越往右移；反之亦然。因此，凡是影响等温转变图位置和形状的一切因素都影响过冷奥氏体等温转变。

（1）奥氏体成分的影响　过冷奥氏体等温转变速度在很大程度上取决于奥氏体的成分，改变奥氏体的化学成分，影响了等温转变图的形状和位置，从而可以控制过冷奥氏体的等温转变速度。

1）含碳量的影响。与共析钢等温转变图不同，亚、过共析钢等温转变图的上部各多出一条先共析相析出线（图 9-11），说明过冷奥氏体在发生珠光体转变之前，在亚共析钢中要

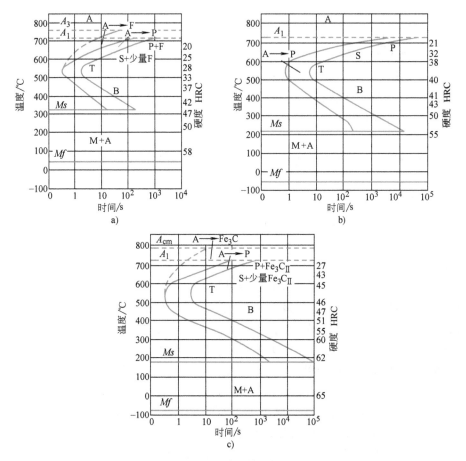

图 9-11　含碳量对碳钢等温转变图的影响

a) 亚共析钢的等温转变图　b) 共析钢的等温转变图　c) 过共析钢的等温转变图

先析出铁素体,在过共析钢中要先析出渗碳体。

亚共析钢随奥氏体含碳量增加,等温转变图逐渐右移,说明过冷奥氏体稳定性升高,孕育期变长,转变速度减慢。这是由于在相同转变条件下,随着亚共析钢中碳含量的升高,铁素体形核的概率减少,铁素体长大需要扩散离去的碳量增大,故减慢铁素体的析出速度。一般认为,先共析铁素体的析出可以促进珠光体的形成。因此,由于亚共析钢先共析铁素体孕育期增长且析出速度减慢,珠光体的转变速度也随之减慢。

过共析钢中含碳量越高,等温转变图反而左移,说明过冷奥氏体稳定性减小,孕育期缩短,转变速度加快。这是由于过共析钢热处理加热温度一般在 $A_1 \sim A_{cm}$ 之间,如过共析钢加热到 A_1 以上一定温度后进行冷却转变,随着钢中含碳量的增加,奥氏体中的含碳量并不增加,反而增加了未溶渗碳体的数量,从而降低过冷奥氏体的稳定性,使等温转变图左移。只有当加热温度超过 A_{cm} 使渗碳体完全溶解的情况下,奥氏体的含碳量才与钢的含碳量相同,随着钢中含碳量的增加,等温转变图才向右移。所以,共析钢等温转变图鼻子最靠右,其过冷奥氏体最稳定。

奥氏体中的含碳量越高,贝氏体转变孕育期越长,贝氏体转变速度越慢。故碳素钢等温转变图下半部分的贝氏体转变开始线和终了线随含碳量的增大一直向右移。

　　奥氏体中含碳量越高，则马氏体开始转变的温度 Ms 点和马氏体转变终了温度 Mf 点越低。

　　2）合金元素的影响。总体来说，除 Co 和 Al （$w_{Al}>2.5\%$）以外的所有合金元素，当其溶入奥氏体中后，都增大过冷奥氏体的稳定性，使等温转变图右移，并使 Ms 点降低。其中 Mo 的影响最为强烈，W、Mn 和 Ni 的影响也很明显，Si、Al 影响较小。钢中加入微量的 B 可以显著提高过冷奥氏体的稳定性，但随着含碳量的增加，B 的作用逐渐减小。

　　Cr、Mo、W、V、Ti 等碳化物形成元素溶入奥氏体中不但使等温转变图右移，而且改变了等温转变图的形状。例如，图 9-12 表示 Cr 对 $w_C = 0.5\%$ 的钢等温转变图的影响。由图可见，等温转变图分离成上下两个部分，形成了两个"鼻子"，中间出现了一个过冷奥氏体较为稳定的区域。等温转变图上面部分相当于珠光体转变区，下面部分相当于贝氏体转变区。应当指出，V、Ti、Nb、Zr 等强碳化物形成元素，当其含量较多时，能在钢中形成稳定的碳化物，在一般加热温度下不能溶入奥氏体中而是以碳化物形式存在，则反而降低过冷奥氏体的稳定性，使等温转变图左移。

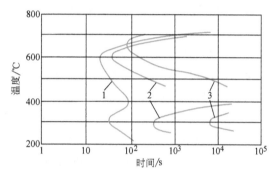

图 9-12　铬对 $w_C = 0.5\%$ 钢的等温转变图的影响

1—$w_{Cr} = 2.2\%$　　2—$w_{Cr} = 4.2\%$　　3—$w_{Cr} = 8.2\%$

　　（2）奥氏体状态的影响　奥氏体晶粒越细小，单位体积内晶界面积越大，从而使奥氏体分解时形核率增多，降低奥氏体的稳定性，使等温转变图左移。

　　铸态原始组织不均匀，存在成分偏析，而经轧制后，组织和成分变得均匀。因此在同样的加热条件下，铸锭形成的奥氏体很不均匀，而轧材形成的奥氏体则比较均匀，不均匀的奥氏体可以促进奥氏体分解，使等温转变图左移。

　　奥氏体化温度越低，保温时间越短，奥氏体晶粒越细，未溶第二相越多，同时奥氏体的碳浓度和合金元素浓度越不均匀，从而促进奥氏体在冷却过程中分解，使等温转变图左移。

　　（3）应力和塑性变形的影响　在奥氏体状态下施加拉应力将加速奥氏体的等温转变，而施加等向压应力则会阻碍转变。这是因为奥氏体比体积最小，发生转变时总是伴随比体积的增大，尤其是马氏体转变更为剧烈，所以拉应力促进奥氏体转变。而在等向压应力作用下，原子迁移阻力增大，使 C、Fe 原子扩散和晶体结构改变变得困难，从而减慢奥氏体的转变。

　　对奥氏体进行塑性变形也有加速奥氏体转变的作用。这是由于塑性变形使点阵畸变加剧并使位错密度增大，有利于 C 和 Fe 原子的扩散和晶体结构改变。同时，形变还有利于碳化物弥散质点的析出，使奥氏体中碳和合金元素贫化，因而促进奥氏体的转变。

　　（二）过冷奥氏体连续冷却转变图

　　1. 过冷奥氏体连续冷却转变图分析

　　等温转变图说明过冷奥氏体在等温条件下的固态相变规律，可用来指导小尺寸、小截面或小批量钢件的热处理。但是大多数热处理，以及钢在铸造、热加工和焊接后的冷却都是从高温连续冷却到低温，过冷奥氏体在一个温度范围内发生固态相变。冷却速度不同，过冷奥氏体在各温度区间停留的时间不同，转变产物及转变量也不同，通常得到不均匀的混合组织。

采用膨胀仪、金相法和热分析法可测得过冷奥氏体连续冷却转变图（Continuous Cooling Transformation Diagram，CCT 图）。共析钢连续冷却转变图如图 9-13 所示，图中只有珠光体转变区和马氏体转变区，说明共析钢连续冷却时没有贝氏体形成。图 9-13 中珠光体转变区左边一条线叫过冷奥氏体转变开始线，右边一条线叫过冷奥氏体转变终了线，下面一条线叫过冷奥氏体转变中止线。Ms 和冷速 v_c 线以下为马氏体转变区。由图 9-13 还可看出，过冷奥氏体连续冷却速度不同，发生的转变及室温组织也不同。当以很慢的速度冷却时（如 v_1），发生转变的温度较高，转变开始和转变终了的时间很长。冷却速度增大，发生转变的温度降低，转变开始和终了的时间缩短，而转变经历

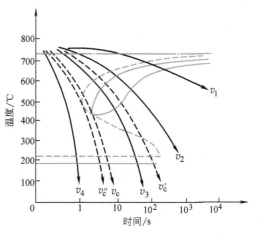

图 9-13　共析钢连续冷却转变图（实线）

的温度区间增大。但是，只要冷却速度小于冷却曲线 v_c'，冷却至室温将得到全部珠光体组织，只是组织弥散程度不同而已。如果冷却速度在 v_c 和 v_c' 之间，当冷却至珠光体转变开始线时，开始发生珠光体转变，但冷却至过冷奥氏体转变中止线时，则中止珠光体转变，继续冷却至 Ms 点以下，未转变的奥氏体转变为马氏体，室温组织为珠光体加马氏体。如果冷却速度大于 v_c，奥氏体过冷至 Ms 点以下发生马氏体转变，冷却至 Mf 点，转变终止，最终得到马氏体加残留奥氏体组织。由此可见，冷却速度 v_c 和 v_c' 是获得不同转变产物的分界线。v_c 表示过冷奥氏体在连续冷却过程中不发生分解，而全部过冷至 Ms 点以下发生马氏体转变的最小冷却速度，称为上临界冷却速度，又称临界淬火速度；v_c' 表示过冷奥氏体在连续冷却过程中全部转变为珠光体的最大冷却速度，又称下临界冷却速度。

图 9-14 和图 9-15 所示分别为亚、过共析钢连续冷却转变图。与共析钢不同，亚共析钢

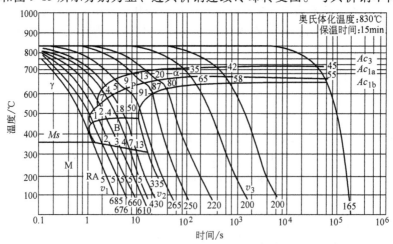

图 9-14　亚共析钢的连续冷却转变图
（$w_C = 0.46\%$　$w_{Si} = 0.26\%$　$w_{Mn} = 0.39\%$　$w_P = 0.012\%$　$w_S = 0.026\%$
$w_{Al} = 0.003\%$　$w_{Cr} = 0.12\%$　$w_{Ca} = 0.215\%$　$w_N = 0.06\%$）

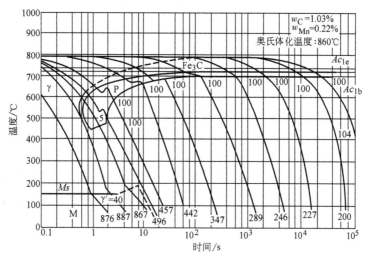

图 9-15　过共析钢的连续冷却转变图

（$w_C = 1.03\%$　$w_{Mn} = 0.22\%$）

连续冷却转变图出现了先共析铁素体析出区域和贝氏体转变区域。此外，Ms 线右端下降，是由于先共析铁素体的析出和贝氏体的转变使周围奥氏体富碳。过共析钢连续冷却转变图与共析钢较为相似，在连续冷却过程中也无贝氏体区。所不同的是有先共析渗碳体析出区域，此外 Ms 线右端升高，这是由先共析渗碳体的析出使周围奥氏体贫碳造成的。

现以图 9-14 为例分析冷却速度对亚共析钢转变产物组织和性能的影响。图中 α、P、B、M 分别代表铁素体、珠光体、贝氏体及马氏体转变区。每一条冷却曲线代表一定的冷却速度，每条冷却曲线下端的数字为室温组织的平均硬度值，各条冷却曲线与各转变终了线相交的数字表示已转变组织组成物所占体积分数。图 9-14 中的 v_1、v_2、v_3 标志了三种不同的冷却速度，当以速度 v_2 冷却时，与珠光体转变开始线（即先共析铁素体析出终了线）相交处的数字 4 表示过冷奥氏体有 4% 转变为先共析铁素体；与过冷奥氏体转变中止线相交处的数字 18，表示珠光体转变量占全部组织的 18%；而与 Ms 相交处的数字 7 表示全部组织的 7% 为贝氏体，剩余 71% 的奥氏体大部分转变为马氏体并保留少量的残留奥氏体。最终得到铁素体、珠光体、贝氏体、马氏体和残留奥氏体的混合组织，其硬度为 430HV。

合金钢连续冷却转变时可以有珠光体转变而无贝氏体转变，也可以有贝氏体转变而无珠光体转变，或者两者兼而有之。具体的连续冷却转变图则由加入钢中合金元素的种类和含量而定。但是合金元素对连续冷却转变图的影响规律与对等温转变图的影响基本上相似。

连续冷却转变图反映了钢在不同冷却速度下所经历的各种转变，根据钢的连续冷却转变图，可预计钢件表面或内部某处在具体热处理条件下的显微组织和硬度；可获知钢的临界淬火速度 v_c，为研究钢的淬透性、合理地选择淬火方法和淬火冷却介质提供重要依据。

2. 过冷奥氏体连续冷却转变图与等温转变图的比较

连续冷却转变过程可以看成是无数个温度相差很小的等温转变过程。由于连续冷却时过冷奥氏体的转变是在一个温度范围内发生的，故转变产物是不同温度下等温转变组织的混合。但是由于冷却速度对连续冷却转变的影响，使某一温度范围内的转变得不到充分的发展。因此，连续冷却转变又有不同于等温转变的特点。

如前所述，在共析钢和过共析钢中连续冷却时不出现贝氏体转变，这是由于奥氏体碳浓度高，使贝氏体孕育期大大延长，在连续冷却时贝氏体转变来不及进行便冷却至低温。同样，在某些合金钢中，连续冷却时不出现珠光体转变也是这个原因。

图 9-13 中虚线为共析钢的等温转变图，实线为同种钢的连续冷却转变图。两者相比，连续冷却转变图中珠光体开始转变线和珠光体转变终了线均在等温转变图的右下方，在合金钢中也是如此。这说明与等温转变相比，连续冷却转变的转变温度较低，孕育期较长。

图 9-13 中与等温转变图珠光体开始转变线相切的冷却速度 v_c'' 也可视为钢的临界冷却速度。显然，v_c'' 大于连续冷却转变曲线的 v_c。因此，用 v_c'' 代替 v_c，用等温转变图来估计连续冷却过程是不合适的。但是由于连续冷却转变曲线比较复杂而且难以测试，在没有连续冷却转变图而只有等温转变图的情况下，可用 v_c'' 定性地分析钢淬火时得到马氏体的难易程度，还可利用等温转变图估算连续冷却临界淬火速度 v_c，v_c'' 大致等于实际测定 v_c 的 1.5 倍。

三、珠光体转变

共析钢过冷奥氏体在等温转变图 A_1 线至鼻温之间较高温度范围内等温停留时，将发生珠光体转变，形成含碳量和晶体结构相差悬殊并与母相奥氏体截然不同的两个固态新相：铁素体和渗碳体。因此，过冷奥氏体转变为珠光体的过程必然发生碳的重新分布和晶体结构的改变。由于相变在较高温度下发生，铁、碳原子都能进行扩散，所以珠光体转变是典型的扩散型相变。

根据奥氏体化温度和奥氏体化程度不同，过冷奥氏体可以形成片状珠光体和粒状珠光体两种组织形态。前者渗碳体呈片状，后者呈粒状。它们的形成条件、组织和性能均不同。

（一）片状珠光体的形成、组织和性能

由 Fe-Fe$_3$C 相图可知，$w_C = 0.77\%$ 的奥氏体在近于平衡的缓慢冷却条件下形成的珠光体是由渗碳体和铁素体组成的片层相间的组织。在较高奥氏体化温度下形成的均匀奥氏体于 $A_1 \sim 550\text{℃}$ 之间温度等温时也能形成片状珠光体。

片状珠光体的形成是通过形核和长大两个基本过程进行的。

珠光体是由渗碳体和铁素体组成的两相组织，那么珠光体的形核自然是这两相的形核。晶核优先在奥氏体的晶界上形成（晶界的交叉点更有利于形核）。但是，当晶粒内存在位错密度较高的微区、奥氏体中碳浓度很不均匀或者存在较多未溶解的渗碳体时，晶核也可在奥氏体晶粒内出现。对于亚共析钢和过共析钢来说，由于珠光体转变之前已形成先共析相，发生珠光体转变时，通常以先共析相作为领先相晶核在奥氏体晶界形成。下面讨论共析钢中片状珠光体的形成。共析钢中的珠光体很可能首先形成渗碳体晶核，这是由于奥氏体晶界通常富集碳原子。渗碳体晶核形成片状是相变选择阻力最小的方式进行的必然结果。

一种片状珠光体长大机制认为，渗碳体晶核由奥氏体晶界向晶粒内长大时，吸收了其两侧和纵向前沿奥氏体中的碳原子，其两侧的奥氏体含碳量降低较快，当渗碳体/奥氏体相界附近奥氏体的含碳量降低到足以形成铁素体时，就在渗碳体片两侧形成铁素体片。铁素体片同样进行纵向长大和横向长大，横向长大时，必然向其两侧的奥氏体中排出多余的碳原子，因而增加铁素体/奥氏体相界附近奥氏体的含碳量，这就促进了新的渗碳体片形成。渗碳体和铁素体如此交替形核和长大，就形成了一个片层相间的珠光体团，又称为珠光体领域。珠光体团继续长大时，在奥氏体晶界的其他部分或铁素体/奥氏体的界面上，都可能产生新的、

不同长大方向的渗碳体晶核，进而形成不同片层排列方向的珠光体团。这些珠光体团不断地"消耗"奥氏体，进行纵向长大和横向长大，直至相互接触，此时奥氏体全部转变为珠光体，珠光体转变结束，得到片状珠光体组织。

另一种片状珠光体长大机制认为，珠光体形成层片状是渗碳体以分枝形式长大的结果，如图 9-16 所示。在奥氏体晶界上形成渗碳体晶核，然后向晶内长大。长大过程中渗碳体不断分枝长大，同时使相邻的奥氏体贫碳，促使铁素体在渗碳体侧面形成并随之长大，最后形成片层相间的珠光体。选区电子衍射花样分析结果表明，一个珠光体领域中所有渗碳体晶体学取向是相同的。这就是说，在一个珠光体领域内的铁素体或渗碳体是连贯着的同一个晶粒，可以把珠光体领域描述为两个相互贯穿的铁素体与渗碳体单晶体。一般在金相显微组织中看不到渗碳体分枝长大的形貌，这是由于渗碳体片的分枝处不容易恰好为试样磨面所剖到。

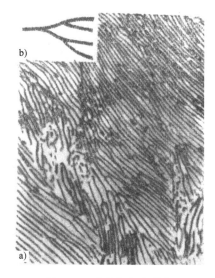

图 9-16 珠光体中渗碳片
分枝长大的情况

a）渗碳体分枝的金相照片
b）渗碳体分枝长大形态示意图

珠光体团中相邻两片渗碳体（或铁素体）之间的距离（s_0）称为珠光体的片间距（图 9-17）。珠光体的片间距与奥氏体晶粒度关系不大，主要取决于珠光体的形成温度。过冷度越大，奥氏体转变为珠光体的温度越低，则片间距越小。碳钢中珠光体的片间距 $s_0(\mathrm{nm})$ 与过冷度的关系可用如下经验公式表示

$$s_0 = \frac{8.02}{\Delta T} \times 10^3$$

式中，ΔT 为过冷度。

根据片间距的大小，可将珠光体分为三类。在 $A_1 \sim 650\,℃$ 较高温度范围内形成的珠光体比较粗，其片间距为 $0.6 \sim 1.0\,\mu\mathrm{m}$，称为珠光体，通常在光学显微镜下极易分辨出铁素体和渗碳体层片状组织形态（图 9-18a）。在 $650 \sim 600\,℃$ 温度范围内形成的珠光体，其片间距较细，约为 $0.25 \sim 0.3\,\mu\mathrm{m}$，只有在高倍光学显微镜下才能分辨出铁素体和渗碳体的片层形态，这种细片状

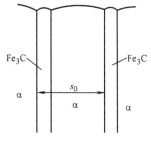

图 9-17 珠光体片间距示意图

珠光体又称为索氏体（Sorbite）（图 9-18b）。在 $600 \sim 550\,℃$ 更低温度下形成的珠光体，其片间距极细，只有 $0.1 \sim 0.15\,\mu\mathrm{m}$，在光学显微镜下无法分辨其层片状特征而呈黑色，只有在电子显微镜下才能区分出来，这种极细的珠光体又称为屈氏体或托氏体（Troostite）（图 9-18c）。图 9-19 中的黑色组织即为屈氏体。由此可见，珠光体、索氏体和屈氏体都属于珠光体类型的组织，都是铁素体和渗碳体组成的片层相间的机械混合物，它们之间的界限是相对的，其差别仅仅是片间距粗细不同而已。但是，与珠光体不同，索氏体和屈氏体可称为后面将要讲到的伪共析体，属于奥氏体在较快速度冷却时得到的不平衡组织。

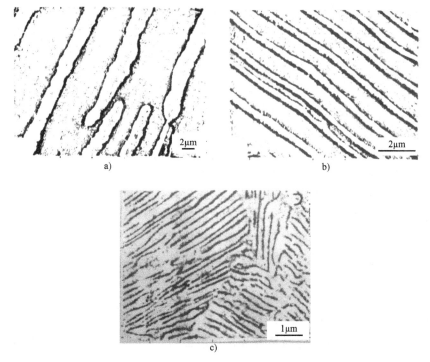

图 9-18　片状珠光体的组织形态

a）珠光体（700℃等温）　b）索氏体（650℃等温）　c）屈氏体（600℃等温）

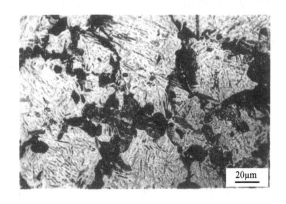

图 9-19　45 钢油冷后的显微组织

　　片状珠光体的力学性能主要取决于珠光体的片间距。珠光体的硬度和断裂强度与片间距的关系如图 9-20 和图 9-21 所示。由图可见，共析钢珠光体的硬度和断裂强度均随片间距的减小而增大。这是由于珠光体在受外力拉伸时，塑性变形基本上在铁素体片内发生，渗碳体层则有阻止位错滑移的作用，滑移的最大距离就等于片间距。片间距越小，单位体积钢中铁素体和渗碳体的相界面越多，对位错运动的阻碍越大，即塑性变形抗力越大，因而硬度和强度都增大。

　　片状珠光体的塑性也随片间距的减小而增大（图 9-22）。这是由于片间距越小，铁素体和渗碳体片越薄，从而使塑性变形能力增大。

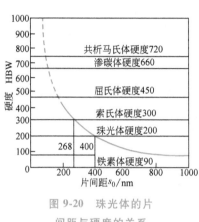

图 9-20　珠光体的片
间距与硬度的关系

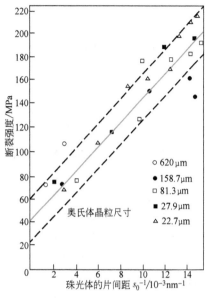

图 9-21　共析钢珠光体片
间距对断裂强度的影响

弹簧钢丝、制绳用钢丝、琴钢丝的索氏体化处理（Patenting）是将中、高碳钢丝（0.35%<w_C<0.85%）完全奥氏体化后，进行铅浴（450~550℃的熔融铅）等温淬火得到索氏体。经冷拔后，钢丝的显微组织是强烈变形的索氏体，保证了钢丝优异的强韧性配合。

（二）粒状珠光体的形成、组织和性能

粒状珠光体组织是渗碳体呈颗粒状分布在连续的铁素体基体中，如图 9-23 所示。粒状珠光体组织既可以由过冷奥氏体直接分解而成，也可以由片状珠光体球化而成，还可以由淬火组织回火形成。原始组织不同，其形成粒状珠光体的机理也不同。

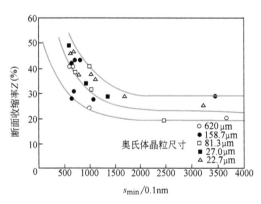

图 9-22　珠光体断面收缩率与最小片间距之关系

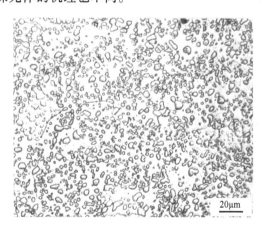

图 9-23　粒状珠光体组织

要由过冷奥氏体直接形成粒状珠光体，必须使奥氏体晶粒内形成大量均匀弥散的渗碳体晶核。这只有通过非均质形核才能实现。如果控制钢加热时的奥氏体化程度，使奥氏体中残存大量未溶的渗碳体颗粒；同时，使奥氏体的碳浓度不均匀，存在许多高碳区和低碳区。此

时将奥氏体过冷到 A_1 以下较高温度等温保温或以极慢的冷却速度冷却，在过冷度较小时就能在奥氏体晶粒内形成大量均匀弥散的渗碳体晶核，每个渗碳体晶核在独立长大的同时，必然使其周围母相奥氏体贫碳而形成铁素体，从而直接形成粒状珠光体。

在生产上，片状珠光体或片状珠光体加网状二次渗碳体可通过球化退火工艺得到粒状珠光体。球化退火工艺分两类：一类是利用上述原理，将钢奥氏体化，通过控制奥氏体化温度和时间，使奥氏体的碳浓度分布不均匀或保留大量未溶的渗碳体细小颗粒，并在 A_1 以下较高温度范围内缓冷，获得粒状珠光体；另一类是将钢加热至略低于 A_1 温度长时间保温，得到粒状珠光体。此时，片状珠光体球化的驱动力是铁素体与渗碳体之间相界面（或界面能）的减少。

与片状珠光体相比，粒状珠光体的硬度和强度较低，塑性和韧性较好，如图 9-24 所示。因此，许多重要的机器零件都要通过热处理，使之变成碳化物呈颗粒状的回火索氏体组织，其强度和韧性都较高，具有优良的综合力学性能。此外，粒状珠光体的冷变形性能、可加工性能及淬火工艺性能都比片状珠光体好，而且，钢中含碳量越高，片状珠光体的工艺性能越差。所以，高碳钢具有粒状珠光体组织，才利于切削加工和淬火；中碳和低碳钢的冷挤压成形加工也要求具有粒状珠光体的原始组织。

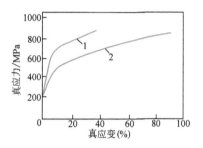

图 9-24 共析钢片状（1）和粒状（2）珠光体真应力-真应变曲线

（三）伪共析体

由 $Fe-Fe_3C$ 相图可知，在平衡冷却条件下，亚共析钢从奥氏体状态首先转变为铁素体，剩余奥氏体中含碳量不断增加；过共析钢首先析出渗碳体，剩余奥氏体中含碳量则不断降低。当剩余奥氏体中含碳量达到 S 点（$w_C = 0.77\%$）时，则发生珠光体转变。但在实际冷却条件下，先共析相铁素体或渗碳体的析出数量是随着冷却速度的加快而减少的。图 9-25 可用来示意地说明奥氏体在一定过冷条件下先共析相的析出。若将 A_3 和 A_{cm} 线分别延伸到 A_1 温度以下，SE' 线表示渗碳体在过冷奥氏体中的饱和溶解度极限，SG' 则为铁素体在过冷奥氏体中的饱和溶解度极限。显然，共析成分奥氏体冷却至 SE'、SG' 线以下将同时析出铁素体和渗碳体，发生珠光体转变。同样，偏离共析成分的奥氏体快速冷却至 $SE'G'$ 组成的区域等温时，将不发生先共析相的析出而全部转变为珠光体。这种由偏离共析成分的过冷奥氏体所形成的珠光体称为伪共析体或伪珠光体。

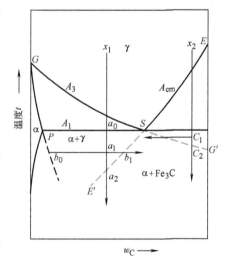

图 9-25 铁碳系准平衡图示意图

从图 9-25 还可看到，亚、过共析钢从奥氏体状态冷却时的冷却速度越快，转变温度越低，则珠光体转变之前析出的先共析铁素体或渗碳体越少，伪共析体越多。例如，成分为 x_1 的亚共析钢自奥氏体状态缓慢冷却至 a_0 温度时，其铁素体含量为 $(a_0 S/PS) \times 100\%$；当钢快速过冷到 a_1 温度时，铁素体含量减少至 $(a_1 b_1/b_0 b_1) \times 100\%$。此时，由于先共析铁素体析出使奥氏体中的含碳量增加，当奥氏体碳浓度由 a_1 增加到 b_1 点以后，剩余奥氏体转变为伪共析体，最终获得铁素体加伪共析体组织。如果将钢急冷至 a_2 温度，先共析铁素体数量为零，奥氏体全部转变为伪共析体。先共析铁素体量还与奥氏体中含碳量有关，含碳量越低，先共析铁素体量越多。同样，过共析钢自奥氏体区冷却至 ES 和 SG' 温度范围内将析出先共析渗碳体，使奥氏体中含碳量降低，当其降低至 $SE'G'$ 区范围内时，剩余奥氏体转变为伪共析体。冷却速度越快，先共析渗碳体越少，当奥氏体迅速冷却至 SG' 线以下，将抑制渗碳体的析出，奥氏体全部转变为伪共析体。上述亚、过共析钢在过冷条件下先共析相与伪共析体的变化规律可从钢的过冷奥氏体等温转变图上看出（图 9-11a、c）。随着过冷度增大，析出先共析相时间缩短，先析出相量减少，伪共析体量增多。当过冷奥氏体冷至鼻温附近，将直接形成全部伪共析体组织。

在生产过程中，为了提高低碳钢板的强度，可采用热轧后立即水冷或喷雾冷却的方法减少先共析铁素体量，增加伪共析体量。对于存在网状二次渗碳体的过共析钢，可以采用加快冷却速度的方法（如从奥氏体状态空冷），抑制先共析渗碳体的析出，从而消除网状二次渗碳体。

四、马氏体转变

钢从奥氏体状态快速冷却，抑制其扩散性分解，在较低温度下（低于 Ms 点）发生的无扩散型相变称为马氏体转变。实现马氏体转变的热处理工艺称为淬火。各种钢件、机器零件及工、模具都要经过淬火并回火获得满足服役条件要求的使用性能。马氏体转变最早是在钢铁中发现的，后来在纯 Ti、Fe-Ni 合金、Cu-Zn 合金、Cu-Al 合金、NiTi 合金和 ZrO_2 陶瓷材料中，也发现了马氏体转变。因此，凡是具有马氏体转变基本特点的相变，其产物均称为马氏体（Martensite）。本节重点讨论钢中马氏体转变的一般规律及其应用。

（一）马氏体的晶体结构、组织和性能

1. 马氏体的晶体结构

钢中的马氏体就其本质来说，是碳在 α-Fe 中过饱和的间隙固溶体。在平衡状态下，碳在 α-Fe 中的溶解度在 20℃ 时不超过 $w_C = 0.002\%$。快速冷却条件下，由于铁、碳原子失去扩散能力，马氏体中的含碳量可与原奥氏体含碳量相同，最大可达到 $w_C = 2.11\%$。

钢中的马氏体一般有两种类型的结构：含碳量 $w_C < 0.2\%$ 的马氏体是体心立方结构；含碳量 $w_C \geqslant 0.2\%$ 的马氏体是体心四方结构，其晶体结构如图 9-26 所示，碳原子呈部分有序排列。假定碳原子占据图中可能存在的位置，则 α-Fe 的体心立方晶格将发生正方畸变，c 轴伸长，而另外两个 a 轴稍有缩短，轴比 c/a 称为马氏体的正方度。由图 9-27 可以看到，随着含碳量的增加，点阵常数 c 呈线性增加，而 a 的数值略有减小，马氏体的正方度不断增大。$c/a \approx 1 + 0.046w_C$。由于马氏体的正方度取决于马氏体中的含碳量，故马氏体的正方度可用来表示马氏体中碳的过饱和程度。合金元素对马氏体点阵常数影响不大，这是因为合金元素在钢中形成置换式固溶体。

2. 马氏体的组织形态

由于钢的种类、化学成分及热处理条件不同，淬火马氏体的组织形态及精细结构多种多样。但是，大量研究结果表明，钢中马氏体有两种基本形态：一种是板条状马氏体；另一种是片状马氏体。

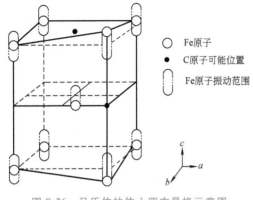

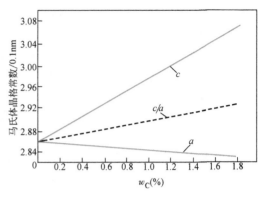

图 9-26　马氏体的体心四方晶格示意图　　　　　图 9-27　马氏体的点阵常数与含碳量的关系

（1）板条状马氏体　板条状马氏体是在低碳钢、中碳钢、马氏体时效钢、不锈钢等铁基合金中形成的一种典型的马氏体组织。图 9-28 所示为低碳钢在光学显微镜下的马氏体组织。其显微组织是由成群的板条组成的，故称为板条状马氏体。板条状马氏体显微组织示意图如图 9-29 所示。由图可见，一个奥氏体晶粒可以形成几个（常为 3~5 个）位向不同的板条群，板条群可以由两种板条束组成（图 9-29 中 B），也可由一种板条束组成（图 9-29 中 C），一个板条群内的两种板条束之间由大角度晶界分开，而一个板条束内包括很多近于平行排列的细长的马氏体板条。每一个板条马氏体为一个单晶体，其立体形态为扁条状，宽度在 0.025~2.2μm 之间。透射电镜和原子探针分析表明，这些密集的板条之间通常由含碳量较高的残留奥氏体分隔开（图 9-30 中白色部分），这一薄层残留奥氏体的存在显著地改善了钢的力学性能。

图 9-28　w_C = 0.2% 钢的马氏体组织

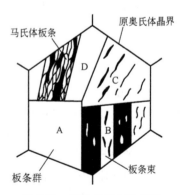

图 9-29　板条状马氏体显微
组织示意图

透射电镜观察证明，板条状马氏体内有大量的位错，位错密度高达 $(0.3~0.9) \times 10^{12} cm^{-2}$。这些位错分布不均匀，形成胞状亚结构，称为位错胞（图 9-31）。因此，板条状马氏体又称"位错马氏体"。

（2）片状马氏体　高碳钢（w_C > 0.6%）、w_{Ni} = 30% 的不锈钢及一些有色金属和合金，淬火时形成片状马氏体组织。高碳钢典型的片状马氏体组织如图 9-32 所示。片状马氏体的空间形态呈双凸透镜状，由于试样磨面与其相截，因此在光学显微镜下呈针状或竹叶状，故片状马氏体又称针状马氏体或竹叶状马氏体。片状马氏体的显微组织特征是马氏体片相互不平行，在一个奥氏体晶粒内，第一片形成的马氏体往往贯穿整个奥氏体晶粒并将其分割成两半，使以后形成的马氏体长度受到限制，所以片状马氏体大小不一，越是后形成的马氏体片尺寸越小，如图 9-33 所示。马氏体周围往往存在残留奥氏体。片状马氏体的最大尺寸取决于原始奥氏体晶粒大小，奥氏体晶粒越大，则马氏体片越粗大。当最大尺寸的马氏体片细小到光学显微镜下不能分辨时，称之为"隐晶马氏体"。

图 9-34 所示为片状马氏体薄膜试样的透射电镜像。可见片状马氏体的亚结构主要为孪晶。因此，片状马氏体又称孪晶马氏体。图 9-35 所示为片状马氏体亚结构示意图。孪晶通常分布在马氏体片的中部，不扩展到马氏体片的边缘区，在边缘区存在高密度的位错。在含碳量 $w_C > 1.4\%$ 的钢中常可见到马氏体片的中脊线（图 9-32），它是高密度的微细孪晶区。

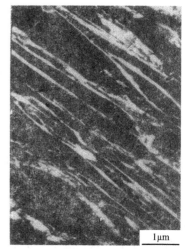

图 9-30　板条状马氏体的薄膜透射组织

图 9-31　板条状马氏体中的位错胞

图 9-32　高碳钢典型的片状马氏体组织

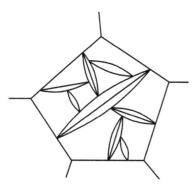

图 9-33　高碳型片状马氏体组织示意图

图 9-34　片状马氏体薄膜试样的透射电镜像

片状马氏体的另一个重要特点，就是存在大量显微裂纹。马氏体形成速度极快，在其相互碰撞或与奥氏体晶界相撞时将产生相当大的应力场，片状马氏体本身又很脆，不能通过滑移或孪生变形使应力得以松弛，因此容易形成撞击裂纹（图 9-32）。通常奥氏体晶粒越大，马氏体片越大，淬火后显微裂纹越多。显微裂纹的存在增加了高碳钢件的脆性，在内应力的作用下显微裂纹将会逐渐扩展成为宏观裂纹，可以导致工件开裂或使工件的疲劳寿命明显下降。

碳钢中马氏体的形态，主要取决于奥氏体的含碳量，从而与钢的马氏体转变开始温度 Ms 点有关。图 9-36 所示为奥氏体的含碳量对马氏体形态及 Ms、Mf 点的影响。由图可见，奥氏体的含碳量越高，则 Ms、Mf 点越低。含碳量 $w_C<0.2\%$ 的奥氏体几乎全部形成板条马氏体，而含碳量 $w_C>1.0\%$ 的奥氏体几乎只形成片状马氏体。含碳量 $w_C=0.2\%\sim1.0\%$ 的奥氏体则形成板条马氏体和片状马氏体的混合组织。一些资料中，板条状马氏体过渡到片状马氏体的含碳量并不一致，这主要是由于淬火冷却速度的影响。增大淬火冷却速度，形成片状马氏体的最小含碳量降低。一般认为，板条状马氏体大都在 200℃ 以上形成，片状马氏体主要在 200℃ 以下形成。含碳量在 $w_C=0.2\%\sim1.0\%$ 的奥氏体，在马氏体区上部温度先形成板条状马氏体，然后在马氏体区下部形成片状马氏体。含碳量越高，Ms 点越低，形成板条状马氏体的量越少，而片状马氏体量越多。

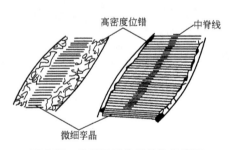

图 9-35　片状马氏体亚结构示意图

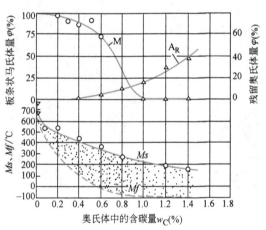

图 9-36　奥氏体中的含碳量对马氏体形态的影响

溶入奥氏体中的合金元素对马氏体形态也产生重要影响。如 Cr、Mo、Mn、Ni（降低 Ms 点的一些元素）和 Co（升高 Ms 点的元素）都增加形成片状马氏体的倾向，但程度有所不同。如 Cr、Mo 等影响较大，而 Ni 形成片状马氏体的倾向较小。

3. 马氏体的性能

马氏体力学性能的显著特点是具有高硬度和高强度。马氏体的硬度主要取决于其含碳量。由图 9-37 可见，马氏体的硬度随含碳量的增加而增高。当含碳量 $w_C<0.5\%$ 时，马氏体的硬度随含碳量的增加而急剧增大。当含碳量 w_C 增至 0.6% 左右时，虽然马氏体硬度会有所增大，但是由于残留奥氏体 A_R 量增加，反使钢的硬度有所下降。合金元素对马氏体的硬度影响不大，但可以提高强度。

马氏体高强度、高硬度的原因是多方面的，其中主要包括碳原子的固溶强化、相变强化，以及时效强化。

间隙原子碳处于 α 相晶格的扁八面体间隙中，造成晶格的正方畸变并形成一个应力场。该应力场与位错发生强烈的交互作用，从而提高马氏体的强度。这就是碳对马氏体晶格的固溶强化。

马氏体转变时在晶体内造成密度很高的晶格缺陷，无论板条状马氏体中的高密度位错还是片状马氏体中的孪晶都阻碍位错运动，从而使马氏体强化，这就是所谓的相变强化。例如，无碳马氏体的屈服强度为 284MPa，接近于形变强化铁素体的屈服强度，而退火铁素体的强度仅为 98 ~ 137MPa。这表明，相变强化使强度提高了 147 ~ 186MPa。

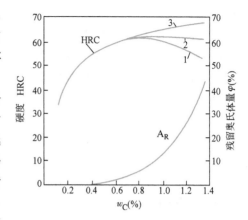

图 9-37　淬火钢的最大硬度与含碳量的关系
1—高于 A_3 或 A_{cm} 淬火　2—高于 A_1 淬火
3—马氏体硬度

时效强化也是一个重要的强化因素。马氏体形成以后，碳及合金元素的原子向位错或其他晶体缺陷处扩散偏聚或析出，钉扎位错，使位错难以运动，从而造成马氏体强化。

此外，马氏体板条群或马氏体片尺寸越小，则马氏体强度越高。这是由马氏体相界面阻碍位错运动造成的。所以，原始奥氏体晶粒越细，则马氏体的强度越高。

马氏体的塑性和韧性主要取决于它的亚结构。大量试验结果证明，在相同屈服强度条件下，位错马氏体比孪晶马氏体的韧性好得多。孪晶马氏体具有高的强度，但韧性很差，其性能特点是硬而脆。这是由于孪晶亚结构使滑移系大大减少，以及在回火时碳化物沿孪生面不均匀析出造成的。孪晶马氏体中含碳量高，晶格畸变大，淬火应力大，以及存在高密度显微裂纹也是其韧性差的原因。而位错马氏体中的含碳量低，Ms 点较高，可以进行自发回火，而且碳化物分布均匀；其次，胞状亚结构位错分布不均匀，存在低密度位错区，为位错提供了活动余地，位错的运动能缓和局部应力集中而对韧性有利；此外，淬火应力小，不存在显微裂纹，裂纹也不易通过马氏体条扩展。因此，位错马氏体具有很高的强度和良好的韧性，同时还具有脆性转折温度低、缺口敏感性和过载敏感性小等优点。目前，力图得到尽量多的位错马氏体是提高结构钢及高碳钢强韧性的重要途径。

在钢的各种组织中，奥氏体的比体积最小，马氏体的比体积最大。例如，$w_C = 0.2\%$ ~ 1.44% 的奥氏体比体积为 $0.122cm^3/g$，而马氏体的比体积为 $0.127 ~ 0.13cm^3/g$。因此，淬火形成马氏体时钢的体积膨胀是淬火时产生较大内应力、引起工件变形甚至开裂的主要原因之一。淬火时钢的体积增加与马氏体的含碳量有关，当含碳量由 0.4% 增加至 0.8% 时，钢的体积增加 1.13% ~ 1.2%。

（二）马氏体转变的特点

马氏体转变同其他固态相变一样，相变驱动力也是新相与母相的化学自由能差，即单位体积马氏体与奥氏体的自由能差。相变阻力也来自于新相形成时的界面能和应变能。尽管马氏体形成时与奥氏体存在共格界面，界面能很小，但是由于共格应变能较大，加上马氏体与奥氏体的比体积相差较大引起膨胀、马氏体形成的同时产生大量的晶体缺陷，构成很大的弹性应变能，以及马氏体转变时需要克服的切变应变能，导致马氏体转变的相变阻力很大，需要足够大的过冷度才能使相变驱动力大于相变阻力，以发生奥氏体向马氏体的转变。因此，与其他相变不同，马氏体转变并不是在略低于两相自由能相等的温度 T_0 以下发生的，其所需过冷度较大，必须过冷到远低于 T_0 的 Ms 点以下才能发生。马氏体转变开始温度 Ms 点则可定义为马氏体与奥氏体的自由能差达到相变所需的最小驱动力值时的温度。马氏体转变是过冷奥氏体在低温范围内的转变，相对于珠光体转变和贝氏体转变具有以下一系列特点：

1. 马氏体转变的无扩散性

马氏体转变是奥氏体在很大的过冷度下进行的，此时无论是铁原子、碳原子还是合金元素原子，其活动能力很低。因而，马氏体转变是在无扩散的情况下进行的。点阵的重构是由原子协同的、有规律的、短程的迁移完成的。原来在母相中相邻的两个原子在新相中仍然相邻，它们之间的相对位移不超过一个原子间距。表现为：钢中奥氏体转变为马氏体时，仅由面心立方点阵改组为体心四方（或体心立方）点阵，而无成分变化；马氏体转变可以在相当低的温度下以极快的速度进行。例如，Fe-C 和 Fe-Ni 合金在 $-20 \sim -195℃$ 之间，每片马氏体的形成时间约为 $5 \times 10^{-5} \sim 5 \times 10^{-7}$s。这时，原子扩散速度极小，转变不可能以扩散方式进行。

2. 马氏体转变的切变机制

马氏体转变时，在预先抛光的试样表面上出现倾动，产生表面浮凸（图 9-38）。这个现象说明马氏体转变和母相的宏观切变有着直接的联系。如果在抛光的单晶试样表面刻有直线划痕，则马氏体转变后，划痕由直线变为折线，但无弯曲或中断现象（图 9-39）。这说明马氏体是以切变方式形成的，而且马氏体和母相奥氏体保持共格，界面上的原子既属于马氏体，又属于奥氏体。相界面是一个切变共格界面，又称为惯习面。马氏体转变时，惯习面是一个尺寸、形状不变的平面，也不发生转动。换句话说，马氏体转变是新相在母相特定的晶面（惯习面）上形成，并以母相的切变来保持共格关系的相变过程。其切变共格界面示意图如图 9-40 所示。

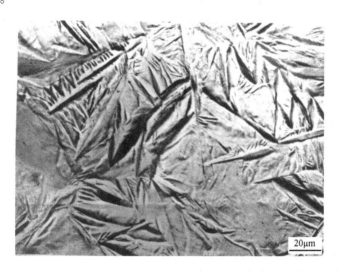

图 9-38　马氏体的表面浮凸

关于马氏体转变的切变理论，自 1924 年 Bain 以来，人们设想了各种转变机制。每一种机制模型不同程度地说明马氏体相变的特征，但都有一定的局限性。这里主要介绍两次切变

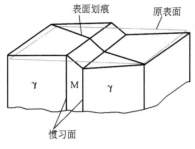

图 9-39 马氏体转变时在晶体
表面引起倾动示意图

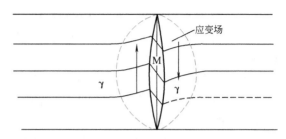

图 9-40 马氏体和奥氏体切变共格界面示意图

模型（*G-T* 模型）。这种模型如图 9-41 和图 9-42 所示。第一次切变是沿惯习面在母相奥氏体中发生均匀切变，产生宏观变形，在磨光试样表面上形成浮凸。但是这次切变后，原子排列仍与马氏体不同，其转变产物是复杂的三棱结构，还不是马氏体，不过它有一组晶面间距及原子排列与马氏体的 $(112)_M$ 晶面相同，如图 9-42a、b 所示。第二次切变是微观不均匀切变，在 $(112)_M$ 面的 $[11\bar{1}]_M$ 方向上发生 $12° \sim 13°$ 的切变，如图 9-42c、d 所示。这一次切变是在不继续发生宏观变形条件下，使原子迁移，从三棱点阵转变为体心四方的马氏体结构。当转变温度高时，以滑移方式进行第二次切变（图 9-42c）；当转变温度低时，则以孪生方式进行第二次切变（图 9-42d）。第二次切变的结果便形成了马氏体的亚结构。可见第二次切变的两种方式与马氏体的两种基本形态是对应的。

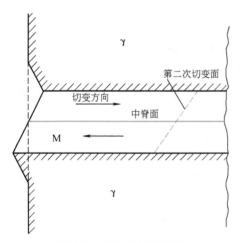

图 9-41 *G-T* 模型示意图

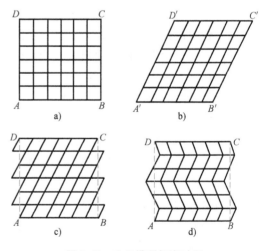

图 9-42 *G-T* 模型切变过程
a）切变前 b）均匀切变（宏观切变）
c）滑移切变 d）孪生切变

两次切变模型圆满地解释了马氏体转变的宏观变形、惯习面、位向关系和显微结构变化等现象，但没有解决惯习面的不应变、无转动，而且也不能解释碳钢（$w_C < 1.4\%$）的位向关系等问题。马氏体转变机理是相当复杂的，许多问题还有待深入研究。

3. 马氏体转变具有特定的惯习面和位向关系

前已述及，马氏体是在奥氏体一定的晶面上形成的，此面称为惯习面，它在相变过程中不发生应变也不转动。惯习面通常以母相的晶面指数来表示。钢中马氏体的惯习面随着含碳量及形成温度不同而异。$w_C < 0.6\%$ 时为 $(111)_\gamma$；w_C 在 $0.6\% \sim 1.4\%$ 之间，为 $(225)_\gamma$；$w_C > 1.4\%$ 时，为 $(259)_\gamma$。随着马氏体形成温度的下降，惯习面向高指数方向变化。因此，同一成分的钢，也可能出现两种惯习面，如先形成的马氏体惯习面为 $(225)_\gamma$，而后形成的马氏体惯习面为 $(259)_\gamma$，中脊面可看成惯习面。

由于马氏体转变时新相和母相始终保持切变共格性，因此马氏体转变后新相和母相之间存在一定的晶体学位向关系。例如，$w_C < 1.4\%$ 碳钢中马氏体与奥氏体有下列位向关系：$\{110\}_M // \{111\}_\gamma$；$<111>_M // <110>_\gamma$。这种关系是由库尔久莫夫（Курдюмов）和萨克斯（Sachs）在 1934 年首先测定的，故称为 K-S 关系。

西山测定 Fe-Ni 合金（$w_{Ni} = 30\%$）低温下的位向关系为：$\{110\}_M // \{111\}_\gamma$；$<110>_M // <112>_\gamma$。这种关系称为西山关系。$w_C > 1.4\%$ 的碳钢，马氏体与奥氏体的位向关系也符合西山关系。

马氏体转变的惯习面和位向关系对于研究马氏体转变机制、推测马氏体转变时原子的位移规律提供了重要依据。

4. 马氏体转变是在一个温度范围内进行的

马氏体转变也是通过形核和长大的方式进行的。试验结果表明，马氏体核胚不是在合金中均匀分布的，而是在母相中某些有利的位置（如晶体缺陷、应力集中微区）优先形成的。当奥氏体过冷至某一温度，尺寸大于临界晶核半径的马氏体核胚就能成为晶核。由于马氏体转变是原子集体的短程迁移，晶核形成后长大速度极快（$10^2 \sim 10^6$ mm/s），甚至在极低温度下仍能高速长大。长大到一定尺寸后，共格关系破坏，长大即停止。因此，马氏体转变速度主要取决于马氏体的形核率。当大于临界晶核半径的核胚全部耗尽时，相变终止。由于过冷度越大，临界晶核尺寸越小，只有进一步降温才能使更小的核胚成为晶核并长成马氏体。

马氏体转变动力学的主要形式有变温转变和等温转变两种。马氏体等温转变情况仅仅发生在某些特殊合金中（如 Fe-Ni-Mn、Fe-Cr-Ni 及高碳高锰钢等），也可用类似奥氏体等温转变图的温度-时间等温图描述。但是等温转变一般都不能使马氏体转变进行到底，完成一定转变量后即停止。

一般工业用碳钢及合金钢，马氏体转变是在连续（即变温）冷却过程中进行的。钢中奥氏体以大于临界淬火速度的速度冷却到 Ms 点以下，立即形成一定数量的马氏体，相变没有孕育期；随着温度下降，又形成一定数量的马氏体，而先形成的马氏体不再长大。马氏体转变量随温度的降低而逐渐增加（图 9-43）。如在某一温度停留，不能使马氏体数量增加，要使马氏体数量增加，必须继续降温冷却，如图 9-44 所示。降温过程中马氏体瞬间形核，瞬间长大，可持续到 Mf 点。因此，马氏体转变量仅取决于冷却所到达的温度（或 Ms 点以下的过冷度 ΔT），而与保温时间无关。因此，对钢进行热处理时不要企图延长时间来增加马氏体量。马氏体转变量与转变温度的关系可用下列经验公式近似地计算：$\varphi = 1 - \exp(-1.10 \times 10^{-2} \Delta T)$，式中的 φ 为转变为马氏体的体积分数，ΔT 为 Ms 点以下的过冷度。

一般钢淬火都是冷却到室温，如果一种钢的 Ms 点低于室温，则淬火冷却到室温得到的全是奥氏体。高碳钢和许多合金钢的 Ms 点在室温以上，而 Mf 点在室温以下，则淬火冷却到室温将保留相当数量未转变的奥氏体，这个部分未转变的奥氏体称为残留奥氏体（Retained Austenite），常用 A_R 表示。为了尽可能减少残留奥氏体以提高钢的硬度和耐磨性，增加工件的尺寸稳定性，必须在冷却至室温之后继续深冷到零度以下，使残留奥氏体继续转变

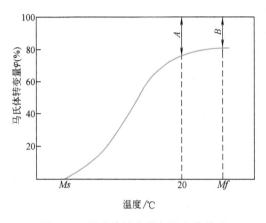

图 9-43 马氏体转变量与温度的关系

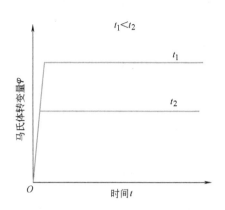

图 9-44 马氏体转变量与时间的关系

为马氏体。这种低于室温的冷却处理工艺，生产上称为"冷处理"。

在很多情况下，即使冷却到 Mf 点以下仍然得不到 100% 的马氏体，而保留一部分残留奥氏体。这是由于奥氏体转变为马氏体时，要发生体积膨胀，最后尚未转变的奥氏体受到周围马氏体的附加压力，失去长大的条件而保留下来。残留奥氏体的数量与奥氏体中的碳含量有关（图 9-36）。奥氏体中的碳含量越多，Ms 和 Mf 点越低，则残留奥氏体量越多。一般低、中碳钢 Mf 点在室温以上，淬火后室温组织中残留奥氏体量很少；高碳钢则不同，随着碳含量的增加，残留奥氏体量不断增加。碳的质量分数为 0.6%~1.0% 的钢，残留奥氏体量一般不超过 10%，而 w_C 为 1.3%~1.5% 的钢，残留奥氏体量可达到 $\varphi(A_R)$ = 30%~50%。奥氏体中含有降低 Ms 点的合金元素，可使残留奥氏体量增加。

如果过冷奥氏体冷却到 Ms 和 Mf 点之间某一温度，停止冷却并保持一定时间，那么冷却至该温度保留下来的未转变的奥氏体将变得更为稳定。如果再继续冷却时奥氏体向马氏体的转变并不立即开始，而是经过一段时间才能恢复转变，转变将在更低的温度下进行，而且转变量也达不到连续冷却时的转变量（图 9-45）。这种因冷却缓慢或在冷却过程停留引起奥氏体稳定性提高而使马氏体转变滞后的现象称为奥氏体的热稳定化。这种热稳定化现象只在冷却到低于某一温度时

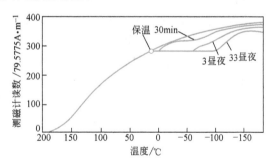

图 9-45 w_C = 1.17% 的钢经淬火并在室温停留后，继续在不同温度下冷却，马氏体的转变量（纵坐标读数值表示马氏体量 φ_M）

才出现，这个温度用"Mc"来表示。钢中奥氏体热稳定化现象可能与 C、N 等间隙原子的存在有关。C、N 原子在适当的温度下偏聚于点阵缺陷处并钉轧位错，因而强化了奥氏体，增大了马氏体相变的切变阻力。奥氏体热稳定化程度与在 Ms 点以下停留的温度和时间有关。在某一温度下停留时间越长，在相同停留时间下停留温度越低，奥氏体的热稳定化程度越大，最终得到的马氏体总量越少。

在 Ms 点以上温度对亚稳的奥氏体进行塑性变形可引起马氏体转变，变形量越大，则马氏体转变量越多，这种现象称为形变诱发马氏体相变。例如，用于制造挖掘机斗齿和破碎机

锤头的高锰铸钢，通过固溶处理获得单相奥氏体。钢件服役时在很大的压力和冲击载荷作用下，钢件表面产生大形变，诱发奥氏体向马氏体转变并析出碳化物，是钢件表面加工硬化的主要原因之一。钢件心部仍是高韧性的奥氏体。随着钢件表面硬化层的逐渐磨损，新的加工硬化层将会继续不断地形成。因此，钢件能承受严重磨损和强烈冲击。又如，相变诱发塑性（TRIP）钢是一种先进的汽车钢板用钢，这种低碳高强钢的显微组织中含有 7%～15%的残留奥氏体，可成形性良好，服役时在受到较大塑性变形时引起马氏体转变，可延迟颈缩和断裂的发生，显著提高塑性和韧性，并且生成的马氏体还可提高强度，使钢获得优异的强-韧配合。

但是，产生形变诱发马氏体相变现象的温度有上限，这一上限温度称为形变马氏体点，用"Md"表示。如果在 Md 点以上温度对奥氏体进行塑性变形或施加压应力，可使随后的马氏体转变变得困难，使 Ms 点降低、马氏体转变量减少，这种现象称为奥氏体的机械稳定化。前面提及的残留奥氏体与机械稳定化有关——被包围在马氏体之间的奥氏体处于受压缩状态无法进行转变而保留下来。

5. 马氏体转变的可逆性

在某些合金中，奥氏体冷却转变为马氏体，重新加热时已形成的马氏体又能无扩散地转变为奥氏体。这就是马氏体转变的可逆性。例如，低温压力容器用 9Ni 钢经热处理后，可获得由马氏体以原机制逆转变得到的奥氏体，这种逆转变奥氏体富含 Ni、Mn 和 C 元素，低温稳定性很高，在显微组织中含量可达 9%，非常有利于 9Ni 钢的低温冲击韧性（-196℃时冲击吸收能量 $KV_2 \geqslant 80J$）。但是在一般碳钢中不发生按马氏体转变机制的逆转变，因为在加热时马氏体早已分解为铁素体和碳化物。

如同奥氏体在 Ms～Mf 点范围内转变为马氏体一样，马氏体到奥氏体的逆转变也是发生在一定温度范围内的，逆转变开始点用 As 表示，逆转变终了点用 Af 表示。通常，As 温度高于 Ms 温度。对于不同合金，As 和 Ms 的温差不同。例如，Fe-Ni 合金的 As 比 Ms 高 410℃，而 Au-Ca 合金 As 比 Ms 仅高 16℃。As 和 Af 温度范围也与奥氏体的成分有关。

对于具有马氏体逆转变且 Ms 和 As 相差很小的合金，如 NiTi 合金、Cu-Zn-Al 合金、Cu-Al-Ni 合金，若将它们冷却到 Ms 以下后，马氏体晶核随温度下降而逐渐长大，当温度回升时，马氏体反过来又同步地随温度的上升而缩小。这种马氏体叫热弹性马氏体，热弹性马氏体的形成是制造形状记忆合金的基础。

（三）马氏体转变应用举例

利用马氏体及马氏体相变的特点，在创制新型高强度、高韧性材料，发展强韧化热处理新工艺及其他热加工工艺方面有着许多实际应用。

在发展强韧化热处理工艺方面，低碳钢或低碳合金钢采用强烈淬火（在 w_{NaCl} 或 w_{NaOH} 为 5%～10%的水溶液或冷盐水中冷却）可以获得几乎全部是板条状的马氏体。不但得到较高的强度和塑（韧）性的良好配合，还具有较低的缺口敏感性和过载敏感性。另外，低碳钢本身又具有良好的冷成形性、焊接性能等，因此，这种工艺近年来在矿山、石油、汽车、机车车辆、起重机制造等行业得到了广泛应用。

中碳（w_C = 0.3%～0.6%）低合金钢或中碳合金钢是大量应用的钢种。我们知道，w_C 在 0.3%～1.0%范围内将得到板条状和片状马氏体的混合组织。如将这些钢种进行高温加热淬火，在屈服强度保持不变的情况下，可以大幅度提高钢的韧性。这是由于高温加热使奥氏体化学成分均匀，消除富碳区，淬火冷却可在组织中少出现片状马氏体而获得较多甚至全部的板条状马氏体。

对于高碳钢件，为了获得较多的板条状马氏体，可以采用较低温度快速、短时间加热淬火方法，保留较多的未溶碳化物，降低奥氏体中的含碳量并阻止富碳微区的形成。

在防止焊接冷裂纹方面，马氏体转变点 Ms 和 Mf 对焊接过程形成冷裂纹的敏感性影响很大。Ms 点高的钢，在较高温度下可以形成板条状马氏体，产生"自发回火"现象，转变过程产生的内应力可以局部消除。此外焊接过程所吸收的氢可以扩散逸出一部分，从而可以减少形成氢裂的可能性。因此，焊接结构用钢，其 Ms 点应不低于 300℃，如果 Mf 点高于 260℃，则在 260℃ 以前完成马氏体转变，焊接时不易形成冷裂纹。

焊接结构用钢希望含碳量要低（不超过 0.2%），这是由于含碳量低等温转变图左移，过冷奥氏体不稳定，临界淬火速度大，因而焊接冷却时不易形成马氏体；另一方面，即使形成低碳马氏体，因其强韧性好，焊接冷裂纹的敏感性也不大。

对于中碳高强度焊接构件，焊接冷却时容易得到强硬的马氏体组织，必须采取充分预热、缓冷等措施，以防止片状马氏体的形成。预热温度与含碳量有关，一般可在 Ms 点附近。焊后应缓冷，尽量采用多层焊，必要时焊后立即进行热处理以降低形成焊接冷裂纹的倾向性。

五、贝氏体转变

钢在珠光体转变温度以下、Ms 温度以上的温度范围内，过冷奥氏体将发生贝氏体转变，又称中温转变。贝氏体转变既有某些珠光体转变和马氏体转变的特点，也有其独特之处。与珠光体转变类似，贝氏体转变过程中发生碳的扩散，贝氏体转变有孕育期，转变产物贝氏体（Bainite）是由铁素体和碳化物组成的机械混合物；但贝氏体的转变行为与珠光体不同，而且组织形态呈非片层相间的。与马氏体转变类似，存在贝氏体转变开始温度 Bs，贝氏体转变常常不完全，有残留奥氏体存在，贝氏体转变也产生表面浮凸，新相铁素体与母相奥氏体保持一定的位向关系；但贝氏体是两相组织，贝氏体转变过程中碳的扩散可影响碳化物的脱溶析出。

目前贝氏体转变的一些试验现象，既可用切变机制解释，也可用扩散机制解释，因此贝氏体转变机制尚无定论。但持续至今七十多年的探讨为认识贝氏体转变行为和贝氏体组织的特征提供了大量的试验数据，为贝氏体组织的应用和贝氏体钢的发展提供了坚实的基础。

（一）贝氏体的组织形态和性能

由于奥氏体的化学成分（碳含量和合金元素含量）及转变温度不同，钢中贝氏体组织形态有很大差异。通常碳含量 $w_C > 0.4\%$ 的碳素钢，在过冷奥氏体等温转变图的贝氏体区较高温度范围内（600~350℃）形成的贝氏体称为上贝氏体，在较低温度范围内（350℃~Ms）形成的贝氏体称为下贝氏体。

中、高碳钢的上贝氏体组织在光学显微镜下的典型特征呈羽毛状（图 9-46a）；在电子显微镜下，上贝氏体由成束的、从奥氏体晶界向晶内平行生长的条状铁素体和铁素体条间纵向分布的、短杆状的渗碳体所组成（图 9-46b）。其中的铁素体形态和亚结构与板条状马氏体相似，但其位错密度比马氏体要低 2~3 个数量级，约为 $10^8 \sim 10^9 \mathrm{cm}^{-2}$。随着形成温度降低，上贝氏体中的铁素体条变细、渗碳体细化且分布更弥散。

上贝氏体组织中铁素体条之间的渗碳体受力时易产生脆断，铁素体条本身也可能成为裂

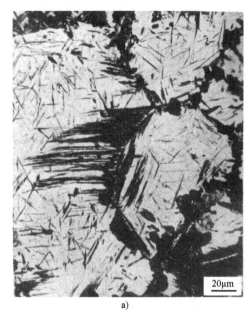
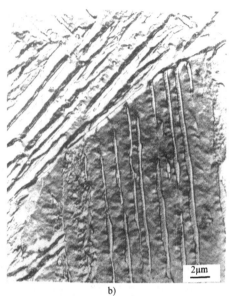

a)   b)

图 9-46   上贝氏体的显微组织

a）光学显微组织（羽毛状）   b）透射电镜组织

纹扩展的路径。如图 9-47 所示，共析钢在 400～550℃温度区间形成上贝氏体，其硬度和冲击韧度均较低。因此，钢中一般应避免形成上贝氏体组织。

下贝氏体组织也是由铁素体和碳化物组成的。在光学显微镜下观察，下贝氏体呈黑色针状（图 9-48a）。它可以在奥氏体晶界上形成，但更多的是在奥氏体晶粒内沿某些晶面单独地或成堆地长成针叶状。在电子显微镜下，下贝氏体由含碳过饱和的片状铁素体和其内部析出的微细 ε-碳化

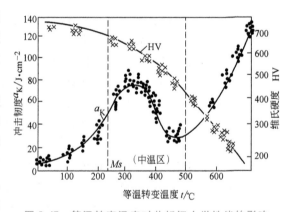

图 9-47   等温转变温度对共析钢力学性能的影响

物组成。其中铁素体的含碳量高于上贝氏体中的铁素体；其立体形态，同片状马氏体一样，也是呈双凸透镜状；其亚结构为高密度位错，位错密度比上贝氏体中铁素体的高，没有孪晶亚结构存在。ε-碳化物具有六方结构，成分以 $Fe_{2.4}C$ 表示，它们之间平行排列并与铁素体长轴呈 55°～60° 取向（图 9-48b）。

下贝氏体组织中的铁素体针细小而均匀分布，位错密度很高，并且铁素体上分布着大量细小弥散的 ε-碳化物，因此下贝氏体不但强度高，而且韧性好，可使钢具有良好的综合力学性能。一些刃具、模具的制造中采用盐浴（熔融硝酸盐）等温淬火工艺就是为了得到这种强韧结合的下贝氏体组织。

近年来研发的低碳贝氏体钢（$w_C < 0.06\%$）含有微量 Mn、Mo、Cu、Nb、B 等合金元素，经奥氏体化后在连续冷却或等温冷却过程中得到以无碳化物贝氏体为主的显微组织，贝

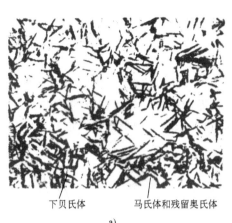 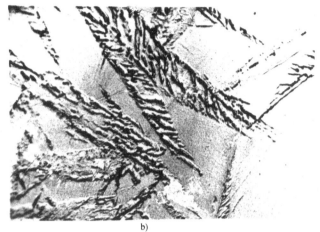

下贝氏体　　　马氏体和残留奥氏体
a)　　　　　　　　　　　　　　　　　　　　b)

图 9-48　下贝氏体显微组织

a) 光学显微镜组织　b) 电子显微镜组织

氏体中的铁素体呈针状或板条状，富碳的残留奥氏体分布于铁素体之间。实际生产中，这种钢材经控制轧制和控制冷却后，可获得高密度位错、细小弥散分布的合金碳化物（通过应变诱发析出和脱溶析出）和极细的贝氏体组织，从而保证钢材的高强度（屈服强度 ≥ 500MPa）、高韧性和优异的焊接性和冷成形性。低碳贝氏体钢作为低成本的高性能结构用钢，已广泛用于建筑型材、运输轨道、油气管道、桥梁和海洋平台等大型构件。

（二）贝氏体转变的特点

贝氏体转变涉及铁原子迁移、FCC→BCC 的晶体结构改变、碳原子扩散和分布，以及碳化物形成等微观过程，这些微观过程的热力学、动力学和晶体学仍在探讨中，但以下三个特点已为人们承认。

1. 贝氏体转变是一个形核和长大的过程

贝氏体转变过程包括贝氏体中铁素体（用"BF"表示）的形成和碳化物的析出，也是一个形核和长大的过程。贝氏体转变通常需要孕育期。在孕育期内，奥氏体中碳原子的重新分布引起浓度起伏，过冷度越大，奥氏体成分则越不均匀，有可能形成局部贫碳区和富碳区，在奥氏体贫碳区首先形成铁素体晶核。上贝氏体中的铁素体晶核一般优先在奥氏体晶界的贫碳区形成，下贝氏体中的铁素体晶核可在过冷度较大的奥氏体晶内的贫碳区形成。铁素体形核和长大的同时，碳原子从铁素体向奥氏体中扩散，在铁素体条之间或铁素体片内部脱溶析出碳化物。因此，贝氏体转变速度受到碳原子扩散的控制，远低于马氏体转变速度。

2. 贝氏体转变具有特定的惯习面和位向关系

贝氏体中的铁素体与母相奥氏体保持共格或部分共格关系，并沿奥氏体特定的晶面长大。中、高碳钢的上贝氏体中铁素体的惯习面接近于 $\{111\}_\gamma$，下贝氏体中铁素体的惯习面接近于 $\{225\}_\gamma$。贝氏体中的铁素体与母相奥氏体之间保持严格的晶体学位向关系。例如，共析钢在 350~450℃ 范围形成的上贝氏体中，铁素体与奥氏体之间的位向关系符合西山关系；在 250℃ 形成的下贝氏体中，铁素体与奥氏体之间的位向关系符合 K-S 关系。

此外，贝氏体中的渗碳体与铁素体之间、与母相奥氏体之间也都遵循一定的晶体学位向关系。

3. 贝氏体中碳化物的分布与形成温度有关

过冷奥氏体在中温区不同温度下等温转变时，贝氏体中的铁素体条（片）总是受限于一个奥氏体晶粒内，不能穿过奥氏体晶界而长大。但由于贝氏体中的碳化物分布不同，可以形成不同类型的贝氏体。

对于低碳钢，如果过冷奥氏体转变温度较高，碳原子扩散能力较强，在奥氏体晶界形成铁素体条的同时，碳原子可从铁素体经铁素体/奥氏体相界向奥氏体进行充分的长程扩散，从而得到由条状铁素体组成的无碳化物贝氏体（图9-49a）。未转变的奥氏体可能在继续保温过程中转变为珠光体或冷却至室温时转变为马氏体，也可能以残留奥氏体的形式保留下来。

如果过冷奥氏体转变温度较低，在上贝氏体转变温度范围内，在奥氏体晶界形成相互平行的铁素体条的同时，碳原子仍可从铁素体经铁素体/奥氏体相界向奥氏体进行扩散，但扩散距离较短。由于碳原子在铁素体中的扩散速度大于在奥氏体中的扩散速度，使铁素体条间奥氏体的碳浓度富集，当富集到一定程度时，渗碳体从富碳的奥氏体中脱溶析出，在铁素体条间沿其纵向不连续地分布，从而得到上贝氏体（图9-49b）。

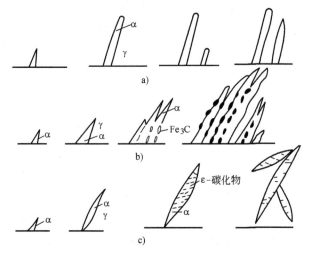

图9-49　贝氏体转变示意图
a）无碳化物贝氏体　b）上贝氏体　c）下贝氏体

如果过冷奥氏体转变温度更低，片状铁素体在过冷奥氏体晶内形成的同时，由于碳原子的扩散困难，大部分只能在铁素体内某些特定晶面上偏聚，ε-碳化物从含碳过饱和的铁素体中脱溶析出，从而得到下贝氏体（图9-49c）。

（三）魏氏组织的形成

在实际生产中，含碳量 $w_C = 0.2\% \sim 0.5\%$ 的亚共析钢和 $w_C > 1.2\%$ 的过共析钢，经铸造、热轧、热锻或熔焊后的空冷过程中，或者当加热温度过高并以较快速度冷却时，先共析铁素体或先共析渗碳体从过冷奥氏体晶界沿奥氏体特定晶面向晶内生长，呈针（片）状析出。利用金相显微镜放大100倍下观察试样，可观察到从奥氏体晶界生长出的近于平行或其他规则排列的针状铁素体或渗碳体，以及其间存在的珠光体类组织，这种组织称为魏氏组织（Widmanstätten Structure），前者称为铁素体魏氏组织，后者称为渗碳体魏氏组织，如图9-50所示。魏氏组织常由粗晶奥氏体转变而来。

魏氏组织中的先共析铁素体（用"WF"表示）形成时，也会在试样表面出现浮凸现象，也具有特定的惯习面，并与母相奥氏体之间存在位向关系。因此，人们认为WF实质上是无碳化物贝氏体。

粗大的魏氏组织常使钢的力学性能下降，特别是塑性和冲击韧度显著下降，并提高钢的脆性转折温度，因而使钢容易发生脆性断裂。所以对于重要的钢件，应对魏氏组织进行金相检验和评级。

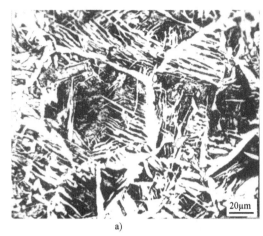

图 9-50 铁素体魏氏组织 a) 和渗碳体魏氏组织 b)

当钢或铸钢中出现魏氏组织降低其力学性能时，首先应考虑是否因加热温度过高造成了奥氏体晶粒粗化。对于易形成魏氏组织的钢材，可通过控制轧制、降低终锻温度、控制锻（轧）后的冷却速度或者改变热处理工艺，例如，通过细化晶粒的调质、正火、退火、等温淬火等工艺，来防止或消除魏氏组织。

第四节 淬火钢回火时的转变

回火是将淬火后的钢（简称"淬火钢"或"淬火态钢"）加热到低于临界温度 A_1 的某一温度保温一定时间，使淬火组织转变为稳定的回火组织，然后以适当方式冷却到室温的一种热处理工艺。

淬火钢的显微组织主要是马氏体加残留奥氏体，并且钢中内应力很大。马氏体和残留奥氏体在室温下都处于亚稳定状态，马氏体处于含碳过饱和状态，残留奥氏体处于过冷状态，它们都趋于向铁素体加渗碳体（碳化物）的稳定状态转化。但在室温下，原子扩散能力很低，这种转化很困难，回火则促进组织转化，因此淬火钢件必须立即回火，以消除或减小内应力，防止变形或开裂，并获得稳定的组织和所需的性能。

为了保证淬火钢回火获得所需的组织和性能，必须研究淬火钢在回火过程中的组织转变，探讨回火钢性能和组织形态的关系，并为正确制订回火工艺（温度、时间等）提供理论依据。

一、淬火钢的回火转变及其组织

淬火后的碳钢回火时，随着回火温度升高，主要发生以下几种转变。

（一）马氏体中碳的偏聚

马氏体中过饱和的碳原子处于体心立方晶格扁八面体间隙位置，使晶体产生很大的晶格畸变，处于受挤压状态的碳原子有从晶格间隙位置脱溶出来的自发趋势。但在 80~100℃ 以下温度回火时，铁原子和合金元素难以进行扩散迁移，碳原子也只能进行短距离的扩散迁移。板条状马氏体存在大量位错，碳原子倾向于偏聚在位错线附近的间隙位置，形成碳的偏聚区，降低马氏体的弹性畸变能。例如，含碳量 $w_C<0.25\%$ 的低碳马氏体，间隙原子进入马氏体晶格中刃型位错旁的拉应力区形成所谓"柯氏气团"，使马氏体晶格不呈现正方度，而成为立方马氏体。只有当马氏体中含碳量 $w_C>0.25\%$，晶格缺陷中容纳的碳原子达到饱和时，多余碳原子才形成碳原子偏聚区，从而使马氏体的正方度增大。

片状马氏体的亚结构主要为孪晶，除少量碳原子向位错线偏聚外，大量碳原子将向垂直于马氏体 c 轴的（100）面富集，形成小片富碳区，碳原子偏聚区厚度只有零点几纳米，直径约为 1.0nm。

碳原子的偏聚现象不能用金相方法直接观察到，但可用电阻法或内耗法间接证实。

（二）马氏体分解

当回火温度超过 100℃ 时，马氏体开始发生分解，碳原子偏聚区的碳原子将发生有序化，继而转变为碳化物，从过饱和 α 固溶体中析出。随着马氏体含碳量的降低，晶格常数 c 逐渐减小，a 增大，正方度 c/a 减小。马氏体的分解持续到 350℃ 以上，在高合金钢中可持续到 600℃。

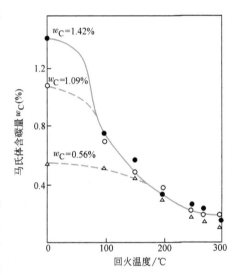

图 9-51 马氏体的含碳量随回火温度的变化规律

回火温度对马氏体的分解起决定作用。马氏体的含碳量随回火温度的变化规律如图 9-51 所示。马氏体的含碳量随回火温度升高不断降低，高碳钢的马氏体含碳量降低较快。回火时间对马氏体中含碳量影响较小（图 9-52）。当回火温度高于 150℃ 后，在一定温度下，随回火时间延长，在开始 1~2h 内，过饱和碳从马氏体中析出很快，然后逐渐减慢，随后再延长时间，马氏体中含碳量变化不大。因此钢的回火保温时间常在 2h 左右。回火温度越高，回火初期碳含量下降越多，最终马氏体碳含量越低。

高、中碳钢在 350℃ 以下回火时，马氏体分解后形成的低碳 α 相和弥散的 ε-碳化物组成的两相组织称为回火马氏体（β-Martensite）。这种组织比淬火马氏体易浸蚀，故在光学显微镜下呈黑色针状或板条状组织，如图 9-53 所示。回火马氏体中 α 相含碳量 $w_C=0.2\%\sim0.3\%$，正方度趋近于 1；ε-碳化物与母相马氏体之间为共格界面，并保持一定的晶体学位向关系，在光学显微镜下不可见。

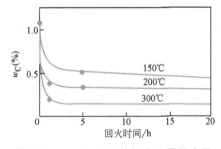

图 9-52 $w_C=1.09\%$ 的钢在不同温度回火时马氏体中含碳量与回火时间的关系

含碳量 $w_C<0.2\%$ 的低碳钢，$Ms\sim Mf$ 范围为 450~250℃，钢在淬火冷却过程中得到的板条状马氏体会自发回火，在 200℃ 以上已析出 Fe_3C。如果将其在 100~200℃ 之间回火，绝大部分碳原子都偏聚到位错线附近，并不析出碳化物。这两种情形下，回火马氏体是板条状的低碳 α 相和弥散的 Fe_3C 组成的两相组织。

回火马氏体使钢保持高硬度和高强度，同时适当地提高了塑性和韧性。

（三）残留奥氏体的转变

钢淬火后总是多少存在一些残留奥氏体。残留奥氏体量随淬火加热时奥氏体中碳和合金元素含量的增加而增多。含碳量 $w_C > 0.5\%$ 的碳钢或低合金钢淬火后，有可观数量的残留奥氏体。高碳钢淬火后于 250~300℃ 之间回火时，将发生残留奥氏体分解。图 9-54 所示为 $w_C = 1.06\%$ 的钢于 1000℃ 淬火，并经不同温度回火保温 30min 后，用 X 射线测定的残留奥氏体量的变化曲线（淬火后残留奥氏体体积分数尚存 35%）。可见，随回火温度升高，残留奥氏体量减少。

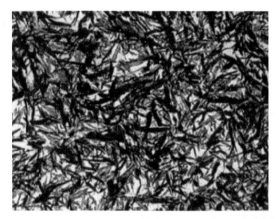

图 9-53　$w_C = 1.2\%$ 的碳钢经 780℃ 水淬
并 200℃ 加火 1h 后的显微组织

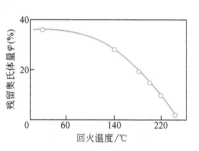

图 9-54　$w_C = 1.06\%$ 的钢油淬后
残留奥氏体量和回火温度的关系

残留奥氏体与过冷奥氏体并无本质区别，它们的等温转变图很相似，只是两者的物理状态不同而使转变速度有所差异而已。图 9-55 所示为高碳铬钢残留奥氏体和过冷奥氏体的等温转变图。由图可见，与过冷奥氏体相比，残留奥氏体向贝氏体转变速度较快，而向珠光体转变速度则较慢。残留奥氏体在高温区内回火时，先析出先共析碳化物，随后分解为珠光体；在低温区内回火时，将转变为贝氏体。在珠光体和贝氏体转变温度区间也存在一个残留奥氏体的稳定区。

淬火高碳钢在 200~300℃ 回火时，残留奥氏体分解为 α 相和 ε-碳化物组成的两相组织，称为回火马氏体或下贝氏体。

（四）碳化物的转变

马氏体分解及残留奥氏体转变形成的 ε-碳化物是亚稳定的过渡相。当回火温度升高至 250~400℃ 时，形成比 ε-碳化物稳定的碳化物。

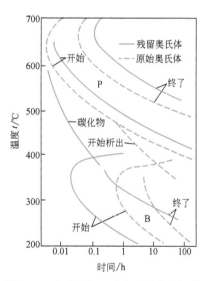

图 9-55　高碳铬钢两种奥氏体的等温转变图（$w_C = 1.0\%$、$w_{Cr} = 4\%$）

碳钢中比 ε-碳化物稳定的碳化物有两种：一种是 χ-碳化物，也是亚稳定的过渡相，具有单斜结构，成分以 $Fe_{2.5}C$ 表示；另一种是更稳定的 θ-碳化物，即渗碳体 Fe_3C。

碳化物的转变主要取决于回火温度，也与回火时间有关。图 9-56 表示回火温度和回火时间对淬火钢中碳化物变化的影响。由图可见，随着回火时间的延长，发生碳化物转变的温度降低。

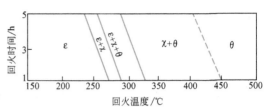

图 9-56　淬火高碳钢（$w_C = 1.34\%$）回火时
碳化物转变温度和时间的关系

回火温度高于 250℃ 时，含碳量 $w_C > 0.4\%$ 的马氏体中 ε-碳化物逐渐溶解，同时沿 $\{112\}_M$ 晶面析出 χ-碳化物。χ-碳化物呈小片状平行地分布在马氏体中，尺寸约为 5nm，它和母相马氏体有共格界面并保持一定的位向关系。由于 χ-碳化物与 ε-碳化物的惯习面和位向关系不同，所以 χ-碳化物不是由 ε-碳化物直接转变来的，而是通过 ε-碳化物溶解并在其他地方重新形核、长大的方式形成的。这种所谓"单独形核"的方式，通常称为"离位析出"。

随着回火温度升高，钢中除析出 χ-碳化物以外，还同时析出 Fe_3C。析出 Fe_3C 的惯习面有两组：一组是 $\{112\}_M$ 晶面，与 χ-碳化物的惯习面相同，说明这组 Fe_3C 可能是从 χ-碳化物直接转变过来的，即"原位析出"；另一组是 $\{100\}_M$ 晶面，说明这组 Fe_3C 不是由 χ-碳化物直接转变得到的，而是由 χ-碳化物首先溶解，然后重新形核长大，以"离位析出"方式形成的。刚形成的 Fe_3C 与母相仍保持共格关系，当长大到一定尺寸时，共格关系难以维持，在 300~400℃ 时共格关系陆续破坏，渗碳体脱离马氏体而析出。

当回火温度升高到 400℃ 以后，淬火马氏体完全分解，但 α 相仍保持针状或板条状外形，先前形成的 ε-碳化物和 χ-碳化物此时已经消失，全部转变为细粒状 Fe_3C，即渗碳体。这种由针状或板条状 α 相和无共格联系的细粒状渗碳体组成的两相组织称为回火屈氏体，又称为回火托氏体。图 9-57 所示为淬火高碳钢 400℃ 回火时得到的回火屈氏体金相显微组织，其渗碳体颗粒难以分辨。在电子显微镜下可以清楚地看出回火屈氏体中 α 相和细粒状渗碳体（图 9-58）。

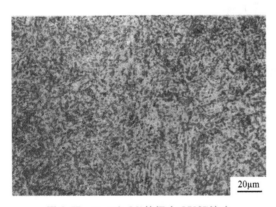

图 9-57　$w_C = 0.8\%$ 的钢在 850℃ 淬火
并经 400℃ 回火 1h 后的组织

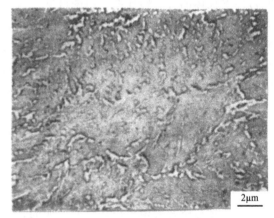

图 9-58　$w_C = 0.8\%$ 的钢在 820℃ 淬火并经
430℃ 回火 1h 后的透射电镜复型组织

回火温度高于 200℃ 时，含碳量 $w_C < 0.2\%$ 的马氏体将在碳原子偏聚区直接析出 Fe_3C。含碳量 w_C 介于 0.2%~0.4% 的马氏体可由 ε-碳化物直接转变为 Fe_3C，而不形成 χ-碳化物。

回火屈氏体使钢具有高的弹性极限、较高的硬度和强度，以及良好的塑性和韧性。

（五）渗碳体的聚集长大和 α 相回复、再结晶

当回火温度升高至 400℃ 以上时，已脱离共格关系的渗碳体开始明显地聚集长大。片状渗碳体长度和宽度之比逐渐缩小，最终形成粒状渗碳体。碳化物的球化和长大过程，是按照细颗粒溶解、粗颗粒长大的机制进行的。淬火碳钢经高于 500℃ 的回火后，碳化物已经转变为粒状渗碳体。当回火温度超过 600℃ 时，细粒状渗碳体迅速聚集并粗化。

在碳化物聚集长大的同时，α 相的状态也在不断发生变化。马氏体晶粒不呈等轴状，而是通过切变方式形成的，晶格缺陷密度很高，因此，在回火过程中 α 相也会发生回复和再结晶。

板条状马氏体的回复过程主要是 α 相中位错胞和胞内位错线逐渐消失，使晶体的位错密度减小，位错线变得平直。回火温度从 400℃ 到 500℃ 以上时，剩余位错发生多边化，形成亚晶粒，α 相发生明显回复，此时 α 相的形态仍然具有板条状特征（图 9-59）。随着回火温度的升高，亚晶粒逐渐长大，亚晶界移动的结果可以形成大角度晶界。当回火温度超过 600℃ 时，α 相开始发生再结晶，由板条晶逐渐变成位错密度很低的等轴晶。图 9-60 为 α 相发生部分再结晶的组织。对于片状马氏体，当回火温度高于 250℃ 时，马氏体片中的孪晶亚结构开始消失，出现位错网络。回火温度升高到 400℃ 以上时，孪晶全部消失，α 相发生回复过程。当回火温度超过 600℃ 时，α 相发生再结晶过程，α 相的针状形态消失，形成等轴的铁素体晶粒。

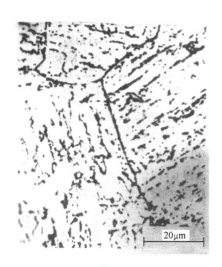

图 9-59 淬火低碳钢（$w_C = 0.18\%$）中 α 相的回复组织（600℃ 回火 10min）

图 9-60 淬火低碳钢（$w_C = 0.18\%$）中 α 相部分再结晶的组织（600℃ 回火 96h）

淬火钢在 500~650℃ 回火得到的回复或再结晶了的铁素体和粗粒状渗碳体的两相组织称为回火索氏体。在光学显微镜下能分辨出颗粒状渗碳体（图 9-61），在电子显微镜下可看到渗碳体颗粒明显粗化（图 9-62）。

所谓"粗化"只是相对回火屈氏体而言，实际上由于极其细小的粒状渗碳体弥散地分布在连续的铁素体基体上，回火索氏体使钢具有良好的综合力学性能，也就是强度和塑、韧性的良好配合。

另一方面，当回火温度为 400~600℃ 时，由于马氏体分解、碳化物转变、渗碳体聚集长大，以及 α 相回复或再结晶，淬火钢的残余应力基本消除。

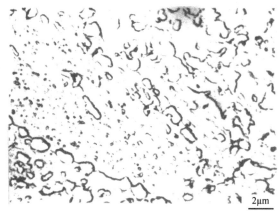

图 9-61　w_C=0.45％的钢经 840℃淬
火并 600℃回火 1h 后的显微组织

图 9-62　w_C=0.8％的钢在 820℃淬火并经
540℃回火 1h 后透射电镜复型组织

需要注意的是，回火屈氏体、回火索氏体似乎与过冷奥氏体直接分解的屈氏体、索氏体"同名"，而且都是由铁素体和渗碳体这两相组成的珠光体类组织，但这两大类显微组织的来源、组织形态和力学性能有很大区别。回火屈氏体和回火索氏体是碳钢在室温下更接近真正意义的平衡组织，组织稳定性更高。

二、淬火钢回火时性能的变化

淬火钢回火时，力学性能随回火温度的变化而发生一定的变化，这种变化与显微组织的变化有密切关系。淬火钢在回火时硬度变化的总趋势是，随着回火温度的升高，钢的硬度不断下降，如图 9-63 所示。含碳量 w_C>0.8％的高碳钢在 100℃左右回火时，硬度反而略有升高，这是由马氏体中碳原子的偏聚及 ε-碳化物析出引起弥散强化造成的。在 200～300℃回火时，硬度下降的趋势变得平缓。显然，这是由于马氏体分解使钢的硬度下降及残留奥氏体转变使钢的硬度升高两方面因素综合作用的结果。回火温度在 300℃以上时，由于渗碳体与母相的共格关系破坏，以及渗碳体的聚集长大而使钢的硬度呈直线下降。

总体来说，随着回火温度的升高，淬火钢回火后的屈服强度 R_{eL}、抗拉强度 R_m 不断降低，塑性不断增加，如图 9-64 所示。

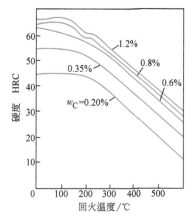

图 9-63　回火温度对淬火钢
回火后硬度的影响

合金元素可使淬火钢的各种回火转变温度范围向高温推移，减缓淬火钢在回火过程硬度降低的趋势，说明与碳钢相比，合金钢具有较高的抵抗回火软化的能力，即耐回火性高，或称为回火抗力高、回火稳定性高。例如，在高于 300℃回火时，由于合金元素能强烈阻碍碳化物聚集长大，延缓 α 相回复、再结晶，在回火温度和时间相同的条件下，合金钢的强度和硬度高于相同含碳量的碳钢；又如，回火温度高于 500℃时，高合金钢（如高速钢、热作模具钢等）中的强碳化物形成元素 Ti、Nb、V、W、Mo、Cr 可与碳形成细小弥散的合金碳化物,从马氏体和残留奥氏体中大量地析出,这些合金碳化物的硬度极高;同时,残留奥氏体中碳和合金元素的含量因合金碳化物的析出而降低,使其 Ms 温度升高至室温以上,在回火冷却时残留奥氏体转变为马氏体,继而自发回火形成回火马氏体。以上两方面原因使此类合金钢产生二次硬化效应(图 9-65),可显著提高合金钢的热硬性、硬度和耐磨性。

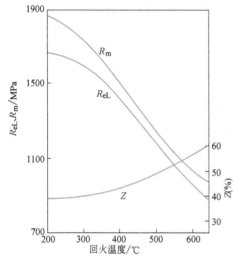

图 9-64　淬火钢回火后力学性能与
回火温度的关系曲线示意图

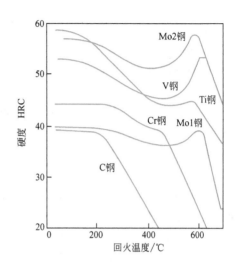

图 9-65　合金元素对淬火钢回火后硬度的影响
（Mo2 钢——$w_C = 0.43\%$、$w_{Mo} = 5.6\%$;
Mo1 钢——$w_C = 0.11\%$、$w_{Mo} = 2.14\%$;
V 钢——$w_C = 0.32\%$、$w_V = 1.36\%$;
Ti 钢——$w_C = 0.5\%$、$w_{Ti} = 0.52\%$;
Cr 钢——$w_C = 0.19\%$、$w_{Cr} = 2.01\%$;
C 钢——$w_C = 0.1\%$）

三、回火脆性

淬火钢回火后的冲击韧度并不总是随回火温度的升高单调地增大,有些钢在一定的温度范围内回火时,其冲击韧度显著下降,这种现象称为钢的回火脆性(图 9-66)。钢在 250 ~ 400℃温度范围内出现的回火脆性叫第一类回火脆性,也称低温回火脆性;在 450~650℃温度范围内出现的回火脆性叫第二类回火脆性,也称高温回火脆性。

第一类回火脆性几乎在所有的工业用钢中都会出现。一般认为,第一类回火脆性是由于淬火钢回火时沿马氏体条或片的界面析出断续的片状碳化物,降低了界面的断裂强度,使之成为裂纹扩展的路径,因而导致脆性断裂。

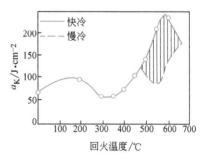

图 9-66　$w_C = 0.3\%$、$w_{Cr} = 1.74\%$、
$w_{Ni} = 3.4\%$钢的冲击韧度与回火
温度的关系

钢中含有的合金元素一般不能抑制第一类回火脆性,但 Si、Mn、Cr 等元素使钢出现回火脆性的温度范围更高。例如,$w_{Si} = 1.0\% \sim 1.5\%$ 的钢,出现回火脆性

的温度范围为 300~320℃；此钢加入 Cr 后（$w_{Cr}=1.5\%~2.0\%$），出现回火脆性的温度范围为 350~370℃。

到目前为止，还没有一种有效地消除第一类回火脆性的热处理或合金化方法。为了防止低温回火脆性，通常的办法是避免在脆化温度范围内回火。

第二类回火脆性主要在合金结构钢中出现，碳钢一般不出现这种脆性。第二类回火脆性通常在回火保温后缓冷的情况下出现（图 9-66 中阴影下部虚线），若快速冷却，脆化现象将消失或受到抑制。因此这种回火脆性可以通过再次高温回火并快冷的办法消除，但是若将已消除脆性的钢件重新高温回火并随后缓冷，脆化现象又再次出现。为此，高温回火脆性又称可逆回火脆性。

钢中含有 Cr、Ni、Mn、P、Sn、As、Sb 等元素时，会使第二类回火脆性倾向增大。如果钢中除 Cr 以外，还含有 Ni 或相当量的 Mn 时，则第二类回火脆性更为显著。而 W、Mo 等元素能减弱第二类回火脆性的倾向。例如，钢中 w_{Mo} 为 0.5% 左右或 w_W 为 1% 时，可以有效地抑制第二类回火脆性。

一般认为，产生第二类回火脆性的主要原因是淬火钢回火时，P、Sn、As、Sb 等杂质元素向原奥氏体晶界偏聚，降低了晶界断裂强度。Cr、Ni、Mn 等合金元素不但促进杂质元素在晶界偏聚，而且其本身也向晶界偏聚，进一步降低了晶界断裂强度。

防止或减轻第二类回火脆性的方法有很多。采用高温回火后快冷的方法可抑制回火脆性，但这种方法不适用于对回火脆性敏感的较大工件。在钢中加入 Mo、W 等合金元素阻碍杂质元素在晶界上偏聚，也可以有效地抑制第二类回火脆性。此外，对亚共析钢采用 A_1~A_3 临界区亚温淬火方法，使 P 等杂质元素溶入残留的铁素体中，减轻 P 等杂质元素在原奥氏体晶界上的偏聚，也可以减小第二类回火脆性倾向。还有，选择含杂质元素极少的优质钢材，以及采用形变热处理等方法都可以减轻第二类回火脆性。

第五节　过饱和固溶体的分解

一、概述

合金的过饱和固溶体形成溶质原子偏聚区或析出过渡相、平衡相的过程是过饱和固溶体的分解过程，称为脱溶。在此过程中，合金的性能随时间延长发生变化的现象称为时效，意指时间效应。

发生脱溶的基本条件是合金的相图上有固溶体的固溶度曲线，且固溶度随温度降低而减小，如图 9-67a 所示。从本质上说，钢中二次渗碳体的析出、三次渗碳体的析出和马氏体的分解，都是过饱和间隙固溶体的脱溶过程。而过饱和置换固溶体的脱溶可显著提高合金的强度和硬度，实现第二相强化，这在合金的成分设计、制

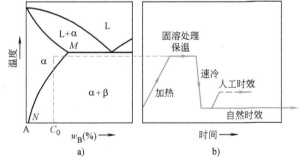

图 9-67　A、B 二元合金固溶处理并时效处理工艺示意图

a）A、B 二元合金相图局部　b）固溶处理并时效处理工艺示意图

造和应用方面具有重要的实际意义。成功应用的例子有可热处理强化的有色合金（如铝合金、钛合金、镁合金、青铜）、马氏体时效钢，以及时效硬化型镍基高温合金、时效硬化型不锈钢。

图 9-67a 示出 A、B 二元合金相图的局部，MN 线为 B 组元溶于 A 组元中形成的 α 固溶体的固溶度曲线。如果成分为 C_0 的合金加热到单相区得到均匀的固溶体，极其缓慢地冷却，固溶体脱溶后得到的平衡组织是具有平衡浓度的 α 固溶体和稳定的平衡相 β 相。但如果将合金加热到相图的固溶度曲线以上某一温度（单相固溶体区），保温一定时间，快速冷却到室温，就会得到均匀的单相过饱和固溶体，这种热处理工艺称为固溶处理。将固溶处理后的合金在室温长期放置或加热到某一温度保温，使过饱和固溶体发生分解的工艺称为时效处理，前者称为自然时效，后者称为人工时效，如图 9-67b 所示。

合金经固溶处理之后进行时效处理，从微观角度上看是进行过饱和固溶体的等温脱溶过程，随着时效处理时间的延长，合金的组织组成物是溶质原子浓度减小的固溶体（基体相）和脱溶出的沉淀相（第二相）。这时，如果沉淀相颗粒是一种或多种形状接近于球形的、尺寸极小（纳米级）的金属化合物，弥散均匀地分布在固溶体基体上，就可使合金在受到外力作用时有效地阻碍位错运动，显著提高塑性变形抗力。控制沉淀相的晶体结构、尺寸和分布，可显著提高合金的强度和硬度，从而产生沉淀硬化，也称为时效硬化。

合金沉淀硬化的效果主要取决于时效处理温度和时效处理时间。图 9-68 所示为铝合金在不同时效温度下的沉淀硬化曲线，由图可见，对铝合金进行时效处理时，沉淀硬化曲线上出现的最高强度值，体现了最好的沉淀硬化效果。实际生产中通常选取最高硬度值对应的温度和时间作为时效处理的工艺参数。提高时效处理温度会降低可获得的最高强度值和硬度值，但可加快沉淀硬化的进程。时效处理温度过高或时效处理时间过长将使合金的强度和硬度降低，称为"过时效"，但有时对铝合金进行过时效处理，是为了获得较好的综合力学性能、抗应力腐蚀性能或者尺寸稳定性。

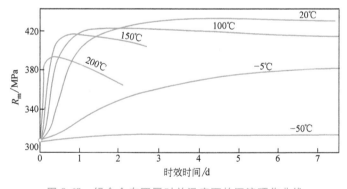

图 9-68　铝合金在不同时效温度下的沉淀硬化曲线

二、合金脱溶沉淀过程中显微组织和力学性能的变化规律

一般情况下，合金的过饱和固溶体等温脱溶过程可分为几个阶段，依次析出不同的沉淀相。这里以 Al-Cu 合金为例，说明合金脱溶沉淀过程中显微组织与力学性能的变化规律。图 9-69 所示为 Al-Cu 合金（$w_{Cu} = 2\% \sim 4.5\%$）经固溶处理（550℃，水淬）后，在 130℃进行时效处理时，合金的硬度及沉淀相随时效处理时间的变化规律。Al-Cu 合金经固溶处理后得

到均匀的过饱和 α 固溶体，经等温脱溶不同时间后形成的沉淀相是不同的，从而引起合金强度和硬度的变化。其脱溶沉淀过程分为以下几个阶段：

1. 形成 Cu 原子富集区（GP 区）

过饱和 α 固溶体在时效处理的初始阶段，发生 Cu 原子在母相 α 固溶体的 {100} 晶面上聚集，形成 Cu 原子富集区，称为 GP 区，是由 Guinier 和 Preston 各自独立地发现的。GP 区呈圆片状，厚度约为 0.4~0.6nm，直径约为 8nm，密度约为 $10^{17}~10^{18}/cm^3$。GP 区的晶体结构与母相 α 固溶体相同，并与母相保持共格界面。

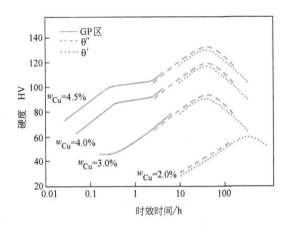

图 9-69 Al-Cu 合金在 130℃时效处理时的硬度及析出相变化

由于 GP 区中 Cu 原子浓度高，Cu 原子比 Al 原子小，使 GP 区周围的母相产生晶格畸变，可阻碍位错运动，使得合金的硬度和强度升高，即产生了固溶强化。图 9-69 中的第一个硬度峰就是由于 GP 区的形成而产生的。

2. 形成过渡相 θ″相

随着时效处理过程的进行，在母相 α 固溶体中析出 θ″相。θ″相是亚稳定的过渡相，成分接近于 $CuAl_2$，具有四方结构，呈圆片状，厚度为 1.0~4.0nm，直径为 10~40nm。θ″相的惯习面是 $\{100\}_\alpha$，与母相保持共格界面。Al-Cu 合金承载时共格弹性应力场与运动位错交互作用，并且运动位错需切过 θ″相，因而位错运动阻力显著增加，可获得较好的强化效果。由图 9-69 可见，由于细小的 θ″相颗粒弥散析出并均匀分布在母相 α 固溶体基体上，合金的硬度逐渐达到最高值。

3. 形成过渡相 θ′相

随着时效处理过程的进一步发展，在母相 α 固溶体中析出亚稳定的过渡相 θ′相。θ′相的成分接近于 $CuAl_2$，具有四方结构，颗粒尺寸约为几十纳米。θ′相的惯习面也是 $\{100\}_\alpha$，但随着 θ′相颗粒的弥散析出，θ′相与母相保持部分共格界面，合金承载时共格弹性应力场与运动位错的交互作用减弱，并且运动位错需绕过 θ′相，这使得合金的强度、硬度开始逐渐降低，如图 9-69 所示。

4. 形成平衡相 θ 相

在时效处理的后期，由母相 α 固溶体中析出平衡相 θ 相。θ 相是金属化合物 $CuAl_2$，具有四方结构，颗粒尺寸约为几十纳米至几微米。θ 相与母相 α 固溶体之间为非共格界面。随着 θ 相颗粒弥散析出分布在 α 固溶体基体上，位错运动需绕过 θ 相，Al-Cu 合金的硬度和强度继续降低。

5. 平衡相颗粒粗化

弥散析出的 θ 相颗粒大小总是不均匀的。一方面，与大颗粒相比，小颗粒中溶质组元的化学位较高；另一方面，α 固溶体的成分也不均匀——小颗粒周围 α 固溶体的溶质浓度较高，大颗粒周围 α 固溶体的溶质浓度较低。如果时效处理温度较高，溶质原子有足够的扩散能力，将从小颗粒扩散到其周围 α 固溶体中，并向大颗粒周围扩散，从而引起小颗粒缩小、消失和大颗粒粗化，以降低 θ 相与母相间的相界能。这可导致 Al-Cu 合金的硬度和强度进一步降低。

在时效处理时间足够长的条件下，合金中平衡相颗粒的平均尺寸增加，颗粒总数减少，但平衡相在合金中的相对含量是不变的，合金中母相 α 固溶体和平衡相 θ 相的成分及相对含量均为相图上该温度下的平衡状态。

应当说明的是，上述过饱和固溶体脱溶过程的前四个阶段并不是截然分开的，随着脱溶过程的发展，在后一个沉淀相开始析出时，前一个沉淀相数量逐渐减少后消失。其他合金的脱溶过程和时效硬化规律与 Al-Cu 合金基本相似，但时效处理过程中的前四个阶段可能不全部出现，也可能在初始阶段直接析出过渡相。

三、脱溶沉淀热力学和动力学

合金的脱溶沉淀是典型的扩散型固态相变，通过原子扩散，过饱和固溶体的过饱和程度逐渐减小，同时析出沉淀相。脱溶的驱动力是过饱和固溶体脱溶后与脱溶前系统的单位体积自由能之差，脱溶的阻力是形成沉淀相时产生的界面能与应变能。沉淀相的析出受到脱溶的驱动力和阻力、原子扩散能力等因素的控制，随等温温度不同而发生变化。例如，过渡相的形成并不是因其脱溶的驱动力较大，而是因其与母相形成共格或半共格界面而具有较低的相界能。

过饱和固溶体的脱溶速度与过饱和程度和原子扩散速度有关，二者均取决于等温温度。等温温度越高，原子扩散速率越快，但固溶体的过饱和度减小，这使得过饱和固溶体的等温脱溶曲线呈 "C" 形，如图 9-70 所示，图中 T_{GP}、$T_{\theta''}$、$T_{\theta'}$ 和 T_{θ} 分别是合金 C_0 的过饱和固溶体脱溶析出 GP 区、θ″相（过渡相）、θ′相（过渡相）和 θ 相（平衡相）的临界温度。可见，沉淀相越稳定，其形成温度越高；各种沉淀相的形成都需要经过孕育期，形成过渡相所需的孕育期较短，形成平衡相所需的孕育期较长。在某一时效处理温度下，随着时效处理时间的增加，可脱溶析出各种不同的过渡相；但时效处理时间相同的条件下，时效处理温度越高，沉淀相的种类越少。

过饱和固溶体中的晶体缺陷对脱溶沉淀过程有促进作用，可增加脱溶速度。一般认为，空位可促进 GP 区的形成，位错可促进过渡相的形核，晶界有利于平衡相的形成。铝合金脱溶后的显微组织如图 9-71 所示，其中浅色的连续基体是 α 固溶体，较小的片状颗粒是过渡相，较大的颗粒是平衡相。

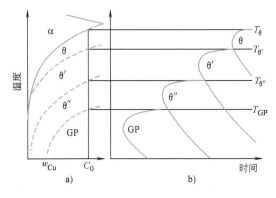

图 9-70 Al-Cu 相图富 Al 侧描述的各沉淀相的固溶
度曲线 a）和过饱和固溶体的等温脱溶曲线 b）

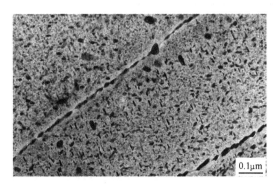

图 9-71 铝合金脱溶后的显微组织

固溶处理并时效处理是沉淀硬化型合金获得高强度的重要工艺，也是细化铸锭晶粒、抑制再结晶形核的有效途径。将固溶处理并时效处理与冷加工结合，合金在成形的同时可获得沉淀强化和形变强化的双重效果。如果合金经固溶处理后，在时效处理前对合金进行冷塑性变形，这种工艺称为预形变时效处理，合金经冷塑性变形后，位错密度显著增加，因此，预形变可促进时效处理时沉淀相的形核，但应避免时效处理时由再结晶引起的强度损失。如果合金经固溶处理并时效处理后，再进行冷塑性变形，则需消耗较大的外力。

四、低碳钢的时效

工程结构用钢包括碳素结构钢和低合金高强度结构钢，属于低碳钢（含碳量 $w_C \leqslant 0.25\%$），在加工和使用过程中可能产生应变时效或淬火时效，导致低碳钢的塑性、韧性降低，冷脆倾向增加。这两种时效都是由低碳钢中间隙固溶体的脱溶引起的。

应变时效是低碳钢经冷加工塑性变形后，在室温放置或稍经加热一段时间，α固溶体中的间隙原子（如 N、C 原子）通过扩散向位错线偏聚，形成柯氏气团、钉扎位错，使低碳钢的强度、硬度提高，塑性、韧性降低，冷脆倾向增加的现象。氮含量 $w_N > 0.0001\%$ 的低碳钢在 100℃ 以下就可能产生应变时效。因为在此过程中没有沉淀相的析出，所以随着时间的延长，这种冷脆倾向增加的效果只会越来越显著。

淬火时效是低碳钢加热到接近于 A_1 以下一定温度后快速冷却（空冷或水冷），在室温长期放置或稍经加热后，其强度、硬度提高，塑性、韧性降低，冷脆倾向增加的现象。这是由于过饱和的 α固溶体脱溶，形成 N 原子偏聚区、析出与母相共格的弥散的亚稳相 ε-碳化物和 α''-氮化物。

在制造各种低碳钢构件时，经常采用弯曲、卷边、冲孔、剪裁等产生局部塑性变形的工艺操作，可能引起应变时效；焊接时焊接接头的热影响区可能产生淬火时效。某些情形下两种时效可能同时发生。例如，一种锅炉用钢板经冷加工后测得冲击韧度 a_K 值为 $120J/cm^2$，放置十天后降至 $35J/cm^2$。又如，焊接质量合格的钢板焊缝，历时三个月，其 a_K 值由 $91J/cm^2$ 降至 $33J/cm^2$。再如，广泛应用焊接结构的船舶、桥梁和极寒地区油气管道常因低碳钢时效而出现脆性断裂的现象。

如果炼钢时添加 V、Al、Ti、Nb 等合金元素，通过形成氮化物来"固定" N 原子，可以有效地抑制 N 原子偏聚。

五、调幅分解

过饱和固溶体的分解大多数是通过形核与长大完成的，例如，发生在淬火钢回火过程中的马氏体分解、有色合金时效处理过程中的脱溶沉淀。但调幅分解不需要形核，它是过饱和固溶体在一定温度下通过溶质原子的上坡扩散，连续地分解成两种晶体结构相同、成分不同的固溶体的过程。

对 Al-Ni-Co 和 Fe-Cr-Co 永磁合金、Fe-Cr-Ni 双相不锈钢、Fe-Mn-Al-C 合金和 Cu-Ni-Si 合金进行时效处理时，可观察到调幅分解组织；钢中马氏体回火时碳原子偏聚区的形成、Al-Cu 合金时效处理时 GP 区的形成也是通过调幅分解完成的。

下面简单说明调幅分解的热力学条件。假设 A、B 两组元固态下完全互溶，A-B 二元合

金相图及 T_1 温度下固溶体（系统）的吉布斯自由能-成分曲线如图9-72所示。成分位于 MK 之间的 α 固溶体，从高温（$>T_{max}$）过冷到固溶度间隔曲线 MKN 以下某温度时，将发生分解：α $\longrightarrow$ α$_1$+α$_2$，α$_1$ 相与 α$_2$ 相均为与母相 α 固溶体晶体结构相同的固溶体，但两相中溶质原子 B 的浓度不同。

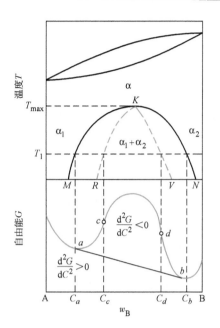

图 9-72　有固溶度间隔的二元合金相图及 T_1 温度下固溶体吉布斯自由能-成分曲线

首先来认识固溶度间隔曲线 MKN 以下的曲线 RKV。等温等压条件下，系统自由能 G 随成分 C 的变化是连续的。c 点和 d 点均为低于 T_{max} 的任一温度 T_1 下 G—C 连续曲线的拐点，即 $\mathrm{d}^2G/\mathrm{d}C^2=0$。将 c 点和 d 点分别投影到二元相图上与温度 T_1 水平线相交，分别得到温度 T_1 下 α$_1$ 相和 α$_2$ 相的两个成分拐点。如果能获得一系列低于 T_{max} 的不同温度下的系统自由能-成分曲线，将所有拐点投影得到的成分拐点连接起来，就得到拐点曲线 RKV，用虚线表示。

拐点曲线 RKV 将（α$_1$+α$_2$）两相区划分成两类区域：拐点曲线 RKV 内侧区域为合金的非稳态区，$\mathrm{d}^2G/\mathrm{d}C^2<0$，α 固溶体以调幅分解机制发生分解；拐点曲线 RKV 外侧、固溶度间隔曲线 MKV 内侧的区域为合金的亚稳态区，$\mathrm{d}^2G/\mathrm{d}C^2>0$，α 固溶体以形核与长大机制发生分解。无论以哪种机制分解，α 固溶体最终脱溶为稳定的两相组织（α$_1$+α$_2$）。那么 α 固溶体脱溶的热力学条件是什么呢？

设母相 α、新相 α$_1$ 和 α$_2$ 的成分分别为 C、$C-\Delta C$ 和 $C+\Delta C$，则 α 固溶体分解时，系统自由能之差为

$$\Delta G = G_{\alpha_1+\alpha_2}-G_\alpha = \frac{1}{2}\left[G(C-\Delta C)+G(C+\Delta C)\right]-G(C)$$

将上式进行二阶泰勒多项式展开为

$$\Delta G \approx \frac{1}{2}\left[G(C)+\frac{\mathrm{d}G}{\mathrm{d}C}(-\Delta C)+\frac{\mathrm{d}^2G}{\mathrm{d}C^2}\frac{(-\Delta C)^2}{2}+G(C)+\frac{\mathrm{d}G}{\mathrm{d}C}\Delta C+\frac{\mathrm{d}^2G}{\mathrm{d}C^2}\frac{\Delta C^2}{2}\right]-G(C)=\frac{1}{2}\frac{\mathrm{d}^2G}{\mathrm{d}C^2}\Delta C^2$$

由于 $\Delta C^2>0$，所以，当 $\mathrm{d}^2G/\mathrm{d}C^2<0$ 时，$\Delta G=G_{\alpha_1+\alpha_2}-G_\alpha<0$。这意味着，只要 α 过饱和固溶体中存在任何微小的成分起伏 ΔC，就可以使系统自由能降低，使 α 过饱和固溶体自发地分解为溶质原子 B 浓度较低的 α$_1$ 相和浓度较高的 α$_2$ 相。这种成分起伏通过原子的热振动即可满足，在过饱和固溶体中随机存在，不需要形核，不需要形核激活能（即忽略由浓度梯度引起的界面能和共格弹性应变能），也不存在孕育期。因此，调幅分解也称为失稳分解。

过饱和固溶体调幅分解过程示意图如图9-73所示。过饱和固溶体中存在微小的成分起伏，在调幅分解过程中，溶质原子沿浓度升高的方向进行扩散，即上坡扩散，使溶质原子贫区中溶质原子进一步贫化、富区中溶质原子进一步富化，形成晶体结构相同、成分不同的两相；两相的点阵始终保持共格关系；成分起伏具有周期性，呈余弦曲线或正弦曲线分布；成

分起伏的幅度随时效处理时间不断增加；两相成分连续变化，直至分别达到 α_1 相的平衡成分 C_a 和 α_2 相的平衡成分 C_b 为止。

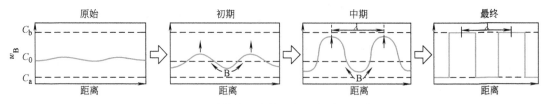

图 9-73　过饱和固溶体调幅分解过程示意图

图 9-74 所示为 Ni-Cu-Cr 合金经固溶处理并时效处理时，调幅分解的显微组织随时效处理时间的变化。可见，通过调幅分解产生的显微组织由两相组成，呈周期性分布的形貌特征。为降低共格界面引起的弹性应变能，一些调幅分解组织还具有定向排列的特征，易受磁场影响，这一点可用来提高永磁合金的磁学性能。调幅分解得到的两相产物尺寸一般为 5~100nm，分布均匀、弥散程度大，起到弥散强化作用，还可以避免发生局部的位错密度过高，这样的显微组织特点可保证合金具有很高的强度、良好的塑性和韧性。

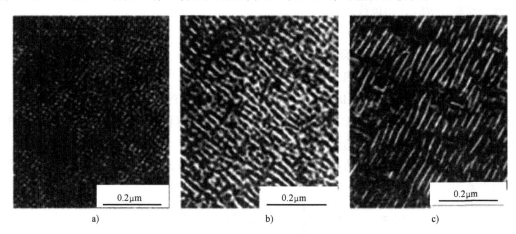

图 9-74　Ni-Cu-Cr 合金调幅分解的显微组织随时效处理时间的变化
a) 8.2ks　b) 36ks　c) 72ks

基本概念

扩散型相变；无扩散型相变；奥氏体化；珠光体转变；马氏体转变；贝氏体转变；固溶处理；时效处理；调幅分解；片状珠光体；粒状珠光体；索氏体；屈氏体；板条状马氏体/低碳马氏体；片状马氏体/高碳马氏体；上贝氏体；下贝氏体；过冷奥氏体；残留奥氏体；回火马氏体；回火屈氏体；回火索氏体；回火脆性

习　题

9-1　金属固态相变有哪些主要特征？哪些因素构成相变的阻力？

9-2 何谓奥氏体晶粒度？说明奥氏体晶粒大小对钢的性能的影响。

9-3 试述珠光体形成时钢中碳的扩散情况及片、粒状珠光体的形成过程。

9-4 试比较贝氏体转变与珠光体转变和马氏体转变的异同。

9-5 简述钢中板条状马氏体和片状马氏体的形貌特征和亚结构，并说明它们在性能上的差异。

9-6 试述钢中典型的上、下贝氏体的组织形态、立体模型并比较它们的异同。

9-7 何谓魏氏组织？简述魏氏组织的形成条件、对钢的性能的影响及其消除方法。

9-8 简述碳钢的回火转变和回火组织。

9-9 比较珠光体、索氏体、屈氏体和回火马氏体、回火索氏体、回火屈氏体的组织和性能。

9-10 为了获得均匀奥氏体，在相同奥氏体化加热温度下，是原始组织为球状珠光体的保温时间短，还是细片状珠光体保温时间短？试利用奥氏体形成机制说明。

9-11 何谓第一类回火脆性和第二类回火脆性？它们产生的原因及消除方法是什么？

9-12 比较过共析钢的等温转变图（图9-11c）和连续冷却转变图（图9-15）的异同点。为什么在连续冷却过程中得不到贝氏体组织？与亚共析钢连续冷却转变图中的 Ms 线相比较，过共析钢的 Ms 线有何不同点？为什么？

9-13 阐述获得粒状珠光体的两种方法。

9-14 金属和合金的晶粒大小对其力学性能有何影响？获得细晶粒的方法有哪些？

9-15 有一共析钢试样，其显微组织为粒状珠光体。问通过何种热处理工序可分别得到细片状珠光体、粗片状珠光体和比原组织明显细小的粒状珠光体？

9-16 如何把 $w_C = 0.4\%$ 的退火碳钢处理成：①在大块游离铁素体和铁素体基体上分布着细粒状碳化物；②铁素体基体上均匀分布着细粒状碳化物？

9-17 为了提高过共析钢的强韧性，希望淬火时控制马氏体使其有较低的含碳量，并希望有部分板条状马氏体。如何进行热处理才能达到上述目的？

9-18 某厂采用 9Mn2V 钢（$w_c \approx 0.9\%$、$w_{Mn} = 1.7\% \sim 2\%$）制造小型塑料模具，硬度要求为 55～60HRC。采用 790℃ 油淬后 200～220℃ 回火的热处理工艺，模具使用时经常发生脆性断裂。后来改用 790℃ 保温后 260～280℃ 的硝盐槽中保温 4h 后空冷，硬度为 50HRC，使用寿命显著提高。试分析原因，并改进回火工艺，以满足模具硬度要求，提高其使用寿命。

9-19 比较淬火钢回火过程和铝合金时效过程的异同，总结两种合金的显微组织及力学性能分别随温度和时间变化的规律。

第十章
固态相变的应用

实际生产中，人们考虑金属材料的供货状态、性能要求、生产批量和生产成本，根据固态相变原理揭示的显微组织变化规律，对金属材料进行正确的热处理来调控其显微组织，以满足工件在不同加工条件和服役条件下的性能要求。例如，铝合金、钛合金、镁合金和铜合金等有色合金的热处理工艺主要有退火（分为均匀化退火、去应力退火和再结晶退火）和固溶处理并时效处理两大类。

钢的热处理工艺类型则较为多样。通常，钢制工程结构件、机械零件和工具、模具的加工工艺路线为：铸锭或连铸坯→经冷加工或热加工成形的毛坯→预备热处理→机械加工→最终热处理→精加工→成品。钢的普通热处理工艺主要有退火、正火、淬火与回火。其中退火和正火既可作为预备热处理工艺，也可作为最终热处理工艺；淬火与回火通常作为最终热处理工艺。例如，用高速钢制造车刀，必须先经过预备热处理，改善锻件毛坯组织，降低硬度至 $207\sim255HBW$ 后，才能进行切削加工；经切削加工后的车刀必须进行最终热处理，以提高硬度（达到 $60\sim65HRC$）并保证足够的强度、韧性、耐磨性和耐热性；经过精磨之后的车刀成品才能用来切削其他金属材料。

对钢件进行热处理时，钢的实际相变温度（也称临界温度、临界点）会偏离 $Fe\text{-}Fe_3C$ 相图的平衡相变温度 A_1、A_3、A_{cm}，产生不同程度的滞后现象，即过热或过冷。通常将加热时的实际相变温度标以字母 "c"，分别记为 Ac_1、Ac_3、Ac_{cm}；将冷却时的实际相变温度标以字母 "r"，分别记为 Ar_1、Ar_3、Ar_{cm}。钢的临界温度是制订热处理工艺参数的重要依据，主要取决于钢的化学成分。简而言之，每种钢都有自己的临界温度。

在铸造、增材制造、粉末冶金、热加工或焊接过程中，尽管材料成形是首要目的，固态相变似乎是"被动"发生的，但固态相变所产生的显微组织和微观结构显著地影响产品的性能和品质。因此，应该优化成形方式和工艺参数来获得合适的均匀的显微组织，并可利用加工余热进行热处理。

大国工匠：
大技贵精

第一节　钢的退火和正火

退火和正火是生产上应用很广泛的预备热处理工艺。大部分机器零件及工具、模具的毛坯经退火或正火后，不仅可以消除铸件、锻件及焊接件的内应力及成分和组织的不均匀性，也能改善和调整钢的力学性能和工艺性能，为下道工序做好组织性能准备。对于一些受力不大、性能要求不高的机器零件，退火和正火也可作为最终热处理。对于铸件，退火和正火通常就是最终热处理。

一、退火目的及工艺

退火是将钢加热至临界点 Ac_1 以上或以下温度，保温以后随炉缓慢冷却以获得近于平衡状态组织的热处理工艺。其主要目的是均匀钢的化学成分及组织，细化晶粒，消除内应力和加工硬化，调整硬度，改善钢的成形及切削加工性，并为淬火做好组织准备。

退火工艺种类很多，根据加热温度可分为在临界温度（Ac_1 或 Ac_3）以上或以下的退火。前者包括完全退火、不完全退火、球化退火和均匀化退火；后者包括再结晶退火及去应力退火。各种退火方法的加热温度范围如图 10-1 所示。按照冷却方式，退火可分为等温退火和连续冷却退火。

（一）完全退火

完全退火是将钢件或钢材加热至 Ac_3 以上 $20 \sim 30℃$，保温足够长时间，使组织完全奥氏体化后缓慢冷却，以获得近于平衡组织的热处理工艺。它主要用于亚共析钢（$w_C = 0.3\% \sim 0.6\%$），其目的是细化晶粒，均匀组织，消除内应力，降低硬度和改善钢的切削加工性。低碳钢和过共析钢不宜采用完全退火，低碳钢完全退火后硬度偏低，不利于切削加工。过共析钢加热至 Ac_{cm} 以上奥氏体状态缓冷退火时，有网状二次渗碳体析出，使钢的强度、塑性和冲击韧度显著降低。

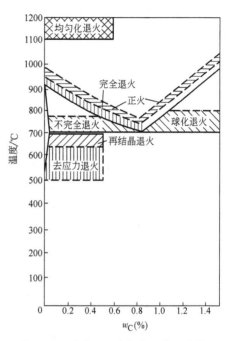

图 10-1 退火、正火加热温度示意图

在中碳结构钢的铸件、锻（轧）件中，常见的缺陷组织有魏氏组织、晶粒粗大和带状组织等。在焊接工件焊缝处的组织也不均匀，热影响区存在过热组织和魏氏组织，产生很大的内应力。魏氏组织和晶粒粗大显著降低钢的塑性和冲击韧度；带状组织使钢的力学性能出现各向异性，断面收缩率较小，尤其是横向冲击韧度很低。通过完全退火或正火，使钢的晶粒细化，组织均匀，魏氏组织难以形成，并能消除带状组织。

完全退火采用随炉缓冷可以保证先共析铁素体的析出和过冷奥氏体在 Ar_1 以下较高温度范围内转变为珠光体，从而达到消除内应力、降低硬度和改善切削加工性能的目的。实际生产时，为了提高生产率，随炉冷却至 550℃ 左右即可出炉空冷。

工件在退火温度下的保温时间不仅要使工件烧透，即工件心部达到要求的加热温度，而且要保证全部得到均匀化的奥氏体。完全退火保温时间与钢材成分、工件厚度、装炉量和装炉方式等因素有关。通常，加热时间以工件的有效厚度来计算。一般碳素钢或低合金钢工件，当装炉量不大时，在箱式炉中退火的保温时间可按下式计算：$t = KD$（单位为 min），式中的 D 是工件有效厚度（单位为 mm）；K 是加热系数，一般 $K = 1.5 \sim 2.0 \mathrm{min/mm}$。若装炉量过大，则应根据具体情况延长保温时间。

完全退火需要的时间很长，尤其是过冷奥氏体比较稳定的合金钢更是如此。如果将奥氏体化后的钢较快地冷却至稍低于 Ar_1 温度等温，使奥氏体转变为珠光体，再空冷至室温，则可大大缩短退火时间，这种退火方法称为等温退火。等温退火适用于高碳钢、合金工具钢和高合金钢，它不但可以达到和完全退火相同的目的，而且有利于钢件获得均匀的组织和性能。但是对于大截面钢件和大批量炉料，却难以保证工件内外达到等温温度，故不宜采用等温退火。

（二）不完全退火

不完全退火是将钢加热至 $Ac_1 \sim Ac_3$（亚共析钢）或 $Ac_1 \sim Ac_{cm}$（过共析钢）之间，经保温后缓慢冷却以获得近于平衡组织的热处理工艺。由于加热至两相区温度，基本上不改变先共析铁素体或渗碳体的形态及分布。如果亚共析钢原始组织中的铁素体已均匀细小，只是珠光体片间距小，硬度偏高，内应力较大，那么只要进行不完全退火即可达到降低硬度、消除内应力的目的。由于不完全退火的加热温度低，过程时间短，因此对于亚共析钢的锻件来说，若其锻造工艺正常，钢的原始组织分布合适，则可采用不完全退火代替完全退火。

不完全退火用于过共析钢主要为了获得球状珠光体组织，以消除内应力，降低硬度，改善切削加工性，故又称球化退火。实际上球化退火是不完全退火的一种。

（三）球化退火

球化退火是使钢中碳化物球化，获得粒状珠光体的一种热处理工艺，主要用于共析钢、过共析钢和合金工具钢。其目的是降低硬度，均匀组织，改善切削加工性，并为淬火做组织准备。

过共析钢锻件锻后组织一般为片状珠光体，如果锻后冷却不当，还存在网状渗碳体。不仅硬度高、难以切削加工，而且钢的脆性增大，淬火时容易产生变形或开裂。因此，锻后必须进行球化退火，获得粒状珠光体。球化退火的关键在于奥氏体中要保留大量未溶碳化物质点，并造成奥氏体碳浓度分布的不均匀性。为此，球化退火加热温度一般在 Ac_1 以上 $20 \sim 30℃$ 不高的温度下，保温时间也不能太长，一般以 $2 \sim 4h$ 为宜。冷却方式通常采用炉冷，或在 Ar_1 以下 $20℃$ 左右进行较长时间等温。

图 10-2 所示为碳素工具钢的几种球化退火工艺。图 10-2a 的工艺特点是将钢在 Ac_1 以上 $20 \sim 30℃$ 保温后以极缓慢速度冷却，以保证碳化物充分球化，冷至 $600℃$ 时出炉空冷。这种一次加热球化退火工艺要求退火前的原始组织为细片状珠光体，不允许有渗碳体网存在。因此在退火前要进行正火，以消除网状渗碳体。目前生产上应用较多的是等温球化退火工艺（图 10-2b），即将钢加热至 Ac_1 以上 $20 \sim 30℃$ 保温 4h 后，再快冷至 Ar_1 以下 $20℃$ 左右等温 $3 \sim 6h$，以使碳化物达到充分球化的效果。为了加速球化过程，提高球化质量，可采用往复球化退火工艺（图 10-2c），即将钢加热至略高于 Ac_1 点的温度，然后冷却至略低于 Ar_1 温度保温，并反复加热和冷却多次，最后空冷至室温，以获得更好的球化效果。

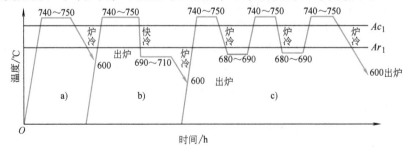

图 10-2　碳素工具钢（T7~T10）的几种球化退火工艺

（四）均匀化退火

均匀化退火又称扩散退火，它是将钢锭、铸件或锻坯加热至略低于固相线的温度下长时间保温，然后缓慢冷却以消除化学成分不均匀现象的热处理工艺。其目的是消除铸锭或铸件在凝固过程中产生的枝晶偏析及区域偏析，使成分和组织均匀化。为使各元素在奥氏体中充分扩散，均匀化退火加热温度很高（图10-1），通常为 Ac_3 或 Ac_{cm} 以上 150~300℃，具体加热温度视偏析程度和钢种而定。碳钢一般为 1100~1200℃，合金钢多采用 1200~1300℃。保温时间也与偏析程度和钢种有关，通常可按最大有效截面或装炉量大小而定。一般均匀化退火时间为 10~15h。

由于均匀化退火需要在高温下长时间加热，因此奥氏体晶粒十分粗大，需要再进行一次完全退火或正火，以细化晶粒、消除过热缺陷。

均匀化退火生产周期长，消耗能量大，工件氧化、脱碳严重，成本很高。只是一些优质合金钢及偏析较严重的合金钢铸件及钢锭才使用这种工艺。

（五）去应力退火和再结晶退火

为了消除铸件、锻件、焊接件及机械加工工件中的残余内应力，以提高尺寸稳定性，防止工件变形和开裂，在精加工或淬火之前将工件加热到 Ac_1 以下某一温度，保温一定时间，然后缓慢冷却的热处理工艺称为去应力退火。

钢的去应力退火加热温度较宽，但不超过 Ac_1 点，一般在 500~650℃ 之间。铸铁件去应力退火温度一般为 500~550℃，超过 550℃ 容易造成珠光体的石墨化。焊接钢件的退火温度一般为 500~600℃。一些大的焊接构件，难以在加热炉内进行去应力退火，常常采用火焰或工频感应加热局部退火，其退火加热温度一般略高于炉内加热温度。去应力退火保温时间也要根据工件的截面尺寸和装炉量决定。钢的保温时间为 3min/mm，铸铁的保温时间为 6min/mm。去应力退火后的冷却应尽量缓慢，以免产生新的应力。

有些合金结构钢，由于合金元素的含量高，奥氏体较稳定，在锻、轧后空冷时能形成马氏体或贝氏体，硬度很高，不能切削加工，为了消除应力和降低硬度，也可在 A_1 点以下低温退火温度范围进行软化处理，使马氏体或贝氏体在加热过程中发生分解。这种处理实质上是高温回火。

再结晶退火是把冷变形后的金属加热到再结晶温度以上保持适当的时间，使变形晶粒重新转变为均匀等轴晶粒，同时消除加工硬化和残余内应力的热处理工艺。经过再结晶退火，钢的组织和性能恢复到冷变形前的状态。

再结晶退火既可作为钢材或其他合金多道冷变形之间的中间退火，也可作为冷变形钢材或其他合金成品的最终热处理。再结晶退火温度与金属的化学成分和冷变形量有关。当钢处于临界冷变形度（6%~10%）时，应采用正火或完全退火来代替再结晶退火。一般钢材再结晶退火温度为 650~700℃，保温时间为 1~3h，通常在空气中冷却。

二、正火目的及工艺

正火是将钢加热到 Ac_3（或 Ac_{cm}）以上适当温度，保温以后在空气或其他介质中冷却得到珠光体类组织的热处理工艺。对于亚共析钢来说，正火与完全退火的加热温度相近，但正火的冷却速度较快，转变温度较低，正火组织中铁素体数量较少，珠光体组织较细，钢的强度、硬度较高。

正火过程的实质是完全奥氏体化加伪共析转变。当钢中含碳量 w_C 为 0.6%~1.4% 时，正火组织中不出现先共析相，只有伪共析体或索氏体。含碳量 w_C 小于 0.6% 的钢，正火后除了伪共析体外，还有少量铁素体。

正火可以作为预备热处理，为机械加工提供适宜的硬度，又能细化晶粒，消除应力，消除魏氏组织和带状组织，为最终热处理提供合适的组织状态。正火还可作为最终热处理，为某些受力较小、性能要求不高的碳素钢结构零件提供合适的力学性能。正火还能消除过共析钢的网状碳化物，为球化退火做好组织准备。对于大型工件及形状复杂或截面变化剧烈的工件，用正火代替淬火和回火可以防止变形和开裂。

正火处理的加热温度通常在 Ac_3 或 Ac_{cm} 以上 30~50℃（图 10-1），高于一般退火的温度。对于含有 V、Ti、Nb 等碳化物形成元素的合金钢，可采用更高的加热温度，即为 $Ac_3+100~150℃$。为了消除过共析钢的网状碳化物，也可酌情提高加热温度，让碳化物充分溶解。正火保温时间和完全退火相同，应以工件透烧，即心部达到要求的加热温度为准，还应考虑钢材成分、原始组织、装炉量和加热设备等因素。通常根据具体工件尺寸和经验数据加以确定。正火冷却方式最常用的是将钢件从加热炉中取出在空气中自然冷却。对于大件也可采用吹风、喷雾和调节钢件堆放距离等方法控制钢件的冷却速度，达到要求的组织和性能。

正火工艺是较简单、经济的热处理方法，主要应用于以下几方面：

1. 改善低碳钢的切削加工性

含碳量 $w_C<0.25\%$ 的碳素钢和低合金钢，退火后硬度较低，切削加工时易于"粘刀"，通过正火处理，可以减少自由铁素体，获得细片状珠光体，使硬度提高至 140~190HBW，可以改善钢的切削加工性，延长刀具的寿命，提高工件的表面质量。

2. 消除中碳钢的热加工缺陷

中碳结构钢铸件、锻件、轧件及焊接件在热加工后易出现魏氏组织、粗大晶粒等过热缺陷和带状组织。通过正火处理可以消除这些缺陷组织，达到细化晶粒、均匀组织、消除内应力的目的。

3. 消除过共析钢的网状碳化物，便于球化退火

过共析钢在淬火之前要进行球化退火，以便于机械加工，并为淬火做好组织准备。但当过共析钢中存在严重网状碳化物时，将达不到良好的球化效果。通过正火处理可以消除网状碳化物。为此，正火加热时要保证碳化物全部溶入奥氏体中，要采用较快的冷却速度抑制二次碳化物的析出，获得伪共析组织。

4. 提高普通结构件的力学性能

一些受力不大、性能要求不高的碳钢和合金钢结构件采用正火处理，可获得一定的综合力学性能，可以代替调质处理，作为零件的最终热处理。

三、退火和正火的选用

生产上退火和正火工艺的选择应当根据钢种，冷、热加工工艺，零件的使用性能及经济性综合考虑。

含碳量 $w_C<0.25\%$ 的低碳钢，通常采用正火代替退火。因为较快的冷却速度可以防止低碳钢沿晶界析出游离三次渗碳体，从而提高冲压件的冷变形性能；用正火可以提高钢的硬

度，改善低碳钢的切削加工性能；在没有其他热处理工序时，用正火可以细化晶粒，提高低碳钢强度。

$w_C = 0.25\% \sim 0.5\%$ 的中碳钢也可用正火代替退火，虽然接近上限碳量的中碳钢正火后硬度偏高，但尚能进行切削加工，而且正火成本低，生产率高。

$w_C = 0.5\% \sim 0.75\%$ 的钢，因含碳量较高，正火后的硬度显著高于退火的情况，难以进行切削加工，故一般采用完全退火，降低其硬度，改善切削加工性。

$w_C = 0.75\%$ 以上的高碳钢或工具钢一般均采用球化退火作为预备热处理。如有网状二次渗碳体存在，则应先进行正火予以消除。

随着钢中碳和合金元素的增多，过冷奥氏体稳定性增加，等温转变图右移。因此，一些中碳钢及中碳合金钢正火后硬度偏高，不利于切削加工，应当采用完全退火。尤其是含较多合金元素的钢，过冷奥氏体特别稳定，甚至在缓慢冷却条件下也能得到马氏体和贝氏体组织，因此应当及时采用高温回火来消除应力，降低硬度，改善切削加工性。

此外，从使用性能考虑，如钢件或零件受力不大，性能要求不高，不必进行淬火、回火，可用正火提高钢的力学性能，作为最终热处理。从经济原则考虑，由于正火比退火生产周期短，操作简便，工艺成本低，因此在钢的使用性能和工艺性能能满足的条件下，应尽可能用正火代替退火。

第二节　钢的淬火与回火

钢的淬火与回火是热处理工艺中最重要也是用途最广泛的工序。淬火可以显著提高钢的强度和硬度。为了消除淬火钢的残余内应力，得到不同强度、硬度和韧性配合的性能，需要配以不同温度的回火。所以淬火和回火又是不可分割的、紧密衔接在一起的两种热处理工艺。淬火、回火作为各种机器零件及工、模具的最终热处理是赋予钢件最终性能的关键性工序，也是钢件热处理强化的重要手段之一。

一、钢的淬火

将钢加热至临界点 Ac_3 或 Ac_1 以上一定温度，保温后以大于临界冷却速度的速度冷却得到马氏体（或贝氏体）的热处理工艺称为淬火。淬火的主要目的是使奥氏体化后的工件获得尽量多的马氏体，然后配以不同温度回火获得各种需要的性能。例如，淬火加低温回火可以提高工具、轴承、渗碳零件或其他高强度耐磨件的硬度和耐磨性；结构钢通过淬火加高温回火可以得到强韧结合的优良综合力学性能；弹簧钢通过淬火加中温回火可以显著提高钢的弹性极限。

对淬火工艺而言，首先必须将钢加热到临界点（Ac_3 或 Ac_1）以上获得奥氏体组织，其后的冷却速度必须大于临界淬火速度（v_c），以得到全部马氏体（含残留奥氏体）组织。为此，必须注意选择适当的淬火温度和冷却速度。由于不同钢件过冷奥氏体稳定性不同，钢淬火获得马氏体的能力各异。实际淬火时，工件截面各部分冷却速度不同，只有冷却速度大于临界淬火速度的部位才能得到马氏体，而工件心部则可能得到珠光体、贝氏体等非马氏体组织。这就需要弄清钢的"淬透性"的概念。此外，钢在淬火冷却过程中，由于工件内外温差产生胀缩不一致，以及相变不同时还会引起淬火应力，甚至会引起变形或开裂，在制订淬火工艺时应予以特别注意。

（一）淬火应力

在铸造、热加工、焊接和热处理时，由于温度变化而导致工件内可能产生两种内应力：热应力和组织应力。工件加热或冷却时，工件不同部位出现温差导致热胀变形量或冷缩变形量不一致所产生的内应力称为热应力；工件不同部位出现温差导致相变不同时进行，引起比体积的不同变化所产生的内应力称为组织应力或相变应力。这两种内应力的综合作用可能导致工件的变形或开裂。

因此，在淬火冷却过程中，工件内产生的淬火内应力也分为热应力和组织应力。当淬火应力达到材料的屈服强度时，工件就会产生塑性变形；当淬火应力达到材料的断裂强度时，工件就会发生开裂。

下面以圆柱形工件为例分析热应力的变化规律。为消除组织应力的影响，将工件加热到 Ac_1 以下温度保温后快速冷却（无组织转变），其心部和表面温度及热应力变化如图 10-3 所示。工件从 Ac_1 温度开始快速冷却时，工件表面首先冷却，冷却速度比心部快得多，于是工件内外温差增大（图 10-3a）。表面层金属温度低，收缩量大；心部金属温度高，收缩量小。同一工件内外收缩变形量不同，相互间会产生作用力。工件表面冷缩必受心部的阻止，故表面层承受拉应力，而心部则承受压应力。冷却的后期，表面层金属的冷却和体积收缩已经终止，心部金属继续冷却并产生体积收缩，但心部由于受到表面层的牵制作用转而受拉应力，冷硬状态的表面则受到压应力（图 10-3b）。由于此时温度较低，材料的屈服强度较高，不会发生塑性变形，此应力状态残留于工件内。因此，工件淬火冷至室温时，由热应力引起的残余应力为表面受压应力，心部受拉应力。

热应力是由快速冷却时工件截面温差造成的。因此，冷却速度越大，则热应力越大。在相同冷却介质条件下，淬火加热温度越高、截面尺寸越大、钢材热导率和线胀系数越大，均使工件内外温差越大，热应力越大。

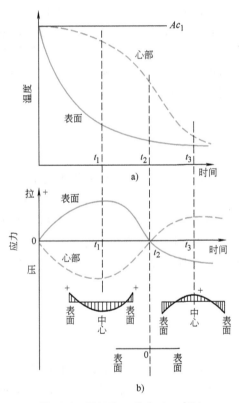

图 10-3　圆柱体工件在 Ac_1 点以下急冷过程中热应力的变化

如前所述，钢中各种显微组织的比体积是不同的，从奥氏体、珠光体、贝氏体到马氏体，比体积依次增加。钢淬火时由奥氏体转变为马氏体将引起显著的体积膨胀，由于工件表面与心部的温差导致马氏体转变不同时进行而产生组织应力。下面仍以圆柱形工件为例分析组织应力的变化规律。为消除淬火冷却时热应力的影响，选用过冷奥氏体非常稳定的钢，使其从淬火温度极缓慢冷却至 Ms 之前不发生非马氏体转变并保持零件内外温度均匀。

工件从 Ms 点快速冷却的淬火初期，其表面首先冷却到 Ms 点以下发生马氏体转变，体积要膨胀，而此时心部仍为奥氏体，体积不发生变化。因此心部阻止表面体积膨胀使工件表面处于压应力状态，而心部则处于拉应力状态。继续冷却时，工件表面马氏体转变基本结束，体积不再膨胀，而心部温度才下降到 Ms 点以下，开始发生马氏体转变，心部体积要膨胀。此时表面已形成一层硬壳，心部体积膨胀将受到表面层的约束而受压应力，表面则受拉应力。可见，组织应力引起的残余应力与热应力正好相反，表面为拉应力，心部为压应力。

组织应力大小与钢件尺寸、在马氏体转变温度范围的冷却速度、钢的导热性及淬透性等因素有关。

实际工件淬火冷却过程中，在组织转变发生之前，只产生热应力，冷却到 Ms 点以下时，则热应力和组织应力同时存在。因此工件淬火冷却过程中的瞬时应力和残余应力是热应力和组织应力叠加的结果。热应力和组织应力的分布规律正好相反，那么能否认为热应力和组织应力会相互抵消而使工件内不存在淬火应力呢？热应力和组织应力的综合分布是很复杂的。淬火应力与钢件化学成分、形状和尺寸、钢的淬透性，以及淬火冷却介质和冷却方法等许多因素有关。当钢的化学成分、工件形状和尺寸确定时，只有分析清楚具体条件下起主导作用的是热应力还是组织应力，才能选择适当的淬火加热温度、淬火冷却介质和冷却方式等工艺参数，从而控制淬火应力的大小和分布，有效地防止淬火工件的变形和开裂。

（二）淬火加热温度

淬火加热温度的选择应以得到均匀细小的奥氏体晶粒为原则，以便淬火后获得细小的马氏体组织。淬火温度主要根据钢的临界点确定，亚共析钢通常加热至 Ac_3 以上 $30 \sim 50℃$；共析钢、过共析钢加热至 Ac_1 以上 $30 \sim 50℃$。亚共析钢淬火加热温度若在 $Ac_1 \sim Ac_3$ 之间，淬火组织中除马氏体外，还保留一部分铁素体，使钢的硬度和强度降低。但淬火温度也不能超过 Ac_3 点过高，以防止奥氏体晶粒粗化，淬火后获得粗大的马氏体。对于低碳钢、低碳低合金钢，如果采用加热温度略低于 Ac_3 点的亚温淬火，获得铁素体+马氏体（5%~20%）双相组织，既可保证钢具有一定的强度，又可保证钢具备良好的塑性、韧性和冲压成形性。过共析钢的加热温度限定在 Ac_1 以上 $30 \sim 50℃$ 是为了得到细小的奥氏体晶粒和保留少量渗碳体质点，淬火后得到隐晶马氏体和其上均匀分布的粒状碳化物，从而不但可使钢具有更高的强度、硬度和耐磨性，而且也具有较好的韧性。如果过共析钢淬火加热温度超过 Ac_{cm}，碳化物将全部溶入奥氏体中，使奥氏体中的含碳量增加，降低钢的 Ms 和 Mf 点，淬火后残留奥氏体量增多，会降低钢的硬度和耐磨性；淬火温度过高，奥氏体晶粒粗化、含碳量又高，淬火后易得到含有显微裂纹的粗片状马氏体，使钢的脆性增大；此外，高温加热淬火应力大、氧化脱碳严重，也增大了工件变形和开裂倾向。

对于低合金钢，淬火温度也应根据临界点 Ac_1 或 Ac_3 确定，考虑合金元素的作用，为了加速奥氏体化，淬火温度可偏高些，一般为 Ac_1 或 Ac_3 以上 $50 \sim 100℃$。高合金工具钢含较多强碳化物形成元素，奥氏体晶粒粗化温度高，则可采取更高的淬火加热温度。

（三）淬火冷却介质

钢从奥氏体状态冷却至 Ms 点以下所用的冷却介质称为淬火冷却介质。介质冷却能力越大，钢的冷却速度越快，越容易超过钢的临界淬火速度，则工件越容易淬硬，淬硬层的深度越深。但是，冷却速度过大将产生巨大的淬火应力，易于使工件产生变形或开裂。因此，理想淬火冷却介质的冷却能力应当如图 10-4 中曲线所示。650℃以上应当缓慢冷却，以尽量降低淬火热应力；650~400℃之间应当快速冷却，以通过过冷奥氏体最不稳定的区域，避免发生珠光体或贝氏体转变；但是在 400℃ 以下 Ms 点附近的温度区域，应当缓慢冷却，以尽量减小马氏体转变时产生的组织应力。具有这种冷却特性的冷却介质可以保证在获得马氏体组织条件下减小淬火应力，避免工件产生变形或开裂。

常用淬火冷却介质有水、盐水或碱水溶液及各种矿物油等，其冷却特性见表 10-1。

水的冷却特性很不理想，在需要快冷的 650～400℃ 区间，其冷却速度较小，不超过 200℃/s。而在需要慢冷的马氏体转变温度区，其冷却速度又太大，在 340℃ 最大冷却速度高达 775℃/s，很容易造成淬火工件的变形或开裂。此外，水温对水的冷却特性影响很大，水温升高，高温区的冷却速度显著下降，而低温区的冷却速度仍然很高。因此淬火时水温不应超过 30℃，加强水循环和工件的搅动可以

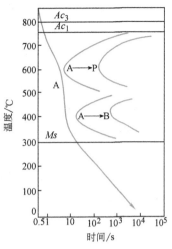

图 10-4 钢的理想淬火冷却曲线

加速工件在高温区的冷却速度。水虽不是理想的淬火冷却介质，但却适用于尺寸不大、形状简单的碳钢工件淬火。

表 10-1 常用淬火冷却介质的冷却特性

名 称	最大冷却速度时[1]		平均冷却速度/(℃/s)[1]		备 注
	所在温度/℃	冷却速度/(℃/s)	650～550℃	300～200℃	
静止自来水,20℃	340	775	135	450	
静止自来水,40℃	285	545	110	410	
静止自来水,60℃	220	275	80	185	
浓度为 10%NaCl 的水溶液,20℃	580	2000	1900	1000	
浓度为 15%NaOH 的水溶液, 20℃	560	2830	2750	775	冷却速度由 ϕ20mm 银球所测
浓度为 5%Na$_2$CO$_3$ 的水溶液,20℃	430	1640	1140	820	
L-AN15 全损耗系统用油,20℃	430	230	60	65	
L-AN15 全损耗系统用油,80℃	430	230	70	55	
3 号锭子油,20℃	500	120	100	50	

① 各冷却速度值是根据有关冷却速度特性曲线估算所得。

浓度为 10%NaCl 或 10%NaOH 的水溶液可使高温区（500～650℃）的冷却能力显著提高，前者使纯水的冷却能力提高 10 倍以上，而后者的冷却能力更高。这两种水基淬火冷却介质在低温区（200～300℃）的冷却速度也很快。

油也是一种常用的淬火冷却介质。目前工业上主要采用矿物油，如锭子油、汽油、柴油等。油的主要优点是低温区间的冷却速度比水小得多，从而可大大降低淬火工件的组织应力，减小工件变形和开裂倾向。油在高温区间冷却能力低是其主要缺点。但是对于过冷奥氏体比较稳定的合金钢，油是合适的淬火冷却介质。与水相反，提高油温可以降低黏度，增加流动性，故可提高高温区间的冷却能力。但是油温过高，容易着火，一般应控制在 60～80℃。

上述几种淬火冷却介质各有优缺点，均不属于理想的冷却介质。水的冷却能力很大，但冷却特性不好；油的冷却特性较好，但其冷却能力低。因此，寻找冷却能力介于油、水之间，冷却特性近于理想淬火冷却介质的新型淬火冷却介质是人们努力的目标。由于水是价廉、性能稳定的淬火冷却介质，因此目前世界各国都在发展有机水溶液作为淬火冷却介质。

（四）淬火方法

选择适当的淬火方法同选用淬火冷却介质一样，可以保证在获得所要求的淬火组织和性能条件下，尽量减小淬火应力，减小工件变形和开裂倾向。

1. 单液淬火法

单液淬火法是将加热至奥氏体状态的工件放入某种淬火冷却介质中，连续冷却至介质温度的淬火方法（图10-5曲线1）。这种淬火方法适用于形状简单的碳钢和合金钢工件。一般来说，碳钢临界淬火速度大，尤其是尺寸较大的碳钢工件多采用水淬；而小尺寸碳钢件及过冷奥氏体较稳定的合金钢件则可采用油淬。

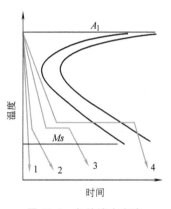

图 10-5 各种淬火方法
冷却曲线示意图

为了减小单液淬火时的淬火应力，常采用预冷淬火法，即将奥氏体化的工件从炉中取出后，先在空气中或预冷炉中冷却一定时间，待工件冷却至比临界点稍高一点的一定温度后再放入淬火冷却介质中冷却。预冷降低了工件进入淬火冷却介质前的温度，减小了工件与淬火冷却介质间的温差，可以减小热应力和组织应力，从而减小工件变形或开裂倾向。但操作上不易控制预冷温度，需要靠经验来掌握。

单液淬火的优点是操作简便。但只适用于小尺寸且形状简单的工件，对尺寸较大的工件实行单液淬火容易产生较大的变形或开裂。

2. 双液淬火法

双液淬火法是将加热至奥氏体状态的工件先在冷却能力较强的淬火冷却介质中冷却至接近 Ms 点温度时，再立即转入冷却能力较弱的淬火冷却介质中冷却，直至完成马氏体转变（图10-5曲线2）。一般用水作为快冷淬火冷却介质，用油作为慢冷淬火冷却介质。有时也可以采用水淬、空冷的方法。这种淬火方法充分利用了水在高温区间冷却速度快和油在低温区间冷却速度慢的优点，既可以保证工件得到马氏体组织，又可以降低工件在马氏体区的冷却速度，减小组织应力，从而防止工件变形或开裂。尺寸较大的碳钢工件适宜采用这种淬火方法。采用双液淬火法必须严格控制工件在水中的停留时间，水中停留时间过短会引起奥氏体分解，导致淬火硬度不足；水中停留时间过长，工件某些部分已在水中发生马氏体转变，从而失去双液淬火的意义。因此，实行双液淬火要求工人必须有丰富的经验和熟练的技术。通常要根据工件尺寸，凭经验确定。水淬油冷时，工件入水有咝咝声，同时发生振动，当咝咝声消失或振动停止的瞬间，立即出水入油。也可按每5~6mm有效厚度水冷1s的经验公式计算在水中的时间。

3. 分级淬火法

分级淬火法是将奥氏体状态的工件首先淬入温度略高于钢的 Ms 点的盐浴或碱浴炉中保温，当工件内外温度均匀后，再从浴炉中取出空冷至室温，完成马氏体转变（图10-5曲线3）。

这种淬火方法由于工件内外温度均匀并在缓慢冷却条件下完成马氏体转变，不仅减小了热应力（比双液淬火小），而且显著降低了组织应力，因而有效地减小或防止工件淬火变形和开裂，同时还克服了双液淬火出水入油时间难以控制的缺点。但这种淬火方法由于冷却介质温度较高，工件在浴炉中的冷却速度较慢，而等温时间又有限制，大截面零件难以达到其临界淬火速度。因此，分级淬火只适用于尺寸较小的工件，如刀具、量具和要求变形很小的精密工件。

"分级"温度也可取略低于 Ms 点的温度，此时由于温度较低，冷却速度较快，等温以后已有相当一部分奥氏体转变为马氏体，当工件取出空冷时，剩余奥氏体发生马氏体转变。因此这种淬火方法适用于较大工件的淬火。

4. 等温淬火

等温淬火是将奥氏体化后的工件淬入 Ms 点以上某温度盐浴中，等温保持足够长时间，使之转变为下贝氏体组织，然后取出在空气中冷却的淬火方法（图10-5曲线4）。等温淬火实际上是分级淬火的进一步发展。所不同的是等温淬火获得下贝氏体组织。下贝氏体组织的强度、硬度较高而韧性良好。故等温淬火可显著提高钢的综合力学性能。等温淬火的加热温度通常比普通淬火高些，一般在 $Ms \sim Ms+30℃$ 之间。目的是提高奥氏体的稳定性和增大其冷却速度，防止等温冷却过程中发生珠光体型转变。等温过程中碳钢的贝氏体转变一般可以完成，等温淬火后不需要进行回火。但对于某些合金钢（如高速钢），过冷奥氏体非常稳定，等温过程中贝氏体转变不能全部完成，剩余的过冷奥氏体在空气中冷却时转变为马氏体，所以在等温淬火后需要进行适当的回火。由于等温温度比分级淬火高，减小了工件与淬火冷却介质的温差，从而减小了淬火热应力；又因贝氏体比体积比马氏体小，而且工件内外温度一致，故淬火组织应力也较小。因此，等温淬火可以显著减小工件变形和开裂倾向，适宜处理形状复杂、尺寸要求精密的工具和重要的机器零件，如模具、刀具、齿轮等。同分级淬火一样，等温淬火也只能适用于尺寸较小的工件。

（五）钢的淬透性

对钢进行淬火希望获得马氏体组织，但一定尺寸和化学成分的工件在某种介质中淬火能否得到全部马氏体则取决于钢的淬透性。淬透性是钢的重要工艺性能，也是选材和制订热处理工艺的重要依据之一。

1. 淬透性的概念

钢的淬透性是指奥氏体化后的钢在淬火时获得马氏体的能力，其大小以钢在一定条件下淬火获得的淬透层深度和硬度分布来表示。一定尺寸的工件在某介质中淬火，其淬透层的深度与工件截面各点的冷却速度有关。如果工件截面中心的冷却速度高于钢的临界淬火速度，工件就会淬透。然而工件淬火时表面冷却速度最大，心部冷却速度最小，由表面至心部冷却速度逐渐降低（图10-6）。只有冷却速度大于临界淬火速度的工件外层部分才能得到马氏体（图10-6b中阴影部分），这就是工件的淬透层。而冷却速度小于临界淬火速度的心部只能获得非马氏体组织，这就是工件的未淬透区。

在未淬透的情况下，工件淬透层深度如何确定呢？按理淬透层深度应是全部淬成马氏体的区域。但实际工件淬火后从表面至心部马氏体数量是逐渐减少的，从金相组织上看，淬透层和未淬透区并无明显的界限，淬火组织中混入少量非马氏体组织（如 $\varphi = 5\% \sim 10\%$ 的屈氏体），其硬度值也无明显变化。因此，金相检验和硬度测量都比较困难。当淬火组织中马氏

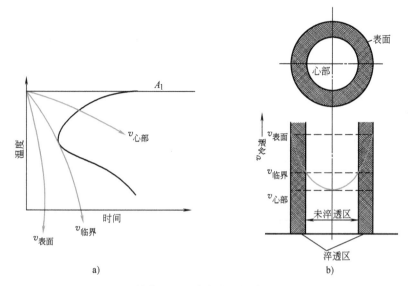

图 10-6　工件截面不同冷却速度与未淬透区示意图

a）工件截面不同的冷却速度　b）未淬透区

体和非马氏体组织各占一半,形成
"半马氏体区"时,显微观察极为方
便,硬度变化最为剧烈（图 10-7）。
为测试方便,通常采用从淬火工件表
面至半马氏体区距离作为淬透层深度。
钢的半马氏体组织的硬度与其含碳量
的关系如图 10-8 所示。研究表明,钢
的半马氏体组织的硬度主要取决于奥
氏体中含碳量,而与合金元素关系不
大。这样,根据不同含碳量钢的半马
氏体区硬度（图 10-8）,利用测定的

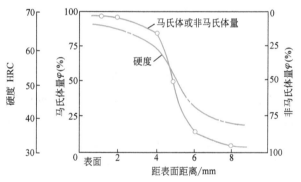

图 10-7　淬火工件截面上马氏体量与硬度的
关系（$w_C = 0.8\%$）

淬火工件截面上硬度分布曲线（图 10-7）,即可方便地测定淬透层深度。

根据如上所述,应当注意如下两对概念的本质区别:一是钢的淬透性和淬硬性的区别,
二是淬透性和实际条件下淬透层深度的区别。淬透性表示钢淬火时获得马氏体的能力,它反
映钢的过冷奥氏体稳定性,即与钢的临界冷却速度有关。过冷奥氏体越稳定,临界淬火速度
越小,钢在一定条件下淬透层深度越深,则钢的淬透性越好。而淬硬性表示钢淬火时的硬化
能力,用淬成马氏体可能得到的最高硬度表示。它主要取决于马氏体中的含碳量。马氏体中
含碳量越高,钢的淬硬性越高。显然,淬透性和淬硬性并无必然联系,例如,高碳工具钢的
淬硬性高,但淬透性很低;而低碳合金钢的淬硬性不高,但淬透性却很好。实际工件在具体
淬火条件下的淬透层深度与淬透性也不是一回事。淬透性是钢的一种属性,相同奥氏体化温
度下的同一钢种,其淬透性是确定不变的。其大小用规定条件下的淬透层深度表示。而实际
工件的淬透层深度是指具体条件下测定的半马氏体区至工件表面的深度,它与钢的淬透性、
工件尺寸及淬火冷却介质的冷却能力等许多因素有关。例如,同一钢种在相同介质中淬火,

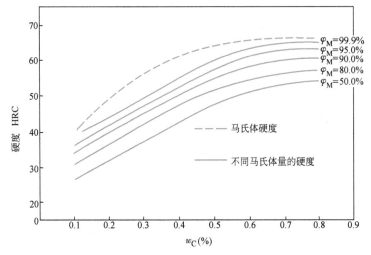

图 10-8　钢的半马氏体硬度与含碳量的关系

小件比大件的淬透层深；一定尺寸的同一钢种，水淬比油淬的淬透层深；工件的体积越小，表面积越小，则冷却速度越快，淬透层越深。决不能说，同一钢种水淬时比油淬时的淬透性好，小件淬火时比大件淬火时淬透性好。淬透性是不随工件形状、尺寸和介质冷却能力而变化的。

2. 淬透性的测定方法

目前测定淬透性常用的方法是末端淬火法，简称端淬法。图 10-9 所示为末端淬火法测定钢的淬透性的示意图。采用 $\phi 25\text{mm} \times 100\text{mm}$ 的标准试样，试验时将试样加热至规定温度奥氏体化后，迅速放入试验装置（图 10-9a）中喷水冷却。显然，试样喷水末端冷却速度最大，随着距末端距离的增加，冷却速度逐渐减小。其组织和硬度也发生相应的变化。试样末端至喷水口的距离为 12.5mm，喷水口的内径为 12.5mm，水温为 20℃，水柱自由高度调整

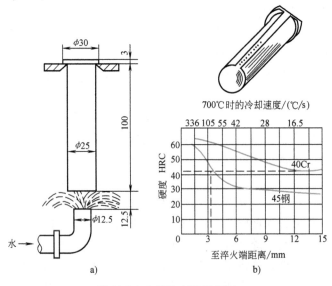

图 10-9　末端淬火法示意图

a）淬火装置　b）淬透性曲线

为（65±5）mm。这些规定保证了不同钢种获得统一的冷却条件。试样冷却后沿其轴线方向相对两侧面各磨去 0.4mm，然后从试样末端起每隔 1.5mm 测量一次硬度，即可得到硬度与至末端距离的关系曲线，这就是钢的淬透性曲线，如图 10-9b 所示。显然，淬透性高的钢（如 40Cr 钢），硬度下降趋势较为平坦；而淬透性低的钢（如 45 钢），硬度呈急剧下降的趋势。

由于钢的化学成分允许在一个范围内波动，因此手册上给出的各种钢的淬透性曲线通常是一条淬透性带，如图 10-10 所示。

由于试样尺寸及冷却条件是固定的，末端淬火试样距离水冷端各点的冷却速度也是一定的，故可以把距水冷端不同距离处的冷却速度标在淬透性曲线的横坐标上，从而把冷却速度和淬火后的硬度联系起来。

根据钢的淬透性曲线，通常用 JHRC-d 表示钢的淬透性。例如，J40-6 表示在淬透性带上距末端 6mm 处的硬度为 40HRC。显然 J40-6 比 J35-6 淬透性好。可见，根据钢的淬透性曲线，可以方便地比较钢的淬透性高低。

如果测出不同直径钢棒在不同淬火冷却介质中的冷却速度，获得钢棒从表面至心部各点的冷却速度对应于端淬试样距水冷端的距离的关系曲线，如

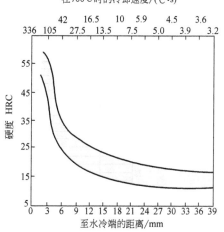

图 10-10　45 钢的淬透性曲线

图 10-11 所示，就可根据一定直径的钢棒不同半径处的淬火冷却速度，结合淬透性曲线来选用钢材及淬火冷却介质。

3. 淬透性的实际意义

钢的淬透性是钢的热处理工艺性能，在生产中有重要的实际意义。工件在整体淬火条件下，从表面至中心是否淬透，对其力学性能有重要影响。在拉压、弯曲或剪切载荷下工作的零件，如各类齿轮、轴类零件，希望整个截面都能被淬透，从而保证这些零件在整个截面上得到均匀的力学性能。选择淬透性较高的钢即能满足这一性能要求。而淬透性较低的钢，零件截面不能全部淬透，表面到心部的力学性能不相同，尤其心部的冲击韧度很低。

钢的淬透性越高，能淬透的工件截面尺寸越大。对于大截面的重要工件，为了增加淬透层的深度，必须选用过冷奥氏体很稳定的合金钢，工件越大，要求的淬透层越深，钢的合金化程度应越高。所以淬透性是机器零件选材的重要参考数据。

从热处理工艺性能考虑，对于形状复杂、要求变形很小的工件，如果钢的淬透性较高，如合金钢工件，可以在较缓慢的冷却介质中淬火。如果钢的淬透性很高，甚至可以在空气中冷却淬火，那么淬火变形更小。

但是并非所有工件均要求很高的淬透性。如承受弯曲或扭转的轴类零件，其外缘承受最大应力，轴心部分应力较小，因此有一定淬透层深度就可以了。一些汽车、拖拉机的重负荷齿轮通过表面淬火或化学热处理，获得一定深度的均匀淬硬层，即可达到表硬心韧的性能要求，甚至可以采用低淬透性钢制造。焊接用钢采用淬透性低的低碳钢制造，目的是避免焊缝及热影响区在焊后冷却过程中得到马氏体组织，从而可以防止焊接构件的变形和开裂。

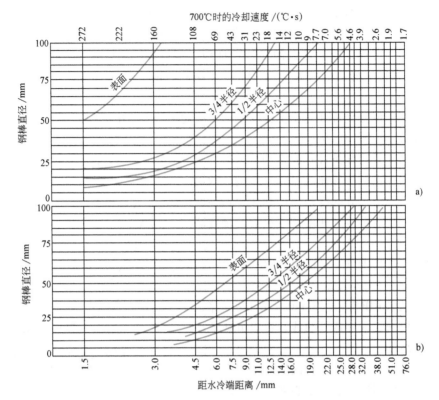

图 10-11　不同直径钢棒淬火后从表面至中心各点与端淬试样距水冷端距离的关系曲线
a）水淬（中等搅拌）　b）油淬（中等搅拌）

二、钢的回火

回火是将淬火钢在 A_1 以下温度加热，使其转变为稳定的回火组织，并以适当方式冷却到室温的工艺过程。回火的主要目的是减小或消除淬火应力，保证相应的组织转变，提高钢的韧性和塑性，获得硬度、强度、塑性和韧性的适当配合，以满足各种用途工件的性能要求。

不同含碳量淬火钢的力学性能与回火温度的关系如图 10-12 所示。可见，低碳淬火钢经低温回火后具有良好的综合力学性能，高碳淬火钢经低温回火后塑性稍差，但一些工具钢采用低温回火来获得较高的硬度和耐磨性；淬火钢在 400~500℃ 回火后，比例极限 σ_p 较高，一些弹簧钢件均在此温度范围回火；淬火钢经 500~600℃ 回火，塑性可达到较高数值，并保留相当高的强度，因此中碳钢经淬火并高温回火可获得良好的综合力学性能。

决定工件回火后的组织和性能的最重要因素是回火温度。根据工件的组织和性能要求，回火可分为低温回火、中温回火和高温回火等几种。

（一）低温回火

低温回火温度为 150~250℃，回火组织主要为回火马氏体。和淬火马氏体相比，回火马氏体既保持了钢的高硬度、高强度和良好耐磨性，又适当提高了韧性。因此，低温回火特别适用于刀具、量具、滚动轴承、渗碳件及高频表面淬火工件。低温回火钢大部分是淬火高碳钢和高碳合金钢，经淬火并低温回火后得到隐晶回火马氏体和均匀细小的粒状碳化物组织，

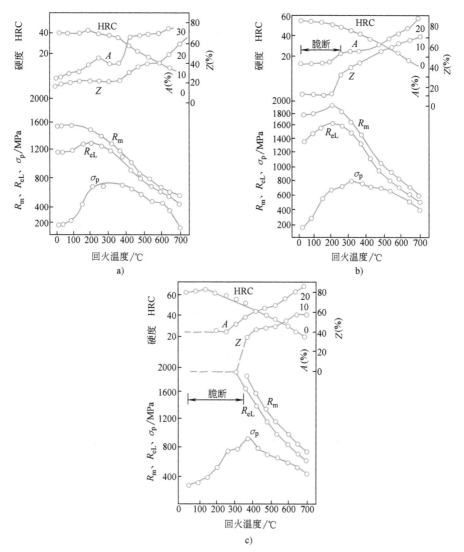

图 10-12　不同含碳量淬火钢的力学性能与回火温度的关系

a）$w_C = 0.2\%$　b）$w_C = 0.41\%$　c）$w_C = 0.82\%$

具有很高的硬度和耐磨性，同时显著降低了钢的淬火应力和脆性。对于淬火获得低碳马氏体的钢，经低温回火后可减小内应力，并进一步提高钢的强度和塑性，保持优良的综合力学性能。

（二）中温回火

中温回火温度一般在 400~500℃ 之间，回火组织主要为回火屈氏体。中温回火后工件中的淬火应力基本消失。因此，钢具有高的弹性极限，较高的强度和硬度，良好的塑性和韧性。故中温回火主要用于各种弹簧零件及热锻模具。

（三）高温回火

高温回火温度为 500~650℃，回火组织为回火索氏体。习惯上将淬火与随后的高温回火相结合以获得回火索氏体的热处理工艺称为调质处理。经调质处理后，钢具有优良的综合力学性能。因此，高温回火主要适用于中碳结构钢或低合金结构钢制作的重要机器零件，如发动机曲轴、连杆、连杆螺栓、汽车半轴、机床主轴及齿轮等。这些机器零件在使用中要求较高的强度并能承受冲击和交变负荷的作用。

回火保温时间应保证工件各部分温度均匀，同时保证组织转变充分进行，并尽可能降低或消除内应力。生产上常以硬度来衡量淬火钢的回火转变程度。图 10-13 所示为 $w_C = 0.98\%$ 的钢的不同回火温度和回火时间对硬度的影响。由图可见，在各个回火温度下，硬度变化最剧烈的时间一般在最初的 0.5h 内，回火时间超过 2h 后，硬度变化很小。因此，生产上一般工件的回火时间均为 1~2h。

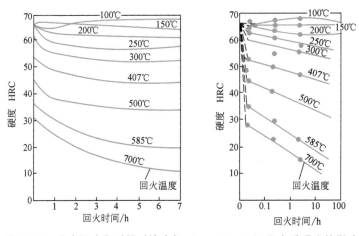

图 10-13　回火温度和时间对淬火钢（$w_C = 0.98\%$）回火后硬度的影响

工件回火后一般在空气中冷却。一些重要的机器零件和工具、模具，为了防止重新产生内应力和变形、开裂，通常都采用缓慢的冷却方式。对于有第二类回火脆性的钢件，回火后应进行油冷或水冷，以抑制回火脆性。

三、淬火加热缺陷

（一）淬火工件的过热和过烧

工件在淬火加热时，由于温度过高或者时间过长造成奥氏体晶粒粗大的缺陷称为过热。由于过热不仅在淬火后得到粗大马氏体组织，而且易于引起淬火裂纹。因此，淬火过热的工件强度和韧性降低，易于产生脆性断裂。轻微的过热可用延长回火时间来补救。严重的过热则需要进行一次细化晶粒退火，然后再重新淬火。

淬火加热温度太高，使奥氏体晶界出现局部熔化或者发生氧化的现象称为过烧。过烧是严重的加热缺陷，工件一旦过烧就无法补救，只能报废。

（二）淬火加热时的氧化和脱碳

淬火加热时，钢件与周围加热介质相互作用往往会产生氧化和脱碳等缺陷。氧化使工件尺寸减小，表面质量下降，并严重影响淬火冷却速度，进而使淬火工件出现软点或硬度不足等新的缺陷。工件表面脱碳会降低淬火后钢的表面硬度、耐磨性，并显著降低其疲劳强度。因此，淬火加热时，在获得均匀化奥氏体的同时，必须注意防止氧化和脱碳现象。

氧化是钢件在加热时与炉气中的 O_2、H_2O 及 CO_2 等氧化性气体发生的化学作用。在

570℃以下的温度加热，在工件表层主要形成氧化物 Fe_3O_4。由于这种处于工件表层的氧化物结构致密，与基体结合牢固，氧原子难以继续渗入，故氧化速度很慢。因此，钢在 570℃以下加热，氧化不是主要问题。但当加热温度高于 570℃时，表面氧化膜主要由 FeO 组成。由于 FeO 结构松散，与基体结合不牢，容易脱落，因此氧原子很容易透过已形成的表面氧化膜继续向内与铁元素化合发生氧化，使钢的氧化速度大大加快。由于氧化速度主要取决于氧原子或铁原子通过表面氧化膜的扩散速度，加热温度越高，原子扩散速度越快，钢的氧化速度越大（图 10-14），因此钢在加热时，在保证组织转变的条件下，加热温度应尽可能低，保温时间应尽可能短。采用脱氧良好的盐浴加热或可控气氛加热等方法可以防止钢的氧化。

钢件在加热过程中，钢中的碳与气氛中的 O_2、H_2O、CO_2 及 H_2 等发生化学反应，形成含碳气体逸出钢外，使钢件表面含碳量降低，这种现象称为脱碳。脱碳过程中的主要化学反应如下

$$C_{\gamma\text{-Fe}} + O_2 \rightleftharpoons CO_2$$
$$C_{\gamma\text{-Fe}} + CO_2 \rightleftharpoons 2CO$$
$$C_{\gamma\text{-Fe}} + H_2O \rightleftharpoons CO + H_2$$
$$C_{\gamma\text{-Fe}} + 2H_2 \rightleftharpoons CH_4$$

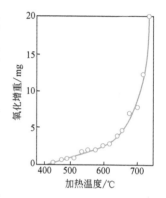

图 10-14 钢的氧化速度与加热温度的关系

可见，炉气介质中的 O_2、CO_2、H_2O 和 H_2 都是脱碳性气氛。工件表面脱碳以后，其表面与内部产生碳浓度差，内部的碳原子则向表面扩散，新扩散到表面的碳原子又被继续氧化，从而使脱碳层逐渐加深。脱碳过程进行的速度取决于表面化学反应速度和碳原子的扩散速度。加热温度越高，加热时间越长，脱碳层越深。

在空气介质炉中加热时，防止氧化和脱碳最简单的方法是在炉子升温加热时向炉内加入无水分的木炭，以改变炉内气氛，减少氧化和脱碳。此外，采用盐炉加热、用铸铁屑覆盖工件表面，或是在工件表面热涂硼酸等方法都可有效地防止或减少工件的氧化和脱碳。采用真空加热或可控气氛加热，是防止氧化和脱碳的根本办法。

第三节 固态相变的应用实例

一、工程结构用钢

工程结构用钢用于制造各种金属结构，如桥梁、船舶、车辆、锅炉等工程构件。这些构件在一定的温度和环境条件下长期承受静载荷，如锅炉温度可达 250℃以上，而有的工程构件在寒冷环境下服役；桥梁或船舶则长期承受大气和海水的侵蚀。因此，要求钢材具有较高的弹性模量、屈服强度和抗拉强度。服役环境处于低温或腐蚀介质中的工程构件，则要求钢材必须具有较小的冷脆倾向或耐蚀性。

为了制成各种工程构件，需要将钢厂供应的各种棒材、板材、型材、管材和带材进行冷变形，然后用焊接或铆接的方法连接成构件。因而要求钢材必须具有良好的冷变形性和焊接性。

工程结构用钢一般采用低碳钢、低合金高强度钢和低合金耐候钢。由于大多数构件的尺

寸大，形状复杂，不便于进行淬火与回火，所以工程构件用钢通常采用热轧空冷。随着具体钢种或冷却速度的不同，显微组织主要为铁素体加珠光体、铁素体加贝氏体、铁素体加马氏体或回火马氏体。

例如，汽车用高强度热冲压硼钢是一种低碳低合金钢，钢中加入的微量 B 元素可显著提高钢的淬透性。钢件的加工路线是将硼钢板加热完全奥氏体化后，热冲压成形并直接淬火。由于具有较高的 Ms、Mf 点，硼钢在淬火过程中自发回火，可获得近 100% 回火马氏体组织，保证了钢材的高强度（屈服强度 $\geq$ 1000MPa）、良好的韧性和优异的焊接性，可同时满足汽车轻量化和碰撞安全的需求。

二、刃具钢

刃具钢是用来制造各种切削加工工具的钢种。车刀、铣刀、刨刀、钻头、丝锥、板牙等刃具在切削过程中，承受压应力、弯曲、扭转或剪切应力、冲击载荷及强烈摩擦作用。因此，刃具应具有很高的硬度、足够的耐磨性和一定的塑性和韧性，如果用于高速切削，还应具有高的热硬性——在较高的工作温度下保持高硬度。

例如，用于制造锉刀的碳素工具钢 T12 钢板（$w_C = 1.2\%$，$Ac_1 = 730℃$，$Ac_{cm} = 820℃$）热轧后，若显微组织为网状渗碳体和片状珠光体，应进行正火以消除网状渗碳体，然后进行球化退火以降低硬度，便于机械加工，并为淬火准备均匀细小的粒状珠光体组织。在机械加工之后进行淬火，获得由隐晶马氏体、未溶的粒状渗碳体和残留奥氏体组成的显微组织，然后及时进行低温回火，以获得回火马氏体和粒状渗碳体。锉刀在室温下有很高的硬度，但当使用温度高于 200℃ 时，锉刀的硬度会显著降低。

又如，用于制造高速车刀用的高速钢 W18Cr4V 是一种高碳高合金钢（$w_C = 0.78\%$，$w_W = 18\%$，$w_{Cr} = 4\%$，$w_V = 1\%$，$Ac_1 = 820℃$，$Ac_{cm} = 1330℃$）。制造车刀的加工工艺路线为：①冶金熔炼浇注铸锭→②反复多次多向热锻后缓慢冷却→③850℃ 不完全退火→机械加工→④分别在 500℃ 空气炉、800℃ 盐浴炉保温 30min→⑤1280℃ 盐浴炉保温 1h 后油冷→⑥三次加热至 560℃ 保温 1h 后水冷→精加工（磨形、磨刃）。下面说明各主要工序的目的和显微组织特点。

①高速钢的制备工艺有粉末冶金法和铸造法。如果采用铸造法制备 W18Cr4V 钢，铸锭的显微组织很不均匀，主要由粗大的共晶莱氏体和 δ 共析体组成，共晶莱氏体中的共晶碳化物（即合金碳化物）呈粗大鱼骨状且分布不均匀，其在晶界处的析出导致材料的脆性很大。②这种显微组织的不均匀不能通过热处理改变，只有经反复多次镦粗、拔长的热锻才能改善组织的不均匀分布，由于 W18Cr4V 钢的淬透性很好，空冷即可发生马氏体转变，所以热锻后应缓慢冷却，或者锻后直接入炉退火。③W18Cr4V 钢在锻后、机械加工之前进行不完全退火，获得索氏体及其上分布的未溶的粒状合金碳化物，目的是降低硬度，以利于机械加工，同时为淬火做组织准备。④高速钢的合金元素含量高，导热性差，淬火温度高，容易产生较大的热应力，所以淬火加热时需进行一次或两次预热，避免因热应力导致变形或开裂。⑤选择足够高的淬火温度（1280℃ ±5℃）是为了保证加热保温时有足够多的碳化物形成元素（W、Cr、V）溶入奥氏体，以提高钢的淬透性，淬火冷却后获得高碳高合金的马氏体。为了避免钢件表面氧化和脱碳，采用盐浴炉进行加热、保温。W18Cr4V 钢淬火后的组织组成物是马氏体（体积分数 $\varphi \approx 60\% \sim 65\%$）、残留奥氏体（体积分数 $\varphi \approx 25\% \sim 30\%$）和未溶

的合金碳化物（体积分数 $\varphi \approx 10\%$）。⑥为了使高速钢车刀获得稳定组织，提高塑性和韧性，减小淬火应力，并通过二次硬化效应获得很高的硬度、耐磨性和热硬性，高速钢淬火后应在 560℃立即回火，回火时水冷以防止产生第二类回火脆性。由于高速钢淬火后残留奥氏体很多且稳定性好，通常在 560℃进行三次回火，每次回火 1h，这样经第三次回火后，残留奥氏体的体积分数可降至 $\varphi = 1\% \sim 2\%$。高速钢回火组织为回火马氏体、大量细小弥散分布的粒状合金碳化物及少量的残留奥氏体，如图 10-15 所示。经上述加工后高速钢车刀硬度高达 65HRC；当刃口温度升高至 600℃左右时，其硬度可保持在 52HRC 以上。

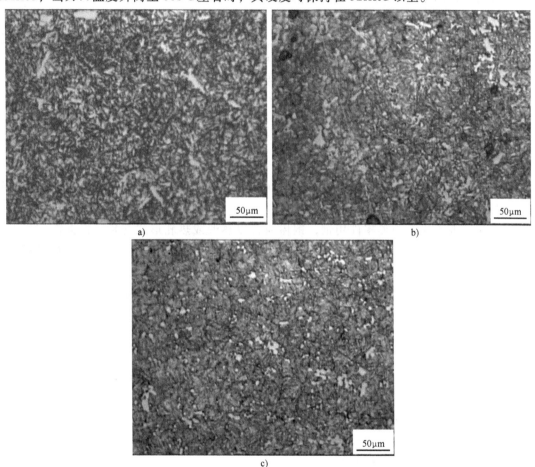

图 10-15　高速钢 W18Cr4V 的 560℃回火组织

a）一次回火　b）二次回火　c）三次回火

三、弹簧钢

弹簧钢是指用于制造各种弹簧的钢种。在各种机器设备中，弹簧的主要作用是吸收冲击能量，缓和机械振动和冲击。例如，用于汽车、铁道车辆和农业机械上的板弹簧，除了承受车厢和载物的重量，还要承受路面不平、紧急制动或转向引起的冲击载荷和交变应力。此外，弹簧可储存能量使其他零件完成规定动作，如气阀弹簧、高压油泵上的柱塞簧及喷嘴簧等。因此，弹簧钢应具有高的弹性极限、屈强比（R_{eL}/R_m）、疲劳极限，以及较好的塑性和韧性。

常用的弹簧钢为中碳合金钢，如 65Mn、60Si2Mn、55SiCr、50CrV 等，可制造热成形弹簧或冷成形弹簧。

弹簧钢棒直径或弹簧钢板厚度大于 10mm 的螺旋弹簧或板弹簧，一般采用热成形制造。其加工工艺路线为：热轧钢棒或扁钢板→热卷成形→淬火并中温回火或盐浴等温（约 320℃）淬火→喷丸处理。经淬火加中温回火后，弹簧钢的显微组织主要为回火屈氏体；若将弹簧钢加热保温至完全奥氏体化后进行盐浴等温淬火，得到的显微组织主要是下贝氏体。

冷成形制造弹簧（弹簧钢丝直径≤10mm）的工艺路线通常选择：

1）钢丝→正火→酸洗→冷拔→索氏体化处理，即加热钢至完全奥氏体化后铅浴等温（约 500℃）淬火，获得索氏体→多次冷拔并中间退火→冷卷成形→去应力退火。

2）钢丝→冷拔→淬火并中温回火→冷卷成形→去应力退火。

3）钢丝→多次冷拔并中间退火→冷卷成形→淬火并中温回火→喷丸处理。

四、轴类零件钢

许多机器设备上的重要零件如主轴、半轴、曲轴、连杆、高强度螺栓等，在多种应力负荷下服役，受力情况复杂，要求制造这些零件的钢材具有良好的综合力学性能——很高的强度、良好的塑性和韧性及较低的脆性转折温度。

45、40Cr 是常见的轴类零件用钢，钢棒通常以热锻或热轧形式交货，根据需方要求，也可以热处理（退火、正火或调质）状态交货。需要注意的是，正火态钢与调质态钢的硬度接近，但由于调质态钢的显微组织是回火索氏体，其综合力学性能优于正火态钢（其显微组织是细片状珠光体加少量铁素体）。表 10-2 所示为这两种钢分别经正火、调质后的力学性能。

表 10-2 45 钢和 40Cr 钢（试样直径均为 25mm）经正火、调质后的力学性能

热处理方法	牌号	热处理工艺	力学性能			
			R_m/MPa	R_{eL}/MPa	A（%）	KU_2/J
正火	45	850℃空冷	600	355	16	39
	40Cr	860℃空冷	780	460	18	50
调质	45	840℃水淬、600℃回火	840	740	13	106
	40Cr	850℃油淬、520℃回火	1020	918	15	96

五、滚动轴承钢

滚动轴承钢是用来制造滚动轴承的套圈和滚动体的专用钢。滚动轴承零件在点接触（滚珠与套圈）或线接触（滚柱与套圈）条件下工作，很小的接触面上承受极大的压应力，滚珠或滚柱在套圈中高速运转，应力交变次数每分钟可达数万次，同时产生强烈的滚动摩擦和滑动摩擦。因此，要求滚动轴承钢具有很高的弹性极限、强度、硬度和耐磨性，以及一定的韧性和尺寸稳定性，并且性能均匀。

应用最广泛的滚动轴承钢是高碳铬轴承钢 GCr15（$w_C = 1.0\%$，$w_{Cr} = 1.5\%$）。GCr15 钢件的热处理工艺通常包括预备热处理——球化退火，最终热处理——淬火（油冷）并低温回火。

GCr15 钢件成形后进行球化退火的目的是获得均匀分布的细粒状珠光体（其中的碳化物平均直径为 $0.5 \sim 1.0 \mu m$），以得到良好的切削加工性，并为最终热处理做好显微组织准备。如果钢件毛坯的显微组织中有网状碳化物，在球化退火之前应进行正火，以消除或改善网状碳化物，细化晶粒，使显微组织细化和均匀化。

GCr15 钢件经淬火并低温回火后的显微组织为回火马氏体、均匀分布的细粒状合金碳化物及少量的残留奥氏体，能够满足滚动轴承所需的力学性能要求。

GCr15 钢淬火后显微组织中约含有 15%（体积分数）的残留奥氏体，为减少残留奥氏体的含量，以提高其尺寸稳定性和硬度，精密轴承需在淬火后立即进行 $-20\,℃$ 冷处理，高精度轴承需在淬火后立即进行 $-80 \sim -70\,℃$ 冷处理，然后及时低温回火。磨削加工后进行稳定化处理（$120 \sim 160\,℃$），可消除磨削应力，进一步稳定组织，提高轴承的尺寸稳定性。

在 GCr15 钢件尺寸较小和数量不多的情况下，最终热处理也可采用盐浴等温淬火，获得下贝氏体、未溶的合金碳化物及体积分数小于 3% 的残留奥氏体，使钢件表面处于压应力状态，提高接触疲劳寿命，淬火应力小，尺寸稳定性高，并且钢的断裂韧度 K_{IC} 和冲击吸收能量 KU_2 高，不易产生磨削裂纹。

基本概念

完全退火；不完全退火；球化退火；正火；淬火；淬透性；淬硬性；淬火应力；低温回火；中温回火；高温回火；调质；热应力；组织应力

习　题

10-1　何谓钢的退火？退火种类及用途有哪些？

10-2　何谓钢的正火？目的如何？有何应用？

10-3　在生产中为了提高亚共析钢的强度，常用的方法是提高亚共析钢中珠光体的含量，应该采用什么热处理工艺？

10-4　淬火的目的是什么？淬火方法有几种？比较几种淬火方法的优缺点。

10-5　试述亚共析钢和过共析钢淬火加热温度的选择原则。为什么过共析钢淬火加热温度不能超过 Ac_{cm} 线？

10-6　何谓钢的淬透性、淬硬性？影响钢的淬透性、淬硬性及淬透层深度的因素是什么？

10-7　有一圆柱形工件，直径为 35mm，要求油淬后心部硬度大于 45HRC，能否采用 40Cr 钢？

10-8　有一 40Cr 钢圆柱形工件，直径为 50mm，求油淬后其横截面的硬度分布。

10-9　何谓调质处理？为何回火索氏体比正火索氏体的力学性能更优越？

10-10　为了减小淬火冷却过程中的变形和开裂，应当采用什么措施？

10-11　现有一批 45 钢卧式车床传动齿轮，其工艺路线为：锻造→热处理→机械加工→高频感应淬火→低温回火。试问锻后应进行何种热处理？为什么？

10-12　45 钢的 $Ac_1 = 724\,℃$、$Ac_3 = 780\,℃$。现有 $\phi 10mm$ 的退火态 45 钢，指出其分别经 $700\,℃$、$760\,℃$、$830\,℃$ 加热保温并水冷后所获得的显微组织。

10-13　使用 $\phi 70mm$ 40Cr 圆钢生产的车轴，在运行 150h 后即发生断裂，断裂部位为轮座与轴头连接处。取样后经光学显微镜观察，车轴的显微组织为珠光体、网状铁素体和少量块状铁素体。试分析车轴断裂的原因。

部分习题参考答案

第一章

1-6 <112>晶向族包括 [112]、[$\bar{1}$12]、[1$\bar{1}$2]、[11$\bar{2}$]、[121]、[$\bar{1}$21]、[1$\bar{2}$1]、[12$\bar{1}$]、[211]、[$\bar{2}$11]、[2$\bar{1}$1]、[21$\bar{1}$]，以及方向与之相反的晶向，共 24 个晶向

1-7 （255）

1-8 $d_{(100)} = \frac{1}{2}a$、$d_{(110)} = \frac{\sqrt{2}}{2}a$、$d_{(111)} = \frac{\sqrt{3}}{6}a$

1-9 $d_{(100)} = \frac{1}{2}a$、$d_{(110)} = \frac{\sqrt{2}}{4}a$、$d_{(111)} = \frac{\sqrt{3}}{3}a$

1-10 设面心立方晶格的晶格常数为 a，则体心四方晶格的晶格常数为$\frac{\sqrt{2}}{2}a$、$\frac{\sqrt{2}}{2}a$、a

1-11 是，[110]

1-13 a）$\Delta V \approx 8.9\%$；b）$\Delta V \approx 0.89\%$。发生多晶型转变后，原子半径和晶格常数会改变，使体积变化尽可能小；晶体结构中原子配位数越大，则原子半径越大

1-14 $N_{Fe} = 8.54 \times 10^{22}$；$N_{Cu} = 8.52 \times 10^{22}$

1-15 位错环不能各部分均是螺型位错，但可以各部分均是刃型位错

1-17 体心立方晶体中，{100}、{110} 和 {111} 晶面原子密度分别为$\frac{1}{a^2}$、$\frac{\sqrt{2}}{a^2}$、$\frac{\sqrt{3}}{3a^2}$，<100>、<110>和<111>晶向原子密度分别为$\frac{1}{a}$、$\frac{\sqrt{2}}{2a}$、$\frac{2\sqrt{3}}{3a}$

1-18 面心立方晶体中，{100}、{110} 和 {111} 晶面原子密度分别为$\frac{2}{a^2}$、$\frac{\sqrt{2}}{a^2}$、$\frac{4\sqrt{3}}{3a^2}$，<100>、<110>和<111>晶向原子密度分别为$\frac{1}{a}$、$\frac{\sqrt{2}}{a}$、$\frac{\sqrt{3}}{3a}$

1-20 12.7%；9.3%

1-21 0.685；3.51g/cm³

第二章

2-1 $r^* \approx 1.25nm$；$n \approx 692$

2-2 $\Delta G_{het}^* = -\frac{V^*}{2}\Delta G_V$

2-3 $\Delta G^* = -\frac{a^{*3}}{2}\Delta G_V$

2-4 固体金属熔化一定要有过热度

第三章

3-3　$w_{Ni}=50\%$ 的铸件枝晶偏析较严重

3-6　2）$w_L=54.5\%$；$w_\alpha=45.5\%$

3-12　1）$w_{Zn}=30\%$ 的 Cu-Zn 合金熔体流动性较好；2）$w_{Sn}=10\%$ 的 Cu-Sn 合金铸件形成缩松、热裂和枝晶偏析的倾向较大；3）非平衡结晶条件下，室温显微组织可能是在 α 相的枝晶间分布着 β 相或（α+γ）共析体或（α+δ）共析体

第四章

4-1　$w_C=0.2\%$ 的亚共析钢室温下相组成物含量：$w_\alpha\approx97.0\%$、$w_{Fe_3C}\approx3.0\%$；

组织组成物含量：$w_F\approx76.2\%$、$w_P\approx23.8\%$

$w_C=0.6\%$ 的亚共析钢室温下相组成物含量：$w_\alpha\approx91.0\%$、$w_{Fe_3C}\approx9.0\%$；

组织组成物含量：$w_F\approx22.7\%$、$w_P\approx77.3\%$

$w_C=1.2\%$ 的过共析钢室温下相组成物含量：$w_\alpha\approx82.1\%$、$w_{Fe_3C}\approx17.9\%$；

组织组成物含量：$w_{Fe_3C_{II}}\approx7.3\%$、$w_P\approx92.7\%$

4-2　$w_C=3.5\%$ 的亚共晶白口铸铁室温下相组成物含量：$w_\alpha\approx47.7\%$、$w_{Fe_3C}\approx52.3\%$；

组织组成物含量：$w_{Fe_3C_{II}}\approx8.3\%$、$w_P\approx28.2\%$、$w_{Ld'}\approx63.5\%$

$w_C=4.7\%$ 的过共晶白口铸铁室温下相组成物含量：$w_\alpha\approx29.7\%$、$w_{Fe_3C}\approx70.3\%$；

组织组成物含量：$w_{Fe_3C_I}\approx16.7\%$、$w_{Ld'}\approx83.3\%$

4-3　$MAX\,w_{Fe_3C_{II}}\approx22.6\%$；$MAX\,w_{Fe_3C_{III}}\approx0.33\%$

4-4　$w_{Fe_3C_{共晶}}\approx47.8\%$、$w_{Fe_3C_{II}}\approx11.8\%$、$w_{Fe_3C_{共析}}\approx4.53\%$

4-5　A 碳钢 $w_C\approx0.45\%$；B 碳钢 $w_C\approx1.2\%$

第五章

5-2　$w_A=40.0\%$、$w_B=22.5\%$、$w_C=37.5\%$

5-6　① α+（α+γ）+（α+β+γ）+β$_{II}$+γ$_{II}$

② α+（α+β+γ）+β$_{II}$+γ$_{II}$

③ β+（α+β）+γ$_{II}$

④ β+γ$_{II}$+α$_{II}$

⑤ β+γ$_{II}$

5-8　2）200℃时，2A02 铝合金的相组成物是 α 相和 S 相；2A11、2A12 铝合金的相组成物均是 α 相、S 相和 θ 相。500℃时，2A02、2A11 铝合金的相组成物是 α 相；2A12 铝合金的相组成物是 α 相和 S 相

3）2A12 铝合金

5-9　2）因为高温下发生共晶转变，析出粗大的碳化物 Cr_7C_3（C_1）

5-10　总共 8 个恒温恒成分的四相平衡反应：

Ⅰ　1085℃时：$L\Longleftrightarrow\gamma+Fe_3C+WC$　　　　三元共晶反应

Ⅱ　1200℃时：$L+\eta\Longleftrightarrow\gamma+WC$　　　　包共晶反应

Ⅲ　1335℃时：$L+\alpha\Longleftrightarrow\gamma+\eta$　　　　包共晶反应

Ⅳ　1380℃时：L+Fe$_3$W$_2$ $\rightleftharpoons$ η+α 　　　　　　　包共晶反应

Ⅴ　1500℃时：L+W $\rightleftharpoons$ η+ Fe$_3$W$_2$ 　　　　　　包共晶反应

Ⅵ　1700℃时：L+WC+W $\rightleftharpoons$ η 　　　　　　　三元包晶反应

Ⅶ　2400℃时：L+W$_2$C $\rightleftharpoons$ WC+W 　　　　　　包共晶反应

Ⅷ　2755℃时：L+W$_5$C$_3$ $\rightleftharpoons$ W$_2$C+WC 　　　　　包共晶反应

第六章

6-2　28.6MPa；0

6-4　1）2.4MPa；多滑移（8个滑移系同时开动）。2）滑移线分别平行于外表面与不同滑移面的交线，它们彼此平行或垂直

6-5　41.4%

第七章

7-3　Fe、Cu、Sn 的再结晶温度分别约为 415℃、242℃、-81℃

第八章

8-5　加速，塑性变形可导致枝晶破碎，减小枝晶间距

8-8　不能，327.5℃以下 α-Fe 与 Pb 不互溶

8-9　900℃压合层依次为纯铜、α 相、L 相、β 相、纯银。冷却至室温后会得到（α+β）双相组织。

8-10　1）渗碳温度越高，则渗碳速度越快

　　　2）渗碳应在奥氏体中进行

　　　3）空位密度越大、位错密度越大、晶粒越细小，则渗碳速度越快

第九章

9-18　原工艺的回火温度范围在产生第一类回火脆性的温度区间；获得的显微组织为高碳合金回火马氏体+残留奥氏体+细粒状合金碳化物，使用过程中可能发生残留奥氏体转变。新工艺获得的显微组织为下贝氏体。尝试改进回火温度，即 790℃油淬后 160~180℃回火

第十章

10-11　正火，可消除带状组织和魏氏组织，细化晶粒，节约成本

10-12　700℃加热保温、水冷后所获得的显微组织为珠光体+铁素体；

　　　760℃加热保温、水冷后所获得的显微组织为铁素体+马氏体；

　　　830℃加热保温、水冷后所获得的显微组织为马氏体+残留奥氏体

10-13　车轴处于热轧状态，未经调质处理

参 考 文 献

[1] 冯端，王业宁，丘第荣. 金属物理：上册 [M]. 北京：科学出版社，1964.
[2] 冯端，王业宁，丘第荣. 金属物理：下册 [M]. 北京：科学出版社，1975.
[3] 徐祖耀. 金属学原理 [M]. 上海：上海科学技术出版社，1964.
[4] 曹明盛. 物理冶金基础 [M]. 北京：冶金工业出版社，1983.
[5] 哈宽富. 金属力学性质的微观理论 [M]. 北京：科学出版社，1983.
[6] 崔忠圻，覃耀春. 金属学与热处理 [M]. 3 版. 北京：机械工业出版社，2020.
[7] 闵乃本. 晶体生长的物理基础 [M]. 南京：南京大学出版社，2019.
[8] 董树岐，黄良钊. 材料物理化学基础 [M]. 北京：兵器工业出版社，1991.
[9] 刘东亮，邓建国. 材料科学基础 [M]. 上海：华东理工大学出版社，2016.
[10] 潘祖仁. 高分子化学 [M]. 5 版. 北京：化学工业出版社，2011
[11] 何曼君，张红东，陈维孝，等. 高分子物理 [M]. 3 版. 上海：复旦大学出版社，2007.
[12] GRIFFITHS D J, SCHROETER D F. Introduction to Quantum Mechanics [M]. 3rd ed. New York：Cambridge University Press，2018.
[13] CALLISTER W D, Jr. Materials Science and Engineering：An Introduction [M]. 7th ed. New York：John Wiley & Sons，2007.
[14] KURZ W, FISHER D J. Fundamentals of Solidification [M]. 4th ed. Zurich：Trans Tech Publications，1998.
[15] ANDERSON P M, HIRTH J P, LOTHE J. Theory of Dislocations [M]. 3rd ed. New York：Cambridge University Press，2017.
[16] HULL D, BACON D J. Introduction to Dislocations [M]. 5th ed. Burlington：Elsevier，2011.
[17] BRANDES E A, BROOK G B. Smithells Metals Reference Book [M]. 7th ed. Oxford：Butterworth-Heinemann，1992.
[18] COURTNEY T H. Mechanical Behavior of Materials [M]. 2nd ed. New York：McGraw-Hill，2000.
[19] 黄振坤，吴澜尔. 高温非氧化物陶瓷相图 [M]. 北京：科学出版社，2017.
[20] 陈肇友. 相图与耐火材料 [M]. 北京：冶金工业出版社，2014.
[21] 黄培云. 粉末冶金原理 [M]. 2 版. 北京：冶金工业出版社，1997.
[22] 果世驹. 粉末烧结理论 [M]. 北京：冶金工业出版社，1998.
[23] 孔德谆. 化学热处理原理 [M]. 北京：航空工业出版社，1992.
[24] 杨道明，朱勋，李紫桐. 金属力学性能与失效分析 [M]. 北京：冶金工业出版社，1991.
[25] 金志浩，高积强，乔冠军. 工程陶瓷材料 [M]. 西安：西安交通大学出版社，2000.
[26] 樊新民，车剑飞. 工程塑料及应用 [M]. 北京：机械工业出版社，2006.